电能质量标准
应用指南

全国电压电流等级和频率标准化技术委员会　编著

中国标准出版社

北　京

图书在版编目（CIP）数据

电能质量标准应用指南 / 全国电压电流等级和频率标准化技术委员会编著.
—北京：中国标准出版社，2018.6
ISBN 978-7-5066-8720-1

Ⅰ.①电… Ⅱ.①全… Ⅲ.①电能—质量标准—中国—指南
Ⅳ.①TM60-62

中国版本图书馆CIP数据核字（2017）第221067号

出版发行	中国标准出版社	印　刷	中国标准出版社秦皇岛印刷厂
	北京市朝阳区和平里西街甲2号（100029）	版　次	2018年6月第1版　2018年6月第1次印刷
	北京市西城区三里河北街16号（100045）	开　本	787mm×1092mm　1/16
	总编室：(010) 68533533	印　张	26.5
	发行中心：(010) 51780238	字　数	596千字
	读者服务部：(010) 68523946	书　号	ISBN 978-7-5066-8720-1
网　址	http://www.spc.net.cn	定　价	98.00元

如有印装差错　由本社发行中心调换

编委会名单

各章编写人员（按章节顺序）

第 1 章　张苹研究员

第 2 章　张苹研究员

第 3 章　肖湘宁教授、魏宏伟教授级高级工程师、
　　　　李澍森教授级高级工程师、吴命利教授

第 4 章　杨洪耕教授

第 5 章　肖遥教授级高级工程师

第 6 章　何江高级工程师

第 7 章　刘军成教授级高级工程师、袁晓冬教授级高级工程师

第 8 章　陆宠惠教授级高级工程师、刘晶工程师

第 9 章　林焱教授级高级工程师

第 10 章　陶顺副教授、钟庆教授

第 11 章　袁晓冬教授级高级工程师

第 12 章　王金浩教授级高级工程师

第 13 章　刘军成教授级高级工程师

第 14 章　罗亚桥教授级高级工程师

第 15 章　金维宇研究员

序

随着全球能源、技术革命，我们国家也进入了深刻的节能增效减排、发展新能源的新发展阶段。在这样一个大的背景下，电力技术和电力产业的形态、发展带来很多新的要求，无论从电力产业本身还是电力使用的领域，新技术、新产品、新业态、新要求不断涌现，电能质量与新能源、分布式能源、能源互联网结合得越来越紧密。电能质量标准化工作在新的历史时期内也面临着新的要求、新的挑战，但同时也面临着很多新的发展机遇。

我国的电能质量标准化工作在近20年来，与国际先进水平基本保持一致。尤其是最近几年，中国专家全面积极地参加IEC/TC 8的标准化工作，从跟踪到主导国际标准，取得了实质性的进展。我们在IEC/TC 8的标准化工作更是得到了国际电工委员会的高度认可，2015—2017年的三年中，有三位中国专家因为在国际标准中的突出贡献获得了IEC对技术专家的最高奖励——IEC 1906大奖。同时，为进一步促进智能电网的发展、提高电能质量、促进节能减排的可持续发展，全国电压电流等级和频率标准化技术委员会(SAC/TC 1)近年来组织制定了有关智能电网和电能质量经济性评估方面的国家标准。

为了使涉及电能质量相关问题的全电力产业链用户能够更加清晰地理解电能质量相关国际标准、国家标准和行业标准的内容，SAC/TC 1 又一次组织专家编写了这本电能质量标准应用指南。本书对近些年 SAC/TC 1 归口的电能质量标准进行了集中解读，各章的作者都是标准的主要起草人，他们在本书中对相关标准进行了深入解读，从标准制修订阶段存在的争议问题的处理，到具体条款的理解，再到标准应用的实践案例分析，为标准的使用者提供了有价值的参考。

电能质量标准也需要紧随技术发展，在实践中不断修订和完善，这离不开广大标准使用者的反馈，增加与标准使用者的交流和相互理解也是本书的目的之一。全国电压电流等级和频率标准化技术委员会愿意成为电能质量相关各方的一个纽带，为各方提供平等交流和深度探讨的平台，以期达成协商一致的标准。

随着产业链结构调整、新能源系统的构建，过去集中生产、集中配送、集中使用的传统电力生产和消费方式受到新技术和新业态的冲击。而智能电网、微电网、风光储和能源互联网等新形态的不断涌现，有大量技术、产品和标准需要我们去深入研究，电能质量标准化工作任重道远。

国家能源局 监管总监
全国电压电流等级和频率标准化技术委员会 主任委员 李冶

2018 年 5 月

前言

电能作为一种商品，其品质必须满足电力用户的基本需求，从一般商品意义上讲，它的性能和技术参数指标应包括：电压及其偏差、频率及其偏差、电流等；而作为发输供配用同时发生的特殊商品，其品质好坏需要发电方、电网运营方、设备制造和经销方、用电方甚至包括电力监管部门和相关机构，通过充分协商，对电能质量的某些特殊性能和技术参数指标的确定达成共识。例如，谐波、三相电压不平衡、波动与闪变、电压暂降等。

电能质量的管理是一个系统工程，供电方特性、用电方负荷特性、外部环境、供电方和用电方的设备设计、制造、安装、运行等方面都会影响电能质量。电能质量是什么（电能质量基础类标准）、电能质量的基本要求（限值类标准）、如何获取电能质量信息（检测类标准）、对不合格的电能产品如何改进（治理类标准）、对可能影响电能质量的新用户接入系统应该有什么要求、从宏观角度怎样才能管理好电能质量等，要回答好这些问题，必须建立一套完整的电能质量标准体系。

可再生能源的发展和能效提高，被看作是智能电网发展的主要动力。但是，可再生新型能源具有功率波动性、间歇性和不确定性,多种电源经电力变换分布式接入电网,电能质量将产生新的问题,给电网带来新的影响。在我国,随着新能源多处接入主干电网和分布式电源系统的形成,传统配电网由被动的受端变为有源系统;发电机组输出功率的间歇变化导致电压出现短时波动;单相发电机组带来电源不平衡问题;配电系统发电机运行参数影响到背景谐波和系统谐波阻抗等。因此,对分布式电源给电网带来的电能质量问题有必要进行深入的研究,完善其监测方法和控制手段,并加速相关标准的制定。

智能电网建设中用户侧需求的多样化将进一步引起备受关注的电能质量问题,电力消耗形式出现多样性,非线性用电设备比重在迅速增加等,这些都导致了电能不再保持理想的纯正弦稳定波形。另一方面,高科技的电气装备对电能质量扰动愈加敏感,对供应的电能质量要求也愈加多样和复杂,用户侧提出了定制电力(custom power)的要求。也就是把大功率电力电子技术和配电自动化技术综合起来,以用户对电力可靠性和电能质量要求为依据,为用户配置所需要的电力。智能电网建设的一个主要内容在于向用户提供实时信息选择,加强需求侧资源优化管理,提供用户的多样选择性。也就是说,满足多样化的需求是智能电网的基本特征之一。但是,多样化需求使得用户用电特性空前复杂,各种形式的能量转换、控制技术应运而生,电能质量问题的内容将会有更多的表现形式,需要更加深入地进行研究。

劣质的电能往往会造成用户的生产力下降,不仅造成不良的社会影响,而且给供电方和用电方都带来巨大的经济损失。人们对电能质量带来的技术和经济问题的关注度日益增强。

标准化就是为了在一定的范围内获得最佳秩序,对实际的或潜在的问题制定共同的和重复使用的规则的活动。而电能质量标准的制定,除了包括大量的技术问题以外,还涉及相关各方的经济利益和国家政策。制定合理的电能质量标准,需要相关各方在技术、经济等方面进行深入研究,协商一致,以确保社会效益最大化。

本书介绍了全国电压电流等级和频率标准化技术委员会的电能质量标准化体系项目组的研究成果,介绍了国内外电能质量标准的现状、我国电能质量标准体系的框架和组成。本书着重解读了全国电压电流等级和频率标准化技术委员会归口的13项电能质量国际标准、国家标准和行业标准的内容,这13项标准分别是:

GB/T 32507—2016　电能质量　术语

NB/T 41004—2014　电能质量现象分类

GB/Z 26854—2011　电特性的标准化

GB/Z 28805—2012　能源系统需求开发的智能电网方法

IEC/TS 62749:2015　公用电网电能质量限值及其评估方法

GB/T 156—2017　标准电压

GB/T 30137—2013　电能质量　电压暂降与短时中断

GB/Z 32880.1—2016　电能质量经济性评估　第1部分:电力用户的经济性评估方法

GB/Z 32880.2—2016　电能质量经济性评估　第2部分:公用配电网的经济性评估方法

GB/T 32880.3—2016　电能质量经济性评估　第3部分:数据收集方法

GB/T 19862—2016　电能质量监测设备通用要求

NB/T 41005—2014　电能质量控制设备通用技术要求

NB/T 41006—2014　低压有源无功综合补偿装置

本书分析了这些标准的适用性,介绍了在标准制定过程中对标准文本中指标的选取依据以及在标准使用中应注意的问题,还就一些标准使用中的案例进行介绍,为读者实际应用标准提供了帮助。

本书由全国电压电流等级和频率标准化技术委员会编著。

本书在编写过程中得到了全国电压电流等级和频率标准化技术委员会委员和专家的共同支持，一些专家积极参加审稿并帮助提供案例。华北电力大学范文杰、唐松浩也参与了本书第三章（GB/T 32507—2016《电能质量 术语》）的编写。标委会资深顾问林海雪老师一丝不苟地审稿、批注，倾注了大量的心血，在此，我们向林海雪老师表示深深地敬意和思念。

本书可供电能质量专业技术领域的工程、系统和设备的设计、制造、安装、检验、操作、维护人员使用，也可作为电能质量相关管理人员、科研人员、高等院校师生的参考教材。

标准化工作，尤其是电能质量标准化工作发展很快。在编写过程中编者想准确无误地解读国家标准的内容，但由于技术水平和理解的差异，书中难免会出现不妥之处，敬请读者批评指正。

编著者

2018 年 6 月

目 录

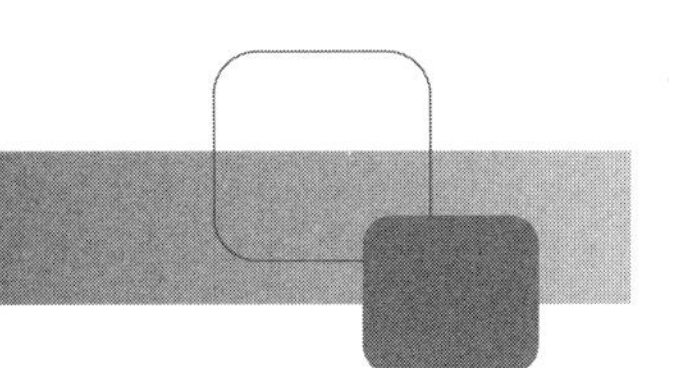

第1章 概 述

1.1 IEC/TC 8 简介

国际电工委员会(IEC)成立于1906年,是制定和发布国际电工电子标准的非政府性国际组织。IEC是联合国社会经济理事会的甲级咨询机构,目前大约与200个国际组织保持联系,其中与国际标准化组织(ISO)关系最为密切。一个国家只能有一个机构以国家委员会的名义被接纳为IEC成员,中国国家标准化管理局(也就是中国国家标准化管理委员会)代表中国参加IEC活动。IEC成员分为P成员和O成员,P成员为积极成员,积极参加IEC活动,有投票权;O成员为观察员,参加活动,但没有投票权。

IEC联合国家成员和专家共同制定国际标准,以消除贸易中的技术壁垒,促进国际贸易,推动市场发展和经济增长。

IEC的愿景是“IEC标准和合格评定程序——国际贸易的关键”。IEC的宗旨是在电学和电子学领域中的标准化及有关事务方面(如认证)促进国际合作,增进国际间的相互了解,IEC通过出版包括国际标准在内的出版物实现这一宗旨。

IEC组织机构如图1-1所示。

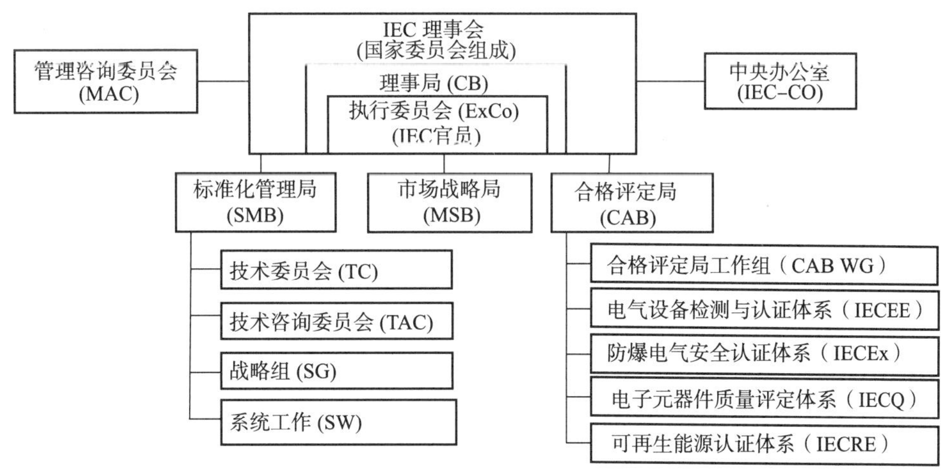

图1-1 IEC组织机构图

理事会是IEC的最高权力机构,是国家委员会的全体大会。理事会制定IEC的政策和长期战略目标,将IEC所有工作的管理委托给理事局(CB),标准和合格评定领域的具体管理工作分别由标准化管理局(SMB)和合格评定局(CAB)负责。

理事局(CB)是监督实施 IEC 理事会政策和决议的机构。理事局负责为理事会批准日程和准备文件,接收并考虑来自标准化管理局(SMB)和合格评定局(CAB)的报告。理事局还根据需要成立咨询机构,且负责这些咨询机构的主席及成员。

执行委员会(ExCo)负责实施理事会和理事局的决定,支持中央办公室的运作,与 IEC 国家委员会保持联系。

标准化管理局(SMB)负责管理 IEC 的标准工作,包括建立和撤销 IEC 技术委员会(TC),确定其工作范围,标准制修订进度时间和与其他国际标准组织的联系。标准化管理局(SMB)是个决策机构,它向理事局和国家委员会汇报其做出的所有决定。

中央办公室(IEC-CO)是 IEC 全部活动的中心。中央办公室负责监督 IEC 章程、技术规则、技术规则导则及理事会和理事局决议的贯彻实施。通过现代化的电子数据处理手段和通信设备,保证项目管理、规则文件的传递和标准最终文本的出版发行等各项工作的正常进行。

SMB 咨询委员会的作用是在 SMB 的支持下,建议、指导和协调 IEC 工作,以确保标准的一致性。IEC 有机器人技术应用咨询委员会(ACART)、环境咨询委员会(ACEA)、电磁兼容咨询委员会(ACEC)、安全咨询委员会(ACOS)、输配电咨询委员会(ACTAD)、能效咨询委员会(ACEE)、信息安全和数据保密咨询委员会(ACSEC)等 7 个咨询委员会。

SMB 成立**战略组(SG)**是 IEC 调查特定领域和发展建议的新举措,主要职责是分析在其领域内的市场和行业发展,识别与之相关的技术委员会(TC)和分技术委员会(SC),分析现有 TC 和 SC 的活动层次并确定未来所需活动,如果需要,定义协调相关交叉 TC 或 SC 工作的结构,监控 TC 或 SC 工作的交叉和潜在的不一致性。

然而,多学科技术及其在许多新的、成长的市场的交叉应用,尤其是涉及大型基础设施的,需要自上而下系统性地开展标准化工作,而不是只在产品层面做文章。

因此,系统工作将定义在贯穿技术共同体的系统方法以确保高度复杂的市场能够被妥善解决和支持。它促进了许多其他标准开发组织和相关非标准组织在国际层面上合作的增加,影响了 IEC 合格评定系统和流程的系统标准,也越来越被行业需要,如环境、安全和健康。

系统评价组(SEG)识别需要系统方法的新技术领域和预测新兴市场/技术,SEG 还定义和实现 TC/SC 结构的增强以改进其功能,特别是促进跨传统边界的问题的协调。

系统委员会(SyC)旨在扩大战略的应用,或者技术领域覆盖两个以上 TC/SC 的其他横向工作组的使用。具有系统功能的 TC 仍保持不变且继续在系统层面工作。

市场战略局(MSB)主要职责是向**理事局(CB)**报告,识别 IEC 领域的主要技术趋势和市场需求。MSB 政策是市场输入利益最大化,建立 IEC 技术和合格评定的优先顺序,提高 TC 对创新和快速变化的市场的响应能力。在 MSB 的领导下成立特别工作组(SWG)

深入调研某一主题或开发特别的文件。

合格评定局(CAB)负责全面管理IEC合格评定工作,向理事局(CB)汇报其所有相关决定。CAB还负责评价和调整IEC的合格活动,包括批准预算及与其他国际组织就合格评定事项进行联系。IEC除了制定标准外,还从事电工电子产品的质量合格评定、安全认证工作。由国际组织直接开展的国际认证,为消除国际贸易中的技术壁垒和向行业开放新的国际市场提供了帮助,也避免了多次测试和审核及批准过程,为行业的产品进入市场降低了成本。IEC共有4个认证体系:电子元器件质量评定体系(IECQ)、电气设备检测与认证体系(IECEE)、防爆电气安全认证体系(IECEx)和可再生能源认证体系(IECRE)。

IEC制定标准的任务是由技术委员会(TC)和分技术委员会(SC)以及工作组(WG)、项目组(PT)、维护组(MT)来完成的。近年来,IEC成立了几个系统委员会(System Committee),也制定相关标准。一个技术委员会(TC)如果觉得其工作范围太宽,可以向SMB申请成立分技术委员会(SC)来处理其部分工作项目。每一个现行的TC和SC的工作范围由他们自己定义,然后提交到SMB和母委员会批准。截至2017年6月底,IEC有技术委员会(TC)104个、分技术委员会(SC)99个。现行标准5100多项,已被世界各国普遍采用。其中IEC/TC 8“Systems aspects for electrical energy supply”的专业范围为电能供应系统方面。

IEC/TC 8原来的工作范围仅限于标准电压、电流和频率等方面的标准制修订。随着新成员和基本框架的变化,电力垄断市场逐步被替代,电力供应市场发生了迅速变化,各方关系的复杂性也在呈上升趋势。同时,有些国家的基础设施需要更新,需要满足新的要求。全世界有许多先进的想法,但很少或没有应用,这其中部分原因是重新制定法规的不确定性和复杂性的激增。当代的科学在迅速发展,尤其在技术领域,包括通讯、计算机和传感器领域,许多典型的设备正在标准化,这是非常必要的,但还不够。将这些整合在一起需要专门的系统论方法以提供完整的“链”式服务。这需要同时将用电各方整合成“智能”各方。

2003年以来,IEC/TC 8将工作范围扩展到电能质量供应系统的市场服务领域,其工作范围是通过加强与其他技术委员会/分委会合作,制定、协调国际标准和其他可交付的文件,重点强调电能供应系统全系统方面的功能,以及为电力供应系统用户在价格和质量上取得可接受的平衡。电力供应系统包含了输送和配电网及通过它们的网络界面连接的用户装置(发电和负荷)。IEC/TC 8工作范围大致如下:

术语;可靠性(包括计划、运行容量、完备性和系统保障);连接业务活动(包括发电、负荷、系统特性、系统计划数据);运行(包括负荷/发电的平衡、故障处理、应急计划、异常和突发情况管理、测量和监视)、电网职责(包括运行安全和保障)、测量、数据交换和比对(数据采集和汇总、处理、数据交换、识别方案、计费、负荷概况)、通信(包括运行安全和保障)、利用公用供应系统的收费机制、与电网相关的服务外包、能源供应的特征,主要包括发电、输电、配电、用电系统的电压、电流、频率标称值及其变动范围和定义在高压、中压、低压网络及其用户(系统操作者、发电方、用电方)接口处的电能供应的特征参数(连续性、电压骤降、过压/欠压、电压不平衡、电压波动、谐波、间谐波)。

协调功能:IEC/TC 8 具备系统功能,需要处理电能供应系统的系统方面。为了准备基础出版物和确保在这些领域 IEC 出版物的连续性,依据定义 IEC/TC 8 同样具备电能供应的特征(电压、频率和电流以及它们的参数)涉及项目所限制的协调功能。

2016 年,IEC/TC 8 又一次修订了战略政策,从 2017 年起,将其工作范围调整如下(包括但不限于以下领域的标准化):

——供电行业术语;

——公用电网的特性;

——从系统的角度看电网管理;

——电网用户(发电及负荷)的联网和并网;

——分散式供电系统(如微电网、农村电气化系统)的规划与管理。

但是 IEC/TC 8 的范围不包括依靠高效、安全的数据通信和交换的议题,例如,连接到电网的电器和设备的通信标准和服务于电网的通讯基础设施的标准。

为了保证 IEC 出版物在电气领域的一致性,IEC/TC 8 负责标准电压、标准电流和标准频率方面的基本出版物,也称横向标准。

IEC/TC 8 也和供电领域活跃的组织如 CIGRE、CIRED、IEEE、AFSEC、IEA 保持合作。

IEC/TC 8 与表 1-1 中的技术委员会和组织在工作上有关系。

表 1-1　与 IEC/TC 8 有工作关系的技术委员会和组织

序号	名称
1	IEC/TC 1(术语)
2	TC 2(旋转电机)
3	TC 9(铁路电气设备和系统)
4	TC 13(电能测量和负载控制设备)
5	TC 17(高压开关设备和控制设备)和 SC 17C(装配件)
6	TC 23(电气附件)
7	TC 28(绝缘配合)
8	TC 57(电力系统的控制和相关信息交换)
9	TC 64(电气装置和电击防护)
10	TC 73(短路电流)
11	TC 77(电磁兼容)和 SC 77A(低频现象)

表1-1(续)

序号	名称
12	TC 82(太阳光伏能源系统)
13	TC 88(风力发电机系统)
14	TC 95(继电器的测量和保护设备)
15	TC 99(在额定电压1kV和直流电压1.5kV以上系统中电力设备的系统工程和施工特别涉及安全方面)
16	TC 105(燃料电池技术)
17	TC 108(音频/视频、信息技术和通讯技术电子设备的安全)
18	TC 114(海洋能——波浪、潮汐和其他水流转换装置)
19	TC 115(100kV以上高压直流输电)
20	TC 118(智能电网用户界面)
21	TC 120(电力储能系统)
22	TC 122(超高压交流输电系统)
23	EURELECTRIC(欧洲电力工业联盟)
24	ITU-T/SG 5(国际电信联盟 标准局研究组)

IEC/TC 8现有包括澳大利亚、奥地利、比利时、加拿大、中国、丹麦、芬兰、法国、德国、印度、意大利、日本、韩国、马来西亚、荷兰、挪威、俄罗斯、南非、西班牙、瑞典、瑞士、英国、美国等在内的23个P成员(积极成员)国家和包括白俄罗斯、保加利亚、克罗地亚、捷克、埃及、希腊、匈牙利、印度尼西亚、爱尔兰、以色列、墨西哥、新西兰、阿曼、波兰、葡萄牙、沙特阿拉伯、塞尔维亚、斯洛伐克、斯洛文尼亚、乌克兰、罗马尼亚等在内的21个O成员(观察员)国家。

IEC/TC 8结构如表1-2所示:

表1-2 IEC/TC 8结构

类别	名称
分技术委员会(SC)	
SC 8A	可再生能源接入电网
SC 8B	分散式电力系统
工作组(WG)	
WG 1	术语
WG 8	公用电网的维护程序和总体架构定义
WG 9	低压直流配电
WG 11	电能质量

表 1－2(续)

类别	名称
维护组(MT)	
MT 1	IEC 60038 标准电压、IEC 60059 标准电流等级 和 IEC 60196 标准频率 3 项标准的维护
联合工作组(JWG)	
JWG 10	分布式能源接入电网(与 IEC/TC 82 联合)
JWG 1	微电网的设计、运行与控制(与 SC 8B 联合)
顾问组(AG)	
AG 1	主席顾问组

IEC/TC 8 现有标准如表 1－3 所示:

表 1－3　IEC/TC 8 现有标准

序号	标准编号	标准名称
1	IEC 60038:2009	IEC standard voltages 标准电压
2	IEC 60059:1999+AMD1:2009	IEC standard current ratings 标准化电流等级
3	IEC 60196:2009	IEC standard frequencies 标准频率
4	IEC/TR 62510:2008	Standardising the characteristics of electricity 电特性的标准化
5	IEC/TR 62511:2014	Guidelines for the design of interconnected power systems 互联电力系统设计导则
6	IEC 62559－2:2015	Use case methodology—Part 2: Definition of the templates for use cases, actor list and requirements list 用例方法学　第 2 部分:用例模板定义、角色清单和需求清单
7	IEC/TS 62749:2015	Assessment of power quality—Characteristics of electricity supplied by public networks 公用电网电能质量限值及其评估方法
8	IEC/TS 62786:2017	Distributed energy resources connection with the grid 分布式电源接入电网
9	IEC/IEEE PAS 63547:2011	Interconnecting distributed resources with electric power systems 分布式电源接入电力系统
10	IEC/TS 62898－1:2017	Microgrids—Part 1: Guidelines for microgrid projects planning and specification 微电网　第 1 部分:微电网项目规划设计导则

IEC/TC 8 正在制定的国际标准如表 1－4 所示:

表1-4 IEC/TC 8正在制定的国际标准

序号	标准编号	标准名称
1	IEC 60038/AMD1/FRAG1 ED7	Standard voltages for LVDC supply and LVDC equipment (Proposed horizontal standard)
2	IEC 60038/AMD1/FRAG2 ED7	Standard voltages for AC supply and AC equipment (Proposed horizontal standard)
3	IEC/TR 8-2 ED1	Assessment of standard voltages and power quality requirements for LVDC distribution
4	IEC/TS 62749 ED2	Assessment of power quality—Characteristics of electricity supplied by public networks
5	IEC/TS 62819 ED1	Guidelines for network management—Power quality management
6	IEC/TS 62786-1 ED1	Distributed Energy resources connection with the grid—General requirements
7	IEC/TS 62786-3 ED1	Distributed energy resources connection with the grid—Part 3:Additional requirements for stationary battery energy storage system
8	IEC/TS 62898-2 ED1	Microgrids guidelines for operation
9	IEC/TS 62898-3-1 ED1	Microgrids—Technical Requirements—Protection requirements in microgrids
10	IEC/TS 63060 ED1	System aspects and procedures for the maintenance of installations and equipments of electrical energy supply networks
11	IEC 62934 ED1(CD)	Grid integration of renewable energy generation—Terms, definitions and symbols
12	IEC/TR 63043 ED1(PWI)	Renewable energy power prediction
13	IEC/TS 63102 ED1(CD)	Grid code compliance assessment for grid connection of wind and PV power plants

综上所述,IEC/TC 8原来的工作范围较窄,仅限于电压、电流等级和频率。为适应智能电网和分布式电源以及电力市场化发展,IEC/TC 8正积极扩展其工作范围,制定的标准扩展到电力系统的供电特征,改名为“电能供应系统方面”(System aspects for electrical energy supply)。其发布的战略计划中包括了术语、电力系统可靠性、连接规程、运行、电网职责、计量、通信、数据交换和结算、电网相关服务外包、公共供电系统使用计费机制、电能供应特性(包括电压、电流、频率标称值及其变动范围,供电连续性、电压暂降、过电压/欠电压、电压不平衡、电压波动以及谐波和间谐波等)。随着电力能源的多样化发展,IEC/TC 8开始关注新能源带来的电能质量问题,2013年成立了SC 8A(可再生能源接入电网),2016年年底又成立了SC 8B(分散式电力系统),更多地关注了可再生能源

和微电网方面的标准。其近年来发布的标准中,IEC/PAS 62559 描述了智能电网用户需求的方法构建,IEC/TR 62510 明确了电能质量的边界条件和主要技术指标。IEC/TC 8 中第一项电能质量的限值及评估方法的国际标准 IEC/TS 62749 于 2015 年发布,2017 年又连续发布了两项新的标准即 IEC/TS 62786:2017《分布式电源接入电网要求》和 IEC/TS 62898-1:2017《微电网　第 1 部分:微电网项目规划与设计导则》。IEC/TR 62510 和 IEC/PAS 62559 目前都已转化为我国的国家标准。IEC/TS 62749、IEC/TS 62898-1 和 IEC/TS 62898-2 三项国际标准也正在或计划转化为我国的国家标准和行业标准。其他正在开展及将要开展的标准有智能电网、分布式电源以及微电网方面的相关标准。

1.2 SAC/TC 1 介绍

全国电压电流等级和频率标准化技术委员会(以下简称 SAC/TC 1)是由我国标准化主管部门组建的第一个全国性标准化组织,成立于 1978 年,国内编号为 SAC/TC 1。主要工作任务为根据国家有关方针政策,向国家标准化管理委员会或有关部门提出电压、电流和频率标准化工作方针、政策和技术措施的建议;按照国家确定的积极采用国际标准和国外先进标准的政策,提出制修订电压、电流、频率和电能质量国家标准的规划和年度计划建议;组织电压、电流、频率和电能质量国家标准的制修订工作、科研工作及宣贯工作;审查电压、电流、频率和电能质量国家标准送审稿,提出审查意见;定期复审已发布的本技术委员会归口范围内的国家标准,并提出修订、废止、继续执行等意见;负责电压、电流、频率和电能质量国家标准的解释工作;负责本技术委员会范围内的标准化成果的审查,并就优秀技术标准项目向国家标准化管理委员会提出给予奖励等级的建议。2015 年年底之前,负责与国际电工委员会 IEC/TC 8 对口的技术工作和参加组织有关业务活动,包括对国际标准文件的表态,审查我国提案和国际标准的中文译稿,提出对外开展标准化技术交流活动的建议以及参加 IEC 的会议等。从 2016 年 1 月起,作为第二技术对口单位,参加 IEC/TC 8 的全部活动。

2016 年 4 月,国家标准化管理委员会批准了第五届全国电压电流等级和频率标准化技术委员会的换届及组成方案。

SAC/TC 1 制定的电能质量国家标准和行业标准如表 1-5 所示:

表 1-5　SAC/TC 1 制定的电能质量国家标准和行业标准

序号	标准编号	标准名称(中文)	标准名称(英文)
1	GB/T 12325—2008	电能质量　供电电压偏差	Power quality—Deviation of supply voltage
2	GB/T 12326—2008	电能质量　电压波动和闪变	Power quality—Voltage fluctuation and flicker

表1-5(续)

序号	标准编号	标准名称(中文)	标准名称(英文)
3	GB/T 15543—2008	电能质量 三相电压不平衡	Power quality—Three-phase voltage unbalance
4	GB/T 15945—2008	电能质量 电力系统频率偏差	Power quality—Frequency deviation for power system
5	GB/T 156—2017	标准电压	Standard voltages
6	GB/T 762—2002	标准电流等级	Standard current ratings
7	GB/T 1980—2005	标准频率	Standard frequencies
8	GB/T 3926—2007	中频设备额定电压	Rated voltages for medium frequency equipment
9	GB/T 14549—1993	电能质量 公用电网谐波	Quality of electric energy supply—Harmonics inpublic supply network
10	GB/T 18481—2001	电能质量 暂时过电压和瞬态过电压	Power quality—Temporary and transient over voltages
11	GB/T 19862—2016	电能质量监测设备通用要求	General requirements for monitoring equipments of power quality
12	GB/T 20297—2006	静止无功补偿装置(SVC)现场试验	Static var compensator field tests
13	GB/T 20298—2006	静止无功补偿装置(SVC)功能特性	The functional specification of static var compensator
14	GB/T 24337—2009	电能质量 公用电网间谐波	Power quality—Interharmonics in public supply network
15	GB/Z 26854 2011	电特性的标准化	Standardising the characteristics of electricity
16	GB/Z 28805—2012	能源系统需求开发的智能电网方法	Intelligrid methodology for developing requirement for energy system
17	GB/T 30137—2013	电能质量 电压暂降与短时中断	Power quality—Voltage dips and short interruptions
18	GB/T 32507—2016	电能质量 术语	Power quality—Terms
19	GB/Z 32880.1—2016	电能质量经济性评估 第1部分:电力用户的经济性评估方法	Economic evaluation of power quality—Part 1: Economic evaluation method for the end-users

表 1－5(续)

序号	标准编号	标准名称(中文)	标准名称(英文)
20	GB/Z 32880.2—2016	电能质量经济性评估　第2部分:公用配电网的经济性评估方法	Economic evaluation of power quality—Part 2:Economic evaluation method for the distribution network
21	GB/T 32880.3—2016	电能质量经济性评估　第3部分:数据收集方法	Economic evaluation of power quality—Part 3:Method for collecting data
22	GB/T 35725—2017	电能质量监测设备自动检测系统通用技术要求	General requirements for automatic testing system of power quality monitoring equipment
23	GB/T 35726—2017	并联型有源电能质量治理设备性能检测规程	Performance testing rules of parallel active power quality curing device
24	GB/T 35727—2017	中低压直流配电电压导则	Guideline for standard voltages of medium and low voltage DC distribution system
25	GB/Z 35728—2017	互联电力系统设计导则	Guidelines for the design of interconnected power systems
26	NB/T 41004—2014	电能质量现象分类	Power quality phenomenon classification
27	NB/T 41005—2014	电能质量控制设备通用技术要求	General technical requirement power quality control devices
28	NB/T 41006—2014	低压有源无功综合补偿装置	Low-voltage active integrative var compensator
29	NB/T 41007—2017	交流电弧炉供电技术导则　供电设计	Power supply technical guidelines for AC electric arc furnace—Design of power supply
30	NB/T 41008—2017	交流电弧炉供电技术导则　电能质量评估	Power supply technical guidelines for AC electric arc furnace—Power quality assessment
31	NB/T 41009—2017	定制电力技术导则	Technical guide for custom power technology

1.3　本书概况

对于电能而言，就目前的需求或期望来说，它的质量应包括：需要的供电电压等级及其允许偏差、需要的供电频率及其允许偏差、良好的电压波形以及不间断连续供电等。然而，在公用电网的公共连接点上保证电能质量不是一件容易的事情。供电方特性、用电方负荷特性、外部环境，以及电力系统中的设备设计、制造、安装等方面都会影响电能质量。

表示电能质量的指标一般是指：供电连续性、供电电压允许偏差、供电频率允许偏差、电压波动和闪变、三相电压不平衡、谐波、间谐波、电压暂降、欠电压、过电压等。

电能质量标准化工作就是通过对电能质量技术的反复实践和总结，经过有关各方的协商一致制定成统一的标准，由主管部门发布和监督实施。本书选择性地介绍了全国电压电流等级和频率标准化技术委员会（SAC/TC 1）负责制定的12项电能质量国家标准和能源行业标准的内容、适用范围、标准主要参数选取的依据。这些标准均为2011年以后发布，本书介绍了这些标准制修订所参考的国际标准、根据我国实际情况所作的内容确定以及在标准制修订期间相关条款的争议和最后确定、标准的局限性分析以及实际案例介绍。本书还介绍了国际电工委员会2015年发布的国际标准IEC/TS 62749：2015《公用电网电能质量限值及其评估方法》，为读者了解最新的国际电能质量标准提供技术支持。

一直以来，电能质量界往往关注电能质量监测、治理、评估标准化，虽然电能质量事件带来的经济损失已经受到了各方的重视，但由于涉及电能质量技术以及技术经济学等多种学科，一直没有团体或个人将经济性评估方法引入电能质量标准中。GB/Z 32880.1—2016《电能质量经济性评估　第1部分：电力用户的经济性评估方法》、GB/Z 32880.2—2016《电能质量经济性评估　第2部分：公用配电网的经济性评估方法》两项标准化指导性技术文件和GB/T 32880.3—2016《电能质量经济性评估　第3部分：数据收集方法》一项国家标准的发布实施首次统一了电能质量事件的数据收集方法，量化了电能质量事件给用户和电网公司带来的损失，为促进节能减排、社会可持续发展贡献了力量。本书也解读了这三项标准文件的内容，为读者进一步了解和使用这三项标准文件提供一些帮助。

同任何技术一样，电能质量技术也在不断进步和发展，电能质量的标准化工作也将随着技术的发展而发展，今后将会有更多的电能质量标准服务于工农业生产和人民生活。

1.4　未来电能质量标准化工作的展望

随着能源问题的日益突出，国家对新能源发展采取鼓励政策，目前能源与电力领域备受关注的重要议题是分布式电源的发展与应用。其发电机组可以是燃料电池、小型燃气轮机、燃气轮机与燃料电池的混合装置，也可以是包括风力、太阳能、生物质、海洋能等在内的可再生能源发电系统。随着新能源技术的发展,分布式发电和微电网正成为新世纪重要的能源选择。

然而,可再生能源发电并网运行会给主电网带来一系列问题,包括电压波动、直流偏磁、高次谐波等问题。这些问题的严重程度与所联电网的电压等级、短路容量、联网方式及其控制方法、电源的性质及其容量等密切相关。要适应我国可再生能源发电的迅速普及和发展,保证其接入电网的电能质量水平,就必须建立相应的指导性规范和管理制度。

同时,随着电力电子技术的发展和人们对电能质量认识的不断提高,如针对电能质量某个参数的专项治理装置的开发,产业化发展需要这类治理设备的标准化;对具体行业的电能质量评估标准化也已提上日程。不同负荷(如冲击负荷、敏感负荷等)的用电设备对电网的电能质量的影响,以及电气设备耐受特性方面的标准化和电能质量指标与严重程度的评估方法也得到广泛的关注。各行业对电能质量事件造成损失的认识也促进了对电能质量经济性评估方面标准化的发展。供给侧和需求侧(用电侧)电能质量的标准化都是未来的工作重点。

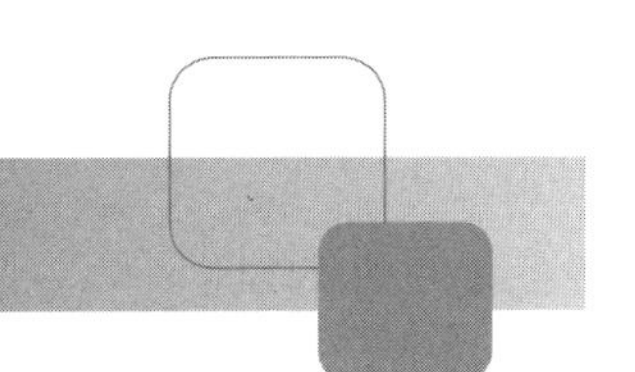

第2章　电能质量标准体系

2.1　概述

技术标准体系是某个技术领域范围内的标准按其内在联系形成的有机整体。由于标准体系具有集合性、目标性、可分解性、相关性、整体性、环境适应性等特征，标准体系用来指导标准化技术委员会的标准制修订工作。电能质量标准体系的研究旨在梳理国内外电能质量相关标准，建立符合我国电力系统实际现状以及发展趋势的电能质量标准体系，并根据电能质量技术的发展列出需要修订的现有标准，补充制定新的标准。

本章介绍在对国际和主要国家电能质量标准体系的统计和分析，以及分析我国现有电能质量标准体系的基础上，制定的新形势下的电能质量标准体系。

2.2　国外电能质量标准现状与发展趋势

国际上有关电能质量标准的制定有国际电工委员会(IEC)、美国电气电子工程师协会(IEEE)、欧洲电工标准化委员会(CENELEC，European Committee for Electro-technical)。国际大电网会议(CIGRE，International Council on Large Electric Systems)虽然不制定标准，但其有关电能质量的研究报告为标准的制定奠定了技术基础。

2.2.1　国际电工委员会(IEC)

国际电工委员会(IEC)制定与电能质量相关的国际标准的技术委员会主要有 IEC/TC 8(电能供应系统方面)、IEC/TC 77(电磁兼容)、IEC/TC 9(铁路电气设备和系统)、TC 82(太阳能光伏)、TC 85(电工仪表)、TC 88(风力机)，TC 57(电力系统管理及其信息交换)、TC 114(海洋能波浪、潮汐和水流发电装置)等也有一部分标准涉及电能质量。关于 IEC/TC 8 及其标准的相关内容在第一章中已有介绍，本章就不再赘述。

2.2.1.1　IEC/TC 77

IEC/TC 77(电磁兼容)的工作范围是准备电磁兼容领域的国际标准、技术规范和技术报告。主要研究“设备或系统在其电磁环境中能正常工作且不对该环境中任何事物构成不能承受的电磁骚扰的能力”，除 TC 77 外，还下设 3 个分技术委员会：IEC/SC 77A、IEC/SC 77B 和 IEC/SC 77C，分别研究低频现象、高频现象和瞬时高功率现象。IEC 对低频和高频的划分界线是 9kHz，高于 9kHz 为高频，9kHz 及以下为低频。IEC/TC 77 技术委员会主要成果体现在 IEC 61000 系列电磁兼容(EMC)标准上，工作范围涉及电磁环境、发射、抗扰性、试验程序和测量技术等规范,特别是处理与电力网络、控制网络以及与其相连设备等的电磁兼容性 EMC(Electro Magnetic Compatibility)问题。

IEC/TC 77 的主要任务是为 IEC 的电磁兼容专家及产品委员会制备基本文件,即 IEC 61000 系列标准。电能质量现象一般属于传导性电磁扰动,因此也被 IEC 纳入电磁兼容的 IEC 61000 系列标准范畴。IEC 61000 系列分为 6 部分,分别为定义术语、环境描述、限值水平、测量技术、安装与缓减导则和通用标准。这些标准中涵盖的电能质量现象有:谐波、间谐波、电压波动、电压暂降和短时中断、电压不平衡、电力载波传输、频率变化和直流分量。

IEC 61000 系列标准一般单独出版,IEC 61000 系列标准在内容结构上可简要描述如下:

1) IEC 61000 - 1 系列:给出了现象、测量等的相关定义与术语;

2) IEC 61000 - 2 系列:给出了低压和中压供电环境下的电压质量及其兼容水平;

3) IEC 61000 - 3 系列:按照设备容量给出了用电设备的电流扰动发射水平以及设备接入电网的评估方法,其中还给出了电网电压的规划水平;

4) IEC 61000 - 4 系列:不仅给出了电网内电压和电流质量的测试方法,还给出了各类设备的扰动水平和抗扰水平的测试方法及要求;

5) IEC 61000 - 5 系列:从安装和缓解措施上给出了相关导则以降低电磁干扰;

6) IEC 61000 - 6 系列:给出了各类电气环境的通用要求。

IEC/TC 77 有相当部分的标准已被我国采用。例如,IEC 61000 - 3 的电力设备发射限值及其接入电网评估方法、IEC 61000 - 4 的测试方法比较全面和合理,已经被我国等同采用为国家标准。

2.2.1.2 IEC 其他技术委员会制定的电能质量标准

1. IEC/TC 22/SC 22H

IEC/TC 22/SC 22H 的全称是 Power electronic systems and equipment/Uninterruptible power systems(UPS)(电力系统和设备标准化技术委员会/不间断电源分技术委员会),这个分技术委员会制定的电能质量相关标准是 IEC 62040 - 3,最新版本为 2011 年发布。

IEC 62040 - 3:2011　Uninterruptible power systems(UPS)—Part 3:Method of specifying the performance and test requirements　不间断电源系统(UPS)　第 3 部分:性能规定方法和试验要求

2. IEC/TC 38

IEC/TC 38 的全称是 Instrument transformers(仪表用互感器),与电能质量相关的标准有 IEC/TR 61869 - 103。

IEC/TR 61869 - 103:2012　Instrument transformers—The use of instrument transformers for power quality measurement　互感器　电能质量测量用仪表互感器

3. IEC/TC 82

IEC/TC 82 的全称是 Solar photovoltaic energy systems(太阳能光伏系统),由于近年来大力发展可再生能源,且由于天气的不确定性造成了太阳能发电电能质量的不稳定性。国际上开始加大了太阳能光伏系统中有关电能质量的标准制定,其制定的标准有:

1) IEC 60891:2009　Photovoltaic devices—Procedures for temperature and irradiance corrections to measured I-V characteristics　光伏器件　测定电流电压特性的温度和辐照度校正方法用程序

2) IEC 60904-1:2006　Photovoltaic devices—Part1:measurement of photovoltaic current-voltage characteristics　光伏器件　第 1 部分:光伏器件电流电压特性的测试

3) IEC 60904-1-1:2017　Photovoltaic devices—Part 1-1:Measurement of current-voltage characteristics of multi-junction photovoltaic(PV)devices　光伏器件　第 1-1部分:多节光伏器件电流电压特性的测试

4) IEC 61683:1999　Photovoltaic systems—Power conditioners—Procedure for measuring efficiency　太阳能光伏系统　功率调节器　效率测试程序

5) IEC 61829:2015　Photovoltaic(PV) array—On-site measurement of current-voltage characteristics　光伏阵列　电流电压特性的现场测量

6) IEC 62116:2014　Utility-interconnected photovoltaic inverters—Test procedure of islanding prevention measures　并网连接式光伏逆变器　孤岛防护措施测试方法

7) IEC/TS 62257-1:2015　Recommendations for renewable energy and hybrid systems for rural electrification—Part 1:General introduction to IEC 62257 series and rural electrification　新能源和混合动力系统的农村电气化建议　第 1 部分:IEC 62257 系列标准介绍和农村电气化通则

8) IEC/TS 62257-2:2015　Recommendations for renewable energy and hybrid systems for rural electrification—Part 2:From requirements to a range of electrification systems　新能源和混合动力系统的农村电气化建议　第 2 部分:从需求到电气化系统

9) IEC/TS 62257-7-1:2010　Recommendations for small renewable energy and hybrid systems for rural electrification—Part 7-1:Generators—Photovoltaic generators　新能源和混合动力系统的农村电气化建议　第 7-1 部分:发电机　光伏发电机

10) IEC/TS 62257-9-1:2016　Recommendations for renewable energy and hybrid systems for rural electrification—Part 9-1:Integrated systems—Micropower systems　新能源和混合动力系统的农村电气化建议　第 9-1 部分:集成系统　微动力系统

11) IEC/TS 62257-9-2:2016　Recommendations for small renewable energy and hybrid systems for rural electrification—Part 9-2:Microgrids　新能源和混合动力系统的农村电气化建议　第 9-2 部分:微电网

12) IEC 62670-2:2015　Photovoltaic concentrators(CPV)—Performance tes-

ting—Part 2:Energy measurement　光伏器件(CPV)　性能测试　第2部分:能源测量

4. IEC/TC 85

IEC/TC 85的全称是Measuring equipment for electrical and electromagnetic quantities(电气和电磁量的测量设备),其制定的电能质量相关标准有:

1) IEC 62586-1:2017 Edition 2.0(2017-05-23)　Power quality measurement in power supply systems—Part 1:Power quality instruments(PQI)　供电系统的电能质量测量　第1部分:电能质量仪器(PQI)

2) IEC 62586-2:2017 Edition 2.0(2017-03-07)　Power quality measurement in power supply systems—Part 2:Functional tests and uncertainty requirements　供电系统电能质量测量　第2部分:功能测试和不确定度要求

3) IEC 61557-12:2007　Electrical safety in low voltage distribution systems up to 1000V a.c. and 1500V d.c.—Equipment for testing,measuring or monitoring of protective measures—Part 12:Performance measuring and monitoring devices(PMD)　交流1kV和直流1.5kV以下低压配电系统电气安全、防护措施的试验、测量或监控设备　第12部分:性能测量和监控装置(PMD)

5. IEC/TC 114

IEC/TC 114的全称是Marine energy—Wave,tidal and other water current converters(海洋能源　波浪、潮汐和水流转换装置),利用波浪、潮汐和水流转换装置发电是近年来新开发的一种电力生产方法,这个组织正在制定的相关电能质量标准,即IEC/TS 62600-30:

IEC/TS 62600-30 ED1 Marine Energy—Wave,tidal and other water current converters—Part 30:Electrical power quality requirements for wave,tidal and other water current energy converters　海洋能源　波浪、潮汐和水流转换装置　第30部分:波浪、潮汐和水流发电的电能质量要求。预计2018年发布。

2.2.2 欧洲

欧洲地区标准化组织对电能质量的理解,包括三个方面:电压质量、电流质量和频率质量。而其中电压质量又称电压幅值质量,电压幅值质量主要受供电侧影响;电流质量,主要受用户影响;频率一般就是指系统供电的同步频率,在电源较弱的地区,随着大容量的有功负荷的较快变化,系统频率会出现周期性或非周期性的偏移,目前的调频控制技术和发电管理已经能够较好地控制频率变动。从现有的统计和研究结果来看,破坏程度较为严重的是电压幅值质量问题,这也是近年国内外研究重点,故狭义上的电能质量主要是指电压质量。这种理解影响到欧洲相关标准的修订,除大部分采用IEC 61000系列标准外,自身制定的通用的包含电压、电流、频率的标准很有限,最主要的电能质量标准就是EN 50160公共配电系统的供电电压质量标准。这是欧洲国家强制执行的电网电压质量评估标准,是国际第一个关于供电产品的质量标准。1994年第一版颁布至今,历经

1999 年、2007 年、2010 年的三次修订，最新版为 2010 年颁布的《公共电网供电电压特性》。

EN 50160《公共电网供电电压特性》，源于欧盟《产品责任指令》85/374/EEC、《电磁兼容指令》89/336/EEC。为了促进欧盟的自由贸易，欧盟各成员国 1985 年开始统一技术标准。85/374/EEC 指令第 2 条第一次提出了电是一种产品，因此必须定义基本的供电特性。1989 年，国际发配电联盟 UNIPEDE（现已更名为欧洲电力工业联盟 Eurecectric）为保证配电网及所联负载可靠运行，定义了中低压配电网电能的物理特性。欧洲电工标准化委员会在 UNIPEDE 文件的基础上，组成电能的物理特性工作组（BTTF 68－6），针对中低压配电系统三相供电电压的频率、幅值、波形、对称性，于 1994 年提交了《公共配电系统供电电压特性》，该标准批准与给定的编号为 EN 50160。

EN 50160—2010 Voltage characteristic of electricity supplied by public electricity networks 2010 版增加高压等内容，由 CEER（欧洲能源监管委员会，Council of European Energy Regulators）专家加入 CENELEC TC 8X/WG1 合作提交，新版本更名为《公共电网供电电压特性》。EN 50160 将电压质量按是否是连续现象对电压事件分类，见表 2－1。

表 2－1　电压质量分类

持续的扰动现象	偶发的电压事件
一段时间里连续出现的电压扰动现象	电压方均根值、电压波形突然发生显著变化
可通过有限的观测时间来评估（1 天或 1 星期）	偶然出现，必须长时间连续监测
供电电压偏差、闪变、电压不平衡、谐波畸变、间谐波、电网信号电压	供电电压暂降、供电电压中断、供电电压暂升（暂时工频过电压）、电压快速变动、瞬态过电压

其范围与背景为：低压：$U_n \leqslant 1\text{kV}$；中压：$1\text{kV} < U_n \leqslant 36\text{kV}$；高压：$36\text{kV} < U_n \leqslant 135\text{kV}$；正常运行状况下在用户供电端的电压特性；满足负荷需求，不出现外部影响或大的事件引起的异常状况时，可通过自动装置及保护措施进行系统切换和清除故障的状态。

EN 50160 对供电电压偏差、电力系统频率偏差、电压谐波、电压不平衡度、电压波动和闪变、电压暂降、短时中断、长时中断、暂时过电压、瞬间过电压的限值都做了相关规定。欧洲其他国家在制定电能质量的要求时，只能高于欧盟标准。例如，挪威的监管机构 NVE（Norwegian Water Resources and Energy Directorate），缩短了电能质量参数的测量累计时间：由 10min 降至 1min；强制要求 100％运行时间均符合标准（EN 50160 要求为 95％），一些限值要求更高，见表 2－2。匈牙利的监管机构 Hungarian Regulatory Agency 降低电能质量参数的测量累计时间：由 10min 降至 3s。瑞典 Swedish Regulation 制定的 EIFS 2011:2 规定限值与 EN 50160 相同，但要求 100％运行时间不得超标。

表 2-2 挪威电网电压质量标准与 EN 50160 对比

电能质量参数	EN 50160	挪威:电压质量要求
主要参数评估时间	95%	100%
RMN 计算平均时间	10min	1min
闪变严重度	95%值,$P_{lt}\leqslant 1$	100%值,$P_{lt}\leqslant 1$; 95%值,$P_{st}\leqslant 1.2$
低压网 电压快速变动	一般不超过 5%; 特殊情况,1 天几次达 10%	高达 10%的变动,每天允许 1 次; 高达 5%的变动,每天允许 24 次; 每天 24 次以上的变动,幅值不能高于 3%
THD(低压与中压)	10min 平均值,8%	10min 平均值,8%; 一周平均值,5%
高阶次谐波	高于 25 次的谐波分量,无限值	高阶次谐波设置限值
超高压(EHV)	无限值; 联至此电压等级的用户: 供用电双方订立电能质量合同	高压及超高压电网:推荐限值 如:电压快速变动、闪变、谐波、电压不平衡

欧洲的电能质量测量和评估采用 IEC/TC 77 的内容,广泛采用了 IEC 61000 系列标准作为欧洲标准。制定广泛意义的标准非常困难,而 IEC 的标准已经广泛为国际社会接受并采用,于是 CENELEC 与 IEC 广泛合作。欧盟地区内实行的标准中有 66%与 IEC 的对应标准完全相同,另有约 10%的标准只是对 IEC 的标准做了少许修改,如增加共同市场对人身安全的警示内容,其余约 24%才是欧盟自己修订的标准。包括随着欧洲可再生分布式能源的应用,欧洲将 IEC 61400-21 风力发电机组电能质量测量和评估方法转化为 EN 61400-21。

欧洲的整个电能质量体系同 IEC 类似,并增加了详尽的电能质量限值标准。将供电电压偏差、电力系统频率偏差、电压谐波、电压不平衡度、电压波动和闪变、电压暂降、短时中断、长时中断、暂时过电压、瞬间过电压归结为电压指标,在 EN 50160 公共电网供电电压特性中规定了其限值。而在其他方面,电能质量评估以及新能源方面的电能质量标准方面,欧洲则直接转化 IEC 的标准。

2.2.3 电气和电子工程师学会(IEEE)

电气和电子工程师学会(Institute of Electrical and Electronics Engineers,IEEE)总部位于美国,是一个非营利性科技学会,是世界上最大的专业技术组织之一,致力于推动电工技术在理论方面的发展和应用方面的进步。该组织在太空、计算机、电信、生物医学、电力及消费性电子产品等领域中都是主要的权威。

IEEE 发表的技术文献占到了全球同类文献的 30%。

IEEE 也制定标准，目前已经制定和正在制定的标准大约有 1300 项，在技术领域工业标准的制定方面处于领先。在美国，电能质量标准主要由 IEEE 制定，美国国家标准学会（ANSI）根据美国实际情况，转化 IEEE 标准为美国国家标准。IEEE 下属 38 个协会和 7 个专业委员会，其中的 IEEE 电力和能源协会（IEEE Power & Energy Society，IEEE PES）分管电力领域的学术交流、标准制定、会员培养等。

2.2.3.1　IEEE 电能质量分委员会

IEEE 电能质量标准的制定工作主要由 PES 的输配电委员会（Transmission and Distribution Committee）下属的电能质量分委员会（The Power Quality Subcommittee）分管，电能质量分委会成立于 2002 年，设多个工作组，各工作组及主要负责内容情况分述如下：

1. 谐波工作组（Working Group on Harmonics），主要负责电力系统谐波限值、波建模及其仿真、谐波的随机性分析、间谐波和低压有源滤波方面的标准工作；

2. 电压质量工作组（Working Group on Voltage Quality），主要负责电压闪变和电压跌落方面的工作；

3. 电能质量监测工作组（Working Group on Monitoring Electric Power Quality），主要负责交流供电系统电能质量监测和电能质量的数据传输方面的工作；

4. 电能质量解决方法工作组（Working Group on Power Quality Solutions），主要负责电子设备与电力系统兼容性评估、定制电力和低压系统电能质量解决方法方面的工作；

5. 电能质量相关活动工作组（Working Group on Power Quality Activities），负责电能质量标准的协调与计划、电能质量信息的发布、教育、计划和电能质量技术工作会议。

IEEE 电能质量分委员会发布的标准有：

1）IEEE SA 519—2014　IEEE Recommended practices and requirements for harmonic control in electrical power systems　电力系统谐波控制推荐实施规范和要求

2）IEEE SA 1159—2009　IEEE Recommended practice for monitoring electric power quality　电力系统电能质量监测推荐实施规范

3）IEEE SA 1159.3—2003　IEEE Recommended practice for the transfer of power quality data　电能质量数据交换格式推荐实施规范

4）IEEE SA 1250—2011　IEEE Guide for service to equipment sensitive to momentary voltage disturbances　瞬时电压干扰敏感设备服务指南

5）IEEE SA 1409—2012　IEEE Guide for application of power electronics for power quality improvement on distribution systems rated 1kV through 38kV　提高 1kV～38kV配电系统电能质量的电力电子技术应用导则

6）IEEE SA 1453—2011　IEEE Recommended practice：Adoption of IEC 61000-4-15：2010，Electromagnetic compatibility（EMC）—Testing and measurement techniques—Flickermeter—Functional and design specifications IEC 61000-4-15:2010 电磁兼容(EMC)的应用 测试与测量技术 闪变计 功能与设计推荐实施规范

7) IEEE SA 1453.1—2012 IEEE Guide:Adoption of IEC/TR 61000-3-7:2008, Electromagnetic compatibility(EMC)—Limits—Assessment of emission limits for the connection of fluctuating installations to MV,HV and EHV power systems IEEE 指南 采用IEC/TR 61000-3-7:2008 电磁兼容(EMC)的应用 限值 连接到中压、高压和超高压电力系统的波动性设备发射限值评估

8) IEEE SA 1564—2014 IEEE Guide for voltage sag indices 电压跌落指标指南

电能质量分委员会正在制定的标准有:

1) P1159.1:Guide for recorder and data acquisition requirementsfor characterization of power quality events 描述电能质量事件的数据获得及记录要求指南(inactive)

2) P1159.2:Power quality event characterization 电能质量事件的特性(inactive)

3) P1495:Standard for harmonic limits for single-phase equipment 单相设备的谐波限值标准(inactive)

2.2.3.2 IEEE 其他与电能质量相关的分委员会

电能质量问题涉及的范围相当广泛,在 IEEE 内部,有些专委会如电容器分委会(the Capacitor Subcommittee)、高压直流输电及柔性交流输电分委会(HVDC & FACTS Subcommittee)、IEEE 电力工程分委会(powerand energy society)、电力系统仪器和测量委员会(Power System Instrumentation and Measurements Committee),其工作内容都与电能质量问题相关。

这些委员会或分委会制定的电能质量相关标准如下:

1) IEEE SA 18—2012 IEEE Standard for shunt power capacitors 并联电力电容器标准

2) IEEE SA 824—2004 IEEE Standard for series capacitor banks in power systems 电力系统串联电容器组标准

3) IEEE SA 1036—2010 IEEE Guide for application of shunt power capacitors 并联电力电容器的应用指南

4) IEEE SA 1531—2003 IEEE Guide for application and specification of harmonic filters 谐波过滤器的应用和规范指南

5) IEEE SA 1534—2009 IEEE Recommended practice for specifying thyristor controlled series capacitors 晶闸管控制的串联电容器的推荐实施规范

6) IEEE 1124—2003 IEEE Guide for analysis and definition of DC side harmonic performance of HVDC transmision systems HVDC 传输系统的直流侧谐波性能分析和定义指南

7) IEEE 1585—2002 IEEE Guide for the functional specification of medium volt-

age(1kV～35kV)electronic series devices for compensation of voltage fluctuations 电压波动补偿用中压(1kV～35kV)电子串联设备的功能规范指南

8) IEEE 1623—2004 IEEE Guide for the functional specification of medium voltage(1kV～35kV)electronic shunt devices for dynamic voltage compensation 动态电压补偿用中压(1kV～35kV)电子并联设备的功能规范指南

9) IEEE SA 1031—2011 IEEE Guide for the functional specification of transmission static var compensators SVC 功能特性导则

10) IEEE SA 1303—2011 IEEE Guide for static var compensator field tests SVC 现场试验导则

11) IEEE P 1726 Guide for the functional specification of fixed transmission series capacitor banks 固定传输串联电容器组功能规格指南(正在制定)

12) IEEE SA 1459—2010 IEEE Standard definitions for the measurement of electric power quantities under sinusoidal,nonsinusoidal,balanced,or unbalanced conditions 正弦波、非正弦波、平衡系统、非平衡系统条件下电能质量参数测试的定义标准

13) IEEE Std 1668—2017 IEEE Recommended Practice for Voltage Sag and Short Interruption ride-rhrough testing for end-use Electrical Equipment Rated Less than 1000 V 1000V 以下终端电气设备电压暂降与短时中断穿越性能标准

2.2.4 日本

日本工业标准委员会(Japanese Industrial Standards Committcc,JISC)成立于1946年,总部位于日本东京。2001年之前,JISC是隶属于日本通商产业省工业技术院(AIST)的标准部,现在是日本经济产业省产业技术环境局附属机构。JISC的主要职责是制定和维护日本国家标准,参加国际标准化活动。

日本是世界上工业化水平很高的国家之一,其电力工业的建设也得到长足的发展。一方面,随着日本信息化技术的推进,高精密加工业的发展,敏感负荷越来越多,对供电质量的要求日益提高;另一方面,日本积极推进电力体制改革,独立电源提供商的加入及分布式电源技术、电力电子技术的发展又对电能质量的提高提出新的挑战。因而,电能质量的调查分析、检测、控制、标准制定等已成为日本电力界从电力公司、电气设备制造商到大学、科研机构普遍关心的课题。

日本较为系统地关注电能质量相关标准是从20世纪80年代开始的。成立了专门的电压调控对策研究组、谐波对策导则制订小组、电压暂降问题及其对策研究小组等。近年来,各大电力公司、电气设备制造公司及科研机构、院校等选题中有大量关于电能质量标准的研究与修订工作。

在日本,电能质量的标准或导则主要针对频率偏差、电压偏差、电压暂降、闪变及谐波。有关频率偏差、电压偏差及闪变的标准已成为经典性文件,近期未曾做过大的修订,这里只给出简单的汇总。有关电压暂降虽然日本开展了大量的研究和开发工作,包括暂

降仿真分析软件的开发、暂降治理设备的开发和应用，有一些企业标准，但尚未形成国家标准。为推进工业体系的国际化，日本积极推广和采纳 IEC 标准。一些标准或导则的制订主要依据 IEC 标准形成。近期较为系统和全面制订的法规性文件主要包括：《高压电力用户谐波抑制对策导则》《家用电器、通用设备谐波抑制对策导则》及《分散电源与公共电网连接技术导则》。本书主要针对这三个导则进行分析和介绍，以期对我国电能质量标准体系修订提供有价值的参考。

除了等同采用 IEC 61000 系列标准之外，日本制定的与电能质量相关的标准如下：

1）JIS TRC0014 1999　电压波动与闪变的限值标准

2）JIS C1006－4－8 2003　电力系统工频电磁干扰测定标准

3）TR C0007 1997　电磁兼容术语标准

4）TR C0008 1997　电磁兼容：电磁环境分类标准

5）TR C0009 1997　电磁兼容：工业企业供电中低频传导电磁辐射干扰水平评估标准

6）TR C0012 1997　电磁兼容：低频传导干扰和信号采集环境描述标准

7）TR C0013 1997　电磁兼容：低频传导干扰和信号采集环境兼容水平标准

8）TR C0014 1997　电磁兼容：负载电流大于 16 安的低压系统电压波动与闪变限值标准

9）TR C0015 1997　电磁兼容：中压和高压系统中非线性负荷引起的电磁辐射限值标准

10）TR C0025 1997　电磁兼容：闪变测试仪的功能和设计规范

11）JEC－158 1970　电力系统电压等级标准

12）JEC－0222 2002　标准电压

13）JEC－2410 1998　半导体电力变换装置标准

14）JEC－2420 2002　晶闸管交流电力变换装置标准

15）JEC－2433 2003　不间断电源系统标准

16）JEC－2440 1995　全控半导体器件电力变换装置标准

17）JEAC 9701－2006　分散电源与公共电网连接技术导则

18）JIS C 1400－21－2005　并网风电机组电能质量测定与评价导则

注：日本电气学会（Japanese Electrotechnical Committee，JEC）；日本电气规格委员会（Japan Electric Association Code，JEAC）；日本工业标准（Japanese Industrial Standards，JIS）。

1. 电压偏差

日本有关电压偏差的标准主要针对供电系统制定。101V 居民用电允许偏差±6V 即±6%，偏远农村地区偏差允许范围为－7%～＋9%；202V 居民用电允许偏差±10%；动力用电允许偏差±10%。事故后运行方式下，各允许值可扩大 5%。

2. 频率偏差

日本电力系统 50Hz 与 60Hz 共存。允许偏差均为±0.1Hz。因而，对标称频率为 50Hz 系统，以标称值为基准的百分比值为±0.2%；而对标称频率为 60Hz 的系统，以标称值为基准的百分比值为±0.17%。

3. 电压闪变

日本在制定闪变标准和协调其国产闪变仪的规格时，通过抽样统计 580 人对闪变觉察率 F(%)来描述。在闪变觉察率 $F=50\%$且调幅波峰谷差ΔV_{10}为 0.45。由于日本居民照明供电的标准电压为 100V，所以，这时ΔV_{10}用%表示亦为 0.45%。

根据在 1h 内获得的 60 个数据，取第 4 大值为最大值。日本的闪变限值通过 A、B 两组给出。通常 A 组取 0.45%，B 组则放宽到 0.58%。

4. 谐波

日本通商产业省于 1994 年 10 月颁布了《高压电力用户谐波抑制对策导则》。与 1990 年颁布的《家用电器、通用设备谐波抑制对策导则》共同构成了有关谐波抑制与管理的指南性文件。其中前者为使公共电网谐波水平达到要求(6.6kV 系统，电压 THD 小于 5%；6.6kV 以上系统，电压 THD 小于 3%)，从公共电网受电的电力用户，其设备的谐波电流必须抑制在其规定的范围之内；后者则是为了保证公共电网谐波环境标准，对家用电器、通用设备在设计过程中"产生谐波电流的水平"及"测定方法"等给予阐述。

日本的谐波标准依据 IEC 形成，因此，IEC 有关谐波标准的修订通常会促使日本谐波标准修订。日本电力中央研究所在 2010 年前后系统开展了谐波标准修订，所带来的影响主要如下：间谐波应作为测量与评估的内容(日本 JISC 61000-4-7 等同于 IEC 61000-4-7)；IEC 新的谐波测量方法采用平均法，降低了谐波最大值水平，相当于放松了对谐波的要求；高次谐波(>21)采用 partial odd harmonic factor(分段奇次谐波因数)处理，相当于放松了对谐波的要求。例如，27 次～39 次谐波为限值的 50%，21 次～27 次谐波限值可以扩展到 150%。

日本电能质量相关标准值得关注。从 20 世纪六七十年代开始，日本开始制定有关供电频率和电压允许变动的指南性标准，从 20 世纪七八十年代开始，制定限制谐波电压和电流畸变、电压波动等推荐导则。近十几年来，随着供用电环境的变化，这些导则不断修订和完善，一方面结合日本自身的实际情况，另一方面努力与 IEC 标准统一。其相关的电能质量体系也是基本上由本国的限值标准和引入 IEC 的测试评估标准构成。同时日本还有本国的电能质量治理装置的相关标准，还有待进一步完善。

2.2.5 国际大电网会议(CIGRE)

国际大电网会议(CIGRE，International Council on Large Electric Systems)是世界领先的电力系统组织之一，其业务涉及技术、经济、环境、组织、管理等方面。它不制定标准，但是它对各技术领域的关注和研究还是值得参考的，其相关的研究报告为标准的制定奠定了技术基础，有必要对其进行统计和分析，以对电能质量标准体系加以补充和完善，保持先进性。

CIGRE 建立于 1921 年，总部设在法国，是一个常设的、非盈利性的国际组织，目前包含 57 个国家委员会，16 个专委会，其宗旨是：

1. 促进并发展各国工程人员与技术专家之间关于发电与高压输电的工程知识与信息的交流。

2. 综合技术发展现状和国际实践经验，为交流所得的知识和信息增值。

3. 在电力领域，让经营者、决策者和管理者们了解 CIGRE 的成果。

CIGRE 的核心业务，是一切有关电力系统的规划和实施，以及设计、建设、维护和高压设备及厂房的处理的问题。电力系统中的安全措施、遥控和远程通信设备、信息系统等也是 CIGRE 关心的领域。其中与电能质量相关的专委会是 C4 电力系统技术特性（C4 System Technical Performance），负责领域包括电能质量特性、电磁兼容、电力系统安全评估、闪变、绝缘配合等。对电能质量特性的研究涉及供电的连续性和电压质量（幅值、波形、频率、对称性），分析包括测量和仿真方法、质量指标的确认、监测技术、扰动设备的干扰、敏感设备的安全性以及缓解措施。其相关工作组发布的相关技术手册如下：

1）CIGRE－C4.07 工作组：电能质量和目标值

2000 年，国际大电网会议组织 CIGRE 成立一个工作组 WG36.07，后更名为 WG C4.07/CIRED，工作组的任务就是研究可用的电能质量测量数据和现有的 MV、HV、EHV 系统的指标，来推荐一套国际性的电能质量指标和目标值。

2）CIGRE－CIRED JWG C4.107 工作组：电能质量经济学框架

为了评估经济性，该工作组将电能质量分为两类，即连续变动型：例如，电压变动、闪变、电压不平衡、谐波和间谐波电压；离散事件型：突然的电能质量事件，如暂降、暂升、停电和暂时过电压等。该报告旨在提出电能质量经济性分析的框架，主要就怎样收集和分析用户电能质量经济性损失及其治理成本等提出标准化的方法。

3）CIGRE/CIRED/UIE JWG C4.110 工作组：设备与设施的电压暂降免疫力

该工作组于 2006 年成立，2010 年形成工作组技术报告。报告旨在对电力系统与用户电力设施之间的电压暂降兼容性提高认识与改善。

4）CIGRE WG C4.108 工作组：低压、中压、高压系统中的闪变

该技术手册记载了目前关于快速电压变化的工业实例，并展示这些变化之大，不能与现有的标准和指南保持一致。主要是由于目前在闪变要求方面，现有标准存在很多矛盾。但是，现有本领域的研究致力于在量化快速电压变化方面提出新的量化指标，这些新指标和样本实验结果也在该工作组的报告中记录。

此外，B4 高压直流输电（HVDC）和电力电子技术专委会也关注提高电能质量的电力电子技术，包括其经济性、应用、规划、设计、性能、控制、保护、建造和检测。

CIGRE 一般以技术报告的形式形成推荐的指标量，并没有形成约束性的标准，但是为国际电工委员会 IEC 的标准制定做了技术准备。因此，在我们建立电能质量标准体系

时，有必要考虑其相应的研究方向和研究内容，以达到标准体系制定的全面性和先进性。而在制定相关标准时，CIGRE 则提供了良好的技术参考。CIGRE 对低压、中压、高压系统中的闪变非常关注，对于提高电力系统与用户电力设施之间的电压暂降兼容性的认识与改善非常重视，并将电能质量经济性评估作为其工作的一部分，这些都是在电能质量标准体系中应加以考虑和借鉴的部分。

2.3　标准体系及建立原则

体系是指若干有关事物或某些意识相互联系的系统构成的一个有特定功能的有机整体。技术标准体系是某个技术领域范围内的标准按其内在联系形成的有机整体。由于标准体系具有集合性、目标性、可分解性、相关性、整体性、环境适应性等特征，标准体系用来指导标准化技术委员会的标准制修订工作。

电能质量标准体系应与我国高技术发展、工农业生产和社会生活要求、智能电网及分布式电源的发展相匹配，使国家标准和行业标准协调统一，规范和指导我国电能质量产业化有序发展。电能质量标准体系的构建主要遵循以下原则：

（1）系统性

电能质量标准体系应覆盖电能质量的相关技术领域，指导电网企业、发电、输电、配电及用电设备制造商、电力用户和电能质量测试评估以及控制治理设备制造商的生产和实践，支持发电、输电、配电及用电各方的发展，协调和统一有关技术问题，以达到社会效益最大化。制定电能质量标准体系应从系统角度出发，根据系统的各组成要素从多角度综合考虑，形成有机完整的体系，保证技术标准的一致性，指导电能质量技术标准的制修订。

（2）协调性

电能质量涉及众多行业和领域及其数据和信息的采集、传输、测试、评估和分析等技术环节，各环节的标准之间，尤其是各节点相互连接过程中涉及的标准要充分考虑其逻辑性，以保证各标准之间的有效协调配合。此外，标准之间都有着不同程度的相关性，需要考虑各个行业和领域间的协调与合作，需要对各行业已经颁布的相关标准进行深入的研究梳理，按照重要程度和相关程度，将其中和电能质量相关的、互相影响互相衔接的标准纳入电能质量技术标准体系，以确保现有、正在制定和将要制定的不同行业的标准之间的协调性。

（3）自主性

电能质量技术标准体系需要充分考虑我国电能质量产业发展的现状和趋势，建立我国自己的电能质量技术标准体系，支持我国具有自主知识产权的设备研发和应用。同时，充分研究国际先进国家电能质量技术标准体系，结合我国电能质量产业应用与发展情况，分析和梳理国际电能质量技术标准，确定适当的采标方式，推动我国电能质量标准国际化以及国际标准中国化。

（4）兼容性与开放性

随着各种新技术的发展和电力电子设备应用的增加（如高速铁路覆盖面的不断增

加，以及对电能质量有较高要求的敏感设备的应用的增加），智能电网和分布式电源的不断发展，这些标准应是现有电能质量标准体系的完善、补充。现有电能质量标准体系对各行业的电能质量标准应具有兼容性。

电能质量技术标准体系应该是一个开放的体系，能够及时更新、扩展、与时俱进，适应电能质量新技术的发展需求，并始终保持先进性。

2.4 电能质量标准体系架构

综上所述，新形势下的电能质量技术标准体系应是一个具备系统性、协调性、自主性、兼容性和开放性的层级结构。考虑现有电能质量标准的情况，以电能质量的基础标准和限值标准为根本，全面考虑电力生产消费的全过程和发输供配用电各方，涉及的电能质量问题可以归结为规划、评估、监测与分析（计量）和控制几个方面，这是电能质量标准体系的主体；电能质量的经济性、管理和解决方法涉及节能减排和能源高效利用的电能质量宏观管理问题，同样不容忽视，是电能质量标准体系的有机组成部分；电网中各类新能源及特殊负荷的接入，以及微电网和智能电网等新技术的发展，其电能质量问题不同于传统电能质量问题，需要加以重视，专门进行研究和规范，这构成了电能质量标准体系的重要补充部分。因此，电能质量标准体系框架如图 2－1 所示，包含 14 个系列标准，分别为：电能质量基础系列，电能质量指标限值和基本要求系列，电能质量规划系列，电能质量指标评估系列，电能质量监测、分析和计量系列，电能质量控制及治理系列，各类能源接入和评估系列，各类负荷接入和评估系列，微电网系列，智能电网系列，电能质量管理系列，电能质量经济性系列，电能质量解决方法系列和其他。

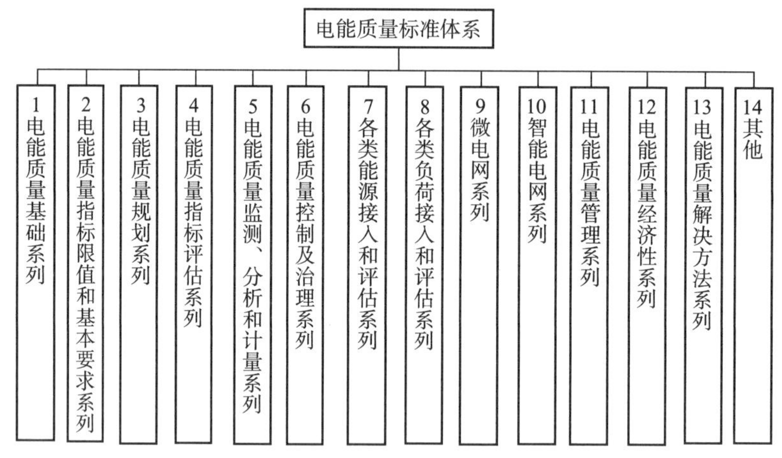

图 2－1 电能质量标准体系框架

2.4.1 电能质量基础类标准

电能质量基础类标准主要是确定基本的电压、电流和频率标准，明确电能质量及相关微电网、智能电网等体系中相关术语的定义，并对电能质量现象进行分类，用以指导和统一对电能质量现象的认识。主要包括标准电压、标准电流、标准频率以及电能质量术语、电特性的标准化、电能质量现象及分类等标准。

2.4.2　电能质量指标限值和基本要求

电能质量指标限值和基本要求标准，主要对电能质量的相关指标限值及测量取值方法给出规定，按照指标来分类，包括电力系统频率偏差、供电电压偏差、电压波动和闪变、公用电网谐波和间谐波、三相电压不平衡、暂时过电压和瞬态过电压、电压暂降和短时中断、长时断电、电压波形缺口、电能质量可靠性要求、供电连续性和信号电压等指标，对劣质电能带来的污染进行控制和管理，指导各方生产。同时随着新技术的发展，可能出现新的电能质量现象和问题，出现新的电能质量指标。

2.4.3　电能质量规划标准

电能质量规划标准对电力系统的建设过程提出电能质量的要求，可按照建设对象分为总则、发电厂、输配电网、用户类、分布式电源与微电网、敏感负荷类、照明类、新能源电力变换与并网各类规划导则，用以指导各方在基本建设的规划阶段就考虑电能质量问题，规定规划时应遵循的电能质量控制原则及规划方法。2017 年 9 月，“电能质量规划总则”国际标准新工作项目提案通过国家标准化主管部门提交到对应的国际电工委员会 IEC/TC 8，并于 2018 年初获得了 IEC/TC 8 的投票通过，目前该国际标准化正在制定中。同时，SAC/TC 1 提交的国家标准计划项目也得到了批准，国家标准同步制定中。

2.4.4　电能质量指标评估标准

电能质量指标评估标准规定各电能质量指标的统计与评估方法，统一各方对电能质量指标的认识，分为单项指标评估和综合评估。

2.4.5　电能质量监测、分析和计量标准

电能质量监测、分析和计量标准规定电能质量在监测、分析和计量时的方法，以及相关设备的技术要求和现场操作规范。主要包括公用电网的电能质量监测设备通用要求、电能质量专项指标监测标准、电能质量检测导则、电能质量监测数据规约和通信协议、传感器通用技术要求、电能质量专项指标分析仪器标准和劣质电能质量计量标准等。随着技术的发展和用户的要求，电力用户侧电能质量在线监测技术的标准化需求也逐步提上议事日程。

2.4.6　电能质量控制及治理标准

电能质量控制及治理标准规定用于电能质量治理和控制设备的技术要求，可按照设备的不同进行分类，主要包括但不限于电能质量控制设备通用技术要求、静止无功补偿装置(SVC)、串联补偿装置、无源滤波兼无功补偿装置、低压动态无功谐波综合补偿装置、有源滤波器(APF)、静止无功发生器(SVG)、动态电压恢复器(DVR)、固态切换装置(SSTS)、磁控电抗器(MCR)以及有源暂降与短时中断补偿装置等电能质量控制装置、不

平衡电流综合治理装置。对电能质量控制与治理设备的标准化，统一相应技术要求，有利于制造商的生产和用户的选择。随着新技术的发展，将会有更先进的控制及治理设备的出现，系列标准也将随之发生变化。

2.4.7 各类能源接入和评估标准

电能质量要求类标准，主要用于接入系统的电源及用户负荷对电能质量影响的要求以及评估准则。其中能源接入主要包括分布式电源配网并网、规模化新能源发电并网及储能并网所带来的电能质量变化而产生的技术要求和评估标准。随着新能源种类的不断产生，分布式电源的含义也会逐渐充实，涉及分布式电源的单项标准也会发生变化。

2.4.8 各类负荷接入和评估标准

负荷接入和评估标准主要包括敏感负荷和冲击负荷的接入和评估标准。这两类负荷与电能质量的相关性更大，有必要考虑其负荷的特殊性，建立专门的负荷接入和评估标准。新技术、新产品的应用会带来新的电能质量问题，例如，电动汽车既可作为负荷也可作为电源，电动汽车充换电站的电能质量的评估也有一个标准化问题。

2.4.9 微电网标准

随着微电网的发展，微电网与大电网的关系也变得越来越重要。微电网的规划设计、微电网的运行与控制、微电网的保护以及微电网的能量管理等技术要求的统一变成亟待解决的问题，相应的标准也应加快建立。由我国专家为主牵头制定的三项 IEC 微电网标准中，一项标准“IEC/TS 62898 - 1　微电网　第一部分：微电网项目规划与设计导则”已于 2017 年 5 月正式发布，预计 2018 年年底，另一项微电网标准 IEC/TS 62898 - 2 也将正式发布。由这两项国际标准等同采用为能源行业标准也正在按计划制定中。

2.4.10 智能电网标准

智能电网建设是一项耗资大、跨时长的巨大工程，在实施前制定相关标准，完善各项评价体系，尤其是电能质量相关标准的建立，对于智能电网技术经济的合理性是至关重要的。目前等同采用“IEC/PAS 62559：2008　能源系统需求开发的智能电网方法”的国家标准已实施了几年。有关“IEC 62559 - 2：2015　用例模板、角色清单和需求清单的定义”也在申请国家标准计划之中。

2.4.11 电能质量管理标准

电能质量管理标准主要包括电能质量技术监督规范和相关电能质量管理标准，为电力公司和用户对电能质量管理提供技术依据，为相关监督部门提供电能质量监督管理的行为指导。

2.4.12 电能质量经济性标准

电能质量经济性系列标准主要包括电能质量经济数据收集方法和电能质量经济性评估。其中，电能质量经济性评估又可以从面向用户和面向配电网两方面进行评估。今后将会针对用户的用电负荷特征、用户的特点提出不同的评估方法。

2.4.13　电能质量解决方法标准

随着越来越多的敏感负荷接入电网，用户对电力供应的质量不再满足于符合相关的电能质量标准的基本要求，而是提出个性化需求，需要一整套的电能质量解决方法，对电子设备与电力系统兼容性进行评估，研究定制电力技术。目前国内外已进行了很多相关研究，相关的标准亟待建立。例如，电子设备与电力系统兼容性评估、定制电力技术相关标准以及低压系统电能质量解决方法。

2.4.14　其他

随着电网发展以及新技术革新和研究方法的不断完善，将来对电能质量可能会有新的认识，对电能质量的限值、评估、监测、计量、控制等可能会出现新技术，微电网、智能电网在建设和发展中可能会出现新的电能质量问题，所以电能质量标准体系是一个开放的体系，允许新的电能质量标准加入进来。

2.5　小结

电能质量标准体系是一个不断完善和扩充的过程，在原有体系的基础上，通过系统性地总结和归纳电能质量领域的标准，涵盖电能质量相关技术领域，充分考虑不同领域标准之间的协调性，补充亟待建立的电能质量标准，兼顾标准体系的兼容性和开放性，建立适合中国国情的电能质量标准体系。该标准体系以电能质量的基础标准和限值标准为根本，以电力生产消费全过程中涉及的电能质量规划、评估、监测与分析（计量）、控制的方法和技术为主体，以电能质量的经济性、管理和解决方法等电能质量宏观管理问题为有机组成部分，以电网中各类新能源及特殊负荷的接入以及微电网和智能电网中涉及的特殊电能质量问题为重要补充，构成了新形势下符合中国国情的电能质量标准体系。标准体系关注了电网侧和用户侧，对电源侧关注得较少，将来应该进一步关注电源侧的问题。同时，电能质量治理如何考虑信息交换也是下一步要关注的问题。随着技术的发展，有可能会出现新的电能质量指标，也会出现新的电能质量治理技术及设备，该电能质量标准体系设计成开放和兼容的体系，将会随着技术进步而不断完善。

参考文献

[1] http://www.iec.ch.

[2] 陶顺，肖湘宁. IEC/TC 77 相关电能质量标准综述[C]//全国电压电流等级和频率标准化技术委员会. 第七届电能质量研讨会论文集. 北京：中国标准出版社，2014.

[3] 刘晶，张苹. IEC 相关电能质量标准介绍[C]//全国电压电流等级和频率标准化技术委员会. 第七届电能质量研讨会论文集. 北京：中国标准出版社，2014.

[4] 何学农. 欧洲标准 EN 50160 介绍[C]//全国电压电流等级和频率标准化技术委员会. 第七届电能质量研讨会论文集. 北京：中国标准出版社，2014.

[5] 刘军成，刘晶. IEEE 电能质量标准综述[C]//全国电压电流等级和频率标准化技术委员会. 第七届电能质量研讨会论文集. 北京：中国标准出版社，2014.

[6] 张苹，刘晶. 电能质量标准体系研究[C]//全国电压电流等级和频率标准化技术委员会. 第七届电能质量研讨会论文集. 北京：中国标准出版社，2014.

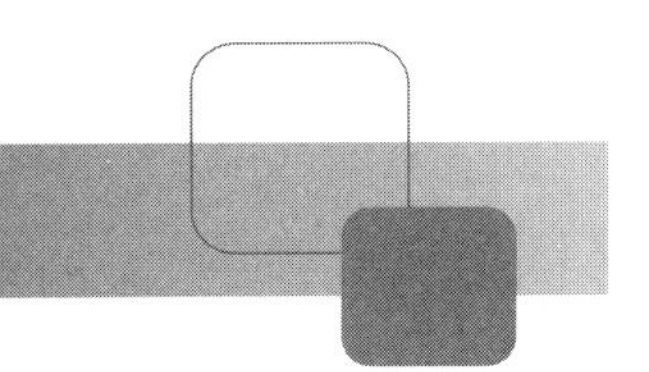

第3章 GB/T 32507—2016《电能质量 术语》

3.1 概述

当前，电力电子化电力系统快速发展，新能源电网不断壮大，接入电力系统的非线性敏感负荷越来越多，造成的电能质量问题更加严重，电能质量的重要性日益突显。因此，加强电能质量监测、控制与管理对于电网的安全、经济运行，保障工业产品质量和科学实验的正常进行以及降低能耗等均有重要意义。

电能质量术语广泛用于电力系统的各种电磁现象的描述。随着科学技术的快速发展与进步，新理论、新概念、新技术、新方法不断出现，与之同步产生的电能质量术语层出不穷。但是，对电能质量术语的定义与解释在不同的工业部门尚未统一，在认识电磁现象及其分类等问题上引起颇多混淆，造成供用电双方对不规范术语的误解，甚至因不能正确区别所提出的电能质量解决方案而引起纠纷。

专业术语是专业语言的重要组成部分。术语是在专业领域中对一种事物的命名和定义，又可称为专业词汇。它是在某一特定专业领域内表达一个特定学科概念的词语形式。随着各学科领域信息化管理进程的加速，对于专业术语的定义和规范化使用要求越来越高。专业术语的命名和定义要做到概念准确、反映本质、与时俱进，同时还要解决好不同学科在专业术语上的对应和协调。

电能质量标准是保障电能质量的基本技术依据。世界各国关于电能质量的标准种类繁多，但是相应的电能质量术语标准尚未跟上。作为各项技术标准的基础，术语标准不可缺少。《电能质量 术语》为国家标准化管理委员会于 2011 年 12 月下达的第三批国家标准制修订计划项目，项目编号为 20111520 - T - 469，由全国电压电流等级和频率标准化技术委员会提出并归口。

在电能质量术语规范化及其标准工作开展方面，国际上，美国 IEEE 第 22 标准协调委员会在协调电能质量标准方面起了引领作用，并通过与 IEC 和国际大电网会议(CIGRE)联络，在电气工程界取得了协调。已制定的电能质量术语标准有：IEEE 100 The authoritative dictionary of IEEE standards terms，包括各种电力名词及术语，其中含有电能质量相关术语；IEC 61000 - 1 - 1：1992，关于电磁兼容的基本术语和定义的应用与解释；IEEE P1433/D5A. 1999，电能质量术语汇总标准草案。在我国，2012 年 8 月 23 日，国家能源局发布了由中国电力企业联合会提出的行业标准 DL/T 1194—2012《电能质量术语》，总计

255个词条。2016年2月24日，国家质量监督检验检疫总局与国家标准化管理委员会发布了国家标准GB/T 32507—2016《电能质量　术语》。该标准规定了电能质量的基本名词、术语及定义，规范了电能质量行业用语，主要分为电能质量基本术语、测量与监测方法、接地与屏蔽、治理技术与方法、电磁兼容和其他六部分，共计275个词条，其中第一部分148条，第二部分34条，第三部分26条，第四部分30条，第五部分26条，第六部分11条。

本章采用标准条款、理解要点分栏对电能质量术语做了进一步的宣贯说明，并根据需要给出相关的基本技术知识和原理、不同行业在此术语上的不同用法和差异、使用指引和注意事项等较完整的释义，旨在帮助标准使用者对术语的深度理解和与技术人员的交流与沟通。需要特别说明的是，由于某些相关词条合并为一组进行解释，故其出现顺序与GB/T 32507—2016《电能质量　术语》有所偏差，但序号和内容与原标准相同。

3.2 主要词条解释

【标准条款】

2 电能质量基本术语

2.1 一般术语

2.1.1

电能质量 power quality;quality of power system

电力系统指定点处的电特性，关系到供用电设备正常工作（或运行）的电压、电流的各种指标偏离基准技术参数的程度。

注：基准技术参数一般是指理想供电状态下的指标值，这些参数可能涉及供电与负荷之间的兼容性。

2.1.2

供电质量 quality of power supply

供电电源的供电电压质量、供电可靠性、供电服务质量的总称。专指用电方与供电方之间相互作用和影响中供电方的责任。

2.1.3

用电质量 quality of consumption

用户电力负荷对公用电网的干扰水平（干扰因素主要有谐波电流、负序电流、零序电流、功率波动等）、用电功率因数和非技术因素（按规章用电、及时交纳电费等）。专指用电方与供电方之间相互作用和影响中用电方的责任。

2.1.4

电压质量 voltage quality

实际电压各种指标偏离基准技术参数的程度。

2.1.5

电流质量 current quality

实际电流各种指标偏离基准技术参数的程度。

【理解要点】

关于"电能质量"这一用词长久以来比较混乱，在英文用词方面有人使用"electric power system quality"(直译为电力系统质量)，有人使用"quality of power supply"(供电质量)等。在中文用词上，也曾用"电力质量""供电质量""电力品质"等，对其含义各有解释。直到1968年，一篇关于美国海军电子设备用电源规范要求的研究论文最先规范使用了"power quality"来描述电能质量这一专业术语。与此同时，前苏联等国家也开始使用"voltage quality"(也译为电压质量)，用来反映电压幅值的缓慢变动以及电源实际频率和理想频率的偏差。此后，越来越多的研究者表现出对电能质量或电压质量的关心，于是电气工程界在关于电能质量问题应采用规范的技术名词上趋向一致。国际电气与电子工程师协会(IEEE)标准化协调委员会已正式通过采用"power quality"术语的决定。我国国家标准已正式更名采用与国际通用的英文名词一致的用词，与其相对应的中文术语为"电能质量"。

电能是一种经济实用、清洁方便且容易传输、控制和转换的能源形式，又是一种由发电厂发电、电力部门向电力用户提供，并由发、供、用三方共同保证质量的特殊产品。如今，电能作为走进市场的产品，与其他商品一样，无疑也应讲求质量。在工程界对于"质量"一词也有权威的定义，其本意是指事物、产品或工作的优劣程度。广义而言，所谓"产品质量"就是指产品的适用性，即产品在使用时能成功地满足用户需要的程度。电力产品的质量本质也是如此。关于"电能质量"一词，在学术界也还存在着争议，有人认为"电能质量"不能用"电能"和"质量"两个名词的简单组合来释义，因为电能是指做功的能力，而做功的能力并不存在适用与否的问题。因此在标准化定义中，将"电能质量"看成一个整体名词。

人们对电能质量的认识在不断深化与进步，20世纪70年代，电能质量标准中有了若干项对电气量的指标规定。到了20世纪80年代，有了部分负载设备对电能质量优劣感受的规定。20世纪90年代后，电能质量增加了电力供应和负载设备之间相互兼容的量度。

另一方面，考虑到电能质量的特殊性，还可将其进一步分为供电质量和用电质量，前者专指用电方与供电方之间相互作用和影响中供电方的责任，而后者专指用电方与供电方之间相互作用和影响中用电方的责任。为了强调电力系统中供电方和用电方的责任分担问题，一般而言，应该制定明确的标准和界限对双方责任进行划分，以减少责任推诿和纠纷现象的发生。通常认为，电力系统不干扰或不影响负荷运行的能力主要涉及公共连接点处的电压质量，由供电方保证；负荷不干扰或不降低电力系统运行效率的能力主要但不局限于负荷的电流（波形）质量，由用电方保证。目前，关于多方责任分担评定方法的研究正在积极开展。

电压质量和电流质量是电能质量的两个重要电参数，前者包括电压偏差、电压频率偏差、电压不平衡、电压瞬变现象、电压波动与闪变、电压暂降（暂升）与中断、电压谐波、电压陷波、欠电压、过电压等，后者包括电流谐波、间谐波和次谐波、电流相位超前与滞后、噪声等。对于上述电能质量的各种问题，有相关标准给出了偏离基本技术参数的规定指标。

已发布的电能质量国家标准有：

(1) GB/T 12325—2008　电能质量　供电电压偏差

(2) GB/T 12326—2008　电能质量　电压波动和闪变

(3) GB/T 14549—1993　电能质量　公共电网谐波

(4) GB/T 15543—2008　电能质量　三相电压不平衡

(5) GB/T 15945—2008　电能质量　电力系统频率偏差

(6) GB/T 18481—2001　电能质量　暂时过电压和瞬态过电压

(7) GB/T 24337—2009　电能质量　公用电网间谐波

(8) GB/T 30137—2013　电能质量　电压暂降与短时中断

【标准条款】

2.1.6

电能质量评估　power quality assessment

通过建模仿真和（或）电能质量监测，对电能质量各项指标作出评价的过程。

【理解要点】

电能质量评估是基于对系统电气运行参数的实际测量或通过建模仿真获得基本数据后，对电能质量各项特性指标作出评价和对其是否满足规范要求进行考查与推断的过程。对电力系统电能质量的评估，实质上是对电力系统运行水平和电力供应能力的综合评价，是约束、督促电力公司与电力用户共同维护公共电网电能质量环境的基础，同时也是实施质量治理与控制的依据、检验治理与控制效果的工具。因此，电能质量评估是电能质量研究中不可缺少的重要组成部分。

可以将现有的电能质量研究文献和标准采用的各种评估方式归纳起来，结果如图3-1所示。

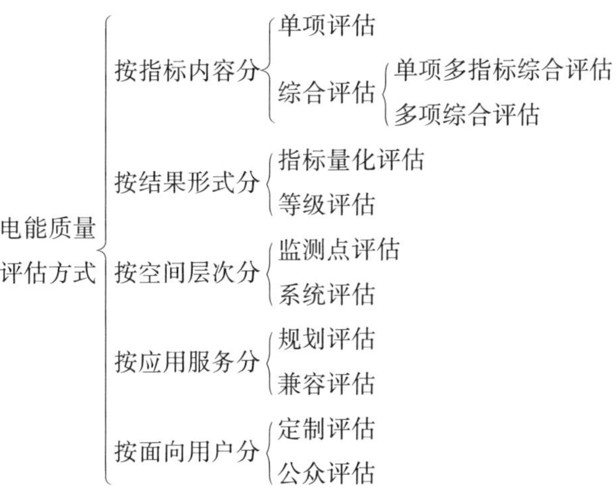

图 3-1　电能质量各种评估方式归类

电能质量评估一般包括选择标准规定或供用电双方商定的指标、收集电能质量数据、选择评估基准以及确定目标水平或等级等基本步骤。电能质量数据可能来自于监测数据，如现场实测、实时监测系统和大数据评估处理，也可能来自数学建模仿真结果，例如 MATLAB、PSCAD 等电力系统常用仿真软件。

【标准条款】

2.1.7

供电可靠性　power supply reliability; service reliability

供电系统对用户持续供电的能力。其主要指标有供电可靠率、用户平均停电时间、用户平均停电次数、用户平均故障停电次数等。

2.1.8

供电可靠率　reliability on service in total

在统计期间内，对用户实际供电时间总小时数与统计期间小时数的比值，用百分比表示。

【理解要点】

供电系统供电可靠性可以用一系列指标加以衡量。这些供电可靠性指标按不同电压等级分别计算，并分为主要指标和参考指标两大类。

供电可靠性主要指标：

(1) 供电可靠率：在统计时间内，对用户有效供电时间总小时数与统计期间小时数的比值，记作 RS-1，计算公式为：

$$\text{供电可靠率}=\left(1-\frac{\text{用户平均停电时间}}{\text{统计期间时间}}\right)\times 100\% \tag{3-1}$$

(2) 用户平均停电时间:用户在统计时间内的平均停电小时数,记作 AIHC-1,计算公式为:

$$用户平均停电时间=\frac{\sum(每次停电持续时间\times 每次停电用户数)}{总供电户数} \tag{3-2}$$

(3) 用户平均停电次数:用户在统计时间内的平均停电次数,记作 AITC-1,计算公式为:

$$用户平均停电次数=\frac{\sum 每次停电用户数}{总用户数} \tag{3-3}$$

(4) 用户平均故障停电次数:用户在统计时间内的平均故障停电次数,记作 AFTC,计算公式为:

$$用户平均故障停电次数=\frac{\sum 每次故障停电用户数}{总用户数} \tag{3-4}$$

供电可靠率与年平均停电时间的对应关系如表 3-1 所示。

表 3-1　供电可靠率与年平均停电时间的对应关系

供电可靠率/%	年均停电时间
99.9(称为 3 个 9)	8.76h
99.99(称为 4 个 9)	52.56min
99.999(称为 5 个 9)	5.26min
99.9999(称为 6 个 9)	31.54s

我国从 1997 年开展大规模的城乡电网改造以来,用户供电可靠性大为提高。我国城市用户供电可靠性指标见表 3-2。

表 3-2　城市供电可靠性指标

地区类别	供电可靠率/%	用户年平均停电时间
一般城市地区	≥99.96	<3.5h
重要城市中心地区	≥99.99	<53min

需要注意的是,上述供电可靠性指标中的停电是指长时间的供电中断,即供电电压幅值为零且持续时间超过 5min(有的国家规定为 1min 以上)的现象。而计划停电和重合闸、电压暂降等短时中断不算在停电范围内。目前也有学者提出,电能质量指标(电压暂降与短时中断等)应纳入供电可靠性指标范畴。

【标准条款】

2.1.9

(设备的)额定电压 rated voltage(of equipment)

通常由制造厂家确定,用以规定元件、器件或设备的工作条件的电压值。一般用有效值表示。

[GB/T 156—2007,定义 3.8]

2.1.10

系统标称电压 nominal system voltage

用以标志或识别系统电压等级的给定电压值,该电压与系统某些运行特性相对应。

注:改写 GB/T 156—2007,定义 3.1。

【理解要点】

传统概念认为,标称电压和额定电压的含义是相同的,可以替换使用。严格来讲,两者有所不同,本标准在概念定义上加以区分。

GB/T 32507—2016 中给出的额定电压是指设备的铭牌指标,通常由制造厂家确定,用以规定元件、器件或设备的工作条件的电压值。不难理解,公用电网额定电压的等级划分是与电力系统标称电压相配合的。我国规定的各种电气设备额定电压按电压的高低分为三类。第一类是 100V 以下的额定电压,主要用于安全照明、蓄电池及开关设备的直流操作电源。第二类是 100V 以上、1000V 以下的额定电压,主要用于一般电力负荷及照明设备。第三类是 1000V 以上的额定电压,主要用于发电机、变压器及用电设备。需要注意的是,即使是在同一个电压等级中,各种电气设备(发电机、变压器、电力线路、用电设备等)的额定电压并不完全相等。

系统标称电压用以标志或识别系统电压等级的给定电压值。选取不同的标称电压是关系到电力系统建设费用的高低、运行是否方便、设备制造是否经济合理的综合性问题。

目前,我国电力网标称电压分为低压、中压、高压、超高压和特高压 5 种。电压等级在 1kV 以下的电力网称为低压电网;1kV~35kV 的电力网称为中压电网;高于 35kV 而低于 330kV 的电力网称为高压电网;330kV~1000kV 之间的电力网称为超高压电网,1000kV 及以上的电力网称为特高压电网。

标称电压是与系统输送容量、输送距离的运行特性相对应的,见表 3-3。

表 3-3　电力网的标称电压与输送容量及输送距离的关系

标称电压/kV	输送容量/MW	输送距离/km	标称电压/kV	输送容量/MW	输送距离/km
3	0.1～1.0	1～3	220	100～500	100～300
6	0.1～1.2	4～15	330	200～800	200～600
10	0.2～2.0	6～20	500	1000～1500	1500～800
35	2～10	20～50	750	2000～2500	500 以上
110	10～50	50～100	1000	—	—

【标准条款】

2.1.14

电压传递系数　voltage transfer coefficient

电压参数经电气元件传递后产生的相对变化值。

【理解要点】

在电力系统众多电气元件中，主要关注的是变压器的电压传递特性。

对于类型 1，即 Y_0/Y_0 型变压器，一、二次侧电压标幺值相等，相电压和线电压的暂降类型不发生变化；对于类型 2，即 Y_0/Y、Y/Y_0、Y/Y 型变压器，不传递零序电压；对于类型 3，即 Y/△、Y_0/△、△/Y_0 型变压器，不传递零序电压，线电压与相电压互换。

【标准条款】

2.1.22

重要负荷　critical load

当其不能正常运行时将危及到人身健康或安全，并(或)造成重大的经济损失和社会影响的电气设备。

[IEEE Std 1100—2005，定义 2.2.10]

【理解要点】

符合下列情况之一的应为重要负荷：

(1) 中断供电将造成人身伤亡事故的；

(2) 中断供电将在政治、经济上造成重大损失的，例如：造成重大设备损坏或重大产品报废，用重要原料生产的产品大量报废，国民经济中的重点企业的连续生产过程被打乱且需要较长时间才能恢复等；

(3) 中断供电将会影响有重大政治、经济意义的用电单位的正常工作的，例如：重要交通枢纽、重要通讯枢纽、重要宾馆、大型体育场馆、经常用于国际活动的大量人员集中的公共场所等用电单位中的重要电力负荷。

在上述负荷中，若中断供电将发生中毒、爆炸和火灾等情况的负荷，以及特别重要场所不容许中断供电的负荷，应视为特别重要的负荷。

【标准条款】

2.1.23

线性负荷　linear load

电压和电流成线性关系的电气设备。

2.1.24

非线性负荷　nonlinear load

电压和电流不成线性关系的电气设备。

【理解要点】

在交流电路中，负载元件有电阻 R、电感 L 和电容 C 3 种。通常，在电路分析中将其称为负载，而在系统分析中称为负荷。线性负荷是指所含的等效电阻 R、电感 L 和电容 C 都不随外加电压变化，因此其动态过程电阻 R、电感 L 和电容 C 保持不变。当施加正弦电压，电流仍然是正弦的，只是在相位上相差一个 φ 角。如在一个电阻 R、电感 L 和电容 C 组合的负荷上施加电压 $u=U_m\sin\omega t$，则产生的电流 $i=I_m\sin(\omega t\pm\varphi)$，两者比值为一个定值，表达式为 $Z=u/i$。其中，Z 称作阻抗，它与电阻、电抗的关系是 $Z^2=\mathrm{R}^2+X^2$。电抗 X 为感抗 X_L 和容抗 X_C 的代数和。

需要注意的是，对于理想的纯阻性、感性、容性，以及它们串并联方式构成的负荷都属于线性负荷。当施加正弦电压或非正弦电压时，不会改变它们的线性特征。

同理，非线性负荷是指所含的等效电阻 R、电感 L 或电容 C 随外加电压变化的负荷。当施加正弦电压或非正弦电压时不会改变它们的非线性特征。

【标准条款】

2.1.25

冲击负荷　impact load

生产（或运行）过程中周期性或非周期性地从电网中取用快速变动功率的负荷。

[GB/T 15945—2008，定义 2.3]

2.1.27

波动负荷　fluctuating load

生产（或运行）过程中周期性或非周期性地从供电网中取用变动功率的负荷。例如，炼钢电弧炉、轧机、电弧焊机等。

[GB/T 12326—2008，定义 3.2]

【理解要点】

冲击负荷是一类特殊的波动负荷，是会在短时间内突然发生很大变化的负荷。出现最大负荷的时间一般很短，但其峰值可能是其平均负荷的数倍或数十倍。这类负荷对电力系统影响较大，当其变化幅值相对于系统容量较大时，很有可能引起系统频率的连续振荡、电压摆动。通常对冲击负荷需要做专门的研究并提出相应的对策，以满足电力系统安全稳定和电能质量的要求。

【标准条款】

2.1.26

敏感性负荷 sensitive load

电压敏感负荷 voltag esensitive load

对电压质量的要求超过电能质量标准规定范围的负荷。

2.1.41

容忍度曲线 tolerance curve

设备敏感度曲线 equipment sensitive curve

表示电气设备承受电压变动范围和持续时间能力的曲线。包括 CBEMA 曲线，ITIC 曲线，SEMIF47 曲线等。

【理解要点】

随着国民经济和科技的快速发展，个人计算机、可编程逻辑器件、可调速驱动装置、交流接触器等用电设备大量地投入使用。这类设备构成了电网中的敏感性负荷，其特点是对电压暂降十分敏感，往往几个周波的电压暂降或供电中断都会导致设备跳闸，造成严重的损失。

实际上，负荷的敏感度是指提供给负荷的电能质量不良时，负荷承受干扰仍能正常工作的能力，这种能力越低，敏感度就越高。分析这类设备受电压暂降影响的机理，研究其影响因素、相关标准和技术措施等，对于更好地避免事故发生，保障正常用电有着重要的意义。

广泛应用于控制系统的微处理器对电压暂降尤为敏感。多数的接触器和继电器制造商规定电压为 0.5p.u.，持续时间超过 1 个周期就会退出和断开。且各厂家标准并不能统一和规范。当供应感应电动机的电压跌落深度大于 30%时，电磁转矩会小于机械转矩，电动机转速降低，汲取电流增大。对于高压气体放电照明设备，持续 2 个周期的短时间停电或电压低于 0.45p.u. 会熄灭，之后需要几分钟冷却后才能重新启动。

将每一次电压暂降的特征和受影响结果以二维图的形式描述，可获得设备的电压暂降敏感度曲线，即表现为设备的最小暂降承受值与持续时间的函数关系，表征用户设备对电压暂降的容忍性。设备敏感度曲线也称为设备免疫力曲线，也可表达为对设备制造商提出的要求达到的耐受标准。典型的电压暂降敏感度曲线有CBEMA曲线和ITIC曲线。

【标准条款】

2.1.28

短路容量 short-circuit capacity

S_{SC}

网络某点的短路容量等于该点三相短路电流与短路前电压的乘积。公式如下：

$$S_{SC}=\sqrt{3}UI \tag{1}$$

式中：

S_{SC}——短路容量，单位为兆伏安(MVA)；

U——相间电压，单位为千伏(kV)；

I——短路电流，单位为千安(kA)。

在单位电压情况下，短路容量在数值上等于系统导纳(或者电纳)值，即为系统戴维南等值阻抗(或者电抗)的倒数。

2.1.29

短路比 short circuit ratio

电气设备接入点短路容量与接入设备额定容量的比值。

【理解要点】

短路容量是指电力系统在规定的运行方式下，关注点三相短路时的视在功率，它反映了该点的某些重要性能：

(1) 该点带负荷的能力和电压稳定性；

(2) 该点与电力系统电源之间联系的强弱；

(3) 该点发生短路时，短路电流的水平。

在单位电压情况下，短路容量在数值上就等于系统导纳值，即系统戴维南等值阻抗的倒数。短路容量越大，系统戴维南等效电阻越小，负荷、并联电容器或电抗器的投切不会引起电压幅值大的变化，因此系统比较强。

从短路容量定义可以看出，它与电力系统的运行方式有关，在不同的运行方式下，数值也不相同。因而，工程应用上需要进一步明确最大短路容量与最小短路容量的概念。所谓最大短路容量，是指系统在最大运行方式下，即系统具有最小的阻抗值时关注点的短路容量；最小短路容量就是指系统在最小运行方式下，即系统具有最大的阻抗值时，发生短路后具有最小短路电流值时的短路容量。

随着电力系统容量的扩大，系统短路容量的水平也会增大。从概念可以看出，短路容量只是一个定义的计算量，而不是测量量，是反映电力系统某一供电点电气性能的一个特征量。该值是根据该地电力系统的所有相关参数计算出来的，既与本地用户的用电设备有关，又与电力系统的设备及运行方式有关。

短路比的概念通常和短路容量联系在一起。短路比是指系统短路容量与设备容量的比值，所以当短路比大，是指这个设备接到一个强的系统中，表明设备的投切对系统影响不是很大。

【标准条款】

2.1.31

功率因数 power factor

有功功率与视在功率的比值。

2.1.32

位移功率因数 displacement power factor

相移功率因数

基波有功功率和基波视在功率之比。

[IEEE Std 1100—2005，定义 2.2.61]

2.1.33

总功率因数 total power factor

真功率因数 true power factor

总的有功功率和总的视在功率之比。

注：此定义包括电压和电流谐波分量以及电压和电流之间的相位移的影响。

[IEEE Std 1100—2005，定义 2.2.62]

【理解要点】

在交流电路中，电压与电流之间的相位差(φ)的余弦叫做功率因数，用符号 $\cos\varphi$ 表示，在数值上，功率因数是有功功率和视在功率的比值，即 $\cos\varphi = P/S$。

功率因数是电力系统的一个重要技术数据，是衡量电气设备效率高低的一个系数。功率因数低，说明电路用于交变磁场转换的无功功率大，增加了线路供电损失。因此，供电部门对用电单位的功率因数有一定的标准要求。

工程上的任意交流周期信号，都可通过傅里叶变换分解为直流分量、基波和谐波的线性组合。其中，谐波的频率是基波频率的整数倍。位移因数也称基波功率因数，是基波有功功率与电压基波有效值、电流基波有效值的乘积的比值。而真功率因数是有功功率(包含基波有功功率与谐波有功功率)与电压、电流真有效值的乘积的比值。在正弦电路中，位移因数等于真功率因数；在非正弦电路中，位移因数一般大于真功率因数。

【标准条款】

2.1.34

单相设备 single-phase equipment

连接到一个相线和中线之间的设备。

[IEC 61000－3－12,定义3.4]

2.1.35

相间设备 interphase equipment

连接到两相线之间的设备。

[IEC 61000－3－12,定义3.5]

2.1.36

三相设备 three-phase equipment

连接到三相电源上的设备。

[IEC 61000－3－12,定义3.6]

2.1.37

平衡的三相设备 balanced three-phase equipment

连接到三相电源上,且其三个线电流或相电流设计为幅值相等和任意两个之间相位相差1/3基波周期的设备。

[IEC 61000－3－12,定义3.6.1]

2.1.38

不平衡的三相设备 unbalanced three-phase equipment

连接到三相电源上,且其三个线电流或相电流设计为幅值不等或任意两个之间相位相差不是1/3基波周期的设备。

[IEC 61000－3－12,定义3.6.2]

【理解要点】

从发电厂发出、通过输配电线路输送至用户的都是三相交流电,而用户端使用的用电设备不同,分为单相设备、相间设备和三相设备。

单相设备采用一根相线(俗称火线)和中线(俗称零线)给用电器供电。我们日常生活中所使用的普通电器几乎都是单相设备,如电视机、洗衣机、电饭煲、空调、冰箱、电脑等。相间设备也叫两相设备,采用两根相线给用电器提供电能,例如工业电器中工作电压是380V的继电器、变压器、电热器等。三相设备采用三根相线给用电设备供电。三相设备又可以细分为三相对称设备和三相不对称设备。三相对称设备的各相等值阻抗值(幅值和相位)相同,而三相不对称设备各相等值阻抗值(幅值或相位)不相同。工厂、企业、建筑施工现场等使用的多为三相对称设备,如三相电动机等。

【标准条款】

2.1.42

非永久性故障　impermanent fault

可以自清除或通过快速重合闸清除的短路故障。

【理解要点】

根据电力系统的运行经验，通常输电线路的故障可以分为两种，即非永久性故障与永久性故障。非永久性故障是指由雷电引起的绝缘子表面闪络、由大风引起的碰线、鸟类及树枝等物体落在线路上引起的短路，以及线下树枝对地引起的放电等。此类故障在故障线路两侧的断路器跳开之后，故障电弧经过一系列复杂的物理化学变化之后自行熄灭，在重合闸动作之前，故障点的绝缘基本上重新恢复正常水平，断路器合闸之后整个系统可以投入正常运转，保持对用户继续供电。而永久性故障是指由于线路倒塌、断线、绝缘子击穿或损坏引起的故障。在故障线两侧的断路器跳开之后，此类故障点的绝缘不能恢复，当断路器合闸之后，故障点仍然存在，线路还要被继电保护再次跳开，这不仅对整个电力系统的安全、稳定运行，供电的连续性与可靠性带来很多负面影响，同时还会严重削弱电气设备的寿命。

据统计，超高压输电线路故障中超过90%为单相接地短路，而其中80%以上又为非永久性故障，因此，在单相接地非永久性故障发生后，快速使故障相断路器合闸，恢复故障相供电，可以极大提高电力系统稳定性和供电连续性。

【标准条款】

2.1.43

冲击瞬态　impulsive transient

电压和(或)电流在稳态条件下突然发生的且具有单极性的非工频变化。

[IEEE Std 1159—2009，定义3.4]

2.1.44

振荡瞬态　oscillatory transient

电压和(或)电流在稳态条件下突然发生的且具有正、负极性的非工频变化。

2.1.45

快速瞬态　snap transient

由雷电、接地故障、切换电感性或电容性负荷而引起的瞬时扰动。该扰动通常会对同一电路的其他电气和电子设备产生干扰。这类干扰的特点是：脉冲成群出现、脉冲的重复频率较高、脉冲波形的上升时间短暂、单个脉冲的能量较低。

2.1.46

低频瞬态 low-frequency transient

振荡频率低于5kHz的振荡瞬态。

2.1.47

中频瞬态 middle-frequency transient

振荡频率介于5kHz～500kHz之间的振荡瞬态。

2.1.48

高频瞬态 high-frequency transient

振荡频率介于0.5MHz～5MHz之间的振荡瞬态。

【理解要点】

冲击瞬态是指电压和(或)电流在稳态条件下突然发生的且具有单极性的非工频变化,最常见的引发原因是雷电。冲击瞬态的特性通常用上升和衰减时间来表现,也可以通过频谱成分表示。例如,某一表示为1.2/50μs,2000V的冲击脉冲,是指其电压经过1.2μs后上升到2000V峰值,然后经50μs衰减为峰值的1/2。由于冲击脉冲含有高频成分,它的波形会因电路元件特性影响而快速衰减,并且由于系统的观测点不同而呈现不同的特性。虽然有些情况下,雷电冲击波可能沿输电线路传导相当长的距离,但一般来说其影响主要在于进入系统的冲击源头,冲击脉冲可能在电网的自然频率点发生激励而出现振荡瞬变现象。

对于迅速改变瞬时值极性的振荡瞬态,常用其频谱成分(主频率)、持续时间和幅值大小来描述其特性。其频谱又可分级定义为高频、中频和低频。在振荡瞬态现象中,主频率大于500kHz、以数秒来度量其持续时间的瞬态现象,称为高频瞬态。它往往是由事发当地系统的响应冲击脉冲造成的。主频率在5kHz～500kHz范围、以数十微秒来度量其持续时间的瞬态现象,称为中频瞬态。例如背靠背电容器增能和电缆的投切会引起几十千赫电流振荡瞬变。另外,系统对冲击脉冲响应也会引起中频振荡。主频低于5kHz、持续时间在0.3ms～50ms的瞬态现象,称为低频瞬态。这种现象常出现在辅助输配电系统,并且可能由多种事件引发,最常见的是电容器组冲能。主频低于300Hz的振荡在配电系统中也时有发生,通常是由铁磁振荡和变压器增能引起的。当系统谐振造成变压器冲击电流中的低频分量放大,或当异常条件导致铁磁振荡时,涉及串联电容器的瞬态现象也应当归于这种类型。

【标准条款】

2.1.50

电网信号传送 mains signaling

利用传输电能的电力网，通过某种耦合装置实现各种信号在电网中的传输。

【理解要点】

"电网信号传送"一词应用于电力线载波通信中，是指利用高压电力线(在电力载波领域通常指 35kV 及以上电压等级)、中压电力线(指 10kV 电压等级)或低压配电线(380/220V 用户线)作为信息传输媒介进行语音或数据传输的一种特殊通信方式。应用电力线通信方式发送数据时，发送器先将数据调制到一个高频载波上，再经过功率放大后通过耦合电路耦合到电力线上。信号频带峰峰值电压一般不超过 10V，因此不会对电力线路造成不良影响。

【标准条款】

2.2.5

电压调整 voltage regulation

对供电电压进行控制或使之达到合格范围内的方法及过程。

【理解要点】

由于各种电压设备都是按照规定的额定电压来设计制造的，因此，用电设备在其额定电压下运行性能最好，如果其端电压偏离额定电压时，用电设备的性能就要受到影响。如果用电设备的端电压较大幅度地上升或下降，很可能使设备损坏、产品质量下降、产量降低等，甚至引起系统的"电压崩溃"，造成大面积停电。

电压调整手段主要有四种，即用改变发电机端电压调压、改变变压器电压比调压、利用无功补偿设备调压和利用串联补偿电容器调压。在这四种措施中，应首先考虑改变发电机端电压调压，因为这种措施不需要增加投资，只是通过调节发电机的励磁电流，改变运行方式调压。其次，当系统的无功功率充足时，应考虑改变变压器的分接头调压，因双绕组变压器的高压侧、三绕组变压器的高中压侧都有若干个分接头供调压使用，因此也不需要再附加投资。当系统的无功功率不足时，需要增加无功补偿设备，如并联调相机、静止补偿器、电容器等，或在电力线路上串联电容器。串联补偿能减少线路功率损耗，是由于提高了电压水平，而并联补偿除了提高电压水平外还可以减小线路通过的无功功率，因此调节效果更优。

【标准条款】

2.2.6

电压合格率　voltage qualification rate

实际运行电压偏差在限值范围内累计运行时间与对应的总运行统计时间的比值，用百分比表示。

注:改写 GB/T 12325—2008,定义 3.5。

【理解要点】

电压合格率是通过对供电系统电压监测点处电压偏差的统计计算得到的。供电电压偏差监测统计的时间单位为 min,通常每次以月(或周、季、年)为电压监测的总时间,供电电压偏差超限的时间累计之和为电压超限时间,监测点合格率计算公式为:

$$\text{电压合格率}=\left(1-\frac{\text{电压超限时间}}{\text{总运行统计时间}}\right)\times 100\% \tag{3-5}$$

根据《国家电网公司电力系统电压质量和无功电力管理规定》的要求,目前国家电网将供电电压质量检测分为 A、B、C、D 四类。A 类指带有地区供电负荷的变电站和发电厂的 10(6)kV 母线电压;B 类指 35(66)kV 专线供电和 110kV 及以上供电的用户端电压;C 类是指 35(66)kV 非专线供电的和 10(6)kV 供电的用户端电压,每 10MW 负荷至少设一个电压质量检测点;D 类是指 380/220V 低压电网和用户端的电压,每百台配电变压器至少设两个监测点,要求监测点设在有代表性的低压配电网首末两端和部分重要用户处。目前,国家电网对上述 A、B、C、D 四类供电电压监测点的考核标准是年度综合供电电压合格率达到 98%以上。综合供电电压合格率计算公式为:

$$V_{综}\%=0.5V_A+0.5\left(\frac{V_B+V_C+V_D}{3}\right) \tag{3-6}$$

式中,$V_{综}$表示综合电压合格率,V_A、V_B、V_C、V_D 分别代表 A、B、C、D 四类电压合格率。

【标准条款】

2.3　系统频率

2.3.1

标称频率　nominal frequency

系统设计选定的频率。

[GB/T 15945—2008,定义 2.1]

【理解要点】

交流电系统运行过程中最重要的指标之一就是供电电压频率,其定义为规定时间间隔内测量的基波电压波形重复次数。从物理意义上讲,交流电的频率是与发电机组的极对数、转速直接相对应的电频率：

$$f=\frac{pn}{60} \tag{3-7}$$

1831 年，英国物理学家法拉第发现的电磁感应定律为交流电能的大规模应用奠定了理论基础。利用变压器变换的交流电力系统以其长距离、低损耗的优势在世界上被广泛采用。1893 年，美国电气工程师 A. E. Kennelly 发表了一篇论文证明如果交流电采用正弦波形，就可以引入"阻抗"概念，和直流电路一样可利用欧姆定律来计算交流电路。从此，正弦交流电力系统建立起来。

在电力发展早期，有大约 20 种赫兹数，从 15 到 $133\frac{1}{3}$不等。交流电频率的确定受制于发电机、电动机及变压器等的构造和材料等因素。

频率高，则转速高或极对数多，制作困难；电抗增加，电磁损耗大，无功分量限制了发电容量，电动机输出功率及转矩下降。频率低，则电压变换效率低，难以远距离传输。50Hz 与 60Hz 没有实质性的区别，区别在于初期受计算单位制（12 进制和 10 进制）影响，因此，越来越多地统一到 50Hz 和 60Hz 两种频率。

在美国，威斯汀豪斯和特斯拉进行了不同频率的交流电实验，结果表明频率低则输电线上的电能损耗也低，但频率过低会造成照明设备闪烁，至少 50Hz 人才感觉不到闪烁。

1949 年以后，我国将 50Hz 定为标准频率。我国台湾地区电网为 60Hz。

【标准条款】

2.3.3

频率调整 frequency regulation

对电力系统频率进行控制或使之达到合格范围内的方法及过程。

【理解要点】

频率调整包括频率的一次调整和二次调整。频率的一次调整是指利用发电机组的调速器，对于变动幅度小（0.1%～0.5%）、变动周期短（10s 以内）的频率偏差所做的调整。所有发电机组均装配调速器，所以电力系统中投运的所有发电机组都自动参与频率的一次调整。频率的二次调整是指利用发电机组的调频器，对于变动幅度大（0.5%～1.5%）、变动周期较长（10s～30min）的频率偏差所做的调整。担任二次调整任务的发电厂称为调频厂，担任二次调整任务的发电机组称为调频机组。一般在全系统范围内选择 1 个～2 个发电厂作为主调频厂，负责全系统频率的二次调整，另外再选择几个发电厂担任辅助调频厂。只有当系统频率超过某一规定的偏差范围时，辅助调频厂才参与频率的二次调整。满足以下条件的发电厂（机组）可选作调频厂（机组）：

（1）足够的可调容量和调整范围；

(2) 机组调整速度快;

(3) 调频输出的功率满足系统安全稳定要求,同时经济性能好。

【标准条款】

2.4 三相不平衡

2.4.1

正序分量 positive-sequence component

将不平衡的三相系统的电量按对称分量法分解后其正序对称系统中的分量。

[GB/T 15543—2008,定义 3.3]

2.4.2

负序分量 negative-sequence component

将不平衡的三相系统的电量按对称分量法分解后其负序对称系统中的分量。

[GB/T 15543—2008,定义 3.4]

2.4.3

零序分量 zero-sequence component

将不平衡的三相系统的电量按对称分量法分解后其零序对称系统中的分量。

[GB/T 15543—2008,定义 3.5]

【理解要点】

电力系统中的正序、负序、零序分量是用对称分量法分解出来的。当前世界上的交流电力系统一般都是 ABC 三相的,而电力系统的正序、负序、零序分量便是根据 ABC 三相的顺序来定的。正序分量是指 A 相领先 B 相 120°,B 相领先 C 相 120°,C 相领先 A 相 120°。负序分量是指 A 相落后 B 相 120°,B 相落后 C 相 120°,C 相落后 A 相 120°。零序分量是指 ABC 三相相位相同。

对于理想的三相对称系统,即三相电压(电流)瞬时值之和为零,三相瞬时总功率与时间无关的系统中,只存在正序分量,而不存在负序和零序分量;只有当系统发生不对称故障时,才会产生负序分量,而只有特定情况下零序分量才能表现出来。

【标准条款】

2.5 电压波动与闪变

2.5.1

电压波动 voltage fluctuation

基波电压方均根值(有效值)一系列的变动或连续的改变。

[GB/T 12326—2008,定义 3.3]

【理解要点】

电压波动是指基波电压方均根值(有效值)一系列的变动或连续的改变,通常是由于波动性负荷在运行过程中频繁地从配电系统取用快速变化的电能,即出现冲击性功率变化,造成公共连接点电压在短时间内急剧变动,并且明显偏离标称电压值(IEEE 相关文件中给出的典型电压波动范围为 0.1%~7%,变化频率小于 25Hz)。“电压波动”一词泛指电压偏离标称电压,但在电能质量领域,电压波动常用相对电压变动量来描述,规定其取值为一系列电压方均根值变化中的相邻两个极值之差与系统标称电压的相对百分数,即:

$$d=\frac{U_{max}-U_{min}}{U_N}\times 100\% \tag{3-8}$$

为了区分电压波动和电压偏差,在国家电能质量标准中特别对电压的波动性给出了定义,即方均根值电压的变化速率不低于 0.2%/s。因此,相对电压偏差而言,电压波动也称快速电压波动,或动态电压变动。

【标准条款】

2.5.2

电压方均根值曲线 r.m.s. voltage shape

$U(t)$

每半个基波电压周期方均根值的时间函数。

[GB/T 12326—2008,定义 3.4]

【理解要点】

电压方均根值曲线,是指沿时间轴对被测电压每半个工频周期求得一个方均根值,并按时间轴顺序排列的时间函数曲线。在电能质量标准化中,根据常见的变化规律,电压方均根值曲线一般表现为 4 种形式(见图 3-2)。

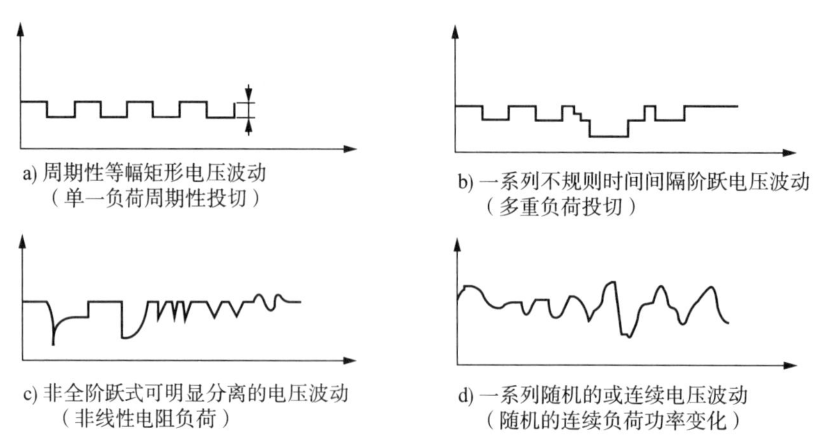

图 3-2 电压方均根值曲线

其中，图 3－2a)表示由于单一负荷周期性投切而导致的周期性等幅矩形电压波动，图 3－2b)表示由于多重负荷投切而导致的一系列不规则时间间隔阶跃电压波动，图 3－2c)表示含有非线性电阻负荷而引起的非全阶跃式可明显分离的电压波动，图 3－2d)表示由于随机地连续负荷功率变化而引起的一系列随机的或连续电压波动。

【标准条款】

2.5.3

电压变动 relative voltage change

d

电压方均根值曲线上相邻两个极值电压之差，以系统标称电压的百分数表示。

[GB/T 12326—2008，定义 3.5]

2.5.5

稳态电压变动 steady-state voltage change

ΔU_c

通过至少一个电压变化特征量来区分的两个相邻的稳态电压之间的差异。

[IEC 61000－3－3:2013，定义 3.4]

【理解要点】

电压变动可以分为两大类：相对电压变动和绝对电压变动。

相对电压变动通常以标称电压的相对百分数来表示，而根据不同的电压变动量又可将其细分为三类，如图 3－3 所示为电动机启动引起的电压变化。

相对稳态电压变动值 $$d_c=\frac{\Delta U_c}{U_N}\times 100\% \quad (3-9)$$

相对动态电压变动值 $$d_d=\frac{\Delta U_d}{U_N}\times 100\% \quad (3-10)$$

相对最大电压变动值 $$d_{max}=\frac{\Delta U_{max}}{U_N}\times 100\% \quad (3-11)$$

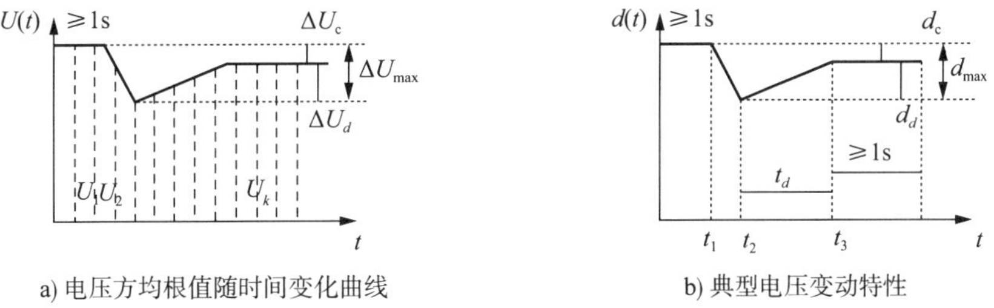

a) 电压方均根值随时间变化曲线

b) 典型电压变动特性

图 3－3 三种典型电压变动量定义图

其中，ΔU_c 为稳态电压变动，表示电机启动结束后的稳态电压方均根值与额定电压之间的差；ΔU_d 为相对电压动态变动，表示启动过程中相邻两点极值电压之差；ΔU_{max} 为相对最大电压动态变动，数值上等于 ΔU_c 与 ΔU_d 之和。

【标准条款】

2.5.6

电压变动频度 rate of occurrence of voltage changes

r

单位时间内电压变动的次数（电压由大到小或由小到大各算一次变动）。不同方向的若干次变动，如间隔时间小于 30 ms，则算一次变动。

[GB/T 12326—2008，定义 3.6]

【理解要点】

电压变动的频率是分析电压方均根值变化特性的另一个重要指标。把单位时间内电压变动的次数称为电压变动的频率，一般以 min 或 h 作为单位。电压由大到小、由小到大各算作一次变动。同一方向的若干次变动，如果变动间隔时间小于 30ms，则算一次变动。

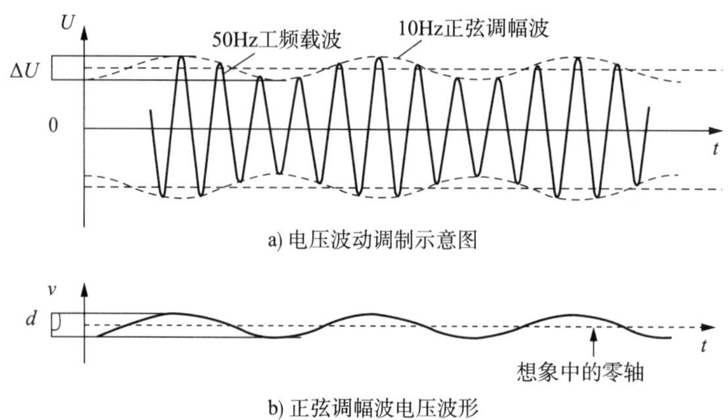

a) 电压波动调制示意图

b) 正弦调幅波电压波形

图 3-4 电压变动频度示意图

例如，图 3-4 所示的 10Hz 变动电压，其电压变动值为调幅波的峰谷差值，变动频度为 20 次/s。因此，电压变动的频率为调幅波频率的 2 倍，即：

$$r=2\times f_F(\text{次/s})\text{或}\ r=2\times 60\times f_F(\text{次/min}) \tag{3-12}$$

【标准条款】

2.5.7

闪变 flicker

人对于视觉不稳定的感受，这种视觉不稳定是由于供电电压波动引起光源的照度或频率随时间变化而导致的。

[IEEE Std 1159—2009，定义 3.1]

【理解要点】

一般而言，闪变是由电压波动引起的灯光闪烁现象。闪变与电压波动之间存在重要而细微的不同：闪变是指人对照度波动的主观视感反应，是从生理学角度定义的；电压波动则完全是从电气角度(电磁学)定义。电压波动值为 10%、变动频率为 8Hz～10Hz 时就会引起人眼明显的不适。由于闪变是指人的视觉系统在光源光照强度变化时产生的不适感，因此可以通过对闪变的觉察评估来评价电压质量。严格来讲，用“电压闪变”这一术语从概念上是混淆的。但是，所谓约定俗成，现如今把电压波动统称为电压闪变。

【标准条款】

2.5.8

短时间闪变值 short-term flicker severity

P_{st}

衡量短时间(若干分钟)内闪变强弱的一个统计量值，短时间闪变的基本记录周期为 10min。

[GB/T 12326—2008，定义 3.8]

2.5.9

长时间闪变值 long-term flicker severity

P_{lt}

由短时间闪变值 P_{st} 推算出，反映长时间(若干小时)闪变强弱的量值，长时间闪变的基本记录周期为 2h。

[GB/T 12326—2008，定义 3.9]

【理解要点】

短时间闪变值 P_{st} 和长时间闪变值 P_{lt} 是衡量闪变的基准，分别用来确定短时间(10min)的闪变强弱和整个工作周期(1h～7 天)的闪变严重度，因此是反映电压波动的统计特征量。其科学性和正确性已经得到国际的普遍认可，并被普遍使用(IEC 作为测量标准已经颁布，IEEE 也等效采用)。

在观察期内(如10min),对瞬时闪变视感度 $S(t)$ 作递增分级(标准规定,分级应不小于64级)处理,计算各级瞬时闪变视感水平所占相对时间长度比(也称为时间-水平统计法),可获得概率直方图,并采用IEC推荐的统计方法——累积概率函数(CPF)描述,进而对规定时间段的闪变强弱作出评定。基于以上计算得到短时间闪变值 P_{st},当 $P_{st}<0.7$ 时,一般觉察不出闪变;当 $P_{st}>1.3$ 时,则闪变使人感到不舒服。所以IEC推荐 $P_{st}=1$ 作为低压供电的短时闪变限值,称为单位闪变。其含义为,在标准实验条件下(60W,230V钨丝灯),被实验人数(大于500人)中80%(当 $f=8.8$Hz 时,$d=0.29\%$,觉察率 $F=80\%$,瞬时闪变视感度 $S=2$ 觉察单位)有明显刺激性感觉的闪变强度。

长时间闪变的统计时间需在1h以上,典型取2h或更长时间。关于长时间闪变值的计算,UIE/IEC(GB等同)推荐由测量时段内的 P_{st} 计算得到:

$$P_{lt}=\sqrt[3]{\frac{1}{N}\sum_{k=1}^{N}P^{3}{}_{st,k}} \tag{3-13}$$

其中,N 为长时间测量段内 P_{st} 值的个数。

短时间闪变值很小,则长时间闪变值也会很小,但是反过来却不一定。

【标准条款】

> **2.6　谐波、间谐波与波形畸变**
>
> 2.6.1
>
> **波形畸变　waveform distortion**
>
> 电压和(或)电流波形偏离了理想工频正弦波形的状态(主要由偏离的频谱量表征)。波形畸变主要有5种基本形式:1)谐波;2)间谐波;3)缺口;4)直流偏置;5)噪声。
>
> **注:**改写 IEEE Std 1159—2009,定义3.16。

【理解要点】

波形畸变是指由电力系统中的非线性设备引起的,流过非线性设备的电流和加在其上电压不成线性关系,不再保持正弦函数波形的现象。波形畸变含义较广,包括谐波、间谐波、缺口、直流偏置和噪声。在音乐中表现为音响系统输出信号与输入信号不成线性关系,但在音乐界常用波形失真而不用波形畸变。

频谱是频率谱密度的简称,是频率的分布曲线。复杂振荡分解为振幅不同和频率不同的谐波振荡,这些谐振荡的幅值按频率排列的图形叫做频谱,典型波形与频谱图如图3-5所示。

1893年正弦波在电力系统中得到应用。采用正弦交流电后,发电机容易并联运行,长距离输电线路上的高次谐波对电报线路的干扰减弱,输电线路因费兰梯效应引起的过电压减弱,感应电动机中由高次谐波旋转磁场引起的铁损减少,并且变压器的一次和二次的电压波形一致,与其他波形相比,正弦波的传输特性更好。

在正弦条件下，电路中线性元件上的电压和电流方均根值(或伏安特性)成正比。其幅值-时间函数表达式为比例 ($u=Ri$)、微分($u=L\dfrac{\mathrm{d}i}{\mathrm{d}t}$) 和积分($u=\dfrac{1}{C}\int i\mathrm{d}t$) 的基本运算关系。值得注意的是，正弦函数在进行和、差、积、微分和积分等运算时，仍然保持正弦函数变化规律的特点。只是可能发生幅值、相位的变化(正弦电压驱动正弦电流，正弦电流产生正弦电压降)。因此在电力系统中，要求尽可能地由正弦波形的电源供电。但是，目前电网电压的波形往往偏离正弦波形而发生畸变，任何供电网电压波形偏离正弦函数波形的现象都可能对电网带来危害和影响。需要注意的是，并不是所有偏离都是周期性的，但在绝大多情况下，畸变并不是任意的，多数畸变是周期性的，属于谐波、间谐波范畴。关于谐波等 5 种波形畸变的基本形式后面会进行相应的解释。

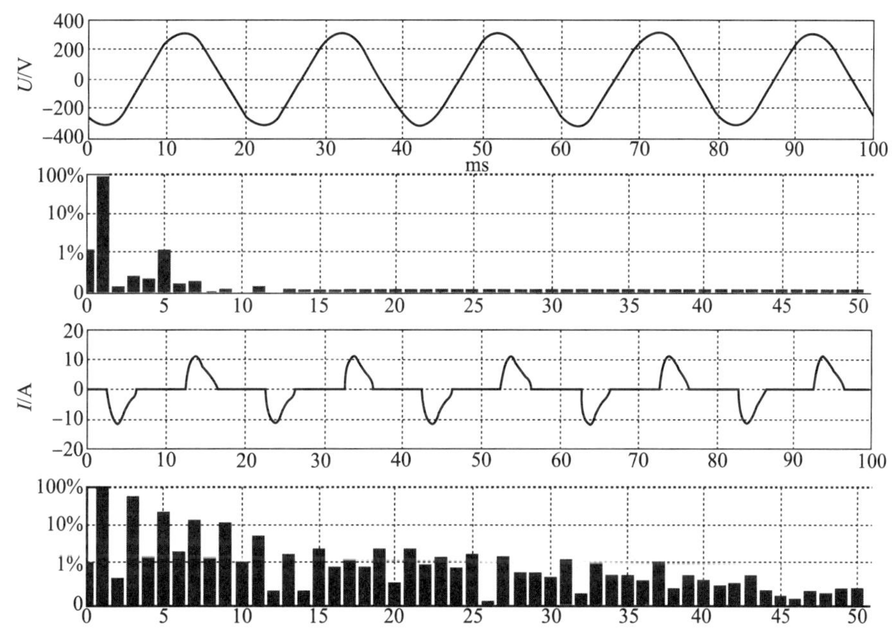

图 3-5　典型波形与频谱图

【标准条款】

> 2.6.2
>
> **波形质量　waveform quality**
>
> 电压和(或)电流变化波形偏离理想正弦函数波形的程度。

【理解要点】

现代电力系统对电能形态提出了新的要求：以适合用电负荷需要的最佳电能形态提供电力，满足用户对不同频率、电压、电流、波形及相数的要求，顺应生产与产品多样性、个性化、高效益的发展趋势;随着超大容量的电力电子装置的实用化,现代电力系统把其快速、实时与可控性应用于电网的电能输送与分配,达到可靠稳定、高效经济运行的目的。

波形质量是电能质量的扩展与延伸,是对偏离正弦波形要求的质量反映,是电能质量的一个重要技术指标。理想电力系统是单一频率(工频 50Hz、60Hz)、单一波形(正余弦函数 sin、cos)。研究认为,当电压和(或)电流同为正弦波形、同频同相位时为电能传输的最高效率模式。这同样也是电力产品生产、输送、转换所追求的最佳电能。简而言之,理想的电压、电流波形的质量高,也是我们希望得到的波形。但由于电力系统中大容量整流(或换流)设备以及其他各种非线性负荷的出现,使电压和电流波形发生了畸变。波形质量就反映了波形的畸变程度。

【标准条款】

2.6.3

基波频率　fundamental frequency

一个完整周期内,周期函数经傅里叶分解后得到的基准频率,所有频率都以其为参考。

2.6.4

基波(分量)　fundamental(component)

周期量经傅里叶级数展开后工频对应的正弦波分量。

注:改写 GB/T 2900.1—2008,定义 3.1.21。

【理解要点】

法国数学家和物理学家傅里叶(Jean Baptiste Joseph Fourier,1768 年~1830 年)于 1807 年在法国科学学会上发表了一篇论文,运用正弦曲线来描述温度分布,论文里有个在当时具有争议性的决断:任何连续周期信号可以由一组适当的正弦曲线组合而成。在数学领域,尽管最初傅里叶分析是作为热过程的解析分析的工具,但是其思想方法仍然具有典型的还原论和分析主义的特征。

基波,是物理学名词,可以理解为主要的波形,在电力系统中我们期望得到理想的电压和电流正弦波形,但由于干扰,得到的波形会发生畸变,在非正弦的周期性振荡中,我们将非正弦周期量进行傅里叶分解后,和该振荡周期相等的正弦波分量称为基波分量。相应的这个周期的频率称为基波频率。

在电力系统建立之初所设计的交流发电机的磁场就以单一正弦波形分布,设定的交流电气量的周期为基频成分。因此基波频率是具有物理特征的交流电气量。我国电力系统的标称频率 f(也称为工业频率,简称工频)为 50Hz,则基波频率为 50Hz,为了方便评价波形及其质量,均以基波进行参考。需要注意的是,经傅里叶分解后的基波频率并不一定是理想工频。

【标准条款】

2.6.5

谐波源　harmonic source

谐波发生源

向公用电网注入谐波电流或在公用电网中产生谐波电压的电气设备。

[GB/T 14549—1993,定义3.9]

【理解要点】

源,即来源或发生源,是电网谐波的发生地或设备。波形畸变是由电力系统中的非线性设备引起的,流过非线性设备的电流和加在其上的电压不成比例关系。向公用电网注入谐波电流或在公用电网上产生谐波电压的电气设备称为谐波源,按谐波注入系统的方式不同将谐波源分为:

1) 谐波电流源。系统谐波源具有电流源的特性,其谐波含量取决于本身的特性,与系统参数无关,直流侧电感滤波的整流器属于电流型谐波源,如图3-6a)。

2) 谐波电压源。系统谐波源具有电压源的特性,如发电机、直流侧电容滤波的整流器属于电压型谐波源,如图3-6b)。

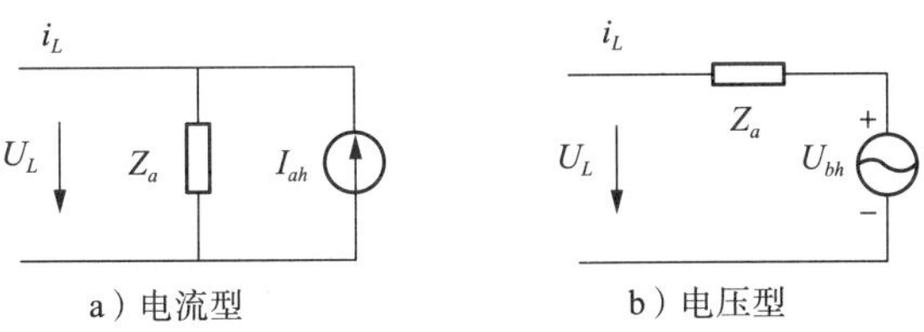

图3-6　谐波源模型

此外,电力系统的谐波源,就其非线性特性而言主要有三大类:

1) 铁磁饱和型:各种铁芯设备,如变压器、电抗器等,其铁磁饱和特性呈现非线性。

2) 电子开关型:主要为各种交、直流换流装置(整流器、逆变器)以及双向晶闸管可控开关设备等,在化工、冶金、矿山、电气铁道等大量工矿企业以及家用电器中广泛使用,并正在蓬勃发展;在系统内部,如直流输电中的换流阀、由晶闸管控制和晶闸管投切的静止补偿装置等。

3) 电弧型:各种冶炼电弧炉在熔化期间以及交流电弧焊机在焊接时,其电弧的点燃和剧烈变动形成的高度非线性,使电流不规则地波动。其非线性呈现电弧电压与电弧电流之间不规则的、随机变化的伏安特性。对于电力系统三相供电来说,有三相对称和三相不对称的非线性,如电气铁道、电弧炉以及由低压供电的单相家用电器等。而电气铁道,是当前中压供电系统中典型的三相不对称谐波源。

这些设备，即使供给它理想的正弦波电压，但它取用的电流是非正弦的，即有谐波电流的存在。其谐波电流含量基本决定于它本身的特性和工作状况以及施加给它的电压，而与电力系统的参数关系不大，因而常被看作谐波恒流源。日本电气学会给出了各谐波源分布情况，如表3－4所示。从上述分类也可看到谐波源随工业发展其主导地位也在发生着变化：传统电力系统中最主要谐波源是电力变压器，而当代电力系统中最主要的谐波源是电力电子装置。

表3－4　谐波源分布情况调查报告（日本电气学会）

行业	最大谐波源用户数						合计
	整流装置	电力调整装置	电弧炉	办公及家用电器	无谐波源用户	其他	
楼宇	14			13			27
公共事业	20	1		4	1		26
铁路	19			1			20
冶金	14		3	1	2		20
机械制造/建材	9/5		2/2	8/5	1/5		37
化学/造纸	15/16		1/0	2/1	1/2		38
合计/比例(%)	122/66	1/1	8/4	43/23	12/6		186/100

【标准条款】

2.6.7

谐波(分量)　harmonic(component)

对非正弦周期量进行傅里叶级数分解，得到的频率为基波频率整数倍的正弦分量。

2.6.8

谐波次数　harmonic order

h

谐波频率与基波频率的整数比。

[GB/T 14549—1993，定义3.5]

2.6.9

奇次谐波　odd harmonic

次数为奇数次($h=2k+1, k=1,2,3,\cdots\cdots$)的谐波。

2.6.10

偶次谐波　even harmonic

次数为偶数次($h=2k, k=1,2,3,\cdots\cdots$)的谐波。

【理解要点】

波形畸变多数情况下是周期性的，从整个过程看，其波形变化缓慢，并且几乎每个周期都是相同的，我们把符合该规律的波形畸变称为谐波。电力系统的谐波问题早在20 世纪 20 年代和 30 年代就引起了人们的注意。当时在德国，由于使用静止汞弧变流器而造成了电压、电流波形的畸变。1945 年 J. C. Read 发表的有关变流器谐波的论文是早期有关谐波研究的经典论文。1985 年新西兰著名电力专家 Arrillage 等出版了世界第一部《电力系统谐波》专著，较系统地介绍了谐波的基本概念、谐波产生的机理以及谐波的危害与影响等。

"谐波——HARMONIC"一词起源于声学，其涉及的泛音即是物理学上的谐波，但在音乐界用泛音一词而不用谐波。基波频率 2 倍的音频称为一次泛音，以此类推。国际上公认的谐波定义为:谐波是一个周期性电气量的正弦波分量，其频率为基波频率的整数倍。从能量流的物理机制可知，"交流电力系统的基波能量是谐波能量的唯一来源"，是基波电压经非线性系统转换的结果，它源于基波能量传递过程。因此，谐波始终是与电网基波"同步"发生的，其频率始终保持与基波频率之比为整数。或者说，谐波的频率量是随着基波频率的变化而变化。例如，对于 50Hz 系统，当基波频率变化到 49. 98Hz，3 次谐波频率必然是 49. 98×3=149. 94Hz。但此时，149. 94Hz 不是间谐波。

谐波频率与基波频率之比我们叫做谐波次数(harmonic order)，谐波次数是正整数，我们把比值为奇数的谐波叫做奇次谐波(odd harmonic)，把比值为偶数的谐波叫做偶次谐波(even harmonic)。图 3 - 7 给出了含有 5 次谐波和 7 次谐波的波形畸变。我国标准中只规定了 25 次的谐波限值标准。但随着用电设备的电力电子化，低次谐波含量逐渐减少，高次谐波比重渐渐增加，关于工频 40 次或 50 次以上的谐波问题，最早见于 IEC 6100 - 2 - 2:2002。从 2000 年以来，对于 2kHz(对应欧洲通用的 40 次谐波)至 9kHz 的谐波，在国际电工委员会(IEC)、欧洲电工技术标准化委员会(CENELEC)、国际大电网会议(CI-GRE)、国际供电会议(CIRED)以及 IEEE 等国际组织中均开展研究，并根据干扰源(例如换流器、开关电源)和敏感设备(例如电力线载波通信)的频谱覆盖范围，将频率拓展为 2kHz～150kHz。2013 年 IEEE 电力与能源学会会员大会(IEEE PES GM 2013)上第一次给出了 supra-harmonics 技术术语，它是指 2kHz～150kHz 的任意频率的周期分量，在 2017 年 6 月国际供电会议第四学习班中指出 supra 含义等于 beyond，因此可以将其称之为超高次谐波。对于高频谐波，我国相关的学术研究刚刚启动，但对其影响和表现已有

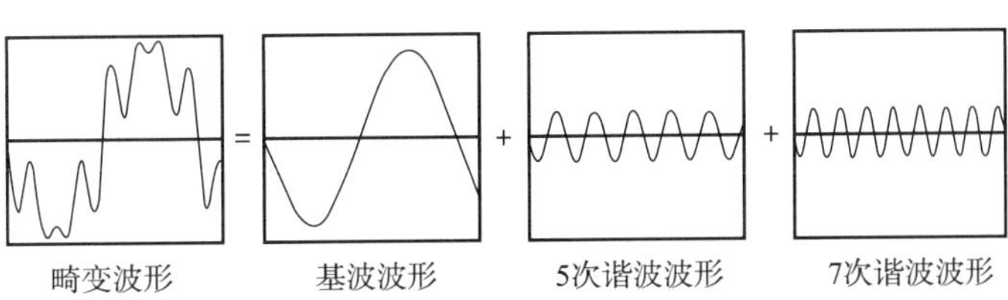

图 3 - 7　含有 5 次谐波和 7 次谐波的波形畸变

察觉和分析，专家们认为高频谐波是未来谐波研究的重要方向之一。

工程技术使用中出现广义谐波的概念与说法，认为凡畸变波形产生的其他频次分量都称作谐波，例如风电引起的20Hz左右的次同步频率分量被称之为20Hz谐波，这在数学定义和物理概念上是错误的，建议不要这么使用。

【标准条款】

2.6.12

谐波阻抗 harmonic impedance

电气元件、电气设备或电路与系统在某一谐波频率下呈现的阻抗。

2.6.13

系统谐波阻抗 harmonic impedance of a network/system

以系统的某一点为观测点，系统侧呈现的谐波阻抗。

【理解要点】

电力系统中除谐波源以外的其他元件对于谐波来说都可以看作无源元件，其模型可以由R、L、C组成的等效电路加以描述。电阻R普遍存在于电力系统各元件中，它是有功电能消耗或损失的载体，电感L主要表现于输电线、变压器、发电机、电动机等电磁元件中，电容C主要存在于输电线和电容补偿装置上。

在电力系统中，非线性负载可以近似等效为一个谐波电流源，非线性负载发出的谐波电流会导致谐波电压的产生，为了测量系统中某处因非线性负载生成的谐波电压的幅值或者含量，就需要估计出电网的谐波阻抗值。

在谐波分析中，国家标准中采用由基准短路容量换算出来的基波等值电抗的h倍作为h次谐波阻抗，即：

$$h\text{ 次谐波感抗与基波感抗关系：}X_{Lh}=hX_L \tag{3-14}$$

$$h\text{ 次谐波容抗与基波容抗关系：}X_{Ch}=X_C/h \tag{3-15}$$

这种做法在低电压系统是可以的，但高电压系统谐波模型参数分散性很大，不能随便这样用。由于谐波阻抗关系到谐波电流值，阻抗值处理不恰当将影响到电网谐波电压的合理控制。系统谐波阻抗对于系统谐波谐振分析、无功功率补偿、滤波器设计与滤波效果评估、系统与用户谐波水平评估等具有重要意义。

【标准条款】

2.6.15

谐波含量(电压或电流) harmonic content(for voltage or current)

从一周期交变量中减去其基波分量后所得到的谐波总量。

注：改写GB/T 4365—2003，定义161-02-21。

【理解要点】

谐波含量是评价波形质量的指标之一。在一个周期的非正弦周期量中，经傅里叶分解可得到基波分量，把一个周期内的基波分量除去，所得的谐波总量即为谐波含量。

谐波电压(电流)含量为各次谐波电压(电流)有效值的方均根值，即：

$$U_H=\sqrt{\sum_{h=2}^{\infty}(U_h)^2} \tag{3-16}$$

$$I_H=\sqrt{\sum_{h=2}^{\infty}(I_h)^2} \tag{3-17}$$

式中：

U_H——谐波电压含量；

U_h——各次谐波电压方均根值；

I_H——谐波电流含量；

I_h——各次谐波电流方均根值。

为了区别暂态现象和谐波，对负荷变化快的谐波，每次测量结果可为 3s 内所测值的平均值。推荐采用下式计算：

$$U_h=\sqrt{\frac{1}{m}\sum_{k=1}^{m}(U_{hk})^2} \tag{3-18}$$

式中：

U_{hk}——3s 内第 k 次测得的 h 次谐波的方均根值。

【标准条款】

2.6.16

正序性谐波　positive sequence harmonics

具有正序性质(即三相谐波分量的幅值相等，相位按 B 相滞后 A 相 120°，C 相又滞后 B 相 120°排列)的谐波。

2.6.17

负序性谐波　negative sequence harmonics

具有负序性质(即三相谐波分量的幅值相等，相位按 B 相超前 A 相 120°，C 相又超前 B 相 120°排列)的谐波。

2.6.18

零序性谐波　zero sequence harmonics

具有零序性质(即三相谐波分量的幅值相等，相位也相同)的谐波。

【理解要点】

对称分量法是分析对称系统不对称运行状态的一种基本方法，即任何三相不平衡的电流、电压或阻抗都可以分解为三个平衡的相量成分。为了分析谐波的特性，我们同样也定义了正、负、零序性谐波，在许多文章中，为简单起见，直接称呼负序性谐波为负序分量，但要注意到负序性谐波的频率是不同的：

当 $h=3k+1(k=0,1,2,\cdots)$ 时，三相电压谐波的相序都与基波的相序相同，即第 1、4、7、10 等次谐波都为正序性谐波；

当 $h=3k+2(k=0,1,2,\cdots)$ 时，三相电压谐波的相序都与基波的相序相反，即第 2、5、8、11 等次谐波都为负序性谐波；

当 $h=3k(k=1,2,\cdots)$ 时，三相电压谐波都有相同的相位，即第 3、6、9、12 等次谐波都为零序性谐波。

与电压情况相同，电流的各次谐波同样具有不同的相序特性。不对称三相系统各次谐波的相序特性和对称时不同，各次谐波都可能不对称，也可用对称分量法将三相谐波电压或电流分解为零序、正序和负序三个对称分量系统进行研究。

【标准条款】

2.6.19

间谐波频率 interharmonic frequency

基波频率的非整数倍频率。

注：改写 GB/T 2900.33—2004，定义 551-20-06。

2.6.20

间谐波(分量) interharmonic(component)

周期量中具有间谐波频率的正弦交变分量。

注：改写 GB/T 2900.33—2004，定义 551-20-08。

【理解要点】

间谐波是存在于电压、电流电气量中的非基波分量，其频率与系统基波频率不是整数倍关系。在一定的供电系统条件下，有些用电负荷会出现非基频整数倍的周期性的电流波动，根据该电流周期分解出的傅里叶级数，可能得出不是基波整数倍频率的正弦交变分量，我们把基波频率的非整数倍频率称为间谐波频率，而具有间谐波频率的正弦交变分量叫做分数谐波(fractional-harmonics)或称间谐波(inter-harmonics)。其中，次谐波(sub-harmonics)是指频率低于工频基波频率的间谐波分量。

在工程技术中，为处理非无穷长时间周期函数的分解，引入了和基波频率之比为非整数倍的电压电流概念，定义该频率分量为分数次谐波、间谐波等。于是就出现了“凡是正弦波形畸变的结果都叫做谐波，间谐波是一种特殊谐波”的说法。这混淆了谐波的物理本质特征，不利于解决工程实际问题。

面对出现的新问题，在使用词汇上也有认识过程。为了有别于谐波，创造了“谐间波"名词(至今,在 GB/T 17626.13—2006《电磁兼容　试验和测量技术　交流电源端口谐波、谐间波及电网信号的低频抗扰度试验》中还在使用)。另外,如同英文造词常采用在主体词加前缀的方式,如 inter-harmonics,sub-harmonics,在电能质量术语中统一使用了"间谐波""次谐波"等。IEEE Std 1459—2010 标准特别强调:电气量中存在一簇特殊的间谐波分量,其周期大于基波周期($T_i > T_0$ 或者其频率比 $h<1$)的分量,称之为"次谐波"。为突出其次同步特性,建议使用次同步频率分量(sub synchronous components)",或者次同步谐波(sub synchronous interharmonics)"(次同步频率分量与基波频率之间为非同步关系,在分类上即属"间谐波"范畴,推荐用词的前缀既表现了非同步,又表现其频率低于基频的物理特征,如此称谓更科学)。

注意:

1) 间谐波与基波频率不存在同步关系。其频率分布通常是位于两个谐波频率之间的离散频率分量,也可能是连续频谱。由此,凡与基波频率成非整数倍的频率分量都是间谐波,与基波没有必然连带关系。

2) 间谐波频率分量可能是基波频率分量或谐波频率分量被某信号调制的结果。这时被调制的基波或谐波的峰值包络线出现调制信号波形。被调制信号频率减去(或加上)调制信号频率产生间谐波分量。

【标准条款】

2.6.21

谐波含有率　harmonic ratio;HR

周期性交流量中含有的第 h 次谐波分量的方均根值与基波分量的方均根值之比,用百分数表示。第 h 次谐波电压含有率以 HRU_h 表示,第 h 次谐波电流含有率以 HRI_h 表示。

注:改写 GB/T 14549—1993,定义 3.7。

2.6.22

总谐波畸变率　total harmonic distortion;THD

周期性交变量中的谐波含量的方均根值与其基波分量的方均根值之比,用百分数表示。电压总谐波畸变率以 THD_u 表示,电流总谐波畸变率以 THD_i 表示,见式(2):

$$THD_u = \frac{U_H}{U_l} \times 100\%, THD_i = \frac{I_H}{I_l} \times 100\% \tag{2}$$

$$U_H = \sqrt{\sum_{h=2}^{\infty} (U_h)^2} \tag{3}$$

$$I_H = \sqrt{\sum_{h=2}^{\infty} (I_h)^2} \tag{4}$$

式中：

U_H——谐波电压含量；

U_l——基波电压分量；

I_H——谐波电流含量；

I_l——基波电流分量。

注：改写 GB/T 14549—1993，定义 3.8。

【理解要点】

谐波含量、谐波含有率、总谐波畸变率是表示畸变波形偏离正弦的程度的特征量，是波形质量中最常用的指标。谐波含量前面已经说到。某次谐波分量的大小，常以该次谐波的方均根值与基波方均根值的百分比表示。第 h 次谐波电压含有率以 HRU_h 表示，第 h 次谐波电流含有率以 HRI_h 表示，即：

$$HRU_h=\frac{U_h}{U_l}\times 100\% \tag{3-19}$$

$$HRI_h=\frac{I_h}{I_l}\times 100\% \tag{3-20}$$

式中：

U_l——基波电压方均根值；

U_h——各次谐波电压方均根值；

I_l——基波电流方均根值；

I_h——各次谐波电流方均根值。

总谐波畸变率，是在电气工程学科中表征波形相对正弦波畸变程度的一个性能参数，畸变波形因谐波引起的畸变程度，以总谐波畸变率 THD 表示。它等于各次谐波方均根值的平方和的平均根值与基波方均根值的百分比。电压总谐波畸变率以 THD_u 表示，电流总谐波畸变率以 THD_i 表示，即：

$$THD_u=\frac{U_H}{U_l}\times 100\% \tag{3-21}$$

$$THD_i=\frac{I_H}{I_l}\times 100\% \tag{3-22}$$

$$U_H=\sqrt{\sum_{h=2}^{\infty}(U_h)^2} \tag{3-23}$$

$$I_H=\sqrt{\sum_{h=2}^{\infty}(I_h)^2} \tag{3-24}$$

式中：

U_H——谐波电压含量；

U_l——基波电压分量；

I_H——谐波电流含量；

I_l——基波电流分量。

关于 THD 的计算公式，不同标准的定义略有不同。GB/T 17626.7—2017《电磁兼容　试验和测量技术　供电系统及所连设备谐波、间谐波的测量和测量仪器导则》中，对 THD 的定义为不大于某特定阶数的所有谐波分量有效值 G_n 与基波分量有效值 G_1 比值的方和根：

$$\mathrm{THD}=\sqrt{\sum_{n=2}^{H}\left(\frac{G_n}{G_1}\right)^2} \tag{3-25}$$

式中，G 表示谐波分量的有效值。它将按要求在表示电流时被 I 代替，或表示电压时被 U 代替。H 的值在与限值有关的每一项标准中给出（GB 17625 系列）。按照上述定义，THD 不包含间谐波，并且有一固定的谐波上限。

GB/T 12668.2—2002《调速电气传动系统　第 2 部分：一般要求　低压交流变频电气传动系统额定值的规定》对 THD 定义如下：

$$\mathrm{THD}=\sqrt{\frac{Q^2-Q_1^2}{Q_1}} \tag{3-26}$$

$$\mathrm{THF}=\sqrt{\frac{Q^2-Q_1^2}{Q_1}} \tag{3-27}$$

式中：

Q_1——基波有效值；

Q——总有效值，可以代表电压或电流。

按照上述定义，THD 包含间谐波和直流分量。

【标准条款】

2.6.24

最大需量负荷电流　maximum demand load current

在公共连接点前 12 个月每月最大负荷对应的电流算术平均值。

注：改写 IEEEP519/D5，July，2012。

2.6.25

总需量畸变　total demand distortion；TDD

计及 50 次及以下谐波分量（不包括间谐波）的谐波电流含量的方均根值与最大需量负荷电流之比，用百分数表示。注意，必要时可以包括 50 次以上的谐波分量。

[IEEE P519/D5，July 2012]

【理解要点】

对许多实际应用来说，THD 是一个非常有用的指标，但同时也要认识到它的局限性。当畸变电压加在电阻性负荷上时，用它可以很好地表示出附加的发热。同样，由它可给出导体上电流引起的附加损耗。但是，用它不能很好地表示电容上的电压应力，因为电压应力与电压的峰值有关，而与发热量无关。

实际上，谐波电压几乎总是相对于基波电压而言的。因为电压往往只有百分之几的变化，所以电压 THD 通常是一个有意义的数据。但对电流来说情况有所不同，较小幅值的谐波电流可能导致较大的 THD 值变化，这可能使用户误认为此时的谐波电流是危险的，但此时电力系统受到的威胁并不一定大。为解决这一难题，IEEE Std 519 推荐，可将 THD 中所采用的基波电流改为最大需量负荷电流，称为总需量畸变率(TDD)。

$$\mathrm{TDD}=\frac{\sqrt{\sum_{h=2}^{\infty}I_h^2}}{I_L}\times 100\% \tag{3-28}$$

式中：

I_L——公共连接点处工频最大需量负荷电流。

【标准条款】

2.6.26

缺口 notching

陷波

电力电子装置在进行正常电流换相时导致的周期性电压波形局部凹陷状槽口。

【理解要点】

陷波(缺口)是波形畸变的一种基本形式，是换流装置换相时产生的周期性扰动，持续时间小于 0.5 周波。扰动开始时与电压波形的极性相反，因此是在正常电压波形基础上依据电压扰动峰值减去相应的部分。缺口包括电压完全失去达 0.5 周波的情况。这种畸变虽然是周期性的，但不属于谐波范畴。图 3-8 给出了连续直流式三相换流器的电压陷波的例子。可以看到，当电流换相时造成电压缺口，原因是此时发生了短时的两相短路，使电压瞬时跌落而出现缺口，跌落的深度随系统等值阻抗不同而变化。

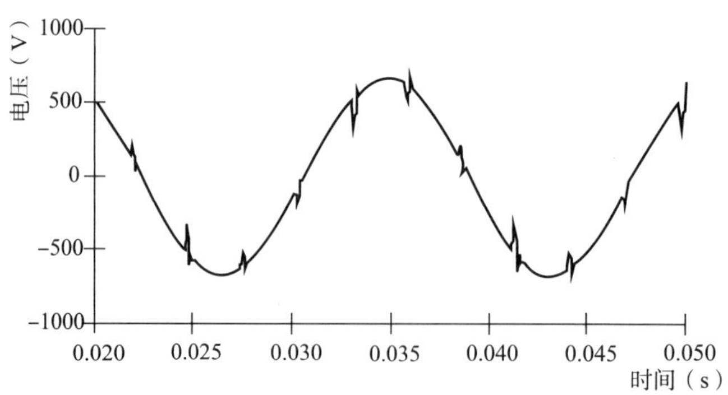

图 3-8 三相换流器的电压陷波

【标准条款】

2.6.27

特征谐波 characteristic harmonic

在设计工况下，电气设备因电气结构不同而产生的特定次数谐波。

2.6.28

非特征谐波 noncharacteristic harmonic

在设计工况下，电气设备因电气结构的非理想因素而产生的非特定次数谐波。

【理解要点】

特征是一个客体或一组客体特性的抽象结果。特征是用来描述概念的，任一客体或一组客体都具有众多特性，人们根据客体所共有的特性抽象出某一概念，该概念便成为了特征。同样在电力系统中，正常运行时，某些电气设备由于其本身的电气结构能够产生具有一定规律或特定的谐波次数，我们称这类谐波为特征谐波。如换流器是P脉动的，则其产生的特征谐波次数为kP±1次；电力机车产生3、5、7、9等次谐波。

特征谐波是在理想条件下产生的，在实际运行中，理想条件往往很多并且很难同时达到，因此会产生除特征谐波之外的谐波次数，我们把电气设备因电气结构的非理想因素而产生的非特定次数谐波称为非特征谐波。通常，特征谐波的数值远大于非特征谐波的数值，在近似计算时，非特征谐波的数值可忽略不计。

【标准条款】

2.6.29

准稳态谐波 quasi-stationary harmonics

幅值缓慢变化，但在短时间内可以看作稳态的谐波。

【理解要点】

谐波按其定义来说是在稳态情况下出现的，并且其频率是基波频率的整数倍。产生谐波的畸变波形是连续的，或至少持续几秒钟，而暂态现象则通常在几个周期后就消失了。暂态常伴随着系统的改变，例如投切电容器组等，而谐波则与负荷的连续运行有关。但在某些情况下也存在两者难以区分的情形，例如变压器投入时的情形，此时对应于暂态现象，但波形的畸变却持续数秒，并可能引起系统谐振。

IEC 61000-4-7:1991按变化状态将畸变分量分为准稳态谐波、波动谐波、快速变化谐波、间谐波和其他虚拟成分。工程实际中，准稳态谐波在一定时间范围内能够进行傅里叶分解，可以简化认为谐波处于稳定状态，其周期性是确定的(可辅助采用与系统频率同步的锁相技术)。“准”是“近似”的含义。严格地讲，这与谐波的数学定义是不相符的。因此也就有了工程数学分支，即在严谨的数学原理基础上，加入新的数学方法、参与工程应用经验和简化处理等，使其求解结果在一定范围适用。例如标准规定采用95%概率值来进行数据处理。在电力谐波标准中也用到了准稳态谐波和快速变化谐波的定义，对于短时间的冲击电流，例如，变压器空载合闸的励磁涌流，按周期函数分解，将包含短时间的谐波和间谐波电流，称为短时间的谐波电流或快速变化谐波电流。IEC 61000-4-7:2009 统一称之为 fluctuating harmonics(波动谐波)。

【标准条款】

> 2.6.31
>
> **铁磁谐振** ferro resonance
>
> 发生在含有铁芯类线圈的非线性特性回路中的杂乱、不规则谐振。

【理解要点】

铁磁谐振，是电力系统自激振荡的一种形式，是由于变压器、电压互感器等铁磁电感的饱和作用引起的持续性、高幅值谐振过电压现象。电压互感器一类的电感元件在正常工作电压下，通常铁芯磁通密度不高，铁芯并不饱和，如果在过电压下铁芯饱和了，电感会迅速降低，从而与电容产生谐振，也就是铁磁谐振。铁磁谐振不仅可在基频(50Hz)下发生，也可在高频(170Hz)、低频(17Hz,25Hz)下发生。

正常运行时，电压互感器开口三角的电压($3U_0$)理论上是0V，在实际运行中一般也不会超过10V。当系统发生单相接地时，$3U_0$ 将迅速升高，达到30V～120V，形成过电压。当系统上电时，由于三相不同期等原因，会在电压互感器中产生很大的谐波电流，导致互感器内部铁芯饱和，造成二次侧的波形发生畸变，当畸变足够大时，就形成了铁磁谐振。

【标准条款】

> 2.6.34
>
> **背景谐波** predistortion, background harmonic
>
> 某一电气设备接入电力系统之前，电力系统已存在的谐波。

【理解要点】

谐波来自谐波源，而谐波源在电力系统中有许多，对某一用户而言，有些谐波来自供电系统，有些是自己内部的非线性设备产生的。如何测量自己内部的非线性设备产生谐波的多少与规律，有针对性地采取治理，是谐波管理的重要一步。但按现阶段的测量技术，一般只能测量出测量点的谐波，而不能区分出谐波具体是哪里来的，特别是自己设备投入后使谐波增加多少，即本身对系统的影响(污染)分不清，给谐波的管理带来许多困难。

为了具体了解某一设备投入后的谐波影响情况，多采用先测量该设备没有投入前的谐波情况，这个测量就是测量“背景谐波”，然后再测量该设备投入后的谐波情况，进行综合测量分析，得出科学的治理方案。因而，背景谐波就是在“新设备”没有投入前测量的谐波。

背景谐波来源主要有两方面：其中一方面来自上级电网谐波电压的渗透；另一方面来自本级电网其他谐波源的影响。电网背景谐波通常用谐波电压源来描述，背景谐波电压是谐波研究中的一个重要特征参数，它直接关系到电网的谐波承受能力、用户谐波发射限值和用户滤波器设计等技术问题。IEEE 标准要求中压电网中，传输线上总谐波电压畸变率 THD<5%，而单次谐波电压畸变率 V_{Dh}<3%。

【标准条款】

2.7.3

浪涌　surge

瞬态电压波沿着线路快速蔓延，并且电压表现出快速上升以及之后缓慢回落的特性。

[GB/T 17626.30—2012，定义 A.4.2.2]

【理解要点】

浪涌，指电压瞬间超出稳定值的峰值，它包括浪涌电压和浪涌电流。浪涌也叫突波，就是超出正常电压的瞬间过电压，一般指电网中出现的短时间像“浪”一样的高电压引起的大电流。从本质上讲，浪涌就是发生在仅仅百万分之一秒内的一种剧烈脉冲。浪涌电压的产生原因有两个，一个是雷电，另一个是电网上的大型负荷接通或断开（包括补偿电容的投切）。

在电子设计中，浪涌主要指的是电源刚开通的那一瞬间由于电路本身的非线性有可能产生高于电源本身的脉冲；或者由于电源或电路中其他部分受到本身或外来尖脉冲干扰。它很可能使电路在浪涌的一瞬间烧坏，如 PN 结电容击穿、电阻烧断等。

【标准条款】

2.7　**暂时过电压和瞬态过电压**

2.7.1

系统最高电压　highest voltage of a system

在正常运行条件下，在系统的任何时间和任何点上出现的电压的最高值。不包括瞬变电压，例如，由于系统的开关操作及暂态的电压变化所出现的电压值。

[GB/T 156—2007，定义 3.2.1]

2.7.2

系统最低电压 lowest voltage of a system

在正常运行条件下，在系统的任何时间和任何点上出现的电压的最低值。不包括瞬变电压，例如，由于系统的开关操作及暂态的电压变化所出现的电压值。

[GB/T 156—2007，定义 3.2.2]

【标准条款】

2.7.4

过电压 overvoltage

以 U_m 表示三相系统最高电压，则峰值超过系统最高相对地电压峰值（$\sqrt{2/3}U_m$）或最高相间电压峰值（$\sqrt{2}U_m$）的任何波形的相对地或相间电压分别为相对地或相间过电压。

[GB/T 18481—2001，定义 3.1]

2.7.5

暂时过电压 temporary overvoltage

在给定安装点上持续时间较长的不衰减或弱衰减的（以工频或其一定的倍数、分数）振荡的过电压。

[GB/T 18481—2001，定义 3.1.1]

2.7.6

瞬态过电压 transient overvoltage

持续时间数毫秒或更短，通常带有强阻尼的振荡或非振荡的一种过电压，它可以叠加于暂时过电压上。

[GB/T 18481—2001，定义 3.1.2]

【理解要点】

系统（设备）按最高电压 U_m 的划分：$U_m \leqslant 1$kV 的系统（设备）称为低压系统（设备）；$U_m > 1$kV 的系统（设备）称为高压系统（设备）。高压系统（设备）还可以分为两个范围：范围Ⅰ：$1\text{kV} < U_m \leqslant 252$kV；范围Ⅱ：$U_m > 252$kV。

注：考虑到设备的绝缘性能和与最高电压有关的其他性能（如变压器的磁化电流及电容器的损耗）所确定的最高运行电压，其数值等于所在系统的系统最高电压值。

过电压是供电特征之一，电力系统中的过电压是相对于系统最高运行电压 U_m 而言的。系统的最高运行电压为系统中的额定电压乘一系数，此系数对于 220kV 及以下的系统为 1.15，对于 330kV～500kV 系统为 1.10。例如，对于 220kV 系统而言，其相对地最高运行电压为：

$$220/\sqrt{3}\times 1.15=146\text{kV}$$

相间最高运行电压为：

$$220\times 1.15=253\text{kV}$$

在系统中某一部分出现的最高对地电压峰值超过$\sqrt{\frac{2}{3}}U_m$ 或最高相间电压峰值超过$\sqrt{2}U_m$ 的任何波形电压为相对地或相间过电压。

从电力系统运行的角度来分类，电力系统过电压分为雷电过电压和内部过电压。内部过电压又可分为暂时过电压（包括工频电压升高和谐振过电压）和操作过电压（主要由于合闸空载线路、切断空载线路、切断空载变压器、断弧电弧接地引起）。这种分类方法与产生过电压的根源相关联，便于电力系统的设计和运行人员从机理上认识其本质并采取有针对性的防护措施。

按照作用于设备和线路上的过电压幅值、波形和持续时间，电力系统过电压可分为暂时过电压和瞬态过电压。暂时过电压是指其频率为工频或某谐波频率，且在其持续时间范围内无衰减或弱衰减的过电压，包括工频过电压和谐振过电压。瞬态过电压为振荡的或非振荡的，通常衰减很快，持续时间只有几毫秒且为缓波前的过电压（如操作过电压）或几十微秒且为快波前的过电压（如雷电过电压）。

表 3－5 给出了 EIC 绝缘配合标准定义的典型“过电压”与 IEEE“过电压”的区别。电力系统运行中出现的长期稳态过电压也简称为过电压，要注意和上述过电压现象相区别。

表 3－5 IEC 绝缘配合标准定义的典型“过电压”与 IEEE“过电压”的区别

分类	低频过电压		瞬态过电压		
波形	T_t 永久过电压	T_t 暂时过电压	T_1 T_2 缓波前过电压	T_p T_2 快波前过电压	T_1 T_t 陡波前过电压
典型范围	f=50Hz 或 60Hz $T_t\geqslant$3600s	10Hz<f<500Hz 3600s$\geqslant t_t\geqslant$0.03s	5000μs>T_p >20μs 20ms$\geqslant T_2$	20μs>T_1 >0.1μs 300μs$\geqslant T_2$	100ns>T_f>3ns 0.3kHz>f_1 >300kHz 3ms$\geqslant T_t$
标准波形	f=50Hz 或 60Hz	48Hz$\leqslant f\leqslant$62Hz T_t=60s	T_p=250μs T_2=2500μs	T_1=1.2μs T_2=50μs	
耐受测试	—	短时工频测试	操作冲击测试	雷电冲击测试	—

【标准条款】

2.7.7

谐振过电压 resonance overvoltage

某些通断操作或故障通断后形成电感、电容元件参数的不利组合而产生谐振时出现的暂时过电压,其持续时间较长,且波形有周期性。

[GB/T 18481—2001,定义 3.1.4]

【理解要点】

暂时过电压定义中实际上已经包含谐振过电压的内容,由于谐振过电压的发生机理和工频过电压不同,GB/T 32507—2016 中增加了“谐振过电压”术语。谐振过电压是电力系统中电感、电容等储能元件在某些接线方式下与电源频率发生谐振所造成的过电压,主要分为:

1) 线性谐振过电压:谐振回路由不带铁芯的电感元件(如输电线路的电感、变压器的漏感)或励磁特性接近线性的带铁芯的电感元件(如消弧线圈)和系统中的电容元件所组成。

2) 铁磁谐振过电压:谐振回路由带铁芯的电感元件(如空载变压器、电压互感器)和系统的电容元件组成。因铁芯电感元件的饱和现象,使回路的电感参数是非线性的,这种含有非线性电感元件的回路在满足一定的谐振条件时,会产生铁磁谐振。

3) 参数谐振过电压:由电感参数作周期性变化的电感元件(如凸极发电机的同步电抗在 $X_d \sim X_q$ 间周期变化)和系统电容元件(如空载线路)组成回路,当参数配合时,通过电感的周期性变化,不断向谐振系统输送能量,造成参数谐振过电压。

谐振过电压一般因操作或故障引起系统元件参数出现不利组合而产生。系统中应采取防止措施,避免出现谐振过电压的条件;或用保护装置限制其幅值和持续时间。

【标准条款】

2.8 **电压暂降、暂升和中断**

2.8.1

电压暂降 voltage dip(sag)

电力系统中某点工频电压方均根值突然降低至 0.1p.u.~0.9p.u.,并在短暂持续 10ms~1min 后恢复正常的现象。

注:IEC 标准中规定降低到的范围为 0.01p.u.~0.9p.u.。

[GB/T 30137—2013,定义 3.1]

2.8.3

暂降阈值 dip(sag) threshold

为检测电压暂降的起始和结束而设定的电压值。

[GB/T 17626.30—2012,定义 3.5]

【理解要点】

电压暂降(也曾称之为电压骤降、电压凹陷、电压跌落或晃电等)是指供电电压方均根值在短时间突然下降的事件,其典型持续时间为 0.5 周波～30 周波。IEC 的定义中把这一现象称为 dip,目前美国电能质量界一般用 sag,这两个术语是可以互相替换的。

电压暂降不同于电压波动,是指方均根值的大幅度快速下降。IEC 将其定义为下降到额定值的 90%～1%,持续时间为 10ms～1min;电气与电气工程师协会(IEEE)将其定义为下降到额定值的 90%～10%。图 3-9 给出了雷击故障与短路故障时的电压暂降示例。检测电压暂降的阈值叫做暂降阈值,一般依据电压暂降的定义设置为 0.9p.u.

注:电压方均根值一般取半周波刷新电压方均根值[$U_{rms(1/2)}$]和每周波刷新电压方均根值[$U_{rms(1)}$]。

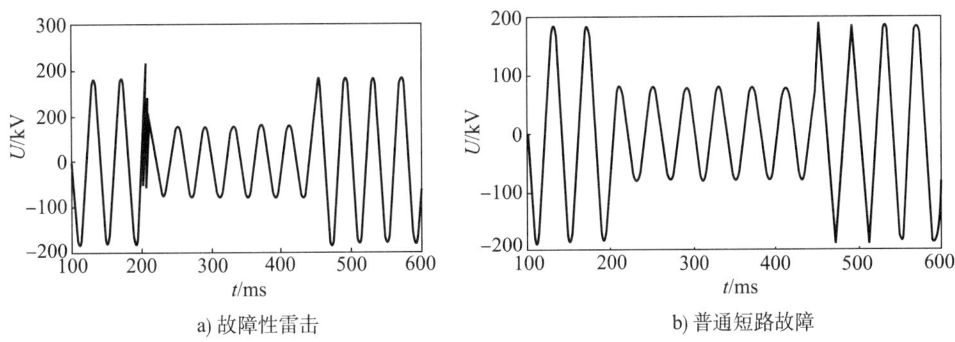

图 3-9 雷击故障与短路故障时的电压暂降示例

电压暂降现象并不是电力系统中的新问题,电网运行伊始就已经存在。但由于以往的绝大多数设备对电压的短时突然变化不敏感,当时并未引起人们关注。随着用电设备的更新,特别 20 世纪 80 年代以来,数字式自动控制技术在生产中得到大规模应用,如 ASD(变频调速系统)、PLC(可编程控制器)、PC(计算机)、C(控制器)等敏感设备的大量使用,对供电系统的电压质量提出了更高要求,该问题才引起有关部门与研究人员的广泛关注。电压暂降受到关注主要是由于其对终端用户设备的影响。它可使工业过程出现故障或中止,并导致重大经济损失。例如,杭州某移动电话公司一次暂降造成损失达 3000000 元;暂降还可引起设备不正常工作,影响诊断、治疗、手术进行,甚至危及病人的生命。

【标准条款】

2.8.2

电压暂升 voltage swell

电力系统中某点电压暂时升高,电压方均根值上升到 1.1p.u.～1.8p.u. 之间,并在短暂持续 10ms～1min 后恢复正常的现象。

2.8.4

暂升阈值　swell threshold

为检测电压暂升的起始和结束而设定的电压值。

[GB/T 17626.30—2012,定义 3.30]

【理解要点】

电压暂升是指在系统内某点的电压方均根值上升到 1.1p.u.～1.8p.u.、持续时间为 10ms～1min 的电压变动现象(如图 3-10 所示)。与凹陷类似,也有人形象地称之为电压凸起、骤升。与暂降的起因一样,暂升现象是同系统与设备故障相联系的。例如,当单相对地发生故障,非故障相的电压可能会短时上升。但电压暂升不像电压暂降那样常见,在设备端电压由于故障引起的暂升事件的次数几乎为零,暂升问题并不重要。

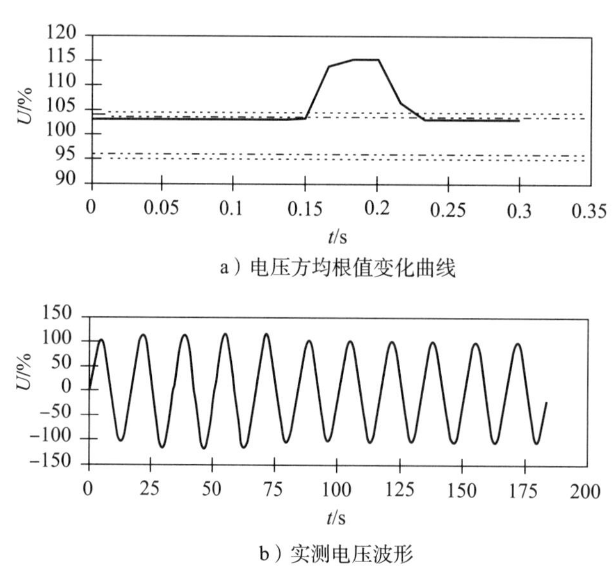

图 3-10　电压暂升示意图

另外当大容量负荷甩开或大容量电容器组增能时也会引起电压凸起。当电压暂升是在故障情况下出现时,电压上升的强度将随故障发生点、系统阻抗和接地状况而变化。在不接地系统,零序阻抗无穷大,当发生单相对地故障时,非接地相对地电压将达到1.73p.u.。

【标准条款】

2.8.6

电压暂降持续时间　duration of a voltage dip(sag)

以设定的电压暂降阈值记录的电压暂时降低的持续时间。

注：在多相情况下，该过程是随相关各相的暂降开始和结束而发生变化的。对多相情况来说，习惯上只要有一相的电压跌到低于起始阈值，暂降即为开始；并要等到所有各相的电压等于或超过结束阈值，暂降才算结束。

[IEC 61000-2-8:2002，定义 2.9]

【理解要点】

电压暂降持续时间是描述电压暂降的常用参数之一，将暂降从发生到结束之间的时间定义为持续时间，通常与保护和自动重合闸动作时间紧密相关，还取决于设定的阈值。从最先发生相的电压低于阈值的时刻起，只有当各相电压都等于或高过暂降结束阈值时，三相电压的暂降才结束。因此，三相电压暂降的持续时间等于或大于单相电压暂降持续时间。图 3-11 给出了暂降持续时间示意图。

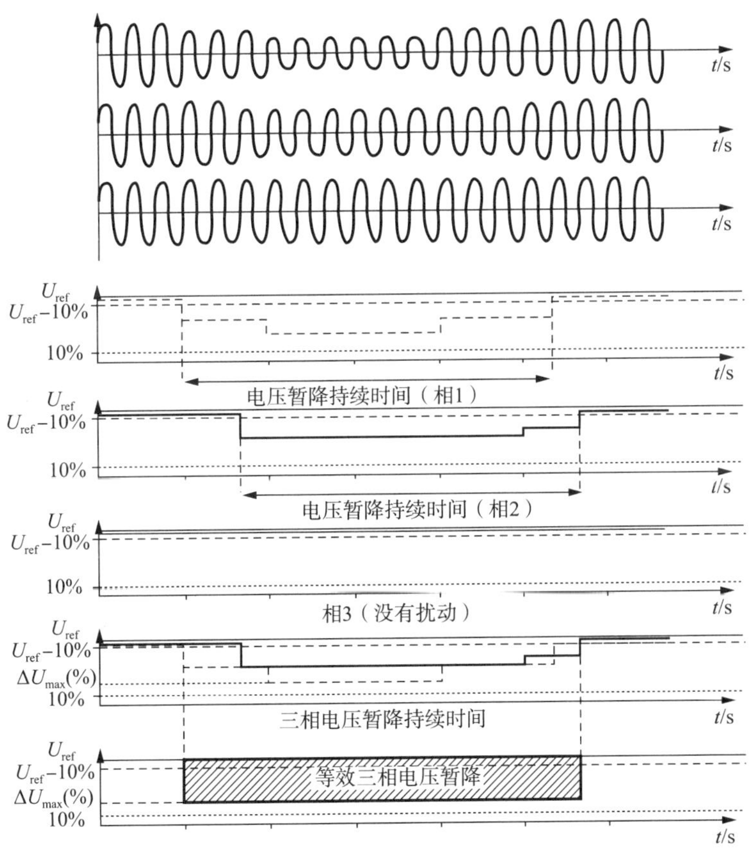

图 3-11 暂降持续时间示意图

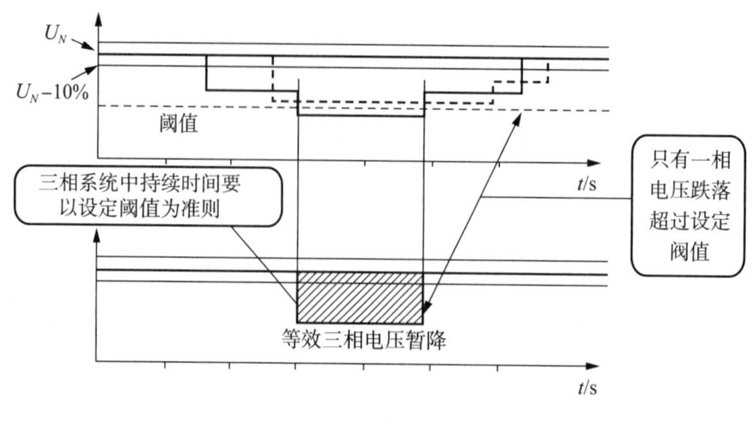

图 3-11(续)

【标准条款】

2.8.7

相位跳变 phase-angle jumps

电压和(或)电流波形在时间轴上的进程突然发生的变化。

【理解要点】

相位移指某一相电压对其他电压波形在时间轴上的位置移动,当电力系统发生故障时(如电压暂降),扰动前后瞬间,电压和(或)电流波形在时间轴上的进程突然发生变化,瞬间发生了相位移,我们把这种变化称为相位跳变(如图 3-12 所示),“跳”字说明其变化的突然。

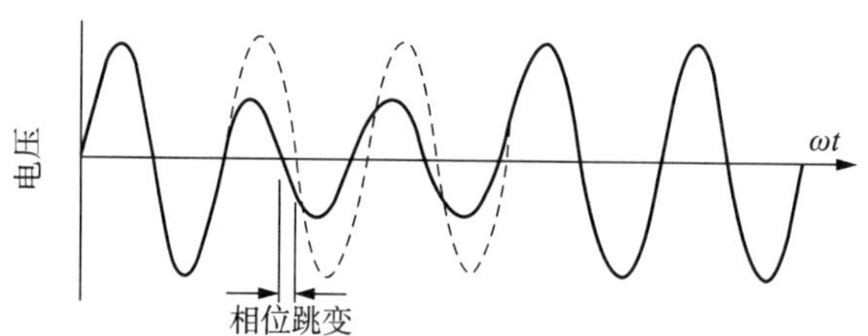

图 3-12 相位跳变示意图

电压幅值大小取决于故障定位不同,电压相位角则依据故障点看进去的系统侧阻抗比 X/R 来确定。阻抗比小,则相位角差就小。故障前电压的相位角与故障发生期间的电压相位角之差,称为特征相位跳变。

电压暂降波形并不总是矩形波一种固定模式。以往标准主要关注暂降的深度和持续时间,但相位跳变、波形点位等在深入分析暂降影响时也需要用到,随着试验的分析发现相位跳变对一些设备的敏感性有较大影响。

考虑电压发生相位跳变时，电压暂降关系式应作相应修改。如对于单相故障引起的电压暂降，应将相应关系式中的 U 用 $U\cos\alpha - j\sin\alpha$ 代替。

【标准条款】

2.8.8

临界距离 critical distance

某一给定电压暂降阈值下的负荷连接点与故障点之间的距离。

2.8.9

暂降域 dip(sag) area

系统中发生故障引起电压暂降，使所关心的某一点敏感性负荷不能正常工作的故障点所在的区域。

【理解要点】

临界是指由某一种状态或物理量转变为另一种状态或物理量的最低转化条件。临界距离为指定位置的负荷处与故障点之间的距离，即导致负荷连接点在某一给定幅值电压暂降下的最大故障距离。图 3－13 给出了敏感暂降幅值 90％的变频驱动设备和敏感值 50％的接触器在系统内的三相短路暂降域。在声学领域中，临界距离就是在声源轴线方向上，直达声与混响声声能相等处的距离。

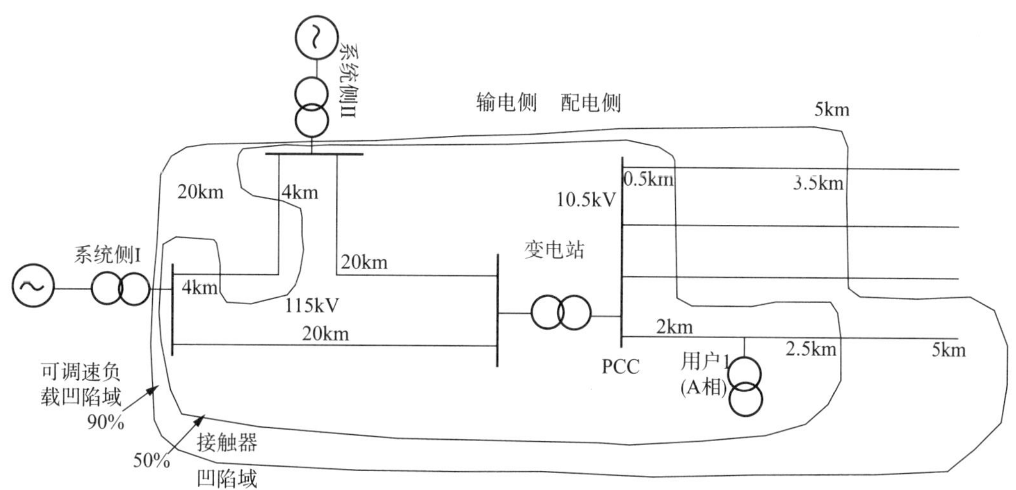

图 3－13 敏感暂降幅值 90％的变频驱动设备和敏感值 50％的接触器在系统内的三相短路暂降域

系统出现短路故障时，可通过对公共连接点（PCC）电压暂降幅值的计算，然后与允许给定电压作比较，从而判断是否对 PCC 上某一敏感性用电负荷产生不利影响。反之，在已知允许给定电压的情况下，也可以确定系统中何处发生故障时会引起 PCC 电压降到超过该允许值，进而确定使相关敏感性负荷不能正常工作的故障点所在区域（简称暂降域）。关于暂降域我们可以从以下两个角度理解：

1）某短路故障引起电网各节点的电压暂降程度的范围——反映故障对电网各节点电压的影响域。特点：故障引起域内的电压低于某特定幅值，可应用于故障再现与分析，要求故障模型精度高。

2）电网内某给定节点的电压暂降敏感设备（用户）对故障的敏感域（受影响域）。特点：域内的所有故障均引起关注节点的电压低于特定电压幅值。

一般电压暂降域是指第二种理解，即：当系统发生故障引起电压暂降，使所关心的敏感负荷不能正常工作的故障点所在区域称为暂降域——敏感用户的受影响范围。

当用户已知自身设备的敏感曲线并决定接入电网某 PCC 处，其暂降域就已确定。求取暂降域的方法有临界距离法、故障点解析法、基于电磁暂态仿真的短路仿真法等。

设备自身对电压暂降的敏感度，故障位置和类型，敏感负荷接入方式、运行方式以及变压器接线方式都会影响电压暂降域的范围。有关暂降域的分析仍在继续深入之中，在未来电力系统中，电压暂降域的分析可能会像潮流计算和短路计算一样，成为电力系统分析中不可缺少的一部分。

【标准条款】

2.8.10

电压中断 voltage interruption

一相或多相供电电压的消失。通常用表示中断持续时间（例如暂时、短时、持续）的附加术语来限定。

[IEEE Std 1159—2009，定义 3.15]

2.8.11

瞬时 instantaneous

用于量化短时间变化持续时间的修饰词，其时间范围为工频 0.5 周波～30 周波。

[GB/T 15543—2008，定义 3.7]

2.8.12

暂时 momentary

用于量化短时间变化持续时间的修饰词，其时间范围为工频 30 周波～3s。

[GB/T 15543—2008，定义 3.8]

2.8.13

短时 temporary

用于量化短时间变化持续时间的修饰词,其时间范围为 3s~1min。

[GB/T 15543—2008,定义 3.9]

2.8.14

长时间的 sustained

持续的

用于量化长时间的电压中断现象的修饰词,其时间范围为大于 1min。

2.8.21

中断阈值 interruption threshold

为检测电压中断的起始和结束而设定的电压幅值。

[GB/T 17626.30—2012,定义 3.17]

【理解要点】

术语中断(interruption)早已被使用,是指供电系统中一个或多个元件停电使得用户不再得到电力供应的情况。在电力系统可靠性评估中,术语中断表示停电的结果(或多重停电的次数),在多数情况下,与电能质量领域中的定义(零电压状态)相同。

电压中断(voltage interruption)(IEEE Std 1159)、供电中断(supply interruption)(EN 50160),或中断(interruption)(IEEE Std 1250)是一种供电端电压接近于 0 的状况。由于存在电容、电感等储能元件,具有电压反馈的作用,所以电压中断时电压不一定为 0,但是电压为 0 一定会引起中断。对于接近于 0 的定义,IEC 规定为"电压低于标称电压的 1%",IEEE 规定为"低于 10%"(IEEE Std 1159)。检测短时中断的阈值一般依据短时中断的定义设置为 0.1p.u.。

电压中断与供电中断(outage,停电)的用法不同。前者是指一种特定的系统现象,后者是指电力系统中的元件未能正常工作带来的问题,或专门用于长时间电压短缺问题。短时间电压变动包括电压暂降和短时间电压中断等现象。若按持续时间长短来划分,进一步还可将其分成瞬时、暂时和短时三种类型。IEEE 1159—1995 对电压暂降、暂升和短时间中断按持续时间特征进行分类,如表 3-6 所示。

表 3-6 IEEE 1159—1995 对电压暂降、暂升和短时间中断按持续时间特征的分类

类别			典型持续时间	典型电压幅值
短时间电压变动	瞬时	暂降	0.5 周波~30 周波	0.1p.u.~0.9p.u.
		暂升	0.5 周波~30 周波	1.1p.u.~1.8p.u.

表 3-6(续)

类别			典型持续时间	典型电压幅值
短时间电压变动	暂时	中断	0.5 周波～3s	<0.1p.u.
		暂降	30 周波～3s	0.1p.u.～0.9p.u.
		暂升	30 周波～3s	1.1p.u.～1.8p.u.
	短时	中断	3s～1min	<0.1p.u.
		暂降	3s～1min	0.1p.u.～0.9p.u.

下面对欧洲标准 EN 50160 和 IEEE 标准中采用的术语和定义作一个总结,欧洲标准 EN 50160 的定义与 IEC 定义相同。

EN 50160:

1) 长时中断(long interruption):持续时间长于 3min;

2) 短时中断(short interruption):持续时间最大 3min。

IEEE Std 1250—1995,该标准几乎与 IEEE Std 1159—1995 同时发布,但采用了一些不同的定义,尤其是电压中断的划分不同:

1) 瞬时中断(instantaneous interruption):0.5 周波～30 周波(半秒);

注:显然是针对 60Hz 系统。

2) 暂时中断(momentary interruption):持续时间为 0.5 周波～3s;

3) 短时中断(temporary interruption):持续时间为 2s～2min;

4) 持续中断(sustained interruption):持续时间长于 2min。

IEEE Std 859—1987,该标准相对较旧,给出了与电力系统可靠性有关的定义。不同类型的停电用停电持续时间来区分,但该标准没有给出持续时间的具体范围,而是用供电恢复方式来区分电压中断类型。可比较术语:

1) 瞬时停电(transient outage):供电中断自动恢复;

2) 暂时停电(temporary outage):通过人工投切操作恢复供电;

3) 永久性停电(permanent outage):经过维修或设备更换后恢复供电。

【标准条款】

2.8.18

剩余电压 residual voltage

U_{res}

电压暂降或者短时中断过程中记录的电压最小值。

[IEC 61000-4-11:2004,定义 3.5]

2.8.19

电压暂降深度　depth of voltage dip(sag)

参考电压与剩余电压之间的差值。

注:深度可以表示为一个以伏为单位的值,也可以是相对于参考电压的百分数或标幺值;通常"深度"这个词是描述性的,非量化的意思,用于表示电压暂降的程度,没规定是否用量纲来表示上述定义的剩余电压或深度。在使用这个词时要谨慎,保证其含义在上下文的关系上是清楚的。

[IEC 61000-2-8:2002,定义 2.8]

【理解要点】

在电压暂降的分析中,通常将暂降时的电压有效值与额定电压有效值的比值定义为暂降的幅值。一次暂降电磁扰动用两维特性,即电压跌落的幅值大小(即残压或暂降深度)和时间(即持续时间)(见图 3-14)来描述。

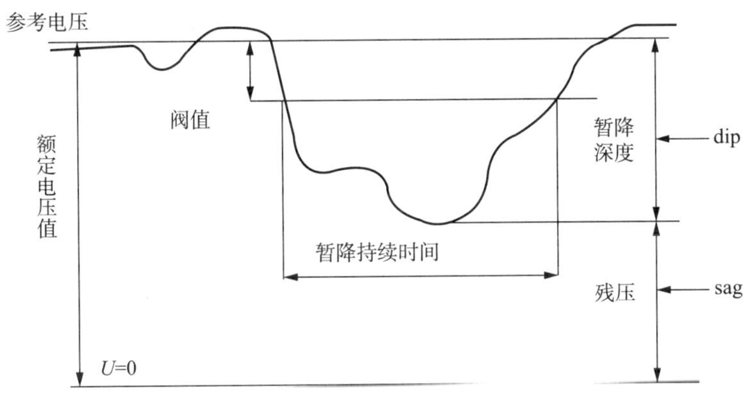

图 3-14　电压暂降参数图

剩余电压(也叫残压)是电压暂降或短时间停电过程中所有相电压方均根值的最小值,残压可用伏特值或相对参考电压的百分比值或标幺值表示。而暂降深度仅从字面理解,是指电压丢失的部分,与残压含义相反。

在 GB/T 30137—2013《电能质量　电压暂降与短时中断》中,使用的术语是残余电压,其定义是:电压暂降或者短时中断过程中记录的电压方均根值的最小值。对暂降深度的定义为:标称电压与残余电压的差值。

在描述电压暂降幅值时常常出现术语的混淆。例如"20%暂降"可能是指结果电压为 0.8p.u.,或为 0.2p.u.。当没有特别规定和说明时"20%暂降"的含义是指"下降值为 20%",实际电压为 0.8p.u.,即残压为 0.8p.u.、深度为 20%。

电压暂降的跌落程度是随机的,实际上它取决于电网内观察点(PCC)相对于短路点的位置(距离)。观察点离短路点越近,残压越低;观察点离电源(电容器组、蓄电池等)点越近,电压跌落的越小;输电系统的故障会导致大范围(数百公里远的地区)发生电压暂降;配电网短路故障的影响范围较小;但用户设备内部故障引起的附近观察点的电压暂降更严重;短路类型和变压器绕组的连接方式会改变电压暂降深度。

【标准条款】

> 2.8.22
>
> **电压暂降耐受性** dip(sag) immunity
>
> 用户设备在发生电压暂降时仍能保持正常工作的能力。

【理解要点】

随着经济的快速发展,复杂电子设备在各用电部门中得到广泛应用,电压暂降往往引起用户电气设备不能正常工作,设备能够承受某种电压暂降,保持自身正常工作的能力称为电压暂降耐受性。

将每一次电压暂降的特征和受影响结果以二维图的形式描述,可获得设备的电压暂降敏感度曲线,即表现为设备的最小暂降承受值与持续时间的函数关系,表征用户设备对电压暂降的耐受度。

设备敏感度曲线也称之为设备免疫力(immunity)曲线,也可表达为对设备制造商提出的要求达到的耐受标准。耐受或过渡电压暂降的能力(voltage sag ride-through capability,又称为电压暂降承受值或容忍值)是指确保设备正常运行所能容忍的最低电压值与承受时间。设备越敏感说明设备的电压暂降耐受性越差。某品牌 S1、S2、S3 开关电源的电压暂降敏感度曲线如图 3-15 所示。

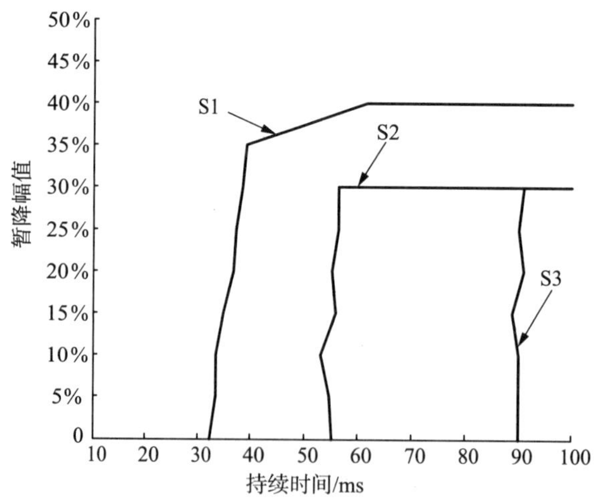

图 3-15 某品牌 S1、S2、S3 开关电源的电压暂降敏感度曲线

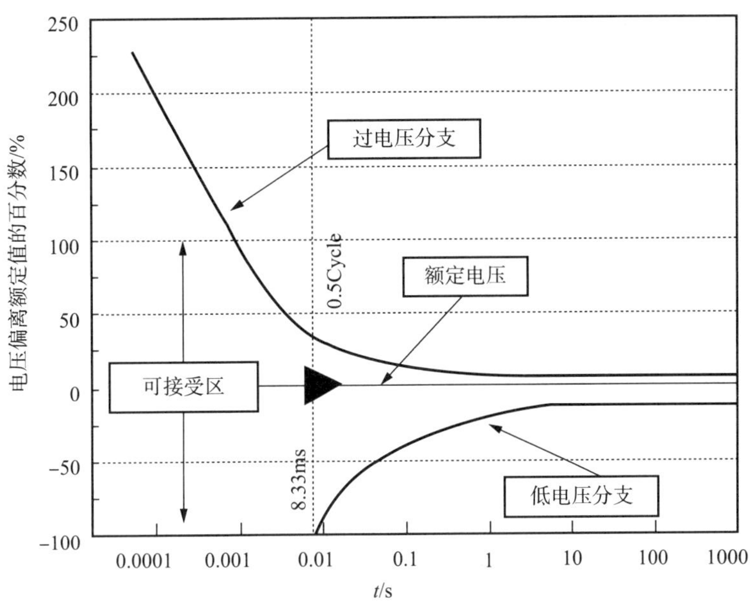

图 3-16 CBEMA 曲线

电压暂降的危害程度与设备的敏感程度密切相关，不同的设备对同一电压暂降的感受度是不同的，因此世界上不同的设备制造商制定了不同的敏感度曲线。当分析电压暂降的危害时，对于不同的设备或负荷，应当采用不同的敏感度曲线。20 世纪 80 年代，美国计算机和商用设备制造商协会(CBEMA)出于大型计算机对电能质量的要求提出了电压容限曲线并作为对其制造商产品设计的技术要求，以防止电压扰动造成计算机及其控制装置误动和损坏。容限曲线见图 3-16，包络线内部为合格电压，外部为不合格电压。该曲线已为 IEEE 采纳作为 IEEE Std 446-1980 的一部分。

美国 CBEMA 改称为信息技术工业协会(ITIC)后，其所属的第三技术委员会(TC3)对 CBEMA 曲线作了修订，形成 ITIC 曲线(见图 3-17)，表明了适用于所有类型设备的电压容限的幅值和持续时间，亦有人仍称之为 CBEMA 曲线。ITIC 曲线的边界由以下七种可能的电压扰动围成：高频脉冲和振荡、低频衰减振荡(140%～200%)、电压凸起(120%)、稳态容限(±10%)、幅值为 80%的电压暂降、幅值为 70%的电压暂降、电压间断。

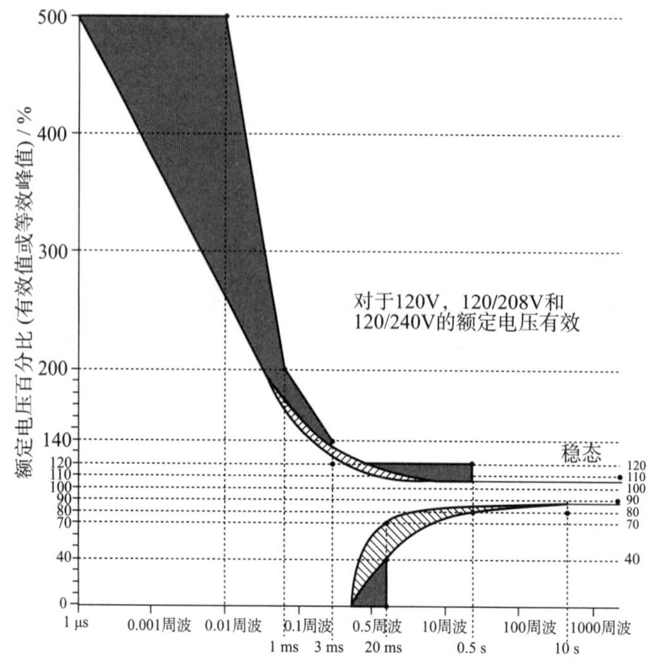

图 3-17 ITIC 曲线

【标准条款】

3 测量与监测方法

3.1

电能质量分析仪 power quality analyzer

具有统计分析功能，能够测量电能质量诸多指标，如谐波、电压不平衡度、电压暂降、电压闪变等的测量设备。

【理解要点】

电能质量分析仪是对电网运行的电能质量进行检测及分析的专用便携式仪器。电能质量分析仪通过接入电网某处的电压和电流信号，对电网运行进行一定时间长度的数据采集测量，利用仪器配备的电能质量分析软件，对测量数据进行各种统计分析，获得电能质量指标。

电能质量分析仪的一般功能有：

(1) 电压/电流/频率：可测量三相电压、零线电压、三相电流、零线电流、频率等；

(2) 谐波测量：可测量至 50 次谐波，测量结果包括各次谐波电压、谐波电流的幅值、电压谐波总畸变率、各次电压谐波/电流谐波含有率等，可显示谐波频谱图；

(3) 功率测量：可测量三相视在功率、有功功率、无功功率、功率因数、三相电能等；

(4) 三相不平衡测量:可测量三相电压不平衡度及正序、负序、零序电压,三相电流不平衡度及正序、负序、零序电流,可显示电压矢量、电流矢量图;

(5) 波动/闪变:可测量电压波动、短时闪变、长时闪变;

(6) 骤升/骤降:可记录电压骤升、骤降事件;

(7) 监测记录:可长时间记录基本的电能质量参数,记录时间间隔从3s到30min可调。

电能质量分析仪的技术参数通常有:电压测量范围,电流测量范围,基波误差,谐波含有率及相对误差,电压不平衡度绝对误差,电流不平衡度绝对误差,测频误差,环境温度,电源,仪器尺寸,重量等。

【标准条款】

3.2

电能质量监测终端 power quality monitoring device

通过引入电压、电流信号,用于测量电能质量指标的专用装置。

【理解要点】

电能质量监测终端是电能质量监测系统终端设备的简称,分为固定在线式监测设备和便携式监测设备。电能质量监测终端的电气性能、机械性能、安全性能、电磁兼容性和可靠性要求应符合相关技术规范和标准。电气性能要求主要有:设备工作电源电压及允许偏差、电压信号输入回路、电流信号输入回路、功率消耗、数据安全性等。它的基本功能一般有:

1. 监测功能

(1) 频率,电压、电流有效值,有功、无功功率及功率因数

电能质量监测终端必须具有频率,电压、电流有效值,有功、无功功率及功率因数测试功能。要求装置能够对以上指标进行连续的测量,满足 定的精度要求,并且根据设置的时间间隔进行记录。

(2) 电压偏差

电能质量监测终端必须具有电压偏差测试功能。要求装置能够进行连续的电压偏差指标测量,并且根据设置的时间间隔进行记录。

(3) 频率偏差

电能质量监测终端必须具有频率偏差测试功能。要求装置能够进行连续的频率偏差指标测量,并且根据设置的时间间隔进行记录。

(4) 三相电压不平衡度、三相电流不平衡度

电能质量监测终端必须具有三相电压不平衡度测试功能。对于特殊负荷的监测终端要求具有电流三相不平衡度测试功能,能够根据设置要求提供负序电压、负序电流数

据。要求装置能够进行连续的三相不平衡度指标测量，并且根据设置的时间间隔进行记录。

(5) 谐波

电能质量监测终端必须具有谐波测试功能，包括电压、电流的总谐波畸变率，DC－50次谐波电压电流含有率、幅值、相位。要求装置能够进行连续的谐波指标测量，并且能够根据设置的时间间隔进行统计和记录，最小记录间隔不大于3s，统计值包括谐波最大值和95%概率值。

(6) 间谐波

间谐波测试为可选功能，要求装置进行谐波分析的数据窗不小于10周波，需要分析的最小频率间隔、数据记录方式等视具体情况而定。

(7) 电压波动、闪变

电能质量监测终端必须具有电压波动和闪变测试功能，要求装置能够进行连续的电压波动和闪变指标测量，并且根据设置的时间间隔进行记录。

(8) 电压暂降和短时中断

电能质量监测终端应具有电压暂降和短时中断测试功能，要求装置能够进行连续的电压骤降和短时中断检测，在事故发生情况下记录电压骤降(短时终端)的幅值和持续时间，并且根据设置进行录波。

(9) 事件触发录波

电能质量监测终端必须具有事件触发录波功能，要求装置在指标越限、电压突变、电流突变、主站触发等条件下进行触发录波。

2. 显示功能

电能质量监测终端应该具有正常运行、故障等指示功能，方便运行维护人员的巡检。通常对被监测主要电能质量参数的实时数据显示功能不做要求。

3. 通信接口

在线监测设备必须具有通信接口，支持某种通信协议，能够实现监测数据的实时传输或定时提取存储记录。

4. 设置功能

电能质量监测终端应具有现场和通过网络对其内部时钟、监测内容、监测方式、系统基本数据的设置功能，并能对设置进行保存。

5. 记录储存功能

(1) 频率偏差、电压偏差、三相不平衡度、谐波监测的结果应该能以固定的记录周期在监测终端进行存储；

(2) 记录周期应该可以整定，针对不同用途的监测终端，最小记录时间应该具有不同的要求；

(3) 短时闪变的一记录周期为10min，长时闪变的一记录周期为2h；

(4) 监测终端应有一定的存储记录空间,存满之后可按先进先出的原则更新。

6. 报警功能

电能质量监测终端应具有故障报警输出功能。

【标准条款】

3.3

电能质量监测系统　power quality monitoring system

由电能质量监测终端、信息通道以及服务站和客户端组成的系统。

【理解要点】

电能质量监测系统以计算机技术、数据库技术、网络通信技术为依托,结合电网中各个监测点构建成一个完整的电能质量监测网络系统,从而实现对电网多处多项电能质量指标的在线监测和统计分析。整个系统从功能上可以分为电能质量监测终端、信息通道、服务站和客户端。各部分功能为:

(1) 电能质量监测终端:通常分布式安装于电网电能质量监测处,通过信息通道与服务站相连,用于实现该处电能质量指标参数的实时测量和数据上传功能。

(2) 信息通道:实现电能质量监测终端与服务站之间、服务站与客户端之间的数据通信功能。

(3) 服务站:一个电能质量监测系统通常设 1 处服务站,服务站上运行有数据库服务系统,对各电能质量监测终端上传的电能质量指标测试数据进行存储、统计、分析,并能形成曲线、报表、报告等结果。

(4) 客户端:安装于负责电能质量管理的部门,通过通信通道与服务站相连,根据分配的权限,可以查询下载电能质量监测结果,并可对电能质量监测终端进行必要的设置。

【标准条款】

3.4

连续型(电能质量扰动)　continuous variation type(of power quality disturbance)

连续出现的电能质量扰动现象。其重要特征表现为电压或电流、频率、相位等随时间持续发生的变化。其测量评估往往采用概率统计方法来处理。

3.5

事件型(电能质量扰动)　event type(of power quality disturbance)

突然发生的电能质量扰动现象。其重要特征表现为电压或电流短时间严重偏离其额定值或理想波形,例如电压暂降、瞬时过电压等。其测量评估通常采用特征量来表示。

【理解要点】

电能质量按扰动现象的表现特征，可以分为两类，即连续型（也叫变化型）和事件型。

连续型电能质量扰动表现为电压或电流的幅值、频率、相位等在以单位为秒级甚至分钟级的时间轴上连续发生的相对比较小的变动，其变化规律相对而言是稳态的或准稳态的。实际上，这种现象是需要持续较长时间监测记录来诊断的，包括谐波电压和电流、电压不平衡、电压幅值偏差、频率偏差以及电压波动与闪变等。

事件型电能质量扰动是突发的、过程非常迅速的、明显偏离额定值或理想波形的电能质量扰动现象，除了变化幅值（或峰值）外，单一事件的主要特征就是持续时间。从一段时间监测统计上看，扰动发生的严重性还表现在发生频次上。这一类现象是需要长期监测捕捉的，因此又可以称作离散型电能质量扰动。依据事件持续时间的长短，可分为长时型和暂时型，其中长时型主要指电压的长时间中断，它是一种比较特殊的事件型电能质量，虽然事件的持续过程比较长，过程形式单一，容易看到和统计，但是事件的发生和恢复过程非常迅速，严重时会引起系统工况的迅速改变。暂时型电能质量包括电压暂降、短时中断以及瞬态或暂时过电压等。

【标准条款】

3.6

半波刷新电压方均根值　r.m.s. voltage refreshed each half-cycle

$U_{rms(1/2)}$

从基波的过零点开始，在一个周波内测量得到的电压方均根值，每半个周波更新一次。

注：改写 GB/T 17626.30—2012，定义 3.24。

【理解要点】

在 GB/T 17626.30—2012 的 3.24 中，定义了“每半周波检测更新一次的 r.m.s. 电压”，这里把 r.m.s. 电压值改写为了电压方均根值。在 GB/T 30137—2013 中，这个术语定义为“测量数据窗口为一周波的电压方均根测量值，每半个周波更新一次”。没有强调从电压的过零点开始。

计算半波刷新电压方均根值的主要目的是测量电压暂升、暂降幅值。

半波刷新电压方均根值的计算公式如下：

$$U_{rms(1/2)}(k)=\sqrt{\frac{1}{N}\sum_{i=1+(k-1)\frac{N}{2}}^{(k+1)\frac{N}{2}}u^2(i)} \tag{3-29}$$

式中，N 为每周期的采样点数，$u(i)$ 为第 i 次被采样到的电压波形，k 是被计算的窗口序号（$k=1,2,3,\cdots$）。即，第一个值是在一个周期内（从样点 1 到样点 N）获得的，下一个值则从样点$\frac{1}{2}N+1$到样点$\frac{1}{2}N+N$，依次计算。要求样点 1 是从基波过零点开始。

【标准条款】

> 3.7
>
> **标识数据　flagged data**
>
> 作了标记的电能质量监测数据，表明该数据的某个测量值或某一组测量值可能已受到电压中断、暂降或暂升的影响。
>
> **注：**改写 GB/T 17626.30—2012，定义 3.6。

【理解要点】

在电压暂降、暂升或中断时，其他一些参数的测量算法（如频率测量）可能产生一个不可靠的结果。因此，对电能质量监测数据做标记是为了可以在分析处理数据时避免单一事件被统计为多个不同类型的事件（例如，将单次暂降同时记作暂降和频率变化）。做标记是有关一次测量或测量组合的补充信息。被标记的数据不会从数据库中删除。

标记一般仅在电压暂降、暂升和中断时触发。暂降和暂升的检测取决于用户所选择的阈值，该选择将决定哪些数据会被标记。

如果在给定的时间间隔内，有任一值被标记，则包括该值的累积值也应被标记，表示该累积值可能是不可靠的。

【标准条款】

> 3.8
>
> **同步采样　synchronizing sample**
>
> 模拟信号数字化离散过程中采样频率随信号实际频率变化而实时调整且始终与信号实际频率保持固定比例关系的一种采样方式。

【理解要点】

同步采样也称为跟踪采样，即为了使采样频率 f_s 始终与信号实际频率 f_1 保持固定的比例关系 $N=f_s/f_1$，必须使采样频率随被测信号的频率变化而实时地调整。这种同步采样方式实施的技术保障可利用硬件测频电路或软件计算频率的方法来实现。

有时，同步采样也用来指同时对多个模拟信号进行数字化时，各信号通道间的采样保持是同步进行的。

【标准条款】

3.9

时间窗　time window

周期性连续信号频谱分析中设定的一个固定时间长度，认定周期性信号按该固定时间内的信号周期重复。

注：时间窗即为电能质量监测中的基本测量时间间隔，对于50Hz工频信号，一般为10周波。

【理解要点】

时间窗是对信号进行傅里叶分析需要引入的概念。时间窗简单说就是对采样数据进行一次离散傅里叶变换分析时，选用多长时间的采样数据。时间窗的长短决定了频率分辨率，时间窗越长，频率分辨率越高。在电能质量监测中，对于50Hz工频信号，时间窗一般取10周波，即200ms，这时的频率分辨率为5Hz。

【标准条款】

3.10

时间累积　time aggregation

对某一给定参数(在相同时间段)的顺序值进行累加得到的数据。

注：改写GB/T 17626.30—2012，定义3.31。

3.11

150周波累积　150-cycles aggregation

以15个10周波时段测量数据进行无缝累积，得到150周波时段的数据。

3.12

10 min累积　10 min aggregation

以10周波时段测量数据进行无缝累积，得到10min时段的数据。每个10min时段应从实时时钟10min计时处开始。

注：也可以采用1min、3min累积。

3.13

2h累积　2h aggregation

以12个10min时段值进行无缝且不重叠累积，得到2h时段的数据。每个2h时段从实时时钟偶数小时点处开始。

【理解要点】

实际供电系统的电气量往往是随时间不断变化的，对电能质量监测数据进行时间累积的主要目的是获得一定时间间隔内电能质量指标的整体情况。

除闪变指标外，电能质量检测指标进行时间累积时，应采用输入值的方均根值进行累积计算。

【标准条款】

3.14

电能质量数据交换格式　power quality data interchange format；PQDIF

一种具有普适性的电能质量数据二进制存储文件格式，以实现不同平台或不同利益相关方电能质量监测数据、仿真数据的交互兼容与共享。

注：PQDIF 是 Power Quality Data Interchange Format 的缩写，是在 IEEE Std 1159.3—2003 标准中规定的一种电能质量数据交换格式，用于软件应用程序之间的电压，电流，功率和能量测量交换。

【理解要点】

目前，我国电能质量在线监测多以某厂家监测终端为基础建立小范围的数据中心，没有统一的标准。这将导致不同电能质量监测设备的后台分析软件不相同，相互之间数据不兼容。同时，电能质量监测和分析涉及广泛的数据来源，如果不同类型数据的内容和描述格式各异，指标含义不统一，必将导致电能质量监测和分析数据管理混乱。针对以上情况，有必要制定统一的电能质量数据存储体系，作为数据采集、交换和分析的标准。因此，美国电气与电子工程师协会(IEEE)标准委员会制定的 IEEE 1159.3 标准中提出了一种电能质量数据交换格式(power quality data interchange format，PQDIF)。它完全独立于监测设备的软、硬件，可以较好地解决多物理属性的多角度观察功能，符合电能质量监测技术的发展需要，因此常被作为电能质量监测网底层数据交换格式。

【标准条款】

3.15

测量不确定度　measurement uncertainty

与测量结果关联的一个参数，用于表征合理赋予被测量的值的分散性。

[GB/T 2900.77—2008，定义 311-01-02]

【理解要点】

测量不确定度是指由于测量误差的存在，对被测量值的不能肯定的程度。反过来，也表明该结果的可信赖程度。它是测量结果质量的指标。测量不确定度越大，表示测量能力越差；反之，表示测量能力越强。不过，不管测量不确定度多小，测量不确定度范围必须包括真值(一般用约定真值代替),否则表示测量过程已经失效。测量不确定度也可用标准(偏)差的倍数或说明了置信水准的区间的半宽度表示。为了区分这两种不同的表示方法,分别称它们为标准不确定度和扩展不确定度。

【标准条款】

3.16

(测量结果的)重复性 repeatability(of results of measurements)

在相同测量条件下,对同一被测量进行连续多次测量所得结果在规定的测量不确定度范围内的一致性。

【理解要点】

相同测量条件即称之为"重复性条件",主要包括:相同的测量程序、相同条件下使用相同的测量仪器、相同的观测者、相同的地点、在短期内重复测量、相同的测量环境。

"一致性"是定量的,可用重复条件下对同一量进行多次测量所得的结果的分散性来表示。而最常用的表示分散性的量,就是实验标准差。

【标准条款】

3.17

累积概率函数 cumulative probability function;CPF

描述被测量值与超过对应值的时间占整个测量时间百分数的函数。

【理解要点】

累积概率函数是一个概率统计领域的数学概念,也被称为累积分布函数,是概率密度函数的积分。在实际应用中,它有时比概率密度函数更方便使用,利用累积概率函数或曲线,很容易确定被测量超过或小于某一给定值的"概率"(或者在时间上所占的比重)。对于等时间间隔的测量数据,通常按大小排序,就能得到累积概率曲线。

【标准条款】

3.18

正常最小运行方式 normal minimum operating condition

电力系统的一种运行方式,相对于其他运行方式,在该方式下运行时,系统具有最大的短路阻抗值,发生短路后产生的短路电流最小。

【理解要点】

电力系统中，为使系统安全、经济、合理运行，或者满足检修工作的要求，需要经常变更系统的运行方式，由此相应地会引起系统参数的变化。在设计变、配电站，选择开关电器和确定继电保护装置整定值时，往往需要根据电力系统不同运行方式下的短路电流值来计算和校验所选用电器的稳定度和继电保护装置的灵敏度。

最大运行方式，是系统在该方式下运行时，具有最小的短路阻抗值，发生短路后产生的短路电流最大的一种运行方式。一般根据系统最大运行方式的短路电流值来校验所选用的开关电器的稳定性。

最小运行方式，是系统在该方式下运行时，具有最大的短路阻抗值，发生短路后产生的短路电流最小的一种运行方式。一般根据系统最小运行方式的短路电流值来校验继电保护装置的灵敏度。

系统运行方式越小，通常表示系统承受电能质量干扰能力也就越小。这里强调"正常"最小运行方式，排除了系统出现故障时导致的极端情况，应该是按照设备检修停运计划，电力系统会出现的最小运行方式，通常 1 年～2 年会出现 1 次这样的运行方式。

【标准条款】

3.19

监测评估 monitoring assessment

将实测数据与允许限值比较，对各项电能质量参数进行的评价。

【理解要点】

监测是对电能质量指标的监测，评估就是对电能质量指标监测结果与相关标准的允许限值进行比较，确定电能质量干扰造成的危害程度。

电能质量监测评估的目的、意义一般为：

(1) 供用电电气环境相关电能质量指标是否超限；

(2) 设备或系统故障原因查找；

(3) 电能质量治理措施的确定。

【标准条款】

3.20

预评估 predicted assessment

对评估对象建立模型，通过计算获得的预先估计数据，对各项电能质量参数进行的评价。

【理解要点】

预评估，主要是指对组织机构等的工作效果或事物对所处环境和其他事物产生的影响进行预先评价。进行电能质量预评估，通常在系统改造规划、新用户接入或新设备投运前，通过建立模型，仿真计算，对电能质量指标进行估计评价。

【标准条款】

3.21

电能质量经济性损失 power quality economic loss

电能质量问题对系统运行、社会经济活动造成的直接及间接的经济损失。

【理解要点】

电能质量表征的是电力供应与用户用电需求之间的兼容程度。当二者无法兼容时，将出现电能质量问题。电能质量问题对终端用户、电网及全社会都会造成经济性影响。经济性，是指工程从规划、勘察、设计、施工到整个产品使用寿命周期内的成本和消耗的费用。具体表现为设计成本、施工成本、使用成本三者之和。经济性主要关注的是资源投入和使用过程中成本节约的水平和程度及资源使用的合理性。电能质量经济性是指电能质量对各方面造成的经济性影响。经济损失又包含直接经济损失和间接经济损失。直接经济损失相对比较容易量化统计，如电能质量问题造成的产品损失、设备损失、人工损失、附加损耗和额外投资等；间接经济损失则难以量化，如电能质量问题造成的企业竞争力降低、合同无法按期完成造成的赔偿、对企业发展的影响等。对于电力用户，电能质量直接经济损失主要包括电能质量问题导致的人力、设备、财产损失及废品产出成本等，间接经济损失主要指电能质量导致的减产及次品利润损失；而对于公用配电网，直接经济损失主要包括电能质量问题引起的额外设备损耗、维修、老化、调换等费用，间接经济损失包含售电利润减少、资产损失等。电能质量经济损失成本构成见图 3-18。

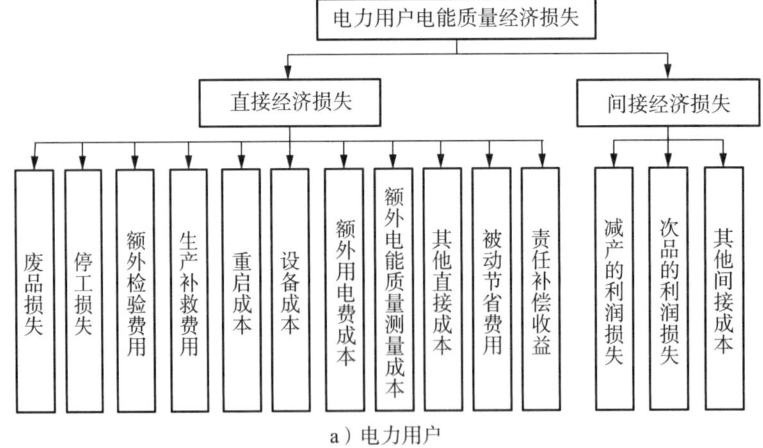

a）电力用户

图 3-18 电能质量经济损失成本构成

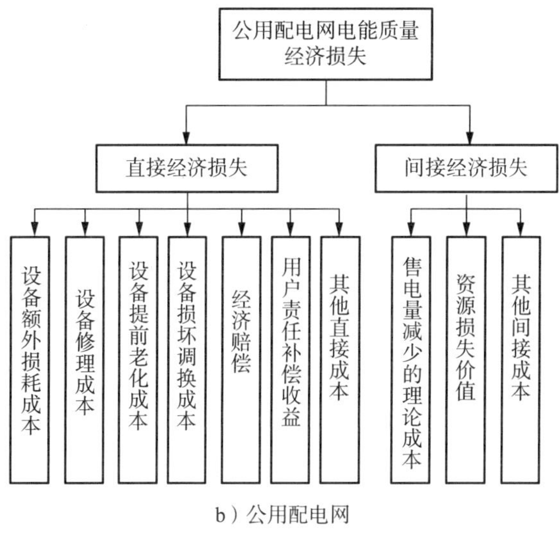

b）公用配电网

图 3－18（续）

【标准条款】

3.22

电能质量经济性评估　power quality economic assessment

对电能质量问题相关各方受到的影响程度进行经济损失计算与分析，对电能质量监测与改善措施的成本及效益进行评价。

【理解要点】

电能质量经济性评估分为电力用户和公用配电网电能质量经济性评估。电能质量经济性评估对提高电能质量治理经济效益、降低公用电网和电力用户经济损失具有重要意义，合理的经济性评估涉及电能质量监测数据、电气设备参数、用户生产过程和用户财务数据等多方面数据信息，分散在电能质量监测系统、电力设备管理系统和生产管理系统等。

电能质量经济性评估可以分为治理方案经济性评估和电能质量经济损失评估。治理方案经济性评估方法有治理设备全寿命周期成本分析法、投资回收期法和内部收益法等。而对于经济损失评估，则可分为事件型和连续型两类电能质量现象进行讨论。事件型电能质量经济损失评估考虑电压暂降和短时中断、瞬态和暂态过电压，该类电能质量问题会引起供电中断或电压均方根值减少，其后果是直接而明显的；连续型电能质量经济损失评估考虑电压波动和闪变、谐波和间谐波、三相不平衡、电压和频率偏差，与事件型相比，该类电能质量现象往往导致设备寿命减少、生产效率降低等，经济影响不易检测和量化。

【标准条款】

3.23

谐波的频域测量方法 frequency-domain harmonic measuring approach

在频率域对信号进行谐波分析的方法。一般是使用模拟滤波器将输入信号的各次谐波分量分离出来。滤波器的输出是输入信号和滤波器脉冲响应在时域的卷积，在频域中它相当于两个频率响应的乘积。

【理解要点】

一个被测信号，可以直接测量它在不同频率时的响应特性，亦即把它看成是一个频率的函数 $S(\omega)$来测量，这称为频域测量。频域测量的主要目的是获取被测信号与频率之间的关系。如用频谱分析仪分析信号的频谱，测量放大器的幅频特性、相频特性等。

【标准条款】

3.24

谐波的时域测量方法 time-domain harmonic measuring approach

在时间域对信号进行谐波分析的方法。对连续时间信号 $y(t)$进行离散化处理后变成数量序列$\{y(kT_1/N)\}$，一般采用离散傅里叶变换(DFT)或快速傅里叶变换(FFT)计算各次谐波的幅值和相位等参数。

【理解要点】

时域是描述数学函数或物理信号对时间的关系。例如，一个信号的时域波形可以表达信号随着时间的变化。测量被测信号在不同时间的特性，即把它看成是一个时间的函数 $f(t)$来测量，称为时域测量。时域测量主要测量被测量随时间的变化规律。如用示波器观察正弦信号、脉冲信号的上升沿、下降沿等参数及动态电路的暂态过程等。

无论是时域测量，还是频域测量，都是人们认识事物的一种手段。从不同的域，就类似于从不同的视角。随着科技的发展，早期的时域测量在信号的处理中显示出了越来越多的不便。而频域测量却满足了人们更深层次的认识信号的目的。频域测量提供了另外一个视角，也是现代通信技术发展的基础。

【标准条款】

3.25

间谐波的测量方法 interharmonic measuring approach

若采样频率为 $f_s = Nf_1$（基波频率），而采样窗口扩展为 ω 个 T_1（基波周期），$T_W = \omega T_1$，在 T_W 内采样点数为 $M = \omega N = \omega 2^j$，则对 M 点采样信号进行傅里叶变换可得 $\omega \times N/2$ 次谐波。间谐波次数为 $h = k + s/\omega(k = 0,1,2,\cdots,N/2; s = 1,2,3,\cdots,\omega - 1)$。一般取 $T_W = 0.2s$，即至少取 10 个工频周期，对间谐波的分辨率则为 $f_1/\omega = 5Hz$。若要提高测量间谐波的分辨率，则应增加窗口宽度。

【理解要点】

间谐波过去称为"分数谐波"，国内亦有学者称之为"谐间波"。间谐波的频率是基波频率的非整数倍。随着电力电子技术的日益发展，非线性负荷的大量使用导致电力系统中电压电流波形发生畸变，谐波和间谐波问题变得尤为突出。由于信号变化的随机性和影响因素的复杂性，难以对谐波和间谐波进行精确检测，人们提出很多方法，包括离散傅里叶变换（DFT）、快速傅里叶变换（FFT）、现代谱估计、时频分析方法和智能算法等。其中 FFT 和 DFT 是谐波和间谐波分析的主要手段，谐波与间谐波频谱间的干扰及非同步采样引起的频谱泄漏是影响测量精度的两个主要因素。

谐波和间谐波测量是谐波问题中的一个重要分支，也是分析和治理谐波问题的出发点和主要依据。谐波测量的主要作用有：(1)鉴定实际电力系统和谐波源用户的谐波水平是否符合标准规定；(2)用于谐波源设备和其他电气设备调试、投运时的测量，以确保设备投运后电力系统和设备的安全经济运行；(3)谐波故障的诊断；(4)提供实时补偿治理设备（如有源电力滤波器 APF 等）的设计依据等。

间谐波分量的来源主要有以下几种：(1)基波的幅值和/或相位角的变动，例如：逆变器驱动时；(2)电力电子回路的开关频率与供电频率不相同步，例如：交流/直流交换电源和功率因数校正器；(3)间歇式电源或冲击性负荷造成持续的工频周期之间波形不相同。

【标准条款】

3.26

缺损电压法 missing voltage method

利用实际电压与理想额定电压在时间轴上的差值进行电压暂降快速启动测量的方法。

【理解要点】

缺损电压法又被有些文献称为缺损电压计算技术（missing voltage technique），是由美国学者 Tunaboylu 最早提出。缺损电压定义为期望的瞬时电压和实际的瞬时电压之间的差值。期望的瞬时电压可采用对事件发生前电压的外推法得到,这类似于锁相环(PLL)法。因此,可将期望的瞬时电压波形称为 $v_{PLL}(t)$,即“PLL 波形”,受扰动的波形称为 $v_{sag}(t)$,任一瞬时的缺损电压 $m(t)$为:

$$m(t)=v_{PLL}(t)-v_{sag}(t) \tag{3-30}$$

由三角函数的特性可知,两个正弦波的和或差为另一个可能具有不同相位的正弦波,因此,只要暂降电压波形为正弦波,则缺损电压也将为正弦波。

$$v_{PLL}(t)=A\sin(\omega t-\varphi_a) \tag{3-31}$$

$$v_{sag}(t)=B\sin(\omega t-\varphi_b) \tag{3-32}$$

式中 A、B 和 φ_a、φ_b 分别是 PLL 电压和暂降电压的幅值和相角。假设电压的频率相同,则 $m(t)$可表示为:

$$m(t)=R\sin(\omega t-\varphi) \tag{3-33}$$

$$R=\sqrt{A^2+B^2-2AB\cos(\varphi_b-\varphi_a)} \tag{3-34}$$

$$\varphi=\arctan\frac{A\sin(\varphi_a)-B\sin(\varphi_b)}{A\cos(\varphi_a)-B\cos(\varphi_b)} \tag{3-35}$$

【标准条款】

3.27

灯-眼-脑反应链的模拟 simulation of Lamp-eye-brain chain

对电压波动的响应特性、人眼的感光反应能力和大脑的记忆存储效应的近似数学描述。根据 IEC 61000-4-15 推荐的灯-眼-脑反应链的数学模型,闪变测量环节如图 1 所示的 5 个部分组成。

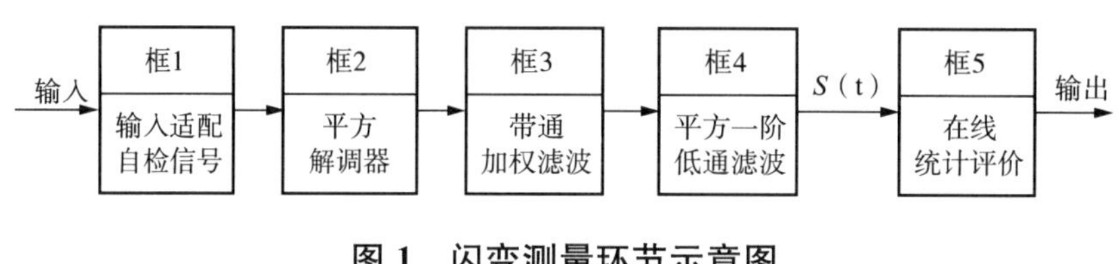

图 1 闪变测量环节示意图

【理解要点】

视觉模拟系统是根据人眼对灯光的反应来感觉电压波动,模拟人眼、脑的感官来进行,人眼具有滤波功能,其主要接受来自 0.5Hz~35Hz 的波,具有带通滤波器性质,主要通过六阶巴特沃斯滤波器进行模拟。而大脑的反应具有非线性和记忆效应,可以使用滤波器起到平滑的作用。通过对视觉模拟系统的研究,可以尽可能地使人眼、脑反应的模拟系统更为逼真,进而提升电压波动的测量精度,为改善电能质量提供实际依据。

从人对灯光的视感机理的理论分析和本质出发,为其建立一个较为严谨的数学模型是十分必要的。其基本思路是，通过对电压波动的响应特性、人眼的感光反应能力和大脑的记忆存储效应的近似数学描述，从而得到人的视觉系统模型及对应传递函数。

从图 1 可以看出，视觉系统模型总体上分为两部分：第一部分是由框 1 组成的电压输入适配调整；第二部分是由框 2、框 3 和框 4 组成的视觉模拟系统，即灯-眼-脑反应链的频率响应特性；第三部分是由框 5 组成的测量到的瞬时闪变视感度的统计分析。图 1 中，框 1 为输入级，含有一个输入电压适配器和一个自检信号发生器。电压适配器通过调节输入变压器分接头可实现电压适配，使得调制的 50Hz 工频电压有效值维持在标称水平。信号发生器则用来产生标准的调制波电压，作为仪器的自检与标定信号。被测信号通过框 2 分离出与调幅波幅值成比例的电压波动量。该波动量反映了灯照亮变化与电压波动的关系。然后通过 0.05Hz～35Hz 的带通滤波器（框 3），可滤除其中的直流分量和工频及以上频率的分量，从而解调出调幅波，再经过视觉度加权滤波器便可模拟出人眼视觉系统在白炽灯受到正弦电压波动影响下的频率响应。框 4 则模拟了人-眼-脑觉察过程的非线性，具有积分功能的一阶低通滤波器起平滑平均作用，并模拟人脑神经对视觉反映的非线性和记忆效应。由框 2、框 3、框 4 组成灯-眼-脑模拟环节。

【标准条款】

3.28

谐波群的方均根值 r.m.s. value of a harmonic group

$Y_{g,h}$

某一个谐波方均根值以及在时间窗之内靠近它的频谱分量有效值的方和根，从而把谐波以及相邻谱线的能量值累加在一起。也可见式(8)和图 2。其阶数由所考虑的谐波给出。

$$Y_{g,h}^2 = \frac{1}{2}Y_{C,(N\times h)-N/2}^2 + \sum_{k=(-N/2)+1}^{(N/2)-1} Y_{C,(N\times h)+k}^2 + \frac{1}{2}Y_{C,(N\times h)+N/2}^2 \quad \cdots\cdots\cdots (8)$$

式中：

$Y_{C,(N\times h)+k}$——与 DFT 输出值（频谱分量）对应的方均根值；

$(N\times h)+k$——频谱分量的次数；

$Y_{g,h}$——所得到的谐波群方均根值。

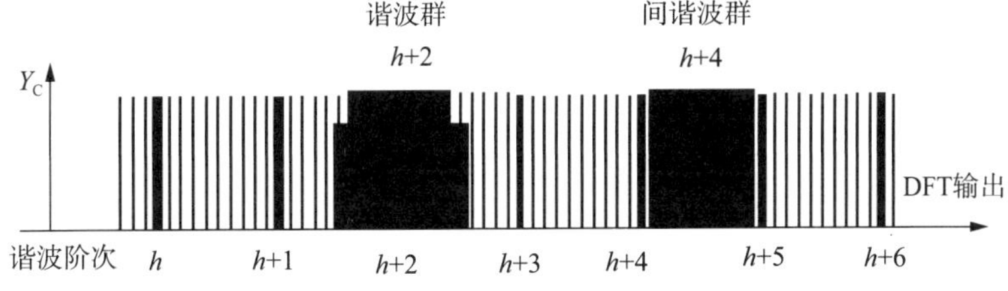

图 2 谐波群和间谐波群示意图

注：图示为 50Hz 电源，改写 GB/T 17626.7—2008，定义 3.2.4。

【理解要点】

谐波群是指某一个谐波分量以及在时间窗内靠近它的频谱分量的集合，通常采用谐波群有效值来表述谐波群的能量。实际电网信号不是理想的周期信号，即便是较为严格的周期信号，测量前间谐波频率为未知量。上述原因导致傅里叶时间窗很可能不等于信号的周期(最低频率间谐波的周期)的整数倍，也就是很可能不是整周期截断，而非整周期截断，必然带来频谱泄露，频谱泄漏后，频谱上将出现虚假的谱线。这种情况下，单根谱线不能反映真实情况。我们用谐波及谐波两侧一组间谐波的方和根值来反映某个频段的谐波情况，于是，又引入了谐波群的概念。某些文献称低于基波频率的间谐波为次谐波。

谐波群概念的引进是为了方便我们对某一个频段的谐波进行评估，而对某一个频段的谐波进行评估时，人们习惯用频谱的能量累加来描述。为此，我们定义了谐波群有效值，谐波群有效值是指某一个谐波有效值以及在时间窗之内靠近它的频谱分量有效值的方和根，从而我们就把谐波以及相邻线谱的能量值累加在一起，从能量的角度来对某一频段谐波进行衡量。

【标准条款】

3.29

谐波子群的方均根值 r.m.s. value of a harmonic subgroup

$Y_{sg,h}$

某一谐波方均根值以及与之直接相邻的两个谱线分量的方和根。在电压测量过程中，为计及电压波动的影响，通过对所求谐波以及与其直接相邻的频率分量的能量相累加而得到 DFT 输出分量的一个子群[可见式(9)和图 3]。其阶数由所考虑的谐波给出。

$$Y_{sg,h}^2 = \sum_{k=-1}^{1} Y_{C,(N\times h)+k}^2 \qquad (9)$$

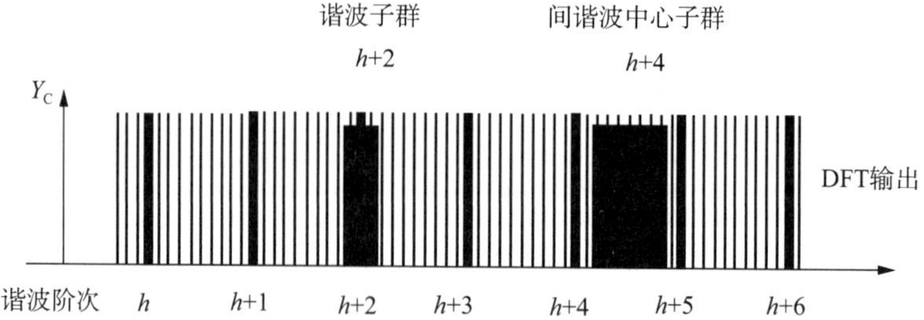

图 3 谐波子群和间谐波中心子群示例

注：图示为 50Hz 电源，改写 GB/T 17626.7—2008，定义 3.2.5。

【理解要点】

IEC 61000－4－7 及 GB/T 17626.7—2008 定义了谐波子群，第 h 次谐波子群的方均根值为第 h 次谐波幅值与相邻两个频点幅值的“方和根值”，对 50Hz 电力系统为：

$$Y_{sg,h}^2 = \sum_{k=-1}^{1} Y_{C,10h+k}^2 \tag{3－36}$$

显然，第 h 次谐波子群就是第 h 次谐波的能量与其主要泄露能量之和，这是因为：(1)数据窗口宽达 10 周波，整次谐波之间的泄漏已经非常小；(2)在 IEC 标准规定的同步误差范围内(<0.03%)，整次谐波的泄露主要集中在整次谐波的附近；(3)间谐波一般比整次谐波微弱。仿真表明，谐波子群能够收集到 90%以上的频谱泄露，所以谐波子群的平方根就是更为准确的整次谐波幅值。

【标准条款】

3.30

间谐波群的方均根值 r.m.s. value of an interharmonic group

$Y_{ig,h}$

在两个连续谐波频率之间所有频谱分量的方均根值。

注：改写 GB/T 17626.7—2008，定义 3.4.2。

【理解要点】

在两个连续的谐波分量之间的间谐波分量构成一个间谐波组(也称间谐波群)。这种组合给出了在两个离散的谐波分量之间所有间谐波分量的总值，当然也包含了谐波分量波动的影响。根据不同的系统频率，可分别用式(3－37)、式(3－38)计算间谐波群的值：

$$Y_{ig,h}^2 = \sum_{k=1}^{9} Y_{C,10h+k}^2 \ (50\text{Hz 电力系统}) \tag{3－37}$$

$$Y_{ig,h}^2 = \sum_{k=1}^{11} Y_{C,12h+k}^2 \ (60\text{Hz 电力系统}) \tag{3－38}$$

注：式中 ig,h 表示第 h 次间谐波组。介于第 h 次和第 $h+1$ 次谐波之间的间谐波群的方均根值用 $Y_{ig,h}$ 来表示，如：在 5 次谐波和 6 次谐波之间的间谐波组表示为 $Y_{ig,5}$。

假设傅里叶时间窗取 200ms，DFT 的频率分辨率为 5Hz，得到频率间隔为 5Hz 的系列频率分量 $Y_{C,10h+k}$，h 就是频率分量的频率与基波频率相除的整数部分，k 为余数部分，当 $k=0$ 时，$Y_{C,10h+k}$ 表示该分量为谐波分量，h 为谐波次数；当 $k\neq0$ 时，表示 h 次谐波及 $h+1$ 次谐波之间的间谐波。对于 50Hz 电力系统而言，k 的取值在 1～9 之间；对于 60Hz 电力系统而言，k 的取值在 1～11 之间。

【标准条款】

3.31

间谐波中心子群的方均根值 r.m.s. value of an interharmonic centred subgroup

$Y_{isg,h}$

在两个连续谐波频率之间，但不包括与谐波频率直接相邻的两个频谱分量的余下全部频谱分量的方均根值。

注：改写 GB/T 17626.7—2008，定义 3.4.3。

【理解要点】

IEC 61000-4-7 及 GB/T 17626.7—2008 定义第 h 次间谐波子群为：

$$Y_{isg,h}^2 = \sum_{k=2}^{8} Y_{C,Nh+k}^2 \qquad (3-39)$$

显然，定义第 h 次间谐波子群的目的是收集第 h 次谐波到第 $h+1$ 次谐波之间的间谐波能量。如图 3-19 所示，排除间谐波群中与谐波分量紧邻的间谐波分量，即可得到间谐波中心子群的有效值 $Y_{isg,h}$，间谐波中心子群的有效值由下面的公式来重新组合：

$$Y_{isg,h}^2 = \sum_{k=2}^{8} Y_{C,10h+k}^2 \text{（50Hz 电力系统）} \qquad (3-40)$$

$$Y_{isg,h}^2 = \sum_{k=2}^{10} Y_{C,12h+k}^2 \text{（60Hz 电力系统）} \qquad (3-41)$$

注：$Y_{isg,h}$ 表示第 h 次谐波与第 $h+1$ 次谐波之间的间谐波中心子群的有效值（不包括与谐波频率直接相邻的频率分量）的全部间谐波的有效值，见图 3-19；例如，在 5 次谐波和 6 次之间的间谐波中心子群方均根值表示为 $Y_{isg,5}$。

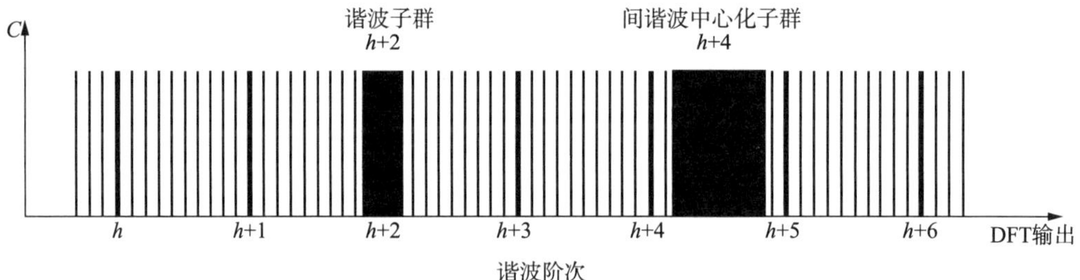

图 3-19　谐波子群和间谐波中心子群示意例（50Hz）

注：因为采用 10 工频周波窗口进行 DFT 时，非稳态的谐波会产生频谱泄漏，所考虑谐波的邻近谱线分量（$k=1$ 和 9 或 11）影响最大。所以，在给出间谐波中心子群时，要把它们从间谐波群中除去。

要用谐波测量时所用的方式将间谐波中心子群变平滑，但不要对单个间谐波分量平滑化。

【标准条款】

3.32

奈奎斯特定理　Nyquist's theorem

采样频率 f_s 至少是原信号所含的最高频率 f_{max} 的2倍(即 $f_s \geqslant 2f_{max}$),采样才能正确地表述原信号的信息。

注:通常将最高频率的2倍频率 $2f_{max}$ 称为奈奎斯特频率。

【理解要点】

奈奎斯特定理也称采样定理(Sampling Theorem),1928年由美国电信工程师奈奎斯特(H. Nyquist)提出。1948年信息论创始人C. E. 香农对这一定理加以明确地说明并正式作为定理引用,因此在许多文献中又称为香农采样定理。在数字信号处理领域中,采样定理是连续时间信号(通常称为"模拟信号")和离散时间信号(通常称为"数字信号")之间的基本桥梁。该定理说明采样频率与信号频谱之间的关系,是连续时间信号离散化的基本依据。

采样定理表明,若保证从离散化采样信号 $x_s(t)$ 中无失真地恢复原连续时间信号 $x(t)$,必须满足两个条件:一是 $x(t)$ 应为带宽有限的信号,即其频谱在 $f > f_{max}$ 时为零;二是采样频率不能过小,必须满足 $f_s \geqslant 2f_{max}$。实际供电系统中的电压、电流信号,往往都不是带宽有限的信号,但在电能质量测量中,特别是谐波测量中,通常只关心某个频率以下的谐波成分,更高频率的谐波成分被忽略,这个频率可以看作是信号的最高频率,为了减小频谱混叠效应,可以采用对信号预滤波的方法滤除高频成分,以限制待处理信号的有效带宽。实际中,为了进一步减小频谱混叠效应,通常采样频率 $f_s = 3f_{max} \sim 6f_{max}$,以确保所关心的谐波成分尽可能被准确分析。

【标准条款】

3.33

频谱泄漏　spectrum leakage

由于频域扩散而产生的分析失真现象。对于采样频率为 f_s 的正弦序列,其频域分布应该只在 f_s 处有离散谱,但是当利用离散傅里叶变换做信号处理时,若采样数据的截断长度不等于信号周期的整数倍,就会在以 f_s 为中心的频带范围内都出现谱线。

【理解要点】

在实际问题中遇到的离散时间序列 $x(n)$ 通常是无限长序列,因而利用离散傅里叶变换处理这个序列的时候需要将它截短。截短相当于将序列乘以窗函数 $w(n)$。根据频域卷积定理，时域中 $x(n)$ 和 $w(n)$ 相乘对应于频域中它们的离散傅里叶变换 $X(jw)$ 和 $W(jw)$ 的卷积。频谱函数的卷积，使得加“窗”序列的频谱与原频谱可能不同，因为造成了原频谱的“泄漏”，就是信号频谱中在真正谱线两侧其他频率点上出现一些幅值较小的假谱。

增加窗序列的长度可以减少频谱泄漏。长度为无穷长的矩形窗函数，频域为冲激函数，卷积后的结果和原来一样。如果是有限矩形窗，频域是 Sa 函数，旁瓣起伏大，和原频谱卷积后会产生较大的失真。为了减小频谱泄漏的影响，往往在 DFT 或 FFT 处理中采用适当的加窗技术，典型的有 Hanning、Hamming、Blackman 等窗函数。窗函数的频谱，越像冲激函数(主瓣越窄，旁瓣越小)，频谱的还原度越高。

周期信号加窗后做 DFT 仍然有可能引起频谱泄露，比如，对于采样频率为 f_s 的正弦序列，它的频谱应该只是在 f_s 处有离散谱。但是，在利用 DFT 求它的频谱时，对时域做了截断，若采样数据的截断长度不等于信号周期的整数倍，结果使信号的频谱不只是在 f_s 处有离散谱，而是在以 f_s 为中心的频带范围内都有谱线出现，它们可以理解为是从 f_s 频率上“泄漏”出去的。

【标准条款】

> 3.34
>
> **频谱混叠** spectrum aliasing
>
> 周期性连续信号在数字化处理过程中，当采样频率小于该信号所含的最高频率的 2 倍时，其频谱拓延而引起的重叠现象。

【理解要点】

假定一个连续信号 $x(t)$ 的最高频率是 f_{max}，那它的傅里叶变换后的频谱就只在 $-f_{max} \sim f_{max}$ 之间有值。对这个信号进行时域等间隔采样，设采样频率为 f_s，得到离散时间信号 $x_s(t)$。数学上可以把 $x_s(t)$ 看作是连续信号 $x(t)$ 与采样脉冲序列 $p(t)$ 的乘积，如果把采样脉冲序列理想化为冲激脉冲序列，则 $x_s(t)$ 傅里叶变换后的频谱，就是以 f_s 为周期重复 $x(t)$ 的频谱。那么如果 $f_s \geqslant 2f_{max}$，可想而知，频域宽度为 f_s 的频带内，是可以放得下一个完整的 $x(t)$ 频谱的，所以不会混叠；而如果 $f_s < 2f_{max}$，相邻的 $x(t)$ 频谱必然会有重叠在一起的部分，这就是频谱混叠，也就是说这时 $x_s(t)$ 所表达的频谱信息中部分频率信息已经失真了，从 $x_s(t)$ 已经无法不失真地再现 $x(t)$。只有采样频率满足采样定理，才会避免出现频谱混叠现象。

【标准条款】

4 接地与屏蔽

4.1

接地 earthing

在系统、装置或设备的给定点与接地极(接地网)之间做的电气连接。

【理解要点】

接地指电力系统和电气装置的中性点、电气设备的外露导电部分和装置外导电部分经由导体与大地相连。可以分为工作接地、防雷接地和保护接地。

工作接地因电力系统运行需要而设置(如中性点接地),因此在正常情况下会有电流长期流过接地电极,但是只是数安至数十安的不平衡电流。在系统发生接地故障时,会有千安级的工作电流流过接地电极,该电流会被继电保护装置在0.05s～0.1s时间内切除。

防雷接地是为了消除过电压而设的接地,如避雷针、避雷线和避雷器的接地。防雷接地只是在雷电冲击的作用下才会有电流流过,流过防雷接地电极的雷电流幅值可达数十千安至上百千安,但是持续时间很短。

保护接地是为了防止设备因绝缘损坏带电而危及人身安全所设的接地,如电力设备的金属外壳、钢筋混凝土杆和金属杆塔。保护接地只是在设备绝缘损坏的情况下才会有电流流过,其值可以在较大范围内变动。

电流流经以上三种接地电极时都会引起接地电极电位的升高,影响人身和设备的安全。为此必须对接地电极的电位升高加以限制,或采取相应的安全措施来保证设备和人身安全。

【标准条款】

4.2

接地极 earthing electrode

电气工程中埋入土壤中与大地有可靠电接触的可导电部分。

【理解要点】

接地极,又称接地体,是与土壤直接接触的金属导体或导体群,分人工接地体与自然接地体。接地体作为与大地土壤密切接触并提供与大地之间电气连接的导体,能够安全散流短路电流、雷电流等,使其能量泄入大地。

接地设计中,利用与地有可靠连接的各种金属结构、管道和设备作为接地体,称为自然接地体。如果自然接地体的接地阻抗能满足要求,并不对自然接地体产生安全隐患,在没有强制规范时就可以用来做接地体。

人为埋入地下用作接地装置的导体,称为人工接地体。一般将截面符合接地要求的金属物体埋入适合深度的地下,且接地阻抗符合相关标准规定的要求。在电气工程中的接地网通常由水平接地极和垂直极低极组成。水平接地极一般采用镀铜圆钢或镀铜钢绞线及铜包钢绞线、扁钢、铜包钢扁线等;垂直接地极常采用接地模块、镀铜接地棒、铜包钢接地棒、电解离子接地极等材料。

【标准条款】

> 4.3
>
> **接地阻抗** earthing impendance
>
> 在给定频率下,系统、装置或设备的给定点与参考大地之间的阻抗。

【理解要点】

接地阻抗是电流由接地装置流入大地再经大地流向另一接地体或向远处扩散所遇到的阻抗。接地阻抗体现电气装置与"地"接触的良好程度。影响接地阻抗的因素很多,如接地极的大小(长度、粗细)、形状、数量、埋设深度、周围地理环境(如平地、沟渠、坡地等均不同)、土壤的电阻率,土壤湿度、质地等。为了保证设备的良好接地,必需对接地阻抗进行测量。接地阻抗的测量方法可分为电压电流表法、比率计法和电桥法等。按具体测量仪器及布极数可分为手摇式地阻表法、钳形地阻表法、电压电流表法、三极法和四极法。

【标准条款】

> 4.4
>
> **系统接地** system earthing
>
> 电力系统的一点或多点的功能性接地。
>
> [GB/T 50065—2011,定义 2.0.2]

【理解要点】

系统接地即工作接地,是由电力系统运行需要而设置的接地方式,如变压器的中性点接地。在我国 110kV 及以上电压等级的电网采用中性点直接接地方式;而 63kV 及以下电压等级中压电网大多采用中性点的不接地或经消弧线圈接地或经小电阻接地的方式。后两种亦称之为"小电流接地系统"或"中性点间接接地系统"。

【标准条款】

4.5

保护接地　protective earthing

为电气安全，将系统、装置或设备的一点或多点接地。

[GB/T 50065—2011，定义2.0.3]

【理解要点】

接地保护与接零保护统称保护接地，亦称之为"安全接地"，是为了防止人身触电事故、保证电气设备正常运行所采取的一项重要技术措施，就是将正常情况下不带电，而在绝缘材料损坏后或其他情况下可能带电的电器金属部分（即与带电部分相绝缘的金属结构部分）用导线与接地体可靠连接起来的一种保护接线方式。接地保护一般用于配电变压器中性点不直接接地（三相三线制）的供电系统中，用以保证当电气设备因绝缘损坏而漏电时产生的对地电压不超过安全范围。

采用保护接地是我国当前低压电网中的一种行之有效的安全保护措施。由于保护接地又分为接地保护和接零保护，两种不同的保护方式使用的环境不同，如果选择使用不当，不仅会影响客户使用的保护性能，还会影响电网的供电可靠性。因此需正确合理地选择和使用保护接地，认识和了解接地保护与接零保护，掌握这两种保护方式的不同点和使用范围。

接地保护的基本原理是限制漏电设备对地的泄漏电流，使其不超过某一安全范围，一旦超过某一整定值保护器就能自动切断电源；接零保护的原理是借助接零线路，使设备在绝缘损坏后碰壳形成单相金属性短路时，利用短路电流促使线路上的保护装置迅速动作。

【标准条款】

4.6

雷电保护接地　lightning protective earthing

为雷电保护装置（避雷针、避雷线和避雷器等）向大地泄放雷电流而设的接地。

[GB/T 50065—2011，定义2.0.4]

【理解要点】

雷电除了直击效应外，雷电的二次效应也极具破坏性。由于雷电具有瞬间高电位和大冲击电流的特点，除了具备直接破坏作用外，还会产生静电场、交变电磁场和电磁辐射、雷电波侵入、地电位反击等雷电电磁脉冲影响，一方面会严重干扰通讯系统等，另一方面，一旦侵入低压设备和微电子设备的信号入口，也可能会导致弱电器件击穿或烧毁。由于电子设备的防护能力较弱，所能承受的外来能量冲击强度最多只达毫焦耳级，而雷击释放的能量强度达到数百兆焦耳，差别相当悬殊，因此必须采取措施加以防护。雷电保护接地是避雷技术最重要的环节，无论是直击雷、感应雷或其他形式的雷，雷电保护装置最终均需将雷电流泄入大地。为此，必须为避雷装置设置可靠的接地装置或接地网。

【标准条款】

4.7

防静电接地 static protective earthing

为防止静电对易燃油、天然气储罐和管道、人体等的危险作用而设的接地。

注：改写 GB/T 50065—2011，定义 2.0.5。

【理解要点】

静电是一种电能，留存于物体表面，是物体表面过剩或不足的静止电荷。静电是正电荷和负电荷在局部范围内失去平衡的结果，静电是通过电子或离子转移而形成的。静电具有高电位、低电量、小电流和作用时间短等特点，设备或物体上的静电位最高可达数十千伏以至数百千伏。在正常操作条件下也常达数百伏或数千伏，但所积累的静电量却很低，通常为μC级，静电流多为μA级，作用时间多为μs级。静电受环境条件，特别是湿度的影响较大，静电测量时复现性差，瞬间现象多。从防静电的角度考虑，当材料的体积电阻率超过 10^4 MΩ 时，材料耗散静电的能力明显减弱，从消除静电的角度考虑，材料的体积电阻率不应高于 10^4 MΩ。静电泄漏，就是将静电放电（Electro-Static discharge，ESD）防护材料或导体上积累了静电荷时，用某些导地方法将其泄漏到大地或者一个表面积足够大的悬浮接地体上，此谓防静电接地。

电子工业静电接地有软接地和硬接地之分，软接地是指地线串接阻值较高的电阻器后再与大地相连，软接地目的在于将对地电流限制在人身安全范围之下（通常为 5mA），软接地所需要的电阻值大小取决于靠近人员可能接触到的交、直流电压值。有关标准将软接地电阻值定为 1MΩ。硬接地是指将地线直接接地或通过一低电阻接地。一般情况，硬接地用于静电屏蔽的仪器设备、金属体的接地。

防静电工程中静电防护区的地线较为常用的敷设方法有两种：1）专从埋设的地线接地体引出的接地线，单独敷设到生产线的防静电作业岗位，作静电泄露之用。单独敷设的接地导线通常采用厚≥1mm、宽＞25mm 的镀锌铁皮或用截面＞$6mm^2$ 的铜芯软线单独引入。2）采用三相五线制供电系统中的地线，引出电源零线的同时，单独引出地线作防静电接地母线，工程上称为“一点引出电阻隔离”，电源主变电箱至大地的接地电阻应小于 4Ω。

【标准条款】

4.8

接地网　earth-electrode network

系统、装置或设备的接地所包含的接地极及其相互连接部分。

注：改写 GB/T 50065—2011，定义 2.0.10。

4.9

接地导体(线)　earthing conductor

在系统、装置或设备的给定点与接地极或接地网之间提供导电通路或部分导电通路的导体(线)。

[GB/T 50065—2011，定义 2.0.7]

4.10

接地装置　earth connection

接地导体(线)和接地极(接地网)的总称。

注：改写 GB/T 50065—2011，定义 2.0.9。

【理解要点】

接地网是对埋在地下一定深度的多个金属接地极以及由导体将这些接地极相互连接组成一网状结构的接地体的总称。具有接地可靠、接地阻抗小等特点，广泛应用于电力、建筑、计算机、工矿、通讯等行业，起着安全防护、屏蔽等作用。接地网有大有小，有的非常复杂庞大，也有的只由一个接地极构成。在水电站及变电站里由专门的地下接地体和房屋中钢筋焊接相联成一个接地网，所有电气设备外壳及变电器中性点接在这个网上，接地电阻大小要符合国家标准。接地网中各种系统、装置及设备等的给定点均需通过接地导体或接地线与接地网连接，通常亦称之为"接地引下线"。接地导体(线)的电阻越小越好，一般要求包括两端连接点在内的接地引下线的电阻小于0.1Ω。接地装置则是接地网、接地导体和接地极的总称。

【标准条款】

4.11

外界可导电部分　extraneous conductive part

非电气装置的，且易于引入电位的可导电部分，该电位通常为局部电位。

[GB/T 50065—2011，定义 2.0.23]

【理解要点】

外界可导电部分指不属电气装置组成部分的可导电部分，如钢梯、钢平台。

【标准条款】

4.12

中性导体 neutral conductor

电气上与中性点连接并能用于传输电流的导体。

4.13

保护导体 protective conductor

为了安全目的设置的导体。

[GB/T 50065—2011，定义 2.0.25]

4.14

保护中性导体 PEN conductor

具有中性导体和保护导体两种功能的导体。

[GB/T 50065—2011，定义 2.0.26]

【理解要点】

中性导体是指与电力系统中性点连接并能起传输电能作用的导体，用符号“N”表示。保护导体则是指为防电击，用来与外露可导电部分、外部可导电部分、主接地端子、接地极、电源接地点连接的导电体，用符号“PE”表示。保护中性导体则是同时具有中性点连接导体（N线）和保护导体（PE线）两种功能的接地导体，即常说的TN-C系统中的PEN线。

【标准条款】

4.15

等电位联结 equipotential bonding

为达到等电位，多个可导电部分间的电气连接。

[GB/T 50065—2011，定义 2.0.27]

【理解要点】

等电位连接是把建筑物内、附近的所有金属物，如混凝土内的钢筋、自来水管、煤气管及其他金属管道、机器基础金属物及其他大型的埋地金属物、电缆金属屏蔽层、电力系统的零线、建筑物的接地线统一用电气连接的方法连接起来（焊接或者可靠的导电连接），使整座建筑物成为一个良好的等电位体。

建筑物防雷设计规范 GB 50057—2010 对等电位连接定义为“将分开的装置、诸导电物体用等电位连接导体或电涌保护器连接起来以减小雷电流在它们之间产生的电位差。”

大量电气事故是由过大的电位差引起的。为防止过大的电位差而导致的种种电气事故，20 世纪 60 年代起，国际上推广等电位联结安全技术的应用，新建建筑物中基本上都采用了等电位联结。国际上非常重视等电位连接的作用，它对用电安全、防雷以及电子信息设备的正常工作和安全使用，都是十分必要的。

总等电位联结，做法是通过每一进线配电箱近旁的总等电位联结母排将下列导电部分互相连通：进线配电箱的 PE(PEN)母排，公用设施的上下水、热力、煤气等金属管道，建筑物金属结构和接地引出线。它的作用在于降低建筑物内间接接触电压和不同金属部件间的电位差，并消除自建筑物外经电气线路和各种金属管道引入的危险故障电压的危害。

局部等电位联结，做法是在一局部范围内通过局部等电位联结端子板将下列部分用 6mm^2 黄绿双色塑料铜芯线互相连通：柱内墙面侧钢筋、壁内和楼板中的钢筋网、金属结构件、公用设施的金属管道、用电设备外壳(可不包括地漏、扶手、浴巾架、肥皂盒等孤立小物件)等。一般是在浴室、游泳池、喷水池、医院手术室、农牧场等场所采用。要求等电位联结端子板与等电位联结范围内的金属管道等金属末端之间的电阻不超过 3Ω。

【标准条款】

4.16

不接地系统　ungrounded system

除了通过电位指示计、测量装置或高阻抗装置与大地连接之外，无其他导体与大地连接的系统、装置或设备。

[IEEE Std 142—2007，定义 1.2.23]

4.17

直接接地　solidly grounded

系统、装置或设备直接与一个满足要求的接地点相连接，中间没有接入任何阻抗元件。

[IEEE Std 142—2007，定义 1.2.16]

4.18

有效接地　effectively grounded

系统、装置或设备通过一个足够低的阻抗接地。在任何系统条件下，工频零序电抗与工频正序电抗的比(X_0/X_1)为小于 3 的正值；零序电阻与工频正序电抗的比(R_0/X_1)为小于 1 的正值。

注：改写 IEEE Std 142—2007，定义 1.2.1。

【理解要点】

“不接地系统”是指电力系统中性点不接地；“直接接地”是指电力系统中性点直接接地；“有效接地”是指电力系统中性点直接或经小电阻接地。经高阻、消弧线圈接地则称之为“非有效接地”。电力系统的发电机、变压器等具有中性点，从电力系统运行的可靠性、安全性、经济性和人身安全等方面考虑，中性点常采用不接地、经消弧线圈接地、直接接地和经电阻接地等运行方式，我国 3kV～63kV 系统一般采用中性点不接地或经消弧线圈接地运行方式，110kV 及以上电压等级的电网采用中性点直接接地的运行方式。

中性点不接地系统在发生单相接地故障时，故障相电压基本为 0，非故障相的电压升高$\sqrt{3}$倍，非故障相的对地电容电流亦增大$\sqrt{3}$倍。系统的线电压大小和相位差仍保持不变。接在线电压上的用电设备仍能正常工作。但这种单相接地状态不允许长时间运行。因为系统单相接地后长时间运行可能造成非故障相绝缘薄弱处被击穿，形成相间短路，产生很大的短路电流，从而损坏线路及用电设备；此外，较大的单相接地电容电流会在接地点引起电弧，稳定电弧可烧坏设备，引起相间短路，间歇电弧可产生间歇电弧过电压，威胁电力系统的安全运行。因此，我国电力规程规定，中性点不接地的电力系统发生单相接地故障时，系统运行时间不应超过 2h。

在中性点不接地系统中，当单相接地电容电流超过一定数值时(3kV～10kV 系统中接地电流＞30A，20kV 以上系统中接地电流＞10A)，在接地点将产生电弧，引起危险的间歇过电压，因此须采用中性点经消弧线圈接地的措施来减小这一接地电流，熄灭电弧，避免过电压的产生。这种接地方式就是中性点经消弧线圈接地。根据消弧线圈中电感电流对接地电容电流的补偿程度不同，可以分为全补偿、欠补偿和过补偿三种补偿方式。

中性点直接接地方式是将中性点直接接入大地。该系统运行中若发生一相接地时，就形成单相短路，其短路接地电流很大，使断路器跳闸切除故障。这种大电流接地系统不装设绝缘监察装置。中性点直接接地系统产生的内过电压最低，而过电压是电网绝缘配合的基础，电网选用的绝缘水平高低，反映的是风险率不同，绝缘配合归根到底是经济问题。

中性点直接接地系统产生的接地电流大，故对通讯系统的干扰影响也大。当电力线路与通讯线路平行走向时，由于耦合产生感应电压，对通讯造成干扰。中性点直接接地系统在运行中若发生单相接地故障时，其接地点还会产生较大的跨步电压与接触电压。

【标准条款】

4.19

电抗接地　reactance grounded

通过以电感为主要成分的阻抗元件接地的系统。

[IEEE Std 142—2007，定义 1.2.10]

4.20

电阻接地　resistance grounded

通过以电阻为主要成分的阻抗元件接地的系统。

[IEEE Std 142—2007，定义 1.2.11]

4.21

高阻接地　high-resistance grounded

为限制接地故障电流至某一数值范围内而应用的阻抗接地系统，在这一电流范围内故障可以持续较长时间。

注：X_{c0}为各相容性对地分布电抗。接地系统需满足 $R_0<X_{c0}$ 的准则，以限制由于弧光接地产生的暂态过电压。接地故障电流水平通常限制在 10A 以内，这样的话，即使发生持续故障，也可以限制危害的程度。

[IEEE Std 142—2007，定义 1.2.7]

4.22

低阻接地　low-resistance grounded

允许流过较高接地故障电流来获得相应继电器动作所需电流的阻抗接地系统。

注：通常要求 R_0/X_{c0} 不大于 2，接地故障电流通常在 100A～1000A 之间。

[IEEE Std 142—2007，定义 1.2.8]

4.23

接地系统　grounded system

至少有一个导体或一点（通常为中线或变压器、发电机绕组的中性点）有意地直接接地或通过阻抗元件接地的系统。

[IEEE Std 142—2007，定义 1.2.5]

【理解要点】

电抗接地、电阻接地及高阻接地这几种接地运行方式在一定程度上反映了电网的发展过程。随着城市建设快速发展，城市中压电网规模也随之增大，而近几年电力电缆线路大量采用，中压电网系统的电容电流水平急剧增加，给电网的安全运行带来了一些新问题：系统单相接地时较大的电容电流产生的跨步电压和接触电压对人身安全构成威胁；单相接地电弧不易熄灭，电弧接地产生的弧光过电压对设备绝缘造成威胁；系统长时间带单相故障运行易发展成为相间短路或三相故障。由单相接地引起中压电网的故障和异常，具有多发性、隐蔽性、广泛性、不可预见性及多样性等特点。

为了解决系统中出现的这些问题，世界上两个工业发达国家分别采取了不同的解决途径。德国为了避免对通信线路的干扰和保证铁路信号的正确动作，采用了中性点经消弧线圈的接地方式，消除瞬间的单相接地故障；美国采用了中性点直接接地和经低电阻接地方式，并配合快速继电保护，瞬时跳开故障线路。这两种具有代表性的解决方法，对以后电力系统中性点接地方式的发展产生了很大的影响。

目前，中压电网有代表性的接地方式分为四种：中性点不接地方式、中性点谐振接地方式、中性点经低电阻接地方式和中性点经中电阻接地方式。

(1) 中性点不接地方式

适用于单相接地故障电容电流小于10A、以架空线路为主的配电网。电网瞬时性单相接地故障占故障总数的60%～70%，暂时性单相接地故障时不立即跳闸。中性点不接地系统的特点：①单相接地故障电流小于10A，瞬时性单相接地故障点电弧可以自熄，熄弧后故障点绝缘可以自行恢复。②单相接地时不破坏系统对称性，可以带故障运行一段时间，以便查找故障线路。③通讯干扰小。④简单、经济。⑤单相接地故障时，非故障相对地工频电压升高$\sqrt{3}$倍，在中性点不接地电网中，各种设备的绝缘需按线电压的要求来设计。⑥电网3次及3的倍数次零序性谐波很小。⑦当单相接地故障电流大于10A时，可能产生相当高的间歇性电弧接地过电压，对网内绝缘较差的设备、有绝缘弱点的设备、绝缘强度较低的旋转电机等都存在较大的威胁，在一定程度上影响电网的安全运行。⑧易发生谐振过电压引起电压互感器熔断器熔断，易发生烧毁电压互感器的事故。

(2) 中性点谐振接地方式

目前电抗接地方式即谐振接地方式，一般采用自动跟踪消弧线圈，其特点：①利用消弧线圈的感性电流对电网的对地电容电流进行过补偿，使单相接地故障电流限制在10A以内，对人身安全有利。②瞬时性单相接地故障点电弧可以自熄，熄弧后故障点绝缘可以自行恢复。③可以减少间隙性弧光接地过电压的发生概率。④单相接地时不破坏系统对称性，可以带故障运行一段时间，以便查找故障线路。⑤可以根除电压互感器铁芯饱和过电压。⑥操作过电压一般能抑制在2.8倍相电压以下。⑦限制电缆故障的发生和扩大。根据美国统计，电缆故障的66%是由外皮向内部发展的。电缆对地绝缘的丧失是一个逐渐发展的过程。采用自动跟踪消弧线圈接地方式对三相对地导纳的不平衡十分敏感，在故障起始阶段就能被反映出来。处理及时可防止绝缘被击穿。即使击穿，由于故障点的残余电流很小难以形成相间短路事故。⑧通讯干扰小。⑨单相接地故障时，非故障相工频电压最高升至线电压。对于电容电流很大的配电网，如果通过补偿要使单相接地故障电流小于10A，就必须使系统保持较小的脱谐度，系统的脱谐度过小，对三相电容不对称引起的中性点位移电压会产生较强的放大作用，容易使中性点电压偏移超过规程允许值。寻找单相接地故障线路困难，目前小电流接地选线装置的选线正确率还不理想，往往还要采用试拉法。

(3) 中性点经低电阻接地方式

适用于以电缆线路为主、瞬时性单相接地故障较少、系统电容电流比较大、网架坚强、自动化水平高的中压电网。中性点低电阻接地方式的特点：①可以降低工频过电压，单相接地故障时非故障相电压小于3倍相电压，且持续时间很短。②可有效地限制弧光接地过电压，当接地电弧熄弧后，系统对地电容中的残余电荷将通过中性点电阻泄放，在下一次燃弧时其过电压幅值和正常运行情况发生单相接地故障时的情况相同，不会产生很高的过电压。中性点电阻阻值越小，泄放残余电荷越快。适当选择中性点电阻值，可以将过电压倍数限制在2.8倍相电压以下。③中性点电阻相当于在谐振回路中并接一个阻尼电阻，由于电阻的阻尼作用，基本上可以消除系统的各种谐振过电压。试验表明，只要中性点电阻不是太大(不大于1500Ω)，就可以消除各种谐振过电压，电阻值越小，消除谐振的效果越好。④可以配置零序过流保护，在发生单相接地故障时，当故障电流达到零序保护动作值时零序保护动作，跳开本线路的断路器。⑤系统发生接地故障时可以在很短时间内动作，将电源切除，可大大降低人员接触带电故障设备的机会。⑥有利于提高系统安全可靠运行水平。由于系统的工频电压升高和暂态过电压倍数较低，设备的安全可靠性和使用寿命有所提高。⑦中性点经低电阻接地系统在发生单相接地故障时，故障点流过的电流远大于谐振接地和不接地系统，故障点的电弧、跨步电压和接触电压对人和动物构成较大威胁。当故障电流达不到零序保护动作值时，则对人身安全更加不利。⑧中性点经低电阻接地系统，对通信、电子设备干扰大。

(4) 中性点经中电阻接地方式

为了避免或减轻低电阻接地方式的缺点，而又要克服高电阻接地时过电压水平与绝缘水平高、继电保护运行不可靠等弊端，有些国家采用了折中方案 中电阻接地，以求将接地故障电流限制到100A～200A，同时还能满足以下各方面的要求：①应保证 $I_R=1.0I_C\sim1.5I_C$(I_R、I_C 分别为单相接地短路电流的阻性分量和容性分量)，以限制内部过电压水平不超过2.6倍。分析表明：进一步增大 I_R，对降低内过电压水平已收效不大。由此可按 I_C 推算出应选用的阻值。②应保证接地保护的灵敏度和选择性，网内发生单相接地故障时即可快速切除。③应满足设备和人身安全方面的要求，为此需分别按通信干扰、设备安全、人身保安等几方面进行验算，使之在接地电阻不大于0.5Ω的发电厂和变电所内，上述几方面均能符合规定。

由上述可见，电网中至少有一点，通常为中线或变压器、发电机绕组的中性点，有意地直接接地或通过阻抗元件接地的系统称之为接地系统。

【标准条款】

4.24

TN 接地系统　TN earthed system

TN 电源端有一点直接接地，电气装置的外露可导电部分通过保护中性导体或保护导体连接到此接地点。根据中性导体和保护导体的组合情况，TN 系统的型式有以下 3 种：

a) TN-S 系统，整个系统的中性导体和保护导体是分开的(图 4)；

b) TN-C 系统，整个系统的中性导体和保护导体是合一的(图 5)；

c) TN-C-S 系统，系统中有一部分线路的中性导体和保护导体是合一的(图 6)。

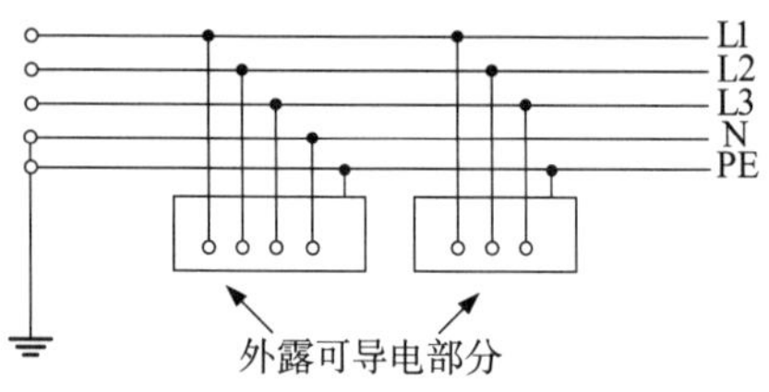

图 4　交流 TN-S 系统

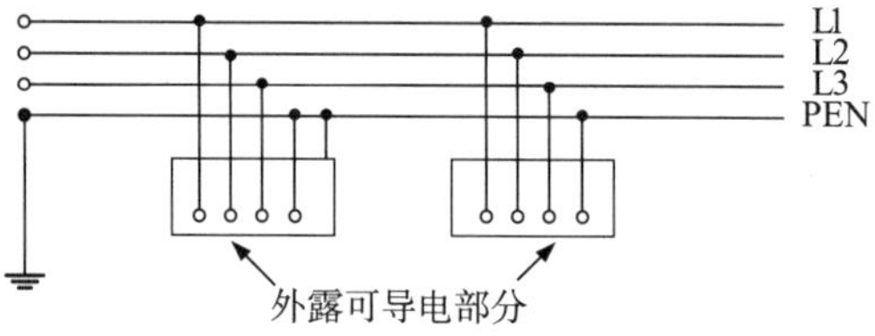

图 5　交流 TN-C 系统

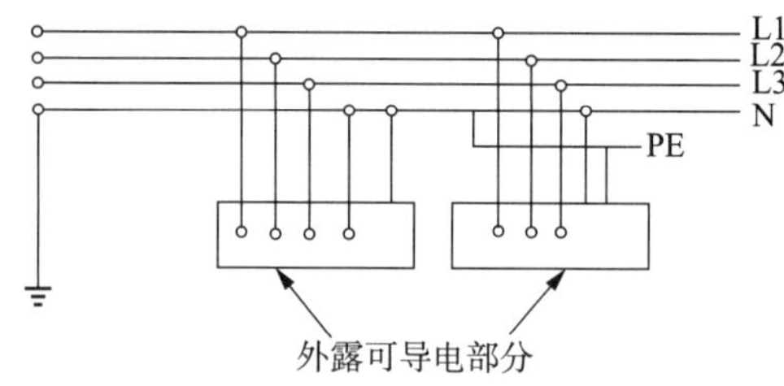

图 6　交流 TN-C-S 系统

4.25

TT 接地系统　TT earthed system

电源端有一点直接接地，电气装置的外露可导电部分直接接地，此接地点在电气上独立于电源端的接地点(图 7)。

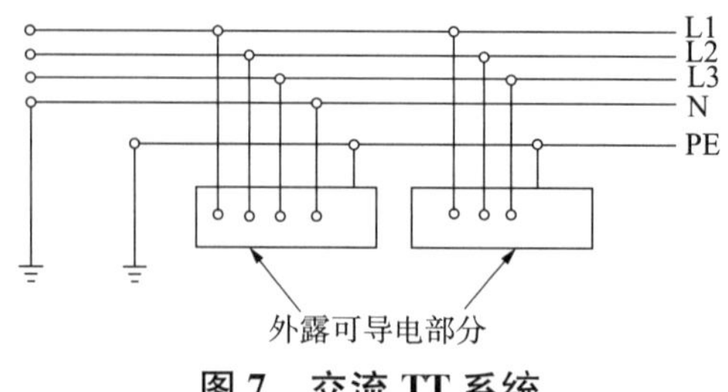

图 7　交流 TT 系统

4.26

IT 接地系统　IT earthed system

电源端的带电部分不接地或有一点通过阻抗接地，电气装置的外露可导电部分直接接地(图 8)。

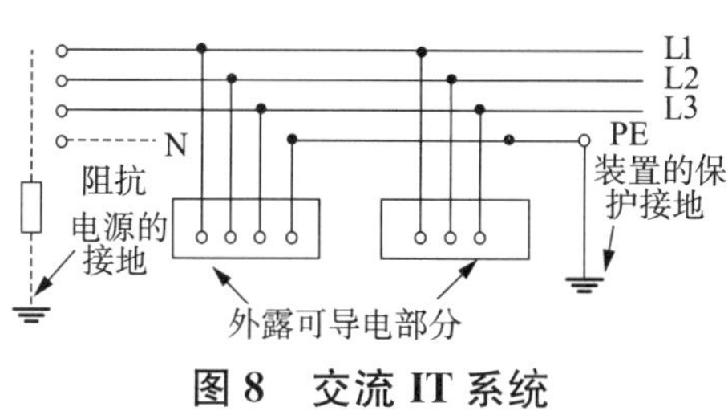

图 8　交流 IT 系统

【理解要点】

TN、TT 和 IT 三种接地型式均属于配电网接地方式。我国低压配电系统的接地型式与 IEC 的相关标准相一致，基本等同采用 IEC 60364 系列标准。根据国家标准，低压配电系统的接地型式可分为 TN(含 TN-S、TN-C、TN-C-S)、TT 和 IT 三种型式。接地型式名称以拉丁字母作代号。

(1) 第一个字母表示电源端的接地状态，T 表示电源端中性点直接接地；I 表示中性点不接地或有一点经阻抗接地。

(2) 第二个字母反映负荷侧的接地状态，T 表示负荷设备的外露可导电部分直接接地；N 表示负荷装置外露可导电部分与电源侧直接接地中性点的保护接地线相连。

(3) 横线后的字母表示中性线与保护线之间的关系：S 表示中性线 N 和保护线 PE 分开；C 表示中性线 N 和保护线 PE 合并为保护中性线 PEN；C-S 表示保护中性线 PEN 从某点分开为中性线 N 及保护线 PE。

在城镇地区宜选用 TN 系统，在农村等不易做等电位联结的地区宜选用 TT 系统，特殊场合可选用 IT 系统。

在直流系统亦有 TN、TN-S、TT、IT 等接地方式，本部分仅对交流系统而言，故特冠以“交流”，以示区别。

(1) 交流 TN 系统

设备若位于建筑物之外时宜采用 TN-C-S 系统，并实施等电位联结，其保护线(PE)与中性线(N)从某点分开，此后不再合并(图 3-20)，PE 应重复接地，N 线不重复接地。TN-C-S 系统适用于工业企业，也可用于住宅小区和高层建筑。TN-C-S 的系统共模电压较小。如有部分用电设备位于建筑物之外不便做等电位联结，其装置的外露可导电部分可接到独立的接地极，即采用局部 TT 系统。

设备若位于建筑物之内时宜采用 TN-S 接地系统(图 3-21)，并实施等电位联结。

TN-S系统的N与PE是分开的，N线不允许重复接地，PE线需重复接地。当N断线，如三相负荷不平衡，中性点电位会升高，但装置的外露可导电部分及PE线无电位，这是TN-S区别于TN-C的重要特点。正常情况下，PE线无电流通过(或仅极小的泄漏电流)，电磁干扰小。但TN-S系统耗材多，投资大。

TN-S系统较安全，对电子设备干扰小。如采用TN-C-S系统，部分PEN线电流将流经不期望的路径返回电源，即杂散电流。该电流可能构成电流环，对其中的电子设备产生干扰，并导致地下金属件腐蚀；采用TN-S系统并保持中性线N的良好绝缘，即可避免上述问题。

如有部分用电设备位于不便做等电位联结的建筑物之外，其外露可导电部分可接到独立的接地极上，即采用局部TT系统。

TN-C系统的N与PE共用构成PEN线，PEN线应在多处作重复接地(图3-22)。若PEN断开，由于负荷不对称，中性点电压产生偏移，断点之后和PEN相连的设备上可能会出现危险电压，因此PEN线上严禁设有可开断点；如三相负荷不对称，PEN线中会流过不平衡电流或谐波电流，在PEN线阻抗上产生压降，也可能使装置外露可导电部分带有较高电压。我国以前套用苏联标准，广泛采用TN-C系统(俗称接零系统)，多年运行经验证明这种接地系统存在不少安全隐患，目前一些老建筑物仍保留这种接地型式。我国现已很少采用这种接地系统。

(2) 交流TT系统

TT系统只有一点直接接地，电气装置的外露可导电部分通过PE线接至与电源端接地点无电气联系的接地极(图3-23)。TT系统尤其适用于无等电位连接的户外，如户外照明、户外集贸市场等场所的电气装置。相关标准规定农村低压电力网宜采用TT系统。

TT系统中各电气装置的PE线互不相通，正常运行时各电气装置的外露导电部分为地电位，故障电压不会传递到其他电气装置。N线断开后，由于负荷的不平衡，会出现中性点电压偏移，部分相电压升高，可能烧毁用电设备，所以N不宜断开。

(3) 交流IT系统

IT系统的电源端的带电部分与大地绝缘或经足够大的阻抗接地，电气装置的外露可导电部分通过PE线可单独或集中接至另外增设的接地极，电源侧可经高阻抗接地(图3-24)，N线可以配出，也可以不配N线。IT系统的供电可靠性较高，当发生首次绝缘故障时，故障电流很小，仅是两相漏电流之和，故障电压很低，一般不具有危险性，在规定的时间内还可继续运行，不必切断电源。但也存在一些问题，如IT系统不宜配出N线，因为当N线绝缘损坏而接地时，绝缘监视器不易发现，导致故障潜伏，IT将变成TN或TT系统，失去了IT系统供电可靠性高的优点。所以它只能提供380V线电压，要获得220V电压必须使用变压器。IT系统多用于石油化工、矿井等易燃易爆场所，以及医院等要求可靠连续供电的场所。

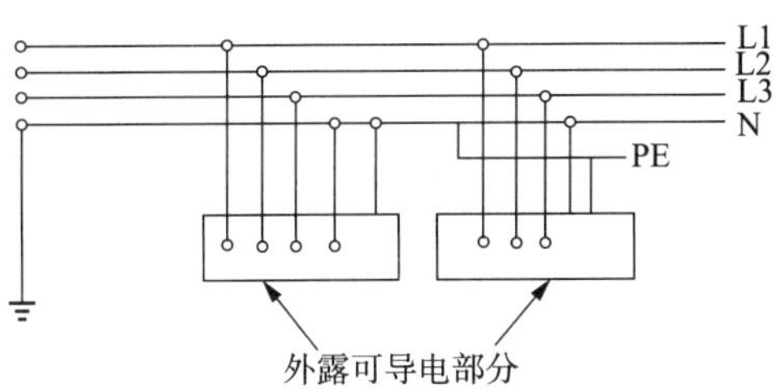

图 3-20　交流 TN-C-S 系统

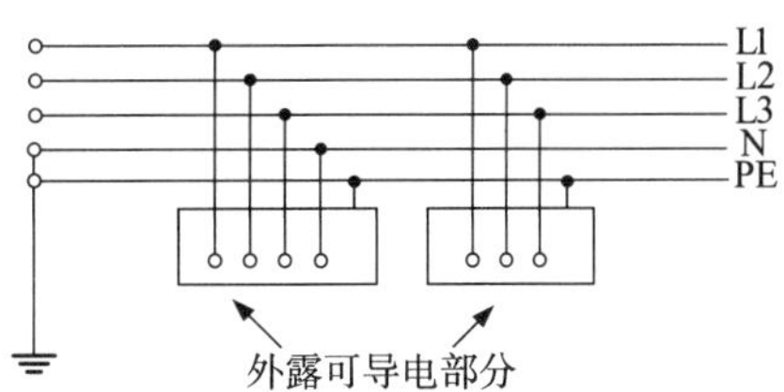

图 3-21　交流 TN-S 系统

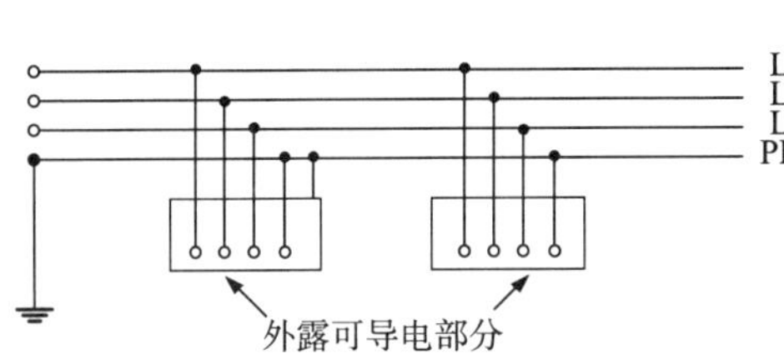

图 3-22　交流 TN-C 系统

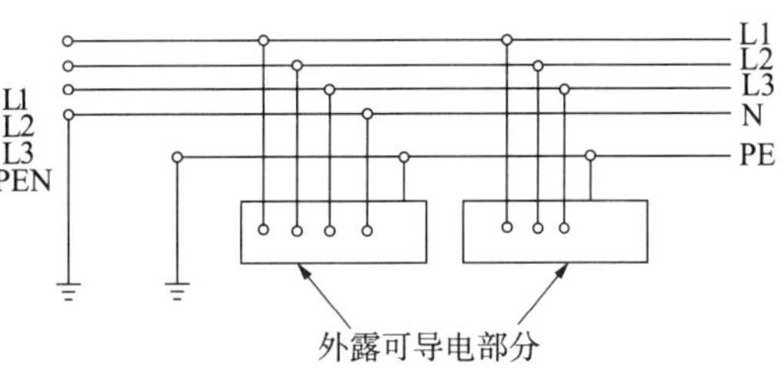

图 3-23　交流 TT 系统

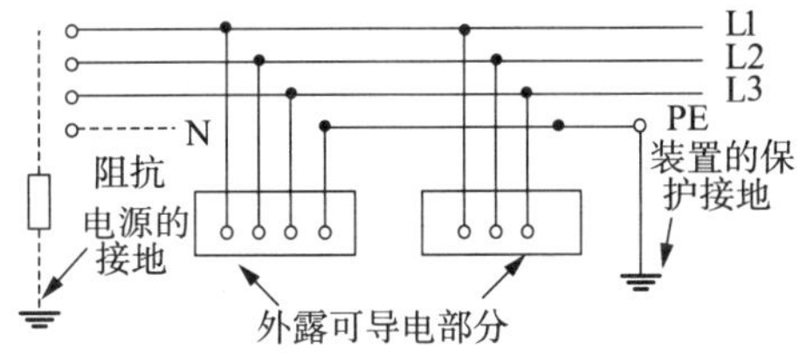

图 3-24　交流 IT 系统

【标准条款】

5　治理技术与方法

5.1

柔性配电技术　DFACTS

柔性交流输电的各项新技术在配电网的延伸，用于增强系统的可控性和功率传送能力以及提高运行效率和质量。

5.2

定制电力　custom power

利用电力电子等技术实现电能质量控制，为用户提供特定要求的电力供应。

【理解要点】

柔性交流输电技术(FACTS)又称为基于电力电子技术的灵活交流输电系统，是由美国著名的电力专家 N. G. Hingorani 于 1986 年首次提出的。所谓“柔性交流输电系统”，又称“灵活交流输电系统”(Flexible Alternative Current Transmission Systems, FACTS)，就是在输电系统的重要部位，采用具有单独或综合功能的电力电子装置，对输电系统的主要参数(如电压、相位、电抗等)进行调整控制，使输电具有更大的可靠性和有效性。它是基于采用现代大功率电力电子技术构成的各种 FACTS 控制器，结合控制理论和计算机信息处理技术等，实现对交流输电网运行参数和变量(如电压、相角、阻抗、潮流等)更加快速、连续和频繁的调节，即所谓柔性(或灵活)输电控制，进而达到提高输电系统运行效率、稳定性和可靠性的目的。

IEEE 及国际大电网会议(OGRE)于 1995 年共同认定的定义是:“一类以电力电子技术为基础并具有其他静止控制器的交流输电设备，它们能增强可控能力并增大输电容量”。因此，柔性交流输电技术就是基于电力电子变换器技术并直接作用于输电系统的一些快速控制设备的集合群。

柔性交流输电技术通过控制电力系统的基本参数来灵活控制系统潮流，使电力传输容量更接近线路的热稳定极限。从这一意义上讲，柔性交流输电技术是目前提高供电可靠性和提高输电系统传输容量的最有效的措施。

将柔性交流输电技术中的现代电力电子技术及相关的检测和控制设备延伸应用于配电系统领域称为柔性配电技术(DFACTS)，又称为 custom power 技术。柔性配电技术是改善电能质量的有力工具，其技术的核心器件 IGBT 比 GTO 具有更快的开关频率，目前的开发容量已达到兆伏安级，因此，DFACTS 装置具有更快的响应特性。

1. DFACTS 工作原理

DFACTS 系统的工作原理，是通过检测电能质量的相关参数，控制时间在毫秒级动作的快速电子开关，经柔性配电设备进行相应的参数补偿，这些设备既能对配网的稳定特性起到补偿的效果，又能提供快速的无功支撑、稳定电压波形、消除配网中的谐波、抑制电压波动和闪变等，还能进行动态特性的补偿、平滑短时的供电电压中断和跌落等。其中有源电力滤波器(APF)是补偿谐波的有效工具；动态电压恢复器(DVR)是通过自身的储能单元，能够在毫秒级时间内向系统注入正常电压与故障之差。因此，DFACTS 抑制电压暂降非常有效。

2. DFACTS 系统组成

组成 DFACTS 系统的设备包括配电静止同步补偿器(DSTATCOM)、固态切换开关(SSTS)/固态断路器(SSCB)、动态电压恢复器(DVR)、有源电力滤波器(APF)、蓄电池储能系统(BESS)/超导储能系统(SMES)等。

对现代电能质量技术延展的动态特性指标，在柔性配电技术出现之前，仅靠传统的调整手段是不可能进行有效控制的。因此，柔性配电技术能够为敏感和严格的电力用户提供优质可靠的电能，满足特殊条件下的用电需求。

柔性配电技术的关键是现代电力电子技术的发展水平，特别是晶闸管器件的先进性、可靠性和经济适用性。其关键主要体现在以下两点：

(1) 全可控器件的技术和成熟应用，如门极可关断晶闸管(GTO)阻断电压达 1kV～5kV，通用能力达 1kA；绝缘栅极晶体管(IGBT)主板电压可达 2kV，通用能力达 6kA。这两种器件在技术上都已经比较成熟，目前已在轻型直流输电、变频器等设备中得到广泛的应用。

(2) 新涌现的器件技术水平进一步提高，如集成门极换向晶闸管(IGCT)阻断电压可达 1.5kV，电流可达 1.7kA，可关断频率达数千赫兹。

电子器件技术的发展一方面使器件本身的可靠性不断提高，另一方面使得器件的控制策略更加灵活，控制速度更加快捷，为柔性配电技术装置的健全和完善创造了良好的条件，为实现真正意义上的柔性输配电系统奠定了坚实的基础。

【标准条款】

5.3

整流器　rectifier

将单相或多相交流电力变换成直流电力的电能变换器。

[GB/T 2900.1—2008，定义 3.3.98]

5.4

逆变器　inverter

将直流电力变换成单相或多相交流电力的电能变换器。

[GB/T 2900.1—2008，定义 3.3.99]

5.5

换流器　converter

变流器

能实现完整换流功能的电气装置。

【理解要点】

换流器是由单个或多个换流桥组成的进行交、直流转换的设备。换流器可以分为两类：整流器和逆变器。

整流器是把交流电转换成直流电的供电装置，其反程，即把直流电转换成交流电的供电装置，则称为逆变器。

整流器的整流电路可分为相控整流电路和 PWM 斩波控制整流电路。

相控整流电路又分为单相可控整流电路、三相可控整流电路、不控整流电路。单相可控整流电路又分为单相半波可控整流电路、单相桥式全控整流电路、单相桥式半控整流电路、单相全波可控整流电路。三相可控整流电路又分为三相半波可控整流电路、三相桥式可控整流电路。不控整流电路又分为单相不控整流电路、三相不控整流电路。

无论是单相和三相整流电路，整流变压器原、副边的电流都不是正弦波，含有 50Hz 的基波和 3、5、7、11、13…等次的谐波。

因此可以说相控整流电路虽然有一定的调压能力，但功率因数低并且存在谐波污染严重的问题；不控整流器电路结构简单，但是没有调压能力，仍存在交流侧谐波污染问题。

PWM 控制整流器属于斩控式整流器，与相控式整流器的不同在于，它使用全控型器件和脉宽控制方式。除能实现交流—直流的变换外，输出直流脉动小，网侧的功率因数高和输出响应快，电能可以双向传输等，一般相控式整流器很难完全满足，PWM 控制整流器可以较好地实现这些的要求。

PWM 整流器以其能实现单位功率因数运行、能量能双向流动等优点在静止无功补偿器、有源滤波器、统一潮流控制器、高压直流输电、可再生能源并网发电技术、UPS 等领域发挥着重大作用。

【标准条款】

5.6

串联电容补偿装置 series capacitive compensatior

串联在输配电线路中以补偿线路感抗，由电容器及其保护、控制等设备组成的装置。一般用于提高长距离输电线路的输送容量和稳定水平。

【理解要点】

串联补偿是依靠串联安装于输电线路中的电容器来补偿输电线路自身的线路电抗，从而缩短交流输电线路的等值电气距离，以提高输送容量。常规串联补偿装置的补偿阻抗固定，也称为固定串补(FSC)，它不能灵活地调节容性阻抗以适应系统运行条件的变化。晶闸管控制的串联电容补偿装置(TCSC)可以等效为在一定范围内连续变化的补偿阻抗，实现对串补度的灵活调节，提高系统的静态稳定和暂态稳定极限，抑制次同步振荡。

1. 串联电容补偿器基本接线形式

串联电容补偿器由电容器组、金属氧化物避雷器(MOV)、放电间隙、阻尼电抗、旁路开关、保护和控制系统组成。串补装置采用的是固定式装置，其保护电容器的设备是 MOV、分路间隙及旁路断路器，该串补装置的基本接线如图 3-25 所示。

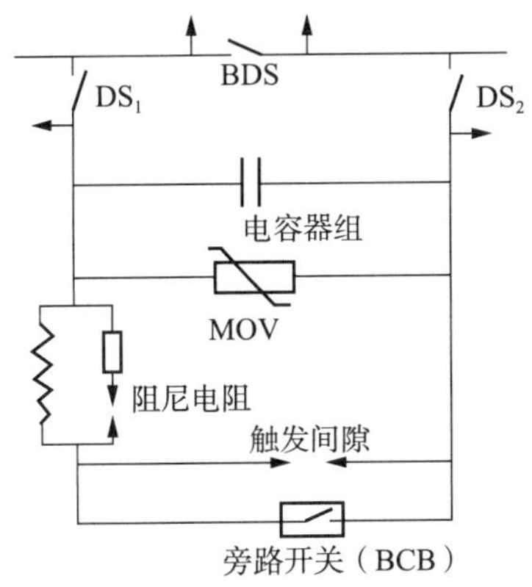

图 3－25　串补装置的基本接线原理图

2. 串联无功补偿装置的主要功能

（1）提高系统的输送能力

串联补偿提高输送功率：

$$P=\frac{U_A U_B}{X-X_C}\sin(\varphi_A-\varphi_B) \tag{3-42}$$

式中，U_A 和 U_B 分别代表输电线路首端和末端的电压，φ_A 和 φ_B 分别代表首末端的电压相位，X 和 X_C 分别代表线路原来电抗和所加串联电容值。

（2）改善电力系统运行电压及其无功平衡条件

供电线路的电压损失表达式为：

$$\Delta U=\frac{PR_L+Q(X_L-X_C)}{U} \tag{3-43}$$

其中 U 代表供电线路首端的电压，P、Q 分别代表线路输送的有功功率、无功功率，R_L、X_L 代表线路的电阻，电抗 X_C 代表串联的电容值。可以看出，当所串联的电容量达到一定值的时候，X_L-X_C 为负的一定值时，线路电压损失 ΔU 就会是负值，即线路的电压将会升高。

（3）灵活调节并联线路或者环网中的潮流分布

由于可以实现就地无功补偿，避免无功功率的远距离输送，从而大大减少了在无功功率输送过程中产生的电能损耗。

（4）抑制次同步谐振

电力系统次同步谐振（SSR）是一种极其严重的稳定性问题，随着串联电容补偿、高压直流输电的广泛应用及 SVC、ASVG、UPFC、TCSC、SMES 等 FACTS 器件的出现，解决大型复杂电力系统的 SSR 问题就成为电力系统灾变防治中的一个重要组成部分。

（5）抑制阻尼功率摇摆和低频振荡

由于在串联补偿装置中串有阻尼电抗器和阻尼电阻，故可以很大程度上减小振荡对线路的影响。阻尼电抗器可以减小振荡电压幅值，阻尼电阻可以使其中的电流更快减小。

【标准条款】

5.7

并联电容器组 shunt capacitor bank

并联在电网中，主要用来补偿感性无功功率以改善功率因数与母线电压的电容器组。

【理解要点】

为了减少电网中输送的无功功率，降低有功电量的损失，改善电压质量，供电企业普遍在变电站内安装并联补偿电容器组(以下简称电容器组)。电容器组由电容器、串联电抗器、避雷器、断路器、放电线圈及相应的控制、保护、仪表装置组成。

就电容器组而言，目前国内常用的主要有组架式、半封闭式、集合式、箱式四种，各有其优缺点。

组架式电容器组是将单台壳式电容器、熔断器等安装在框架上，框架采用热镀锌的型钢材料，是传统的结构形式。

半封闭式电容器组是将单台壳式电容器双排卧放，端子向里，底部朝外，电容器带电部分用金属封闭起来，四周外壳接地。

图 3-26 并联电路器组

集合式电容器是将单台壳式电容器经串并联后装进大油箱内并充以绝缘油制成。由于单元壳式电容器完全浸进绝缘油中，防止了单元壳式电容器的外绝缘发生故障。单元壳式电容器内部配有内熔丝，少量元件损坏后由熔丝切除，整台电容器仍可继续运行。

箱式电容器是在集合式电容器基础上发展起来的一种电容器，与集合式电容器的不同之处是内部单元电容器没有外壳，直接浸进绝缘油中，外壳大油箱采用波纹油箱或带金属膨胀器，与外部大气完全隔离。同集合式电容器相比，外壳体积和内部含油量进一步减少。

还有一种无油自愈式电容器组是由若干个单元串并联而成，单元则是由若干个经过树脂灌封的元件并联后装在一个容器内，接有放电电阻，所有带电部分均由阻燃 ABS (acrylonitrile butadiene styrene，丙烯腈-丁二烯-苯乙烯共聚物)压制成的罩子盖住。根据容量大小对单元电容器按照水平或铅直方向进行组合。

【标准条款】

> 5.8
>
> **动态无功补偿装置** dynamic var compensatior
>
> 由电容器(组)、电抗器(组)、可控开关器件以及控制装置构成的阻抗可动态调节的无功补偿装置。

【理解要点】

动态无功补偿技术的发展经历了从同步调相机→开关投切固定电容→静止无功补偿器(SVC)→静止无功发生器(SVG)的几个不同阶段。

根据结构原理的不同,SVC技术又分为:自饱和电抗器型(SSR)、晶闸管相控电抗器型(TCR)、晶闸管投切电容器型(TSC)、高阻抗变压器型(TCT)和励磁控制的电抗器型(MCR)。

动态无功补偿装置由高压开关柜(包括高压熔断器、隔离开关、电流互感器、继电保护、测量和指示部分等)、并联电容器、串联电抗器、放电线圈(或者电压互感器)、氧化锌避雷器、支柱绝缘子、框架等构成。

【标准条款】

> 5.9
>
> **静止无功补偿器** static var compensator;SVC
>
> 能够从电力系统中吸收可控的容性或感性电流,从而发出或吸收无功功率的一种静止的电气设备、系统或装置。

【理解要点】

静止无功补偿器(static var compensator,SVC)于20世纪60年代开始问世,至20世纪70年代发展为可控硅控制的静止补偿器,由于它能够提供连续变化的感性无功功率或容性无功功率,跟踪补偿电网中的无功负荷,在给定范围内实现平稳的电压控制,取代了最早用于电网无功补偿的同步调相机的作用。静止补偿器的基本作用是连续而迅速的控制无功功率,给予快速的响应,通过发出或吸收无功功率来控制它所连接的输电系统的节点电压,所以它可以达到以下一个或全部目的。

(1) 增进电力系统的电压调整。

(2) 支撑电连接的母线电压,减少电压波动,提高电压质量。

(3) 改善系统的静态、暂态稳定。

(4) 降低暂时过电压(包括工频过电压和谐振过电压)。

(5) 校正电压和电流不平衡(即非对称控制)。

(6) 降低线损,增加输电线路的输送能力。

(7) 抑制电力系统的功率振荡。

(8) 阻尼电力系统的次同步谐振。

静止无功补偿器根据结构原理的不同,主要分为:可控饱和电抗器型(励磁控制的电抗器型)(SR)、自饱和电抗器型(SSR)、晶闸管相控电抗器型(TCR)、晶闸管投切电容器型(TSC)和高阻抗变压器型(TCT),见图 3-27。

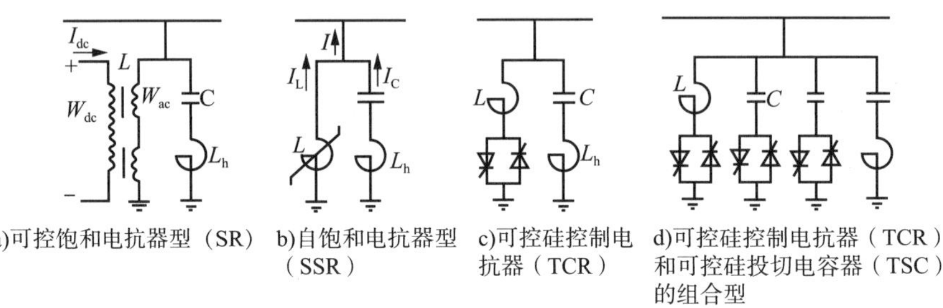

图 3-27 静止无功补偿器的种类

【标准条款】

5.10

静止补偿装置 static synchronous compensator;STATCOM

并联在输配电网母线上,所产生的电压与电力系统同步,由电压源变流器或电流源变流器组成的补偿装置,一般用于提高电压稳定水平和改善电能质量。

5.11

静止无功发生器 static var generator;SVG

基于电压源变流器或电流源变流器的动态无功补偿装置。

【理解要点】

静止补偿装置(static synchronous compensator;STATCOM),又称静止同步补偿装置、静止无功发生器。无功发生器(SVG)是一个可以产生超前电流 90° 或滞后电流 90° 的逆变器,同时,它带有自整流充电能力,其原理见图 3-28。

SVG 的工作原理是从三相电网上取得电压向一个直流电容充电,再将直流电压逆变成交流电压送回电网。如果产生的电压大于系统电压,那么变压器上流过的电流超前电压 90°,使电网带上电容性负荷,或者说 SVG 供应无功;如果产生的电压小于系统电压,流过变压器的电流滞后电压 90°,使 SVG 成为电感性负载,或者说 SVG 吸收无功。这样,如果按需要调节发生器的电压就可以得到适宜的无功输出,而且 SVG 可以在感性和

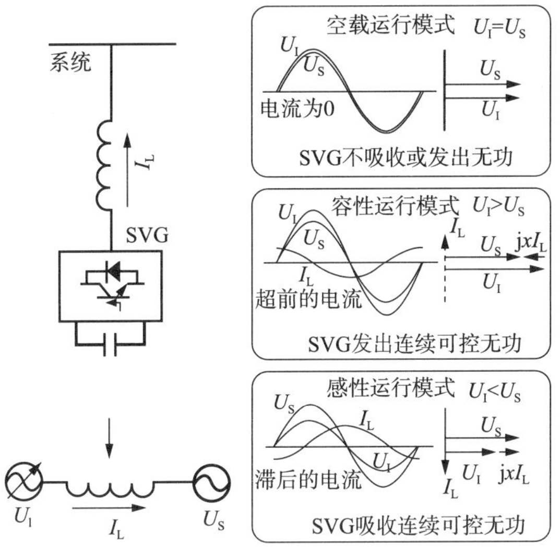

图 3－28　SVG 的工作原理

容性间快速连续调整。

和传统的 SVC 相比，SVG 具有以下独特的优点：

（1）启动冲击小：SVG 部分采用自励方式启动，启动快速且冲击电流限制在很小的幅值。

（2）任意组合的连续补偿范围：SVG 可以从额定感性工况到额定容性工况连续输出无功，和固定电容器组合可构成任意范围的连续补偿。

（3）动态响应速度快：SVG 具有 10ms 以内的快速输出无功特性，因而对快速的冲击负荷具有更好的补偿效果，对闪变有更好的抑制效果；而传统的 SVC 响应时间一般在 40ms～60ms（太快可能引起电抗和电容器产生振荡）。

（4）优异的谐波输出特性：SVG 既可以输出近似正弦波的无功电流（不含谐波，用于电网补偿），也可以输出设定次数的谐波电流（用于负荷谐波滤波），即 SVG 输出电流是完全有源可控的，完全满足用户的需要；而 SVC 产生大量不可控的谐波电流，又附带大量不可控的无源滤波支路来实现自身产生的谐波电流的滤波。

（5）占地面积小：SVG 以半导体功率器件构成的逆变器为核心，使用直流电容器储能，无 SVC 中体积庞大的滤波支路和电抗器，安装尺寸一般只有 SVC 的 1/5～1/3，特别适合于对占地面积要求较高的场合。

（6）高效率：SVG 采用新型低损耗 IGBT 功率器件，直接输出电压范围 1kV～35kV，省去了连接变压器，装置效率可达 99%以上；而由于损耗曲线特性优于 SVC（SVC 空载时损耗达到最大），SVG 的等效运行损耗一般只有 SVC 的 1/3～1/2，等效运行耗电量大大低于 SVC。

（7）超强补偿能力：SVG 输出电流不依赖于系统电压，表现为恒流源特性，在系统电压跌落到 20%时仍可以输出额定无功电流，具有更宽的运行范围；而 SVC 输出电流与系统电压成正比下降,使得达到同等补偿效果 SVG 容量可以比 SVC 容量小 20%~30%。通过对固定电容器组的综合控制,可以更好地满足系统和负荷的补偿范围要求。

(8) 高可靠性:SVG 采用 $N+1$ 或 $N+2$ 冗余主电路拓扑结构见图 3-29,一个(或两个)链节单元损坏后仍可继续满负荷运行;在系统短路故障条件下,SVG 可连续稳定运行,而 SVC 因可控硅触发问题可能发生闭锁退出运行;SVC 使用了大量电容器电抗器,当外部系统容量与补偿装置的容量可比时,SVC 会产生不稳定性而发生振荡,而 SVG 对外部系统运行条件和结构变化不敏感。SVG 还避免了功率器件的直接串联。$N+1$ 或 $N+2$ 冗余运行的链式换流器,避免了 IGBT 器件的直接串联。

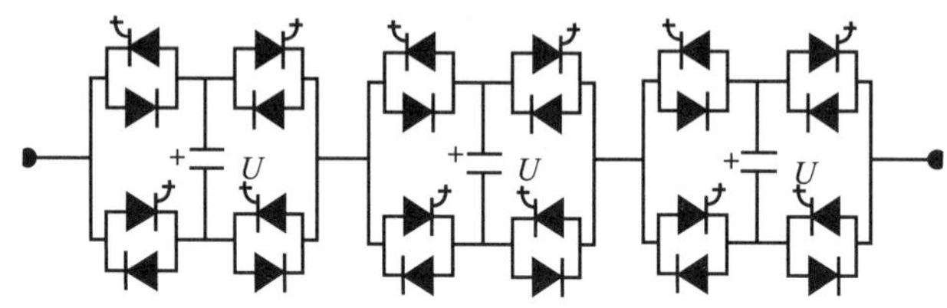

图 3-29　SVG 至电路拓扑结构示意图

(9) 多种补偿功能:

① 抑制电力系统过电压,改善系统电压稳定性;

② 提高系统暂态稳定水平,减少低压释放负荷数量,并防止发生暂态电压崩溃;

③ 动态地维持输电线路端电压,提高输电线路稳态传输功率极限;

④ 阻尼电力系统功率振荡;

⑤ 在负荷侧,能抑制电压闪变、补偿负荷不平衡、提高负荷功率因数、滤除谐波。

【标准条款】

5.12

晶闸管控制电抗器　thyristor controlled reactor;TCR

由晶闸管控制的并联电抗器,通过控制晶闸管阀的导通角使其等效感抗连续变化。

[DL/T 1010.1—2006,定义 3.2]

5.15

晶闸管投切电抗器　thyristor switched reactor;TSR

由晶闸管投切的并联电抗器,通过晶闸管阀的开通或关断使其等效感抗成级差式变化。

[DL/T 1010.1 定义 3.4]

5.16

晶闸管投切电容器 thyristor switched capacitor;TSC

由晶闸管投切的并联电容器,通过晶闸管阀的开通或关断使其等效容抗成级差式变化。

[DL/T 1010.1 定义 3.3]

【理解要点】

晶闸管投切电容器组(TSC)的投切开关处用晶闸管开关取代了机械式的开关,例如油断路器或真空断路器。晶闸管开关由反并联的晶闸管组成,也可以用一只晶闸管与一只二极管反并联。TSC 用的晶闸管只有 2 个状态,导通和断开。晶闸管由一个控制器控制。用晶闸管开关取代普通有接点开关的优点是,在投切过程中没有冲击电流和过电压,这是由于电容器的接入是在晶闸管两端电压过零瞬间完成,而电容器的切断是由晶闸管在电流过零时完成。这样电容器可以任意频繁地投切。由于与 TSC 相连的由一般断路器投切的电容器或电缆线路会向 TSC 放电,因此,在 TSC 的电容器电路上串联有电抗器,它既可限制放电电流也能防止电容器组产生某些次谐波的谐振。

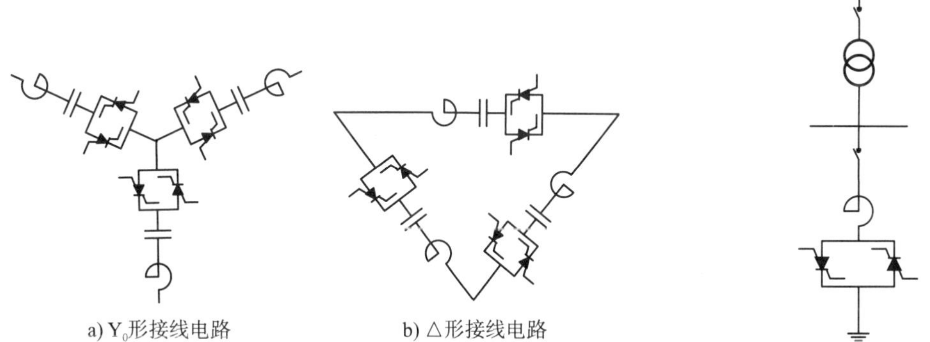

图 3-30 晶闸管投切电容器组(TSC)电路　　**图 3-31 晶闸管控制电抗器(TCR)电路**

图 3-30 是 2 种主要的 TSC 电路。△形接线电路的 TSC 可以在任何电网使用。Y_0 形接线电路的 TSC 则只能用在电源变压器有中心点连出的系统中。

图 30-31 是晶闸管控制电抗器(TCR)电路,TCR 是静止补偿器中的重要组成,它调节晶闸管的导通角度以改变电抗器电流。TCR 总与电容器并联使用,当系统需要较多电容时,TCR 使电抗电流减小,若系统需求电容电流下降,TCR 则使电抗电流加大,用电抗电流多抵消电容电流,这相当于使接入系统的电容电流减小。TCR 本身会产生谐波,所以,往往用滤波器代替部分并联的电容器组,也可用 TSC。

在电容器组切除后,TCR 可以接受感性无功,这样,在电网夜间电压过高时,TCR 可以起到降低受端电压的作用。图 3－32 是 TCR 及其系统接线。其中,变压器可以是任何一种接线。滤波器除滤掉 TCR 产生的谐波外,也要滤掉负荷所产生的部分谐波,要根据负荷性质考虑滤除谐波的次数。

TSR(thyristor switched reactior)与 TCR 运行特性上的区别如图 3－32 所示,TCR 可通过控制触发延迟角,控制支路上的电流连续变化运行,其运行特性为一个区域;TSR 则按一个固定延迟角触发,通常为 0 触发。

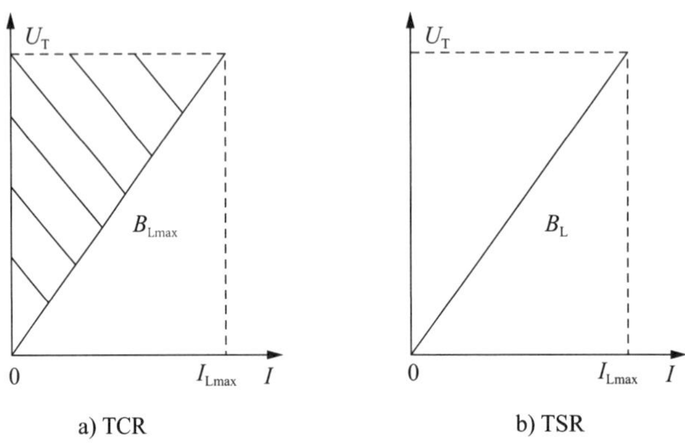

图 3－32　TCR/TSR 运行特性

TCR 和 TSC 都可以分相调节,也就是可以按每相电压或无功的要求确定,瞬时补偿无功量。它们都有减小不对称电流和电压的效果,并且具有在不对称故障时支撑电网电压的作用,使电网不因电压崩溃而失步。

【标准条款】

5.13

晶闸管控制(高阻抗)变压器　thyristor controlled transformer;TCT

与电网并联连接的、由晶闸管控制的变压器,通过对晶闸管阀导通角的控制使其等效感抗连续变化。

【理解要点】

TCT 又名晶闸管控制变压器,它是一种高漏抗变压器,其二次绕组接晶闸管,通过控制导通角就能提供连续变化的无功功率,如图 3－33 所示。

当 TCT 阻抗电压达到 100%时,SCR 可工作在全短路状态。此时 TCT 工作在额定容量 SN。当 SCR 的导通角在 90°～180°间变化时,TCT 的输出容量在 0～SN 之间连续变化。

其特点如下:

(1) 漏抗取为:33%～100%;

(2) 一般采用星形-三角形联结,以降低绝缘要求,三角形联结可以消除 3 次谐波;

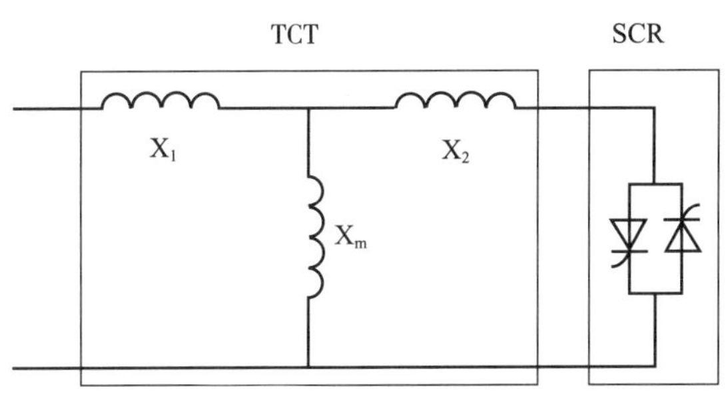

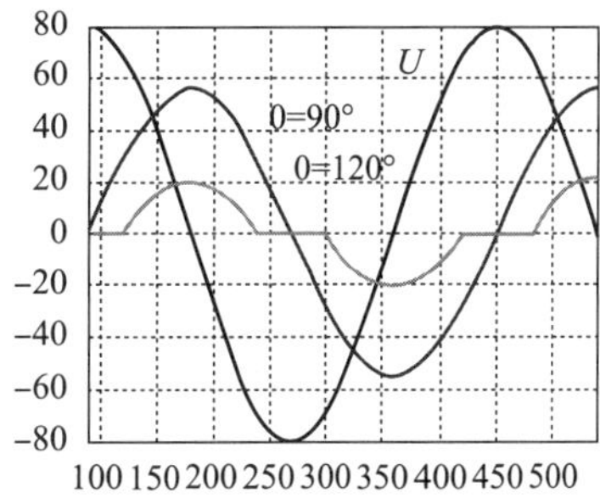

图 3－33 TCT 接线原理图

(3) 这种装置实际上是将常规的 TCR 中的耦合变压器和电抗器合二为一，基本原理与 TCR 相同，同样需要固定的电容支路提供固定的容性无功并兼作滤波；

(4) 由于高阻抗变压器的二次电压取值较低，1000V 左右，在单个晶闸管的工作电压以内，主电路和门电路变得简单，安装容易，在中小型的 SVC 中得到广泛应用；

(5) 当容量进一步增大时，由于变压器二次电流增大，其经济性变差，加上大电流引起的干扰和损耗问题，变得不适用。

【标准条款】

> 5.14
>
> **磁控电抗器** magnetic controlled reactor;MCR
>
> 通过调节晶闸管的导通角以改变电抗器控制绕组中电流的大小，控制电抗器铁芯的工作点磁通密度，进而改变主绕组的电感值及相应的补偿无功功率。

【理解要点】

磁阀式可控电抗器，简称磁控电抗器(MCR)，是基于磁放大器原理来工作的(见图 3－34)，它是一种交、直流同时磁化的可控其饱和度的铁芯电抗器，工作时，可以用极小的直流功率(为电抗器额定功率的 0.1%～0.5%)改变控制铁芯的工作点(即铁芯的饱和度，或者说改变铁心的导磁率 μ)，来改变其感抗值，从而达到调节电抗电流的大小并平滑调节无功功率的目的。其突出的优点是：稳定、可靠、体积小、成本较低、控制灵活、维护管理简便。

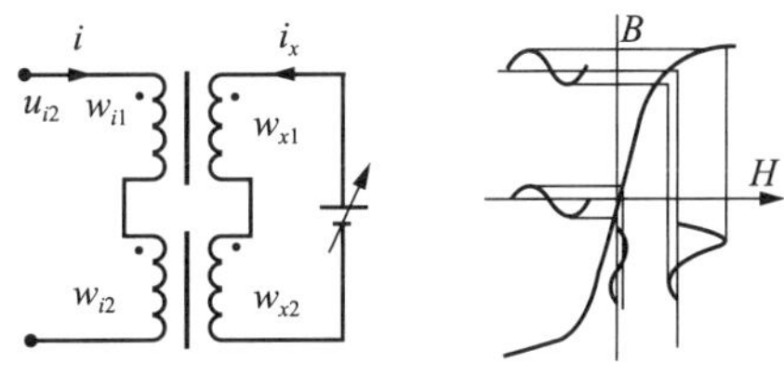

图 3－34 磁控电抗器的原理示意图及工作时的磁化曲线

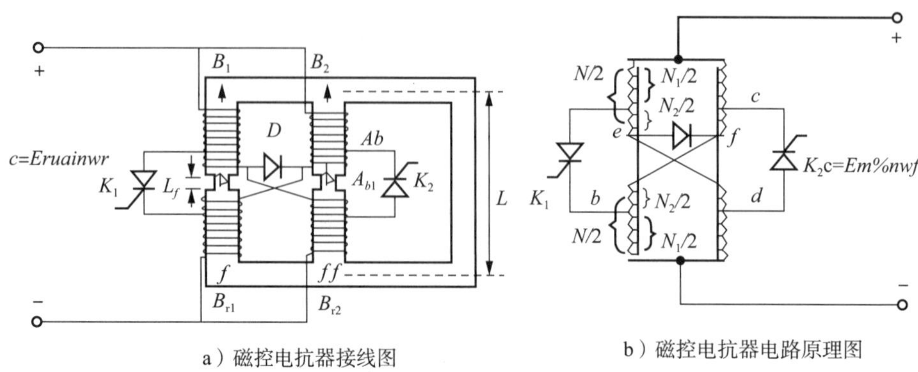

a）磁控电抗器接线图　　b）磁控电抗器电路原理图

图 3-35　磁控电抗器接线及工作原理图

如图 3-35 所示，磁控电抗器的主铁心分裂为两半（即铁心 1 和铁心 2），截面积为 A，每一半铁心截面具有减小的一段，四个匝数为 $N/2$ 的线圈分别对称地绕在两个半铁心柱上（半铁心柱上的线圈总匝数为 N），每一半铁心柱的上下两绕组各有一抽头比为 $\delta=N_2/N$ 的抽头，它们之间接有晶闸管 $K_1(K_2)$，不同铁心上的上下两个绕组交叉连接后，并联至电网电源，续流二极管则横跨在交叉端点上。在整个容量调节范围内，只有小面积段的磁路饱和，其余段均处于未饱和的线性状态，通过改变小截面段磁路的饱和程度来改变电抗器的容量。MCR 制造工艺简单，结构稳定，对于提高电网的输电能力、调整电网电压、补偿无功功率以及限制过电压都有非常大的应用潜力。

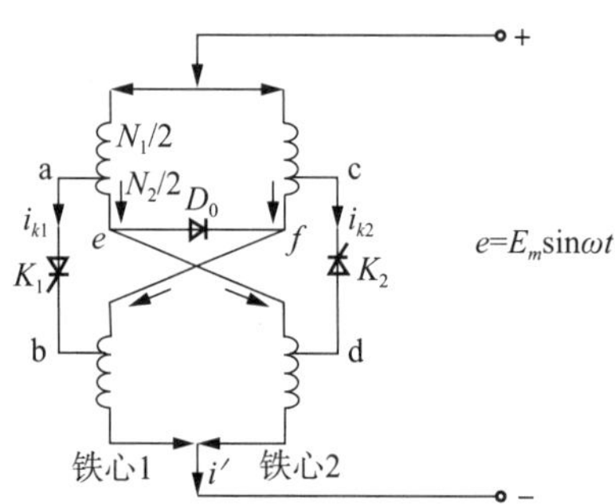

图 3-36　MCR 电路结构图

由图 3-36 可以看出，若 K_1、K_2 不导通，根据绕组结构的对称性可知，MCR 相当于一个空载变压器。假设电源 e 处于正半周，晶闸管 K_1 承受正向电压，K_2 承受反向电压。若 K_1 被触发导通（即 a、b 两点等电位），电源 e 经变比为 δ 的线圈自耦变压后由匝数为 N_2 的线圈向电路提供直流控制电压（$E_m\sin\omega t$）和电流 i_y'、i_y''。不难得出 K_1 导通时的等效电路如图 3-37a）所示。同理，若 K_2 在电源的负半周导通（即 c、d 两点等电位），则可以得出如图 3-37b）所示的等效电路。

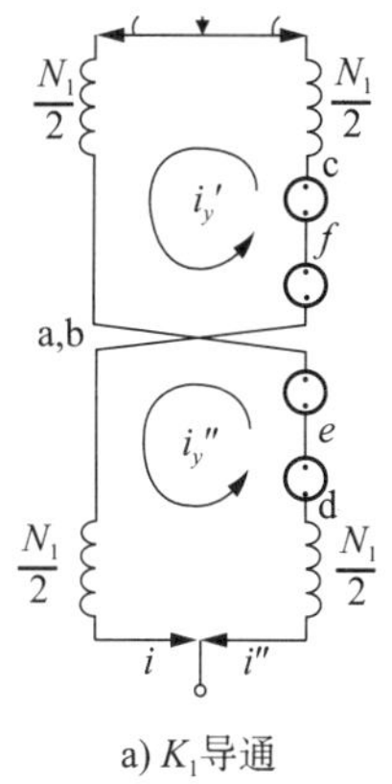

a) K_1导通

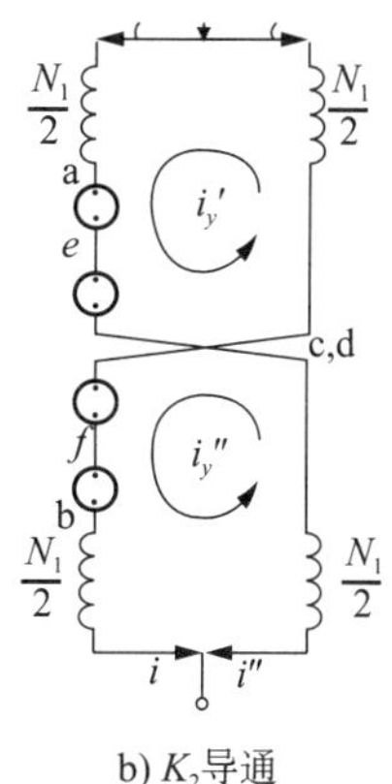

b) K_2导通

图 3－37　晶闸管导通的等效电路图

由图 3－37 可见，K_2 导通所产生的控制电流 i_y'和 i_y''的方向与 K_1 导通时所产生的一致，也就是说在电源的一个工频周期内，晶闸管 K_1、K_2 的轮流导通起了全波整流的作用，二极管起着续流作用。改变 K_1、K_2 的触发角便可改变控制电流的大小，从而改变电抗器铁心的饱和度，以平滑连续地调节电抗器的容量。

【标准条款】

> 5.17
>
> **动态电压恢复器**　dynamic voltage restorer;DVR
>
> 串接于电源和负荷之间的电压源型电力电子补偿装置，一般用于快速补偿电压暂降。

【理解要点】

DVR(dynamic voltage restorer)由直流储能电路、功率逆变器(PWM)和串接在供电线路中的变压器组成，如图 3－38 所示。

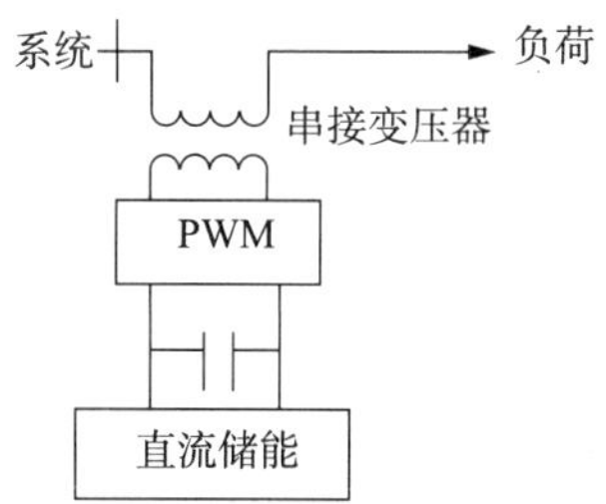

图 3－38　DVR 构成原理图

DVR 在测出电压瞬时降低后，立即将直流电源通过 PWM 输出交流电压，与系统电源电压相加(串联),使负载上的电压维持在合格的范围内,直至系统电压恢复到正常值。DVR 输出波形能够维持一段时间,可以补偿系统电压的瞬时下降,防止电压骤降给一些敏感负荷带来危害。这种补偿方式仅补偿电压的差值,需要的补偿容量小,且具有补偿效果与系统阻抗、负荷功率因数无关等优点。

【标准条款】

5.18

功率因数校正 power factor correction;PFC

由容性电流抵消感性电流(反之亦然)从而校正功率因数的方法。

【理解要点】

功率因数是用来衡量用电设备用电效率的参数,低功率因数代表低电力效能。为了提高用电设备功率因数的技术就称为功率因数校正。

PFC 有两种,一种是无源 PFC(也称被动式 PFC),一种是有源 PFC(也称主动式 PFC)。无源 PFC 一般采用电感补偿方法使交流输入的基波电流与电压之间相位差减小来提高功率因数,但无源 PFC 的功率因数不是很高,只能达到 0.7～0.8;有源 PFC 由电感电容及电子元器件组成,体积小,可以达到很高的功率因数。

【标准条款】

5.19

滤波器的品质因数 quality factor of filter

滤波器在某一调谐频率下所呈现的等效感抗与等效串联电阻之比,它是衡量无源滤波器性能的主要参数之一。

【理解要点】

上下两截止频率之间的频率范围称为滤波器带宽,或－3dB 带宽,单位为 Hz。带宽决定着滤波器分离信号中相邻频率成分的能力——频率分辨力。在电工学中,通常用 Q 代表谐振回路的品质因数。在二阶振荡环节中,Q 值相当于谐振点的幅值增益系数,对于带通滤波器,通常把中心频率 f_0 和带宽 B 之比称为滤波器的品质因数 Q。

其中:

中心频率:

$$f_0=\sqrt{f_{c1}f_{c2}} \tag{3-44}$$

下截止频率:

$$f_{c1}=\frac{1}{2\pi\tau_1} \tag{3-45}$$

上截止频率：

$$f_{c2}=\frac{1}{2\pi\tau_2} \tag{3-46}$$

则滤波器带宽：

$$B=f_{c1}-f_{c2} \tag{3-47}$$

滤波器的品质因数 Q 值：

$$Q=\frac{f_0}{B} \tag{3-48}$$

品质因数的另一定义为谐振电路贮藏的能量与一个周期内电路消耗的能量之比的 2π 倍。

$$Q=2\pi\frac{W_E+W_B}{W_R}=2\pi\frac{I^2L}{I^2RT_0}=2\pi\frac{L}{R}\frac{1}{T_0} \tag{3-49}$$

其中 W_E 代表电容中的能量，W_B 代表电感中的能量，W_R 代表消耗的能量。

【标准条款】

5.20

有源电力滤波器　active power filter;APF

利用电力电子装置发生谐波电压或谐波电流，以抵消系统中的谐波电压或谐波电流的装置。

【理解要点】

1971 年，日本科学家完整描述了有源滤波器的基本原理。1976 年，美国科学家提出了采用脉冲宽度调制控制的有源电力滤波器，确定了主电路的基本拓扑结构和控制方法，从原理上阐明了有源滤波器是理想的谐波电流发生器，并讨论了实现方法和相应的控制原理，奠定了有源电力滤波器的基础。进入 20 世纪 80 年代以来，新型半导体器件的出现，PWM 技术的发展，尤其是 1983 年日本的 H. Akagi 等人提出了“三相电路瞬时无功功率理论”，以该理论为基础的谐波和无功电流检测方法在三相有源电力滤波器中得到了成功的应用，极大地促进了有源电力滤波器的发展。

APF 由一组开关器件和无源储能元件如电感和电容组成，APF 系统主要由指令电流运算电路和补偿电流发生电路两大部分组成。它的基本工作原理是检测补偿对象的电流和电压，经过指令运算电路得到补偿电流的指令信号。该信号经控制器由补偿电流发生电路获得，补偿电流与负载中的谐波及无功等电流抵消，最终获得期望的电源电流。

(1) 按照与电网的联结方式可分为并联型、串联型、串-并联型和混合型的 APF。

图 3-39 为并联型有源滤波器结构，由于其与系统相并联，可等效为一受控电流源。并联型 APF 可产生与符合电流大小相等、方向相反的谐波电流，从而将电源侧电流补偿

为正弦基波电流。它主要适用于电流源型非线性负载的谐波电流抵消、无功补偿以及平衡三相系统中的不平衡电流等。目前并联型有源滤波器在技术上已较成熟，是一种应用广泛的有源滤波器拓扑结构。

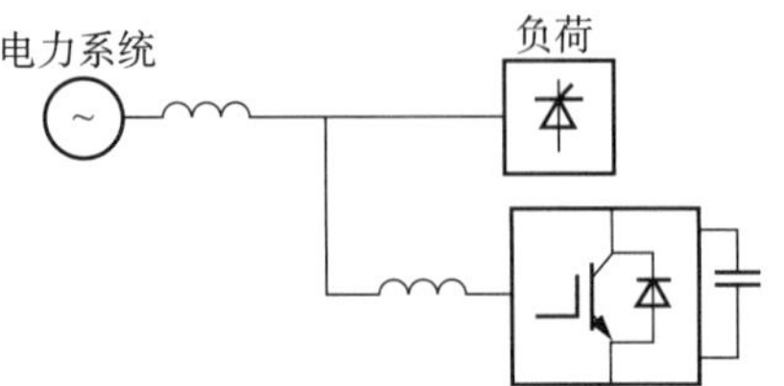

图 3－39　并联型有源滤波器图

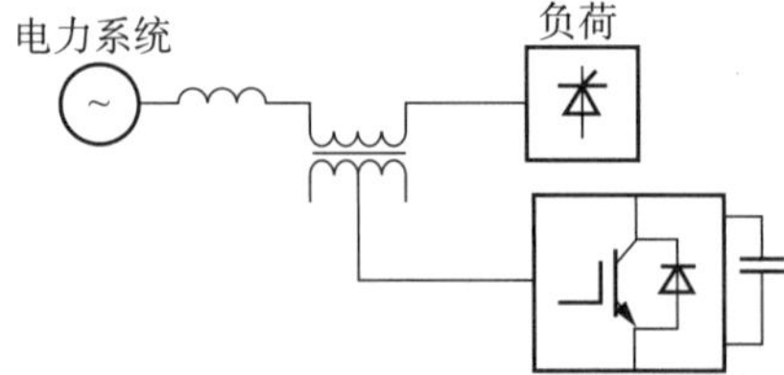

图 3－40　串联型有源滤波器

图 3－40 为串联型有源滤波器结构。通过 1 个匹配变压器将有源滤波器串联于电源和负载之间，以消除电压谐波，平衡或调整负载的端电压。与并联型相比，串联型有源滤波器损耗较大，且各种保护电路也较复杂。

图 3－41 为串-并联型有源滤波器结构。组合了串联、并联型有源滤波器的优点，能解决电气系统发生的大多数电能质量问题，所以又称之为万能有源滤波器或统一电能质量调节器(UPQC)。

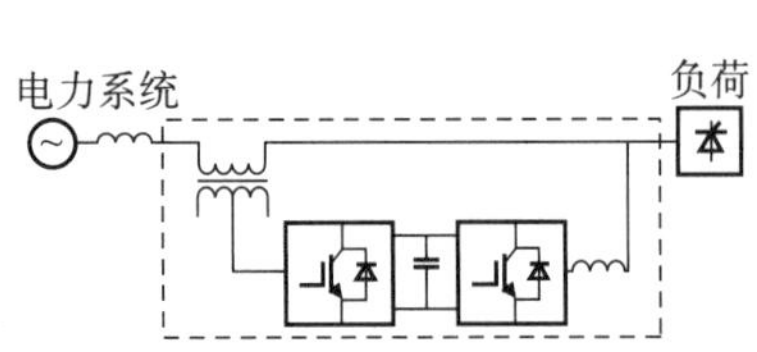

图 3－41　串-并联型有源滤波器

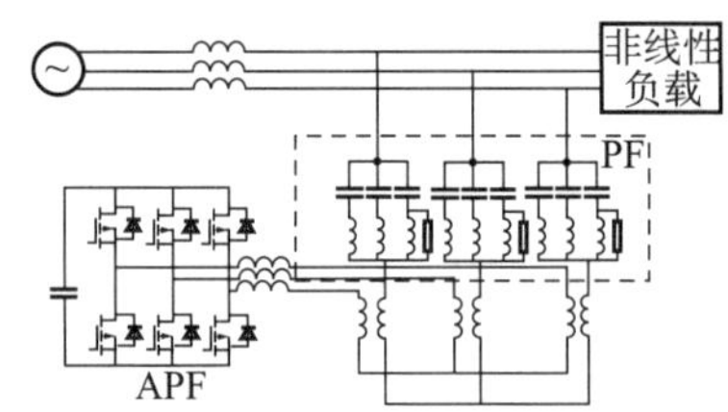

图 3－42　混合型有源滤波器结构

图 3－42 为混合型有源滤波器结构。混合型有源滤波器是在串联型有源滤波器的基础上使用一些大容量的无源 LC 滤波网络来承担消除低次谐波的任务，进行无功补偿。而串联型有源滤波器只承担消除高次谐振及阻尼无源 LC 网络与线路阻抗产生的谐波谐振的任务。从而使串联型有源滤波器的电流、电压额定值大大减少(功率容量可减少到负载容量的 5%以下)，降低了有源滤波器的成本和体积。

(2) 根据接入电网的方式有源电力滤波器还可以分为直接接入和通过无源滤波器间接接入两种方式。

(3) 按有源电力滤波器中直流侧储能元件的不同，有源型电力滤波器又分为电压型有源电力滤波器(储能元件为电容)和电流型有源电力滤波器(储能元件为电感)。

(4) 根据补偿系统的相数来分类，有源滤波器可分为单相和三相两种，三相系统又分为三相三线制和三相四线制。

(5) 根据应用场合分类,有源电力滤波器可以分为应用在直流系统(主要是高压直流输电系统)的有源直流滤波器和应用在交流系统的滤波器。

【标准条款】

5.21

无源滤波器 passive filter

LC 滤波器 LC Filter

由滤波电容器、电抗器和电阻器组合而成,用于滤除谐波同时补偿基波无功的装置。

5.24

高通滤波器 high pass filter

在高于某一截止频率之上的宽频带范围内呈现低阻抗特性的滤波器。

【理解要点】

无源滤波器,又称 LC 滤波器,是利用电感、电容和电阻的组合设计构成的滤波电路,可滤除某一次或多次谐波,最普通易于采用的无源滤波器结构是将电感与电容串联,可对主要次谐波(3、5、7)构成低阻抗旁路;单调谐滤波器、双调谐滤波器、高通滤波器都属于无源滤波器。

1. 滤波器的分类

无源滤波器主要可以分为两大类:调谐滤波器和高通滤波器,如图 3-43 所示。

1) 调谐滤波器

调谐滤波器包括单调谐滤波器和双调谐滤波器,可以滤除某一次(单调谐)或两次(双调谐)谐波,该谐波的频率称为调谐滤波器的谐振频率。

2) 高通滤波器

高通滤波器也称为减幅滤波器,主要包括一阶高通滤波器、二阶高通滤波器、三阶高通滤波器和 c 型滤波器,用来大幅衰减高于某一频率的谐波,该频率称为高通滤波器的截止频率。

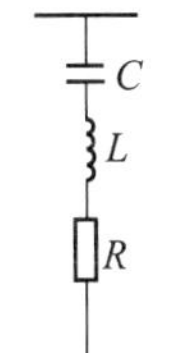

a) 单调谐滤波器

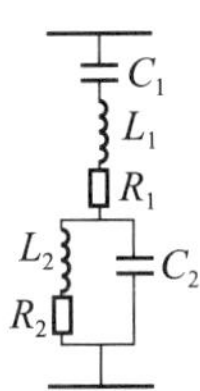

b) 双调谐滤波器

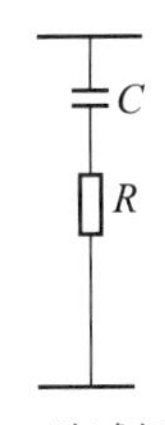

c) 一阶减幅型滤波器

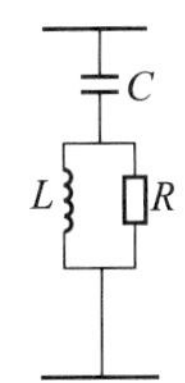

d) 二阶高通滤波器

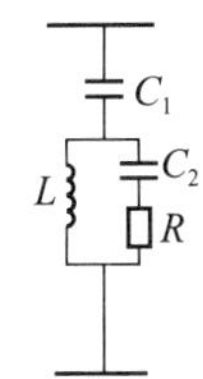

e) 三阶高通滤波器

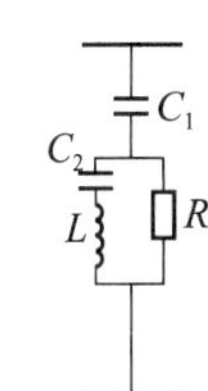

f) C型阻尼滤波器

图 3-43 滤波器的接线方式

2. 工作原理

滤波器是一种选择装置，它对输入信号进行加工和处理，从中选出某些特定的信号作为输出。滤波器的任务是对输入信号进行选频加权传输。

滤波器是 Campbell 和 Wagner 在第一次世界大战期间各自独立发明的，当时直接应用于长途载波电话等通信系统。电滤波器主要由无源元件 R、L、C 构成，称为无源滤波器。

滤波器的输出与输入关系通常用电压转移函数 $H(S)$ 来描述，电压转移函数又称为电压增益函数，它的定义如下：

$$H(S)=\frac{U_{\mathrm{o}}(S)}{U_{\mathrm{i}}(S)} \tag{3-50}$$

式中 $U_{\mathrm{o}}(S)$、$U_{\mathrm{i}}(S)$ 分别为输出、输入电压的拉氏变换。在正弦稳态情况下，$S=\mathrm{j}\omega$，电压转移函数可写成：

$$H(\mathrm{j}\omega)=\frac{\dot{U}_{\mathrm{o}}(\mathrm{j}\omega)}{\dot{U}_{\mathrm{i}}(\mathrm{j}\omega)}=|H(\mathrm{j}\omega)|e^{\mathrm{j}\varphi(\omega)} \tag{3-51}$$

式中 $|H(\mathrm{j}\omega)|$ 表示输出与输入的幅值比，称为幅值函数或增益函数，它与频率的关系称为幅频特性；$\varphi(\omega)$ 表示输出与输入的相位差，称为相位函数，它与频率的关系称为相频特性。幅频特性与相频特性统称滤波器的频率响应。滤波器的幅频特性很容易用实验方法测定。

滤波器按幅频特性的不同，可分为低通、高通、带通、带阻和全通滤波电路等几种，图 3－44 给出了二阶滤波电路低通、高通、带通和带阻滤波电路的典型幅频特性。

低通滤波电路，其幅频响应如图 3－44a）所示，图中 $|H(j\omega_{\mathrm{c}})|$ 为增益的幅值，K 为增益常数。由图可知，它的功能是通过从零到某一截止频率 ω_{c} 的低频信号，而对大于 ω_{c} 的所有频率则衰减，因此其带宽 $B=\omega_{\mathrm{c}}$。

高通滤波电路，其幅频响应如图 3－44b）所示。由图可以看到，在 $0<\omega<\omega_{\mathrm{c}}$ 范围内的频率为阻带，高于 ω_{c} 的频率为通带。

带通滤波电路，其幅频响应如图 3－44c）所示。图中 ω_{cl} 为下截止频率，ω_{ch} 为上截止频率，ω_0 为中心频率。由图可知，它有两个阻带：$0<\omega<\omega_{\mathrm{cl}}$ 和 $\omega>\omega_{\mathrm{ch}}$，因此带宽 $B=\omega_{\mathrm{ch}}-\omega_{\mathrm{cl}}$。

带阻滤波电路，其幅频响应如图 3－44d）所示。由图可知，它有两个通带：$0<\omega<\omega_{\mathrm{cl}}$ 及 $\omega>\omega_{\mathrm{ch}}$ 和一个阻带 $\omega_{\mathrm{cl}}<\omega<\omega_{\mathrm{ch}}$。因此它的功能是衰减 ω_{cl} 到 ω_{ch} 间的信号。通带 $\omega>\omega_{\mathrm{ch}}$ 也是有限的。

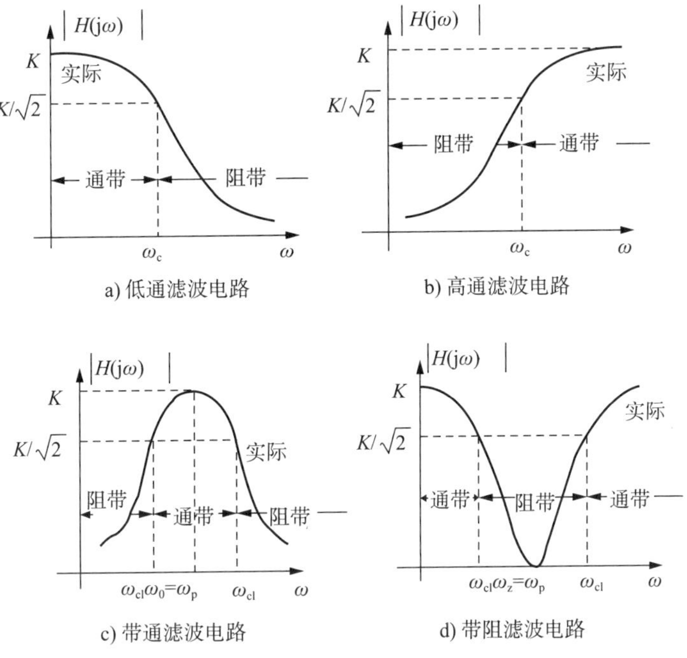

图 3-44 各种滤波电路的幅频响应

二阶低通、高通、带通和带阻滤波器的电压转移函数分别为：

$$H(S)=\frac{K\omega_P{}^2}{S^2+\left(\frac{\omega_P}{Q_P}\right)S+\omega_P{}^2} \quad 低通 \tag{3-52}$$

$$H(S)=\frac{KS^2}{S^2+\left(\frac{\omega_P}{Q_P}\right)S+\omega_P{}^2} \quad 高通 \tag{3-53}$$

$$H(S)=\frac{K\left(\frac{\omega_P}{Q_P}\right)S}{S^2+\left(\frac{\omega_P}{Q_P}\right)S+\omega_P{}^2} \quad 带通 \tag{3-54}$$

$$H(S)=\frac{K(S^2+\omega_Z{}^2)}{S^2+\left(\frac{\omega_P}{Q_P}\right)S+\omega_P{}^2} \quad 带阻 \tag{3-55}$$

式中，K、ω_P、ω_Z 和 Q_P 分别称为增益常数、极点频率、零点频率和极偶品质因数。正弦稳态时的电压转移函数可分别写成：

$$H(\mathrm{j}\omega)=\frac{K}{1-\frac{\omega^2}{\omega_P{}^2}+\mathrm{j}\frac{1}{Q_P}\frac{\omega}{\omega_P}} \quad 低通 \tag{3-56}$$

$$H(\mathrm{j}\omega)=\frac{K}{1-\frac{\omega_P{}^2}{\omega^2}-\mathrm{j}\frac{1}{Q_P}\frac{\omega_P}{\omega}} \quad 高通 \tag{3-57}$$

$$H(j\omega)=\frac{K}{1+jQ_P(\frac{\omega}{\omega_P}-\frac{\omega_P}{\omega})}\quad \text{带通} \tag{3-58}$$

$$H(j\omega)=\frac{K({\omega_Z}^2-\omega^2)}{({\omega_P}^2-\omega^2)+j\frac{\omega_P}{Q_P}\omega}\quad \text{带阻} \tag{3-59}$$

【标准条款】

> 5.22
>
> **单调谐滤波器　single tuned filter**
>
> 只有一个串联谐振频率的无源滤波器。

【理解要点】

单调谐滤波器是利用串联 L、C 谐振的原理构成的，电路原理图如图 3-45a)所示，通常采用 C-L-R 型排列。n 次单调谐滤波器在角频率时 $\omega_n=n\omega_1$ 的阻抗为：

$$Z_{fn}=R_{fn}+j\left(n\omega_1 L-\frac{1}{n\omega_{1c}}\right) \tag{3-60}$$

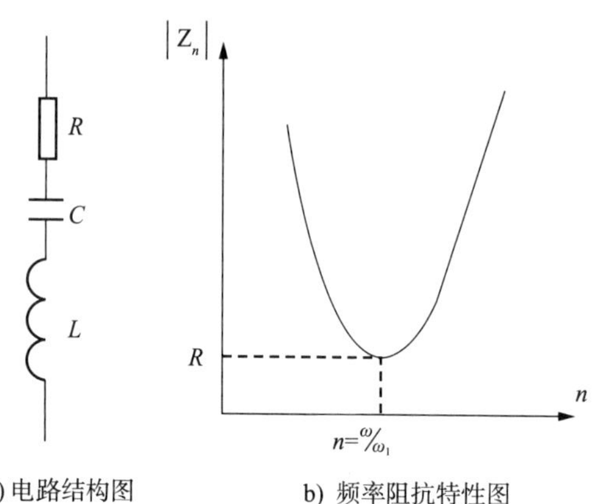

a) 电路结构图　　b) 频率阻抗特性图

图 3-45　单调谐滤波器

式中，$\omega_1=2\pi f_1=100\pi$ 为额定工频角频率；R_{fn} 为 n 次谐波电阻；Z_{fn} 为 n 次谐波阻抗。

在理想调谐下：$n\omega_1 L=\frac{1}{n\omega_{1c}}$，即滤波器的电抗为 $Z_{fn}=R_{fn}$，则谐振角频率 $w_n=nw_1=\frac{1}{\sqrt{LC}}$。

n 次谐波电流将通过低阻值 R_{fn}，而很少流到系统中去，因而使该次谐波电压大为下降。而对其他次数的谐波，$Z_{fn}\gg R_{fn}$，滤波器分流很少。简单地说，只要将滤波器的谐振次数设定为与所需要滤除的滤波次数一致，则该次谐波将大部分流入滤波器，从而起到滤除该次谐波的目的。

【标准条款】

5.23

双调谐滤波器 double tuned filter

有两个串联谐振频率的无源滤波器。

【理解要点】

双调谐滤波器由串联谐振电路与并联谐振电路串接而成，双调协滤波器结构及频率阻抗关系特性曲线如图 3-46 所示。

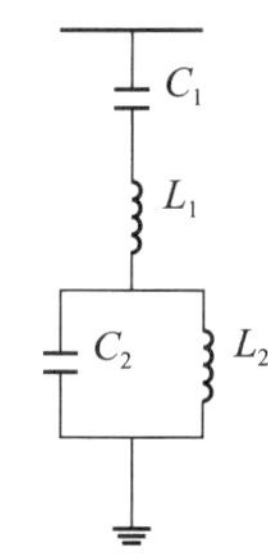

a) 双调谐滤波器结构图

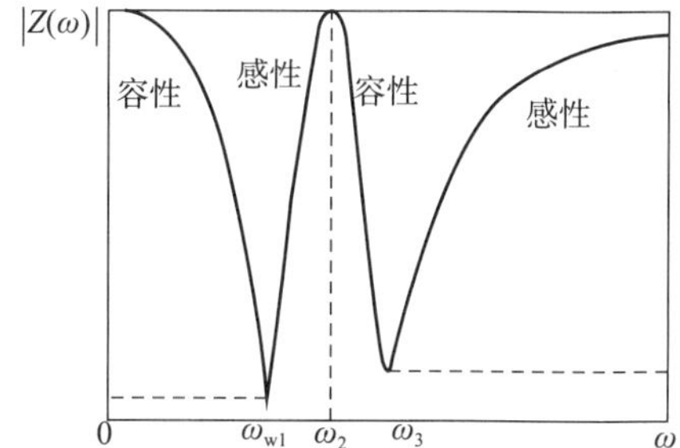

b) 双调谐滤波器频率阻抗特性曲线

图 3-46 双调谐滤波器结构图和频率阻抗特性曲线

双调谐滤波器的阻抗可以表示为：

$$Z(\omega)=j(\omega L_1-\frac{1}{\omega C_1})+j(\omega C_2-\frac{1}{\omega L_2})^{-1}$$

$$=j\frac{\omega^4 L_1 L_2 C_1 C_2-\omega^2(L_1 C_1+L_2 C_2+L_2 C_1)+1}{\omega^3 L_2 C_1 C_2-\omega C_1} \qquad (3-61)$$

【标准条款】

5.25

静态开关 static switch

由电力电子器件等组成的，用于进行电路的无触点通断切换。

【理解要点】

静态开关又称静止开关，如图 3-47 所示，它是一种无触点开关，是用两个可控硅(SCR)反向并联组成的一种交流开关，其闭合和断开由逻辑控制器控制。

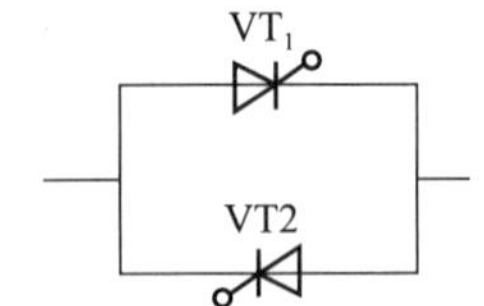

图 3-47　静态开原理图

【标准条款】

5.26

转换开关　transfer switch

能够将负荷在备用电源和常规电源之间进行切换的电气设施,可以是机械式开关或者静态开关。

【理解要点】

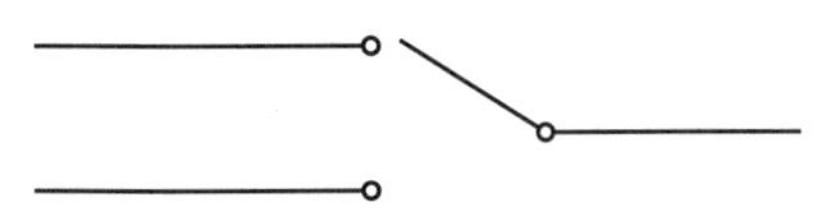

图 3-48　转换开关示意图

两路或两路以上电源或负载转换用的开关电器见图 3-48,有的是用机械式开关,也有的是用静态开关。

【标准条款】

5.27

静止转换开关　static transfer switch;STS

固态转换开关　solid state transfer switch;SSTS

基于晶闸管等电力电子器件的、用于将电能从一个电源快速转换到另一个电源的自动切换系统。

5.28

固态断路器　solid state circuit breaker;SSCB

由电力电子器件等组成的电力中断设备。

【理解要点】

固态开关是应用电力电子器件构成的开关设备,分为固态转换开关(solid state

transfer switch,SSTS)与固态断路器(solid state circuit breaker,SSCB)两种。它们利用电力电子器件导通与截止速度快的特点,解决传统机械开关动作时间长(达数个周波)带来的问题。

(1) SSTS 是由晶闸管(SCR)构成的负荷开关,可在接到控制命令后数个微秒内接(导)通,在半个周波内关断(截止);如果用绝缘栅双极晶体管(IGBT)代替 SCR,其关断时间也可缩短至几个微秒以内。SSTS 用于双电源供电回路的切换,可避免采用机械开关倒闸操作引起的较长时间供电中断,使敏感负荷的供电不受影响。如图 3-49 所示的双电源供电回路,正常运行时,固态转换开关 A 接通,固态转换开关 B 关断,敏感负荷由电源 A 供电,电源 B 处于备用状态。在控制系统检测到电源 A 停电时,在半个周波内将固态转换开关 A 关断、固态转换开关 B 接通,负荷在一个周波内转为由电源 B 供电,实现供电回路的无缝转换。

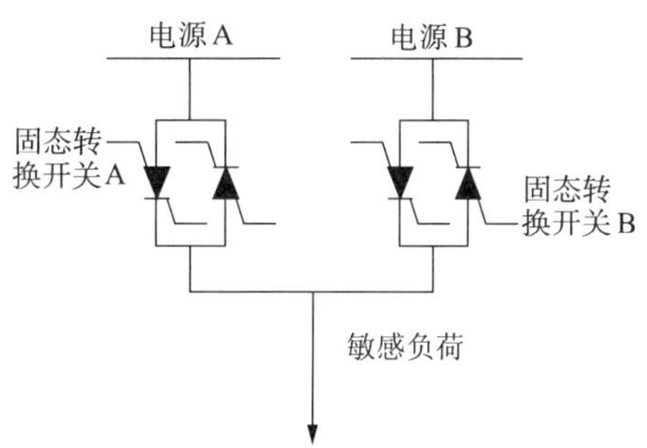

图 3-49　应用 SSTS 双电源供电回路

(2) SSCB 由门极可关断晶闸管(GTO)回路和晶闸管(SCR)加限流电抗器(或电阻器)回路两部分并联而成,如图 3-50 所示。正常运行时,电流流经 GTO 支路。电力系统故障时,流经 GTO 支路的电流迅速超过限额,GTO 在半个周波之内关断,故障随之流经 SCR 和限流电抗器相串联的支路,达到限制故障电流的目的。然后 SCR 关断,完全切断故障电流。

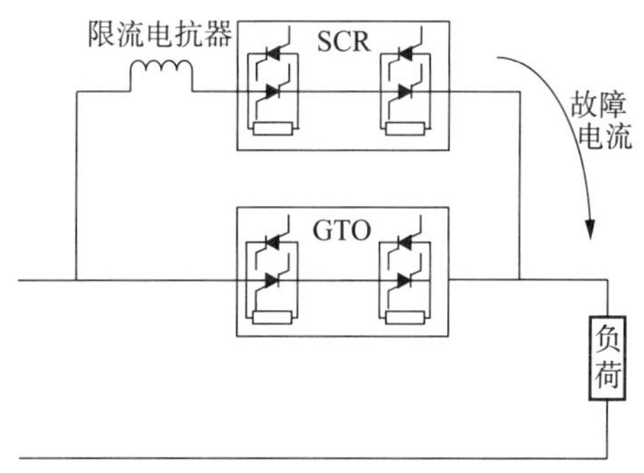

图 3-50　固态断路器构成原理

SSCB 具有以下优点：

① 大大提高开关速度，达到微秒级，提高了系统的稳定性；

② 准确控制开关时刻；

③ 动作寿命长，不受开关次数限制；

④ 能限制故障电流；

⑤ 无触头机构和灭弧室，减少故障率。

【标准条款】

5.29

不间断电源 uninterruptible power supply;UPS

由变流器、开关和储能装置(如蓄电池)组合构成的，在正常电源故障时维持负载电力连续性的电源设备。

[GB 7260.1—2008，定义 3.1.1]

5.30

紧急备用电源系统 emergency power system;EPS

一个独立的电能储备电源。在正常电源故障或停电时，在指定的时间内向关键装置和设备自动提供可靠的电力。

【理解要点】

1. UPS 是不间断电源(uninterruptible power supply)的英文简称，UPS 系统是为重要负载提供不受电网干扰，具有稳压、稳频的不间断电源供应的重要设备。UPS 的发展经历了初期的旋转型、20 世纪 60 年代可控硅静止型、20 世纪 80 年代巨型功率晶体管(UR)静止型，到了 20 世纪 90 年代出现了绝缘栅双极晶体管(IGBT)制成的 UPS。

UPS 电源主要由 UPS 主机和 UPS 电池组成。主机主要由整流器、蓄电池、逆变器和静态开关等几部分组成，按工作原理分为后备式、在线式、在线互动式三类。

(1) 在线式 UPS

在线式 UPS(On-Line UPS)的运作模式为“市电和用电设备是隔离的，市电不会直接供电给用电设备”，而是到了 UPS 就被转换成直流电，再兵分两路，一路为电池充电，另一路则转回交流电，供电给用电设备，市电供电品质不稳或停电时，电池从充电转为供电，直到市电恢复正常才转回充电，“UPS 在用电的整个过程是全程介入的”。其优点是输出的波形和市电一样是正弦波，而且纯净无杂讯，不受市电不稳定的影响，可供电给“电感型负载”。其工作原理见图 3-51。

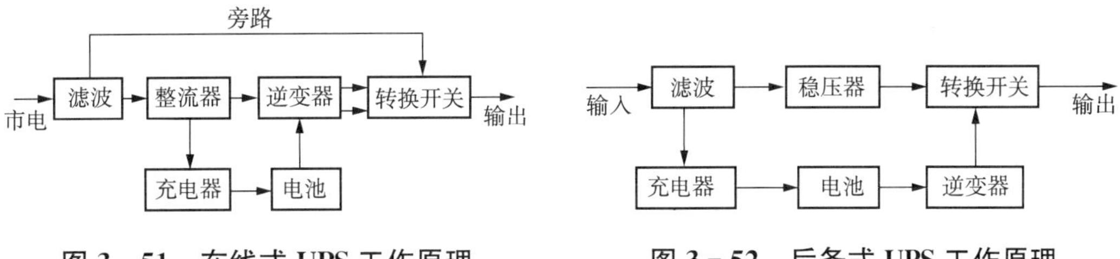

图 3-51　在线式 UPS 工作原理　　**图 3-52　后备式 UPS 工作原理**

(2) 后备式 UPS 电源

后备式又称为非在线式不间断电源(Off-Line UPS),它只是“备援”性质的 UPS,市电直接供电给用电设备也为电池充电(Normal Mode),一旦市电供电品质不稳或停电了,市电的回路会自动切断,电池的直流电会被转换成交流电接手供电的任务(Battery Mode),直到市电恢复正常,“UPS 只有在市电停电了才会介入供电”,不过从直流电转换的交流电是方波,只限于供电给电容型负载。其工作原理见图 3-52。

(3) 在线互动式 UPS

又称为线上互动式或在线互动式 UPS(Line-Interactive UPS),基本运作方式和离线式一样,不同之处在于线上交错式虽不像在线式全程介入供电,但随时都在监视市电的供电状况,本身具备升压和减压补偿电路,在市电的供电状况不理想时,即时校正,减少不必要的“Battery Mode”切换,延长电池寿命。

2. EPS 是应急电源系统(emergency power supply)的英文缩写,EPS 应急电源是根据消防设施、应急照明、事故照明等一级负荷供电设备需要而组成的电源设备。产品由互投装置、自动充电机、逆变器及蓄电池组等组成。在交流电网正常时逆变器不工作,经过互投装置给重要负载供电。当交流电网断电后,互投装置将会立即投切至逆变电源供电。当电网电压恢复时,互投装置将会投切至交流电网供电。

EPS 应急电源系统主要包括整流充电器、蓄电池组、逆变器、互投装置和系统控制器等部分。其中逆变器是核心,通常采用 DSP 或单片 CPU 对逆变部分进行 SPWM 调制控制,使之获得良好的交流波形输出;整流充电器的作用是在市电输入正常时,实现对蓄电池组适时充电;逆变器的作用则是在市电非正常时,将蓄电池组存储的直流电能变换成交流电输出,供给负载设备稳定持续的电力;互投装置保证负载在市电及逆变器输出间的顺利切换;系统控制器对整个系统进行实时控制,并可以发出故障告警信号和接收远程联动控制信号,并可通过标准通讯接口由上位机实现 EPS 系统的远程监控。

应急电源在停电时,能在不同场合为各种用电设备供电。它适用范围广、负载适应性强、安装方便、效率高。采用集中供电的应急电源可克服其他供电方式的诸多缺点,减少不必要的电能浪费。在应急事故、照明等用电场所,它与转换效率较低且长期连续运行的 UPS 不间断电源相比较,具有更高的性能价格比。

EPS 应急电源主要用于建筑物发生火情或其他紧急情况下为应急照明等各种灯具

(含单进单出型金属卤素灯、钠灯)提供集中供电的应急电源装置。

EPS应急电源采用单体逆变技术,集充电器、蓄电池、逆变器及控制器于一体。系统内部设计了电池检测、分路检测回路,其他主要部件的工作原理如图3-53所示。智能化应急电源,采用后备式运行方式。

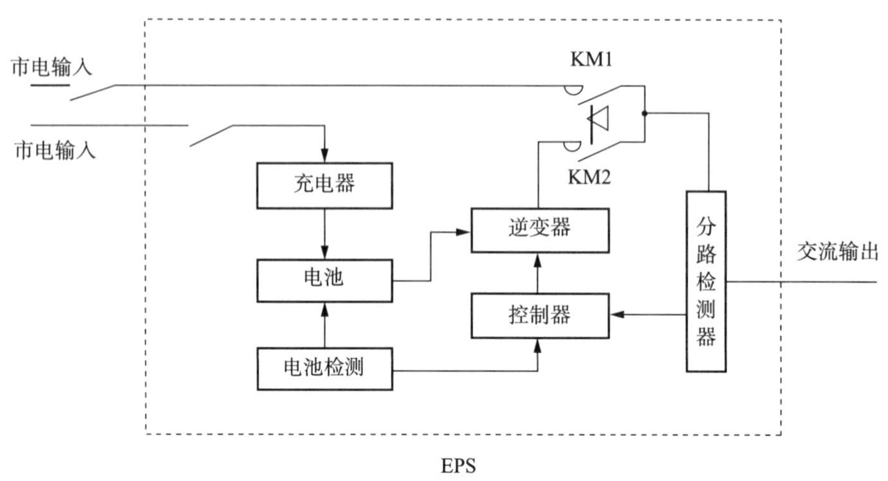

图3-53　EPS工作原理

(1) 当市电正常时,由市电经过互投装置给重要负载供电,同时进行市电检测及蓄电池充电管理,然后再由电池组向逆变器提供直流能源。在这里,充电器是一个仅需向蓄电池组提供相当于10%蓄电池组容量(Ah)的充电电流的小功率直流电源,它并不具备直接向逆变器提供直流电源的能力。此时,市电经由EPS的交流旁路和转换开关所组成的供电系统向用户的各种应急负载供电。与此同时,在EPS的逻辑控制板的调控下,逆变器停止工作处于自动关机状态。在此条件下,用户负载实际使用的电源是来自电网的市电,因此,EPS应急电源也是通常说的一直工作在睡眠状态,可以有效地达到节能的效果。

(2) 当市电供电中断或市电电压超限(±15%或±20%额定输入电压)时,互投装置将立即投切至逆变器供电,在电池组所提供的直流能源的支持下,用户负载所使用的电源是通过EPS的逆变器转换的交流电源,而不是来自市电。

(3) 当市电电压恢复正常工作时,EPS的控制中心发出信号对逆变器执行自动关机操作,同时还通过它的转换开关执行从逆变器供电向交流旁路供电的切换操作。此后,EPS在经交流旁路供电通路向负载提供市电的同时,还通过充电器向电池组充电。

(4) 除用于应急照明系统外,其中三相智能化变频应急电源主要是为一级负荷中的电动机提供一种可变频的应急电源系统,该产品方便解决了电动机的应急供电及其启动过程中对供电设备的冲击影响。智能化应急电源可接受消防联动信号、建筑智能总线信号控制,并可设定优先级,防止越级控制。

EPS应急电源规格很多,按输入方式可分为单相220V和三相380V;按输出方式可分为单相、三相及单、三相混合输出;安装形式有落地式、壁挂式和嵌墙式三种;容量有从0.5kW到800kW各个级别;按服务对象可分为动力负载和应急照明两种;其备用时间一般有90min~120min,如有特殊要求还可按设计要求配置备用时间。

【标准条款】

6 电磁兼容

6.1

电磁环境 electromagnetic environment

存在于给定场所的所有电磁现象的总和。

[GB/T 4365—2003,定义161-01-01]

6.2

电磁兼容性 electromagnetic compatibility;EMC

设备或系统在其电磁环境中能正常工作且不对该环境中任何事物构成不能承受的电磁骚扰的能力。

[GB/T 3797—2005,定义3.3]

6.3

[电磁]兼容性水平(electromagnetic)compatibility level

为了在设定发射限值和抗扰度限值时能相互协调,而规定作为参考水平的电磁骚扰水平。

注:改写GB/T 4365—2003,定义161-03-10。

6.4

(供电系统)规划水平 planning level(of the power supply system)

结合地区供电系统特点制定的电气设施的扰动(骚扰)发射基准值,以使预计接入该系统的设备或设施所采用的所有限值协调。

注:规划水平是由负责相关区域供电系统的规划和运行部门规定的地方性限值,视为内部质量目标。规划水平一般严于兼容水平。

[IEC 61000-3-6:2008,定义3.16]

【理解要点】

电磁兼容一词,源于英语electromagnetic compatibility,按直译应为电磁兼容性,国家标准GB/T 4365—1995制定工作组经过认真讨论达到如下共识:electromagnetic compatibility一词,对一门学科、一个领域、一个工业或技术范围来讲,应译为“电磁兼容”,以便反映整整一个领域,而不仅仅是一项技术指标;而对于设备、分系统、系统的性能参数来说，则应译为“电磁兼容性”。根据这一共识，所以 GB/T 4365—1995 的标准名称为《电磁兼容术语》，而该标准内的词条则用“电磁兼容性”。

国家标准 GB/T 4365—2003《电工术语　电磁兼容》将“电磁兼容性”定义为：设备或系统在其电磁环境中能正常工作且不对该环境中任何事物构成不能承受的电磁骚扰的能力。

国家军用标准 GJB 72—1985《电磁干扰和电磁兼容性名词术语》的定义为：“设备（分系统、系统）在共同的电磁环境中能一起执行各自的功能的共存状态。即：该设备不会由于受到环境中设备（系统、分系统）因受其电磁发射而导致或遭受不允许的降级；它也不会使同一电磁环境中设备（系统、分系统）因受其电磁发射而导致或遭受不允许的降级。”

“电磁兼容是研究在有限的空间、有限的时间、有限的频谱资源条件下，各种用电设备（分系统、系统；广义的还包括生物体）可以共存并不致引起降级的一门科学。”该定义在阐明电磁兼容方面也有其特色：

在以上的各定义中，都涉及电磁环境这一概念。实际上，电磁环境是由空间、时间、频谱三个要素组成的。所有需要解决的电磁兼容问题都脱离不开这三个要素。

电磁环境是指设备、分系统或系统在执行规定任务时，可能遇到的辐射或传导电磁发射电平在不同频率范围内功率和时间的分布。电磁环境由空间、时间和频谱三个要素组成。可以简单地理解成电磁场现象，即环境中普遍存在的电磁感应、干扰现象。

电磁兼容性是指设备或系统在其电磁环境中符合要求运行，并不对其环境中的任何设备产生无法忍受的电磁骚扰的能力。电子设备受电磁骚扰的影响而出现故障或性能降级，称为设备对电磁骚扰敏感。如何在设备与电磁环境之间寻求一种协调的关系和共存的条件，这就是电磁兼容性问题。其含义包括：①设备或系统之间在电磁环境中的相互兼顾；②设备或系统在自然界电磁环境中能按照设计要求正常工作。

EMC（电磁兼容）包括 EMI（电磁干扰）及 EMS（电磁耐受性）两部分，所谓 EMI 就是设备或系统在执行应有功能的过程中所产生不利于其他系统的电磁噪声；而 EMS 是指设备或系统在执行应有功能的过程中不受周围电磁环境影响的能力。

因此，EMC 包括两个方面的要求：一方面是指设备或系统在正常运行过程中对所在环境产生的电磁骚扰不能超过一定的限值；另一方面是指设备或系统对所在环境中存在的电磁骚扰具有一定程度的抗扰度，即电磁敏感度（electromagnetic susceptibility，EMS）。

为了协调设定的发射限值和抗扰度限值，规定了电磁骚扰参考水平，即电磁兼容性水平。电磁兼容水平是用来协调供电系统设备或供电系统供电设备的发射和抗扰度参考值（见表 3-7），以保证全系统（包括网络及所连设备）的电磁兼容性（EMC）。它由表示干扰的时间或空间变化的分布来表示，兼容水平一般以整个系统的 95％概率水平为基础。供电部门不可能在所有时间对系统的所有点都进行控制，允许有一定的偏差，因此应以整个系统为基础，按兼容水平进行评估，而不对某个特殊位置的评估提供评定办法。表 3-7 为低压（LV）和中压（MV）系统的谐波电压兼容水平。

表3-7　LV和MV电力系统的谐波电压兼容水平(用标称电压的百分数表示)

奇次谐波,非3的倍数		奇次谐波,3的倍数		偶次谐波	
次数 h	谐波电压/%	次数 h	谐波电压/%	次数 h	谐波电压/%
5	6	3	5	2	2
7	5	9	1.5	4	1
11	3.5	15	0.3	6	0.5
13	3	21	0.2	8	0.5
17	2	>21	0.2	10	0.5
19	1.5			12	0.2
23	1.5			>12	0.2
25	1.5				
>25	0.2+				
	1.3×(25/h)				
注:总谐波畸变率(THD):8%。					

结合地区供电系统特点制定电气设施的扰动发射基准值,使预计接入电网系统的设备或设施所采用的所有限值协调则称之为供电系统规划水平。

规划水平用于规划时评估所有用户负荷对供电系统的影响水平。供电部门为系统所有各电压等级都制定规划水平,规划水平是供电部门的内部质量目标,一般等于或小于兼容水平。规划水平随网络结构和环境的不同而有不同,所以规划水平只能给出指示值。对每个要求接入系统的用户要用规划水平进行评估。表3-8给出了电压谐波规划水平的例子(规划水平必须根据各国电力系统的实际情况,由电网的业主制定)。

表3-8　MV、HV和EHV电力系统的谐波电压规划水平指示值(以标称电压的百分数表示)

奇次谐波,非3的倍数		奇次谐波,3的倍数		偶次谐波	
次数 h	谐波电压/%	次数 h	谐波电压/%	次数 h	谐波电压/%
5	2	3	2	2	1.5
7	2	9	1	4	1
11	1.5	15	0.3	6	0.5
13	1.5	21	0.2	8	0.4
17	1	>21	0.2	10	0.4
19	1			12	0.2
23	0.7			>12	0.2
25	0.7				
>25	0.2+				
	0.5×(25/h)				
注:总谐波畸变率(THD):MV网络6.5%;HV网络3%。					

注:表3-8中的规划水平不包括由诸如地球磁爆等不可控事件产生的谐波。

图 3－54、图 3－55 对于上述基本概念进行了说明。图 3－54 说明在整个系统中，偶尔会发生干扰，因此在干扰水平和抗扰度之间有明显的重叠。规划水平等于或小于兼容水平，是由电网的业主决定的；抗扰度水平根据相关设备的标准规定，或由设备制造商和用户之间商定。

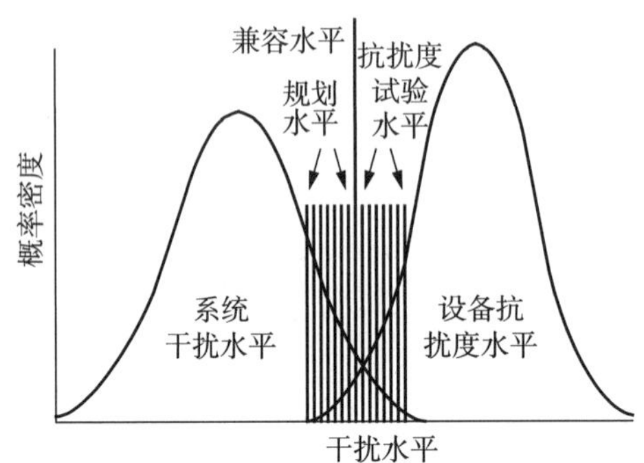

图 3－54　用全系统的时间/位置统计分布

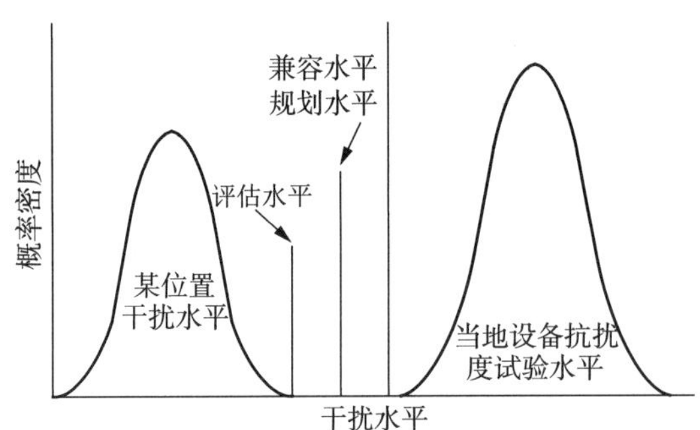

图 3－55　用系统中某位置的时间统计分布

图 3－55 说明在系统任意一位置的干扰水平及抗扰度水平的概率分布，在正常情况下比整个系统的要小，所以大多数位置的干扰水平和抗扰度水平只有一点重叠（或没有重叠），因此设备受到的干扰很小，设备能满意地执行其功能。

【标准条款】

6.5

电磁骚扰　electromagnetic disturbance

任何可能引起装置、设备或系统性能降低或者对生物或非生物产生不良影响的电磁现象。

注：改写 GB/T 4365—2003，定义 161－01－05。

6.6

[电磁]骚扰电平(electromagnetic)disturbance level

在给定场所由所有骚扰源共同作用产生的电磁骚扰的电平。

[GB/T 4365—2003,定义 161-03-29]

6.7

[电磁]敏感度(electromagnetic)susceptibility

在有电磁骚扰的情况下,装置、设备或系统不能避免性能降低的能力。

注:敏感度高,抗扰度低。

[GB/T 4365—2003,定义 161-01-21]

6.8

电磁干扰　electromagnetic interference

由电磁骚扰所引起的设备、传输通道或系统性能的降低。电磁骚扰与电磁干扰的产生与作用是彼此独立的。术语“电磁骚扰”和“电磁干扰”分别表示“起因”和“结果”。

注:改写 GB/T 4365—2003,定义 161-01-06。

6.9

传导骚扰　conducted disturbance

通过一个或多个导体传递能量的电磁骚扰。

[GB/T 4365—2003,定义 161-03-27]

6.10

电源骚扰　mains-borne disturbance,power disturbance

经由供电电源线传输到装置上的电磁骚扰。

[GB/T 4365—2003,定义 161-03-02]

6.11

辐射骚扰　radiated disturbance

以电磁波的形式通过空间传播能量的电磁骚扰。该术语有时也将感应现象包括在内。

[GB/T 4365—2003,定义 161-03-28]

6.12

冲击骚扰　impulsive disturbance

作用到某一装置或设备上的表现为一系列清晰脉冲或瞬态的电磁骚扰。

注:改写 GB/T 4365—2003,定义 161-02-09。

【理解要点】

电磁骚扰(electromagnetic disturbance),是“任何可能引起装置、设备或系统性能降低或对有生命或无生命物质产生损害作用的电磁现象。电磁骚扰可能是电磁噪声、无用信号或传播媒介自身的变化,是一种客观存在电磁现象。”电磁干扰(electromagnetic interference),是“电磁骚扰引起的设备、传输通道或系统性能的下降。”

由以上两个术语的定义可见,电磁骚扰仅仅是电磁现象,即指客观存在的一种物理现象,它可能引起降级或损害,但不一定已经形成后果。而电磁干扰是由电磁骚扰引起的后果。过去在术语上并未将物理现象与其造成的后果划分明确,统称为干扰(interference)。只是进入 20 世纪 90 年代,IEC 50(161)于 1990 年发布后,才明确引入了“disturbance”这一术语,为了与过去惯用的“干扰”一词明确分开,中文译为“骚扰”。

电磁干扰源可分为两大类:自然干扰源与和人为干扰源。自然干扰源主要来源于大气层的天电噪声、地球外层空间的宇宙噪声。它们既是地球电磁环境的基本要素组成部分,同时又是对无线电通讯和空间技术造成干扰的干扰源。自然噪声会对人造卫星和宇宙飞船的运行产生干扰,也会对弹道导弹运载火箭的发射产生干扰。人为干扰源是由机电或其他装置、设备或系统产生电磁能量干扰,其中有部分专门用于发射电磁能量的装置,如广播、电视、通信、雷达和导航等无线电设备,称为有意发射干扰源。另一部分是在完成自身功能的同时附带产生电磁能量的发射,如交通车辆、架空输电线、照明器具、电动机械、家用电器以及工业、医用射频设备等。因此这部分又成为无意发射干扰源。

按电磁干扰属性来分,可以分为功能型干扰源和非功能性干扰源。功能性干扰源系指设备实现功能过程中造成对其他设备的直接干扰;非功能性干扰源是指装置在实现自身功能的同时伴随产生或附加产生的副作用,如开关闭合或切断产生的电弧放电干扰。

按电磁干扰信号频谱宽度,可以分为宽带干扰源和窄带干扰源,是相对于指定感受器的带宽大或小来加以区别的。干扰信号的带宽大于指定感受器带宽的称为宽带干扰,反之称为窄带干扰源。

从干扰信号的频率范围来分,可将干扰源分为工频与音频干扰源(50Hz 及其谐波)、甚低频干扰源(30Hz 以下)、载频干扰源(10kHz～300kHz)、射频及视频干扰源(300kHz)、微波干扰源(300MHz～100GHz)。从被干扰的敏感器来看,干扰耦合可分为传导耦合和辐射耦合两大类。

传导传输必须在干扰源和敏感器之间有完整的电路连接,干扰信号沿着这个连接电路传递到敏感器,发生干扰现象。这个传输电路可包括导线、设备的导电构件、供电电源、公共阻抗、接地平板、电阻、电感、电容和互感元件等。

辐射传输是通过介质以电磁波的形式传播,干扰能量按电磁场的规律向周围空间发射。常见的辐射耦合有三种:(1)甲天线发射的电磁波被乙天线意外接受,称为天线对天线耦合;(2)空间电磁场经导线感应而耦合,称为场对线的耦合;(3)两根平行导线之间的高频信号感应,称为线对线的感应耦合。

在工程中,两个设备之间发生干扰通常包含着许多种途径的耦合。正因为多种途径的耦合同时存在,反复交叉耦合,共同产生干扰,才使电磁干扰变得难以控制。

电源骚扰定义为经由供电电源线传输到装置上的电磁骚扰。实际上电源存在传导骚扰和辐射骚扰两种形式。尤其是目前广泛应用的开关电源,由于开关电路寄生参数的存在以及开关器件的高频开通与关断,使得开关电源在其输入端(即交流电网侧)产生较大的共模骚扰和差模干扰。开关电路的 dV/dt 很高,激发变压器线圈间,以及开关管与散热片间的寄生电容,从而产生了共模干扰。差模干扰的特点是大小相等,方向相反,存在于电源相线与中线及相线与相线之间。差模干扰也称为常模干扰、横模干扰或对称干扰,是施加于载流体之间的干扰。开关电路的电流在高频情况下作开关变化,从而在输入、输出的滤波电容上产生很高的 di/dt,即在滤波电容的等效电感或阻抗上感应干扰电压。这时就会产生差模干扰。共模干扰由辐射或串扰耦合到电路中,而差模干扰则源于同一电源电路。通常这两种干扰是同时存在的,由于线路阻抗的不平衡,两种干扰在传输中还会相互转化,情况十分复杂。电源线干扰是电网中各种用电设备产生的电磁骚扰沿着电源线传播所造成的,电源线上传导干扰信号,均可用差模和共模信号来表示。

高压试验尤其是雷电或工频冲击性试验常会产生冲击骚扰。装置或设备受到的电磁干扰是空间电磁场、电源以及地电位抬升等综合作用的结果。

电磁敏感度是指存在电磁骚扰的情况下,装置、设备或系统不能避免性能降低的能力。敏感度高,抗扰度低。其实二者是一个问题的两个方面,即从不同角度反映装置、设备或系统的抗干扰能力,以电平来表示,敏感度电平(刚刚开始出现性能降低时的电平)越小,说明敏感度越高,抗扰度就越低;而抗扰度电平越高,说明抗扰度也越高,敏感度就越低。

【标准条款】

6.13

抗扰度电平 immunity level

将某给定电磁骚扰施加于某一装置、设备或系统而其仍能正常工作并保持所需性能等级时的最大骚扰电平。

[GB/T 4365—2003,定义 161-03-14]

6.14

抗扰度限值 immunity limit

规定的最小抗扰度水平。

[GB/T 4365—2003,定义 161-03-15]

6.15

抗扰度裕量 immunity margin

抗扰度限值与电磁兼容水平之比。

[GB/T 4365—2003,定义 161-03-16]

6.16

电磁兼容试验 test of EMC

对单个设备或系统的电磁兼容性水平进行检测的试验,其检测内容包括抗电磁场辐射、抗静电、抗快速瞬变脉冲群和抗浪涌等干扰能力。

【理解要点】

抗扰度电平(immunity level)是"将某给定电磁骚扰施加于某一装置、设备或系统而其仍能正常工作并保持所需性能等级时的最大骚扰电平。"即超过此电平,该装置、设备或系统就会出现性能降低。而敏感性电平,是指刚刚开始出现性能降低的电平。所以对某一装置、设备或系统而言,抗扰性电平与敏感性电平是同一个数值。

抗扰度限值(immunity limit)是规定的最小抗扰度水平。

限值是人为规定的一个电平,在规定限值时必需规定测量方法。"允许值"一词是我国过去对"limit"一词的译法。按国家标准应首选"限值"这一译名。"Level"一词,在强电领域习惯译为"水平";在其他领域常译为"电平"。"限值"是人为规定的参数,而"电平"是装置、设备或系统本身的特性。

抗扰度裕量(immunity margin)是装置、设备或系统的抗扰度限值与电磁兼容水平之比。对于每种骚扰现象,兼容水平被视为存在于相关环境中严酷的骚扰水平。对所有工作在该环境中的设备要求至少有与该骚扰水平一致的抗扰度。对相关设备,通常会在兼容水平和抗扰度限值之间规定一个适当的裕量。虽然对单种骚扰现象已经规定了兼容水平,如对某些频率的谐波和间谐波。但是通常会有若干个骚扰现象共同存在于同一环境中,一些设备在特定的骚扰组合影响下,其性能可能会降低,尽管每个骚扰水平都比兼容水平低。例如谐波和间谐波,特定的频率、幅值和相位的结合能够相当大地改变电压峰值和过零点。其他骚扰的出现可能增加更多的麻烦。由于组合的数量是无法估计的,不可能为所有骚扰的组合设置兼容水平。因此,如果在兼容水平中包含可能导致特定产品性能降低的若干骚扰组合,则对相关产品需要注明对应的组合,以便能按此考虑其抗扰度要求。

任何特定类型设备的发射限值不能单独设置,对每一个骚扰现象,必须协调其与同类骚扰的所有其他源所设置的限值。协调必须达到当所有源单独满足其限值时,在其共同作用下的骚扰水平可能达到相关环境预期的等级,但总的骚扰水平仍应低于兼容水平。

电磁兼容试验(test of EMC)是指对单个设备或系统的电磁兼容性水平,根据有关电磁兼容标准规定的方法进行检测的试验,其检测内容包括抗电磁场辐射、抗静电、抗快速瞬变脉冲群和抗浪涌等干扰能力等。产品在定型和进入市场之前EMC性能必须达到标准要求。EMC测试主要分两大类,即电磁干扰EMI测试和电磁抗扰性EMS测试。抗扰度测试是EMS测试中最基本的项目,通过测试确定某一装置、设备或系统的抗扰度水平是否满足标准的规定。抗扰度限值与电磁兼容水平之比则确定了抗扰度裕量。因此抗扰度测试是电磁兼容测试中最重要的试验项目。

目前我国要求实施电磁兼容试验的产品类别主要有声音和电视广播接收机及有关设备,信息技术设备,家用和类似用途电动、电热器具,电动工具及类似电器、电源、照明电器、车辆机动船和火花点火装置,发动机的驱动装置,金融及贸易结算电子设备,安防电子产品,声音和电视信号的电缆分配系统设备与部件,低压电器。尽管产品不同,引用的产品族测试标准也不同,但其中抗扰度的试验内容基本相同,即静电放电、射频辐射电磁场、脉冲群、浪涌、射频场引起的传导干扰和电压跌落等6项(见表3-9的序号2~序号6及序号11)。

表3-9　抗扰度试验标准

序号	标准编号	标准名称	对应国际标准
1	GB/T 17626.1—1998	电磁兼容试验和测量技术抗扰度试验总论	IEC 61000-4-1(1992)
2	GB/T 17626.2—1998	电磁兼容试验和测量技术静电放电抗扰度试验	IEC 61000-4-2(1995)
3	GB/T 17626.3—1998	电磁兼容试验和测量技术射频电磁场辐射抗扰度试验	IEC 61000-4-3(1995)
4	GB/T 17626.4—1998	电磁兼容试验和测量技术电磁瞬变脉冲群抗扰度试验	IEC 61000-4-4(1995)
5	GB/T 17626.5—1998	电磁兼容试验和测量技术浪涌(冲击)抗扰度试验	IEC 61000-4-5(1996)
6	GB/T 17626.6—1998	电磁兼容射频场感应的传导骚扰抗扰度试验	IEC 61000-4-6(1996)
7	GB/T 17626.7—1998	电磁兼容供电系统及所连设备的谐波和中间谐波的测量仪器通用导则	IEC 61000-4-7(1991)
8	GB/T 17626.8—1998	电磁兼容试验和测量技术工频磁场抗扰度试验	IEC 61000-4-8(1993)

表 3-9(续)

序号	标准编号	标准名称	对应国际标准
9	GB/T 17626.9—1998	电磁兼容试验和测量技术脉冲磁场抗扰度试验	IEC 61000-4-9(1993)
10	GB/T 17626.10—1998	电磁兼容试验和测量技术阻尼振荡磁场抗扰度试验	IEC 61000-4-10(1993)
11	GB/T 17626.11—1999	电磁兼容试验和测量技术电压暂降、短时中断和电压变化抗扰度试验	IEC 61000-4-11(1994)
12	GB/T 17626.12—1998	电磁兼容试验和测量技术振荡波抗扰度试验	IEC 61000-4-12(1995)

【标准条款】

6.17

电磁发射 electromagnetic emission

从源向外发出电磁能的现象。

注:改写 GB/T 4365—2003,定义 161-01-08。

【理解要点】

电磁发射是一种“从源向外发出电磁能的现象”。此处“发射”与通信工程学中常用的“发射”含义并不完全相同。电磁兼容中的发射既包含传导发射,也包括辐射发射,而通信中的发射主要指辐射发射;电磁兼容中的发射常常是无意的,因而通常不存在有意发射部分,一些本来用作其他用途的部件(如电线、电缆等)充当了发射的角色,而通信中则是由无线发射台产生并精心设计与制作发射部件(如天线、探头等)。通信中的发射也使用 emission,但更多的是使用 transmission。

【标准条款】

6.18

(骚扰源的)发射水平 emission level(of a disturbing source)

由某装置、设备或系统发射所产生的电磁骚扰水平。

[GB/T 4365—2003,定义 161-03-11]

【理解要点】

所谓“特定装置”是根据 particular 一词译出,实际上是指“某一个”的意思。“某给定电磁骚扰”指的是某种电磁现象的量,例如,功率、电压、场强、频率等。

【标准条款】

6.19

(骚扰源的)发射限值 emission limit(from a disturbing source)

规定的电磁骚扰源的最大发射电平。

[GB/T 4365—2003,定义 161-03-12]

【理解要点】

该术语应按其解释理解,即骚扰源是人为规定的,而不是骚扰源本身的特性。因此,术语中的“来自”二字不应译出。

【标准条款】

6.20

兼容裕度 compatibility margin

抗扰度限值与发射限值之比。

注:改写 GB/T 4365—2003,定义 161-03-17。

【理解要点】

兼容裕量是装置、设备或系统的抗扰度限值与骚扰源的发射限值之间的差值。为了理解上述几个术语之间的关系,将各个值绘出如图 3-56。

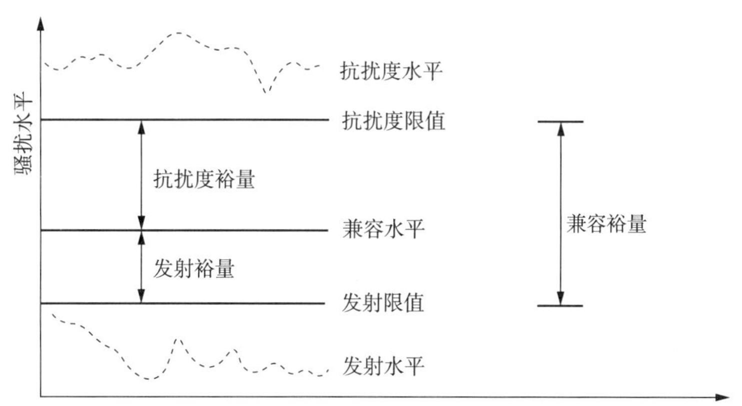

图 3-56 发射设备与敏感设备的限值与某些独立变量(如:频率)的关系

【标准条款】

6.21

屏蔽 screen

用来减少场向指定区域穿透的措施。

[GB/T 4365—2003,定义 161-03-25]

6.22

电磁屏蔽 electromagnetic screen

用导电材料减少交变电磁场向指定区域穿透的屏蔽。

[GB/T 4365—2003,定义 161-03-26]

6.23

屏蔽层 shield

附加于导体绝缘层上的金属壳(一般是铜或铝),目的是为了减少被屏蔽导体间以及与其他敏感导体间的耦合,或者为了屏蔽导体产生的不希望的静电场或者电磁场(噪声)。

[IEEE Std 1159—2009,Annex B]

【理解要点】

屏蔽是将电气噪声分流入地的导电金属隔板、缠绕物或外护物。通常利用铜或铝等低阻材料或磁性材料制成的包裹层,称之为屏蔽层。将需要隔离的部分全部包起来,将电力线或磁力线的影响限制在某一个范围内,或者使某个指定的空间内没有外部静电感应或电磁感应的影响。三芯电力电缆的屏蔽层如图 3-57 所示。

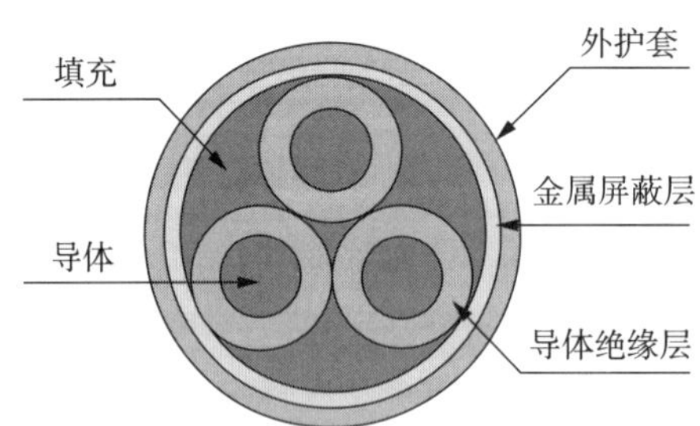

图 3-57 三芯电力电缆屏蔽层示意图

仅一端做等电位连接、另一端悬浮时,它只能防静电感应,防不了磁场强度变化所感应的电压。为减小屏蔽芯线的感应电压,在屏蔽层仅一端做等电位连接的条件下,应采用有绝缘隔开的双层屏蔽,外层屏蔽应至少在两端做等电位连接。在这种情况下,外屏蔽层与其他同样做了等电位连接的导体构成环路，感应出电流，产生降低源磁场强度的磁通，从而基本上抵消无外屏蔽层时所感应的电压。屏蔽有两个目的，一是限值内部辐射的电磁能量泄漏出该内部区域，二是防止外来的辐射干扰进入某一区域。

电磁屏蔽是电磁兼容技术的主要措施之一，即用金属屏蔽材料将电磁干扰源封闭起来，使其外部电磁场强度低于允许值的一种措施；或用金属屏蔽材料将电磁敏感电路封闭起来，使其内部电磁场强度低于允许值的一种措施。

静电屏蔽是用完整的金属屏蔽体将带正电导体包围起来，在屏蔽体的内侧感应出与带电导体等量的负电荷，外侧出现与带电导体等量的正电荷，如果将金属屏蔽体接地，则外侧的正电荷将流入大地，外侧将不会有电场存在，即带正电导体的电场被屏蔽在金属屏蔽体内。

交变电场屏蔽。为降低交变电场对敏感电路的耦合干扰电压，可以在干扰源和敏感电路之间设置导电性好的金属屏蔽体，并将金属屏蔽体接地。交变电场对敏感电路耦合的干扰电压大小取决于交变电场电压、耦合电容和金属屏蔽体接地电阻之积。只要使金属屏蔽体良好接地，就能使交变电场对敏感电路的耦合干扰电压变得很小。电场屏蔽以反射为主，因此屏蔽体的厚度不必过大，而以结构强度为主要考虑因素。

交变磁场屏蔽。交变磁场屏蔽有高频和低频之分。低频磁场屏蔽是利用高磁导率的材料构成低磁阻通路，使大部分磁场被集中在屏蔽体内。屏蔽体的磁导率越高，厚度越大，磁阻越小，磁场屏蔽的效果越好。高频磁场的屏蔽是利用高电导率的材料产生涡流的反向磁场来抵消干扰磁场。

一般采用电导率高的材料作屏蔽体，并将屏蔽体接地。它是利用屏蔽体在高频磁场的作用下产生反方向的涡流磁场与原磁场抵消而削弱高频磁场的干扰，又因屏蔽体接地而实现电场屏蔽。屏蔽体的厚度不必过大，而以趋肤深度和结构强度为主要考虑因素。

屏蔽服装。所谓电磁屏蔽服是“防辐射服装”，其应用已有几十年的历史，早期的电磁屏蔽服由于效率低、成本高等原因主要应用在工业领域，但随着民众对防辐射的重视以及电磁屏蔽服技术的发展，直到 1999 年前后才开始广泛地应用到了民用领域。

【标准条款】

6.24

干扰限值　limit of interference

电磁骚扰使装置、设备或系统性能降低的最大允许值。

【理解要点】

干扰限值是性能降低的指标，而不是电磁现象的指标。

【标准条款】

6.25

共模电压 common mode voltage

每个导体与规定参考点(通常是地或机壳)之间的电压平均值。

[GB/T 4365—2003,定义 161-04-09]

6.26

差模电压 differential mode voltage

一组规定的带电导体中任意两根导体之间的电压。

[GB/T 4365—2003,定义 161-04-08]

【理解要点】

共模电压是在每一导体和所规定的参照点之间出现的相量电压的平均值。差模电压是两根导体之间的电压。

设备的电源线、电话线等的通信线,以及与其他设备或外围设备相互交换的通讯线路,至少有两根导线,这两根导线作为往返线路输送电力或信号。但在这两根导线之外通常还有第三导体,这就是"地线"。干扰电压和电流分为两种,一种是两根导线分别作为往返线路传输;另一种是两根导线做去路,地线做返回路传输。前者称之为差模电压,后者称之为共模电压。电源线干扰是电网中各种用电设备产生的电磁骚扰沿着电源线传播所造成的。该干扰分为两大类:共模干扰、差模干扰。共模干扰为任何载流导体与参考地之间的不希望电位差;差模干扰为任何两个载流导体之间的不希望的电位差。共模干扰在导线与地(机壳)之间传输,一般指在两根信号线上产生的幅度相等、相位相同的噪声,属于非对称性干扰;差模干扰在两导线之间传输,属于对称性干扰。在一般情况下,差模干扰幅度小、频率低,所造成的干扰较小;共模干扰幅度大、频率高,还可以通过导线产生辐射,所造成的干扰较大。

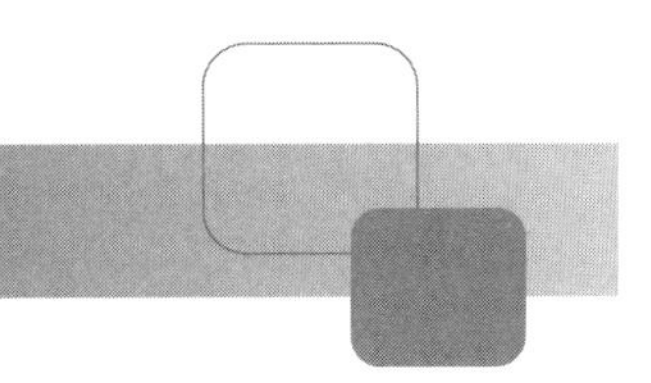

第4章　NB/T 41004—2014《电能质量现象分类》

4.1　概述

4.1.1　基本情况

电能是一种经济实用而且清洁环保的能源形式，并且和任何商品一样，也存在质量问题。电能质量涉及电力系统的各个方面，这就要求在制定电能质量标准时须对各个方面权衡且公平，使得整体社会效益和经济效益最大。从整个社会效益和经济效益来讲，随着我国电力市场改革的发展和推进，电能质量作为电价的重要附加属性之一，不仅电力部门十分重视，用户也格外关注。而且随着国内越来越多的地区电网广泛装设电能质量检测装置，对各个电压等级和不同区域发生的电能质量事件均有大量的检测数据，无论是电力管理部门还是电力相关的研究工作者均尝试对电能质量现象进行合理规范的解释，但是不同地区或者研究方向的人员对于同一个电能质量现象的解释存在不同的专业描述，这就使得电能质量现象没有统一、规范的描述与定义，这样既不便于研究人员之间的学术交流和研究，也使得电能质量相关设备的制造生产厂商没有一个统一的认知，不便于产品的广泛使用，对于电力部门而言，也不便于在各个不同的设备生产厂商进行性能的比较。因此，有必要对电力系统中各类电能质量现象进行详细的分类和对各类现象进行必要规范、统一解释。

4.1.2　国内外相关标准动态

电能质量的相关现象是导致电磁兼容问题的一个主要因素，我国在2000年发布了GB/Z 18039.1—2000《电磁兼容　环境　电磁环境的分类》及GB/Z 18039.2—2000《电磁兼容　环境　工业设备电源低频传导骚扰发射水平的评估》两个国家标准化指导性技术文件，而这两个文件是等同采用IEC(International Electrotechnical Commission，国际电工委员会)技术报告IEC 61000-2-5:1996《电磁兼容　第2部分:环境　第5分部分:电磁环境的分类》，该标准对电气和电子设备所处的电磁环境从电磁现象出发进行了分类，以便更好地对应相关电气或电子元件设备抗扰度要求的技术规范，从而获取电磁兼容性，并且该指导性技术文件也对电磁抗扰度水平给出了基本指导。

该指导性文件对电磁现象作了三个基本的分类：低频现象(频率低于9kHz)、高频现象(频率远高于9kHz)和静电放电，进一步将低频现象分为低频传导现象(包含谐波、间谐波，信号电压，电压波动，电压暂降和短时中断，电压不平衡，电源频率变化，低频感应电压,交流网络中的直流)和低频辐射现象(包含磁场、电场),将高频现象细分为高频传导现象(包含感应联系波电压和电流、单向瞬态、振荡瞬态)和高频辐射现象(包含磁场、电场、电磁场、连续波、瞬态),然后该指导性技术文件对上述的各类电磁现象给出了基本的术语解释和基本现象的解释,进而对每类电磁现象的扰动度作了一般性的规定,为各类电气和电子设备在各类电磁环境中的正常应用提供了一个基本的参考。

国际上 IEEE(Institute of Electrical and Electronics Engineers,美国电气和电子工程师协会)于 2009 年发布了 IEEE Std 1159　IEEE Recommended practice for monitoring electric power quality 的标准性文件,取代了 1995 年发布的版本。这个标准主要的目的是使得整个国际上的电能质量监测设备对各类电能质量现象有一个统一性的理解与规定,这样便于各类设备生产厂商的设备研制和开发,也便于设备采购企业对各类电能质量监测仪器有统一衡量方式,更有利于研究人员的学术交流。该标准首先对基本的电能质量相关术语名词进行了解释,主要有闪变、电压和电流不平衡度、间谐波、电压波动和电压中断等,然后对各类电能质量现象进行了大体的分类(主要沿用 IEC 电磁环境分类的基本认定),然后基于此用专业的、严格的描述对各类电能质量现象的特点和区分的基本原则作了较为细致的规定,且对每类电能质量现象给出了范例。

4.1.3　标准的制定及主要内容

在经过了一系列的前期调研、资料汇总、初稿意见征求等过程,国家能源局最终于 2014 年 3 月 18 日发布了 NB/T 41004—2014《电能质量现象分类》能源行业标准,并于 2014 年 8 月 1 日实施。标准给出了频率偏差、电压偏差、电压波动与闪变、三相电压不平衡、波形畸变、电磁暂态、电压暂降、电压暂升、短时中断等电能质量现象的典型特征量,并从典型频谱、持续时间和典型值等方面对电能质量现象进行分类,主要分为瞬态现象、短时间方均根变化、长时间方均根变化、不平衡、波形畸变、电压波动和频率偏差等七类。标准对每一类电能质量现象进行了详细的阐释,并且给出了典型的电能质量事件及其典型特征量,然后对每一类电能质量现象可能对相关电气设备的影响作了阐释与总结,对基本电力电气设备(主要有整流设备与高压直流换流站、变频调速装置、轧机、电力机车、城市轨道交通、起重机、矿井提升机、自动化生产线、电解电镀设备、电弧炉、中频炉、电焊机、变压器、大型感应电机和电动汽车充电站)可能引起的电能质量现象进行了梳理,并分析了其发生典型电能质量现象的原因。标准还单独对新能源(风力发电和太阳能发电)和可再生能源产业的电能质量现象及其产生原因进行了相关的分析和阐释,并且对电能质量问题出现较多且广泛关注的部分行业(主要有煤炭行业、港口行业、电气化铁道行业、冶金行业、煤化及石化行业等),从行业的基本负荷特点及电气环境等方面出发,对其可能产生的电能质量现象进行了较为详细的分析与机理阐释。最后,标准对目前几种典型的电能质量治理设备(主要有无源电力滤波器、有源电力滤波器、静止无功补偿器、动态电压恢复器和不间断电源等)进行了简单的介绍,给出了一些典型电能质量指标可能的治理方式的建议。

4.2　电能质量相关基础理论

本节主要介绍国内外电力市场及电能质量相关的基本概念及其相关的指标解释。在 IEEE 看来，电能质量是电力服务中导致用户终端出现诸如电压暂降、过电压、谐波污染等现象的统称，因此，电能质量又可以称为供电质量。国内相关标准则没有提到具体的电能质量，现象而是从各个电气量出发，表述为：电能质量表示关系到供用电设备正常工作(或运行)的电压、电流的各种指标偏离基本技术参数的程度。可见，虽然从不同的方面出发进行阐释，但是其根本点是一致的，就是电力系统中各种干扰导致基本电气量出现偏离正常值的程度。而供电质量包含供电可靠性和电压质量，这就使得电能质量需要考虑这两个指标。其中，供电可靠性包含电力系统可靠性和供电可靠性两个部分，电力系统可靠性是指满足供给和保证突发故障稳定的能力，供电可靠性是指用户可接入以及不发生长时的供电中断等问题。电能质量问题既然广泛存在于当前的电力系统中，但是为了保证电能质量问题不至于影响系统的正常运行，也使得诸如敏感类电力用户可以获得满足其要求的电能质量的电力供应服务，有必要对出现的电能质量问题提供相应的解决方法，这类解决方法就称为辅助服务。其中，敏感负荷需要供应的电力提供足够高的电能质量，否则其相关仪器设备就会运行不正常或者减短使用寿命。干扰负荷是指必须通过辅助服务才能使其具有足够高的电能质量的负荷。

4.2.1　供电电压偏差

电力系统主要由发电环节、输电环节、配电环节和各类用电设备组成，由于用电负荷的不断变化，因而电力系统运行中有功功率和无功功率始终处在一个平衡的状态中，各个节点的电压也随时波动，但这种波动是有一定的限制和要求的，这个范围就是供电电压允许偏差，即某节点的实际运行电压与该节点的标称电压之差对标称电压的百分数称为该节点的电压偏差，数学表达式为：电压偏差=(实际电压－节点标称电压)/节点标称电压×100%。引起电压偏差的原因有：

(1) 供电距离超过合理的供电半径。

(2) 供电导线截面选择不当，电压损失过大。

(3) 线路过负荷运行。

(4) 用电功率因数过低，无功电流大，加大了电压损失。

(5) 冲击性负荷、非对称性负荷的影响。

(6) 调压措施缺乏或使用不当，如变压器分头摆放位置不当等。

(7) 用电单位装用的静电电容器补偿功率因数来采用自动补偿。

综上所述，系统节点的无功不足是导致系统电压偏差的直接原因。

电压偏差过大对电力系统中部分的电气设备有较大的影响：

(1) 对照明负荷的影响。照明设备是常用的电气设备之一，通常为白炽灯、荧光灯，其发光效率、光通量和使用寿命均与电压有很大关系。据研究表明，当电压降低到额定电压的95%时，通光量减少18%，而电压升高到额定电压的105%时，白炽灯寿命减少30%，这都将导致照明设备不同程度的损坏。

(2) 对电动机的影响。用电设备中有大量的异步电动机，其端电压改变时，电动机的转矩、效率和电流都会发生较大的变化，若端电压降低10%，它的转矩可能为额定转矩的80%左右，严重情况可能导致电动机停转，或因电压过低出现无法启动的情况。

(3) 对变压器、互感器的影响。在节点电压升高时，对变压器、互感器的影响主要有两个方面，一是励磁电流增加，导致磁感应强度增强，铁损增加且铁芯温升上升；二是变压器油中和绕组表面电场强度增加，使油和绕组绝缘老化加速，严重时将使绝缘快速老化，而提前报废。

(4) 对电力系统运行的影响。节点电压降低导致电压负偏差加大，会导致系统出现以下三个方面的问题：①由于输电线路输送功率的静稳极限与发电机电势和输送电压成正比，与组合电抗成反比。因此，系统电压越低，稳定的功率极限越低，越容易出现不稳定现象，甚至导致系统解列的重大事故。②电网缺乏无功功率时，导致系统运行电压降低，可能出现因电压不稳定而发生的电压崩溃现象。③系统的运行电压偏低，会导致输电环节的电流增大，使得线路及变压器等输电设备的损耗大大增加。

4.2.2 电力系统频率偏差

交流电的频率是指交流电单位时间内周期性变化的次数，单位为赫兹(Hz)，与周期成倒数关系。电力系统在稳定运行时，全系统有相同的频率，因此，系统频率即指系统中起关键作用的大容量机组的转速对应的电频率。电力系统在稳定运行状态下，负荷功率和发电机出力均在时刻变化，而且经常会对系统中的设备进行操作，这将导致系统中不同节点的频率出现不同程度的波动。

频率偏差对电力系统多类设备均会产生影响，主要体现在：

(1) 电力系统低频运行的影响。①系统低于标称频率运行，对各类火力发电厂影响较大。对于蒸汽驱动的火电厂影响，体现在发电机组出力下降，若系统频率下降到汽轮机能维持满出力运行的下限频率时，汽轮机叶片的振动会加剧，因而增大消耗，其使用寿命降低；对核燃料汽轮发电机组和矿物燃料汽轮机组有类似的影响，只是核燃料机组在设计中采取了措施，允许运行在较宽频率范围之内而不影响蒸汽出力，但核电站的其他辅助设备受低频运行影响很大。②电力系统负荷中有大量的负荷是电动机驱动的，供电频率实际计及了负荷阻力矩特性之后的影响。对于同步电动机，其运行频率降低时，同步电动机的最大电磁转矩M_{max}增大，电动机过载能力上升。如果频率下降过多，电子绕组作用加大，同步电抗远大于其电阻分量的条件不再成立，最大电磁转矩因而减小；对于异步电动机，因在电源电压稳定时，其同步转速与电源频率成正比，空载电流与频率的2至3次方成正比，定子电流与频率近似成反比，启动电流与频率近似成反比，最大功率与频率近似成反比，功率因素与频率近似成正比，效率与频率近似成正比关系。③对输配电系统也有较多影响，对变压器而言，系统中各级变压器均是标称频率、额定电压运行条件，其温升不会超过其规定的极限值，若频率偏离标准值，变压器的铁芯损耗、漏磁通和噪声均会和正常情况出现较大偏离。对于系统中常用的无功补偿电容器和电抗器，在系统频率下降时，电容器的无功出力和额定电流将直接按频率降低的程度成比例地下降。

（2）电力系统高频运行的影响。电力系统高频运行时，电源机组的频率调节系统将减少出力，以便恢复到标称频率工况下的功率平衡，通常靠机组的自动调节就能达到。但一个系统中若调频容量不足，系统处于负荷低谷运行时，受到电源机组最低允许出力限值，或机组避免短期内重复停运、启动等技术经济指标的限制，被迫在标称频率以上，但不超出频率正常运行时允许上限运行的情况是很可能发生的。互联系统中出力富裕的系统，事故解列后往往也容易产生这个问题，这时应视解列后各系统的实际情况采取一切可能的措施，尽快压低系统间的频率差，以恢复互联系统的并列运行，促使频率恢复正常。如果系统中发电厂的出线或互联系统中的联络线因系统故障而解列，可能使电源机组失去大量的负荷而超速运转，必须立即予以有效的遏制，否则会出现更加严重的后果。

4.2.3　三相电压不平衡

电力系统三相电压不平衡由事故型电压不平衡和正常型电压不平衡两大类。事故型电压不平衡的产生是由于电网中各种非线性故障，比如单相接地短路或者两相相间短路等；正常型电压不平衡是指电力系统在正常的运行情况下，由于用电环节或者供电环节的不平衡导致局部电网的电压不平衡，其中，供电环节主要有发电机、变压器和线路等元件。而用电环节的不平衡是指用电负荷的三相不对称引起的，这类负荷主要是电气化铁路、电弧炉和电焊机等单相大容量负荷。

电压不平衡主要有如下危害：

（1）损耗增加。在我国的三相四线制供电方式卜，电流流过中性线必然导致其与电流平方成正比的损耗增大。此外，配电变压器是低压电网的供电主设备，当其在三相负载不平衡工况下运行时，将会造成配变损耗的增加，因为配变的功率损耗是随负载的不平衡度而变化的。

（2）配变出力减少。配变设计时，其绕组结构是按负载平衡运行工况设计的，其绕组性能基本一致，各相额定容量相等。但配变所带的负荷为三相不平衡负载时，极易引发配变发热，输出容量也无法达到额定值，其备用容量亦相应减少，过载能力也相应降低。

（3）影响用电设备的安全运行。以配电变压器为例，其在三相负载不平衡时运行，其各相输出电流不相等，导致配变输出电压三相不平衡。同时，由于负载的不对称性，使得输出电流不对称，那么中性线就会有电流通过，引起中性点漂移，各相相电压发生变化。其中，负载重的一相电压降低，而负载轻的一相电压升高，容易造成电压高的一相接带的用户用电设备烧坏，而电压低的一相接带的用户用电设备则可能无法使用。

(4) 电动机效率降低。不平衡电压存在着正序、负序、零序三个电压分量,当这种不平衡的电压输入电动机后,负序电压产生旋转磁场,与正序电压产生的旋转磁场相反,起到制动作用,引起电动机输出功率减少,从而导致电动机效率降低。同时,电动机的温升和无功损耗也将随三相电压的不平衡度而增大。所以电动机在三相电压不平衡状况下运行,是非常不经济和不安全的。

4.2.4 电压波动和闪变

电压波动为电压均方根值一系列相对快速变动或连续改变的现象,其变化频率小于工频频率。引起电压波动的原因是多种多样的,电力系统发生短路故障或者大型整流设备和无功补偿装置的投切均能导致供电电压波动。根据影响家用电设备的工作特点和电压特性,波动性负荷可分为两大类型:(1)由于频繁启动和间歇通电时常引起电压按一定规律周期变动的负荷。例如,轧钢机和绞车、电动机、电焊机等。(2)引起供电出现连续的不规则的随机电压变动的负荷。例如,炼钢电弧炉等。

电压波动会影响一些常用的用电设备的正常工作,例如,电视机画面不流畅、电子仪器异常工作、白炽灯出现闪烁灯。白炽灯等负荷在民用和普通商用的照明电光源中,占有比较大的比例。而且白炽灯的发光功率与其两端电压的平方成正比,其受到电压波动的影响更为明显,一般的家用电器输出功率与加在其两端的电压成线性关系,如电动机等负荷其自身还有机械惯性,故它们对电压波动的敏感度远低于白炽灯。通常依据白炽灯受波动影响的程度来判断该电压波动的程度是否能被接受。闪变现象不属于电磁现象,但是闪变能反映人眼对电压波动造成的实际问题的视觉反应,可以说闪变是电压波动引起的有害结果。同时,人的主观视感不仅与电压波动的大小有关,还与电压变动的频度以及频谱分布情况有关。为了从数学的角度对闪变进行衡量,也消除由于供电电压、照明装置、人的主观感觉等的差异,有以下主要指标来衡量闪变的严重程度。

(1) 闪变觉察率。IEC 推荐采用不同频率、幅值和波形的调幅波对工频载波电压进行调制,利用调制后的电压向工频 230V、60W 白炽灯供电。通过统计观察者对闪变视感度的实验数据,可得到有明显察觉的人数与难以忍受的人数总和占所有观察者人数的比值,即为闪变觉察率。

(2) 瞬时闪变视感度。闪变瞬时值与时间的变化规律。

(3) 视感度系数。由于人脑神经有一定的记忆过程,其对闪变的视觉反应会受到照度波动频度的影响。根据统计结果分析,闪变的觉察范围是 1Hz～25Hz,闪变的一般觉察范围是 1Hz～25Hz,人眼和脑对闪变的敏感频率范围为 6Hz～12Hz,其中对 8.8Hz 最为敏感。最大觉察范围是 0.05Hz～35Hz,0.05Hz 和 35Hz 称为截止频率,其中 35Hz 是停闪频率,即在这范围之外是觉察不到闪变的。

(4) 波形因数。在对闪变的研究过程中,发现闪变还与电压波动的波形有关,如在视感度为 1 的情况下,频率相同的矩形调幅波与正弦调幅波所引起的闪变程度是不一样的,矩形调幅波比正弦调幅波所引起的闪变程度大。

4.2.5　公用电网谐波

电力系统的谐波问题在 20 世纪初叶引起了人们的关注，当时在德国由于静止变流器的使用，使得其电压和电流均产生了畸变。1945 年，J. C. Read 发表了有关变流器谐波的早期论文，到了 20 世纪五六十年代，随着高压直流输电技术的兴起，出现了大量有关谐波问题的研究论文，70 年代以来，谐波所造成的影响也越来越多。目前，国内、国际上均多次召开了关于谐波问题的学术会议，并且也有相关的规定和标准。公认的谐波定义为：谐波是一个周期电气量的正弦分量，其频率为基波频率的整数。电力系统谐波通常是采用傅里叶级数展开，得到与电网基频相同的分量和一系列频率大于基频分量的电气量。

一个非正弦的周期波（如电压、电流、磁通等），可以分解为一个同频率和很多整数倍频率的正弦波之和。其中频率与原非正弦波频率相同的正弦波称基波，频率为基波整数倍的正弦波称为高次谐波或谐波。谐波是一个周期性电量的正弦分量，其频率为基波频率的整数倍。利用傅里叶级数及傅里叶变换把周期性的非正弦波形（畸变波形）分解为基波及各次谐波的方法称为谐波分析方法。一般来讲，电力系统的畸变波形，都满足傅里叶变换的存在条件，都能分解到基波和无限个高次谐波之和。

一切非线性的设备和负荷都是谐波源，谐波源产生的谐波与其非线性特性有关。

谐波的危害也是多个方面的，主要有：(1)使变压器和线路产生谐波附加损耗，引起网损增大，谐波网损还引起变压器等振动和噪声。在发生系统谐波谐振或谐波放大等情况下，谐波网损可以达到相当大的程度，从而造成很高的过电流或过电压而引发事故的危险性。(2)使旋转电机转子铁芯及定子绕组增加附加损耗，引起发热并使机组产生振动和噪声。对于同步发电机流入定子绕组的谐波电流将使转子铁芯套箍槽锲汽轮发电机以及水轮发电机转子上的阻尼绕组产生局部过热而损坏，对于异步电动机，谐波电流使定子绕组产生附加铜耗形成过热，降低发电、输电及用电设备的效率和设备利用率。(3)使电气设备（如旋转电机、电容器、变压器等）运行不正常，加速绝缘老化，从而缩短它们的使用寿命。(4)使继电保护、自动装置、计算机系统，以及许多用电设备运转不正常或者不能正常动作或操作。(5)使测量和计量仪器、仪表不能正确指示或计量。(6)干扰通信系统，降低信号的传输质量，破坏信号的正常传递，甚至损坏通信设备。

为保证电网中各个负荷正常运行和供电系统的安全稳定运行，我国颁布的 GB/T 14549—1993《电能质量　公用电网谐波》中规定了各电压等级的总谐波畸变率，各单次奇次电压含有率和各单次偶次电压含有率的限制值。该标准还规定了电网公共连接点的谐波电流（2 次～25 次）注入的允许值；而且同一公共连接点的每个用户向电网注入的谐波电流允许值按此用户在该点的协议容量与其公共连接点的供电设备容量之比进行分配，以体现供配电的公正性。

4.2.6　公用电网间谐波

间谐波是指非整数倍基波频率的谐波，这类谐波可以是离散频谱也可以是连续频谱。近年来，电力系统的谐波问题引起了广泛的研究和关注，而对于间谐波，直到2009年才颁布了GB/T 24337—2009《电能质量 公用电网间谐波》，然而相关的文献资料仍旧很少，又缺乏测量手段，人们对其关注度较低。实际上电力系统中广泛存在间谐波且其影响严重，其产生原因主要是因为电力电子装置特别是分布式电源的接入，智能电网的发展，使得电网中电磁干扰更趋复杂化，间谐波问题更为突出。

间谐波的主要来源有以下几类：(1)波动负荷，根据傅里叶的相关理论，周期性的非正弦量其分解的分量只是整数次，但是电网中实际负载均是波动的，因而严格意义上其并不是周期性，因此其能分解得到非整数次的分量即间谐波；(2)电弧类负荷，主要由电弧炉、电弧焊机、具有磁力镇流器的照明负荷等；(3)工频感应炉，感应炉广泛存在于锻压工业中，用来加热原材料；(4)变频调速装置，目前大功率的晶闸管交流调速装置已经基本取代了传统的直流调速装置，而交流调速装置有交-直-交和交-交两个大类，其由于输出频率的随意变化而可能导致间谐波问题；(5)感应电动机，其定子和转子中的线槽会由于铁芯饱和而出现不规则的磁化电流，使得其低压电网中产生间谐波。在电机正常转速下，其干扰频率在500Hz～2000Hz范围内，但电机启动时干扰频率范围更宽。

间谐波广泛存在于电力系统中，并对电力系统有较大影响，主要体现在：(1)引起电压波动和闪变；(2)引起无源滤波器过载；(3)使电压波形过零点偏移；(4)干扰电力线上控制、保护和通信信号；(5)可能导致旋转电机的共振。

4.2.7 电压暂降与电压中断

电压有效值降至额定值的10%～90%，持续时间为0.5～30个工频周期的短时间电压变动，称为电压暂降，又称电压骤降、电压下跌、电压跌落或电压凹陷，其主要评价指标在于电压降低的深度和持续的时间两个方面。电压中断是指供电系统中某连接点电压有效值从额定电压骤降至额定电压的0.1p.u.以下，随后在0.5～3个周波内恢复至额定电压的短暂失压现象，该指标的主要评价点在于持续时间。

在低压配电网中，电压暂降的形成原因多种多样，并且由于深度和持续时间的不同，电压暂降和电压中断常有交叉的地方。一般而言，当系统出现短路故障、雷击或大型电机启动等，均可能导致电压暂降的出现。据国外某电力公司的调查显示，其由于电能质量问题导致的投诉中，因电压暂降问题引起的投诉达到了80%以上，可见，电压暂降对电力用户的影响很大，急需有效的治理方法。欧美发达国家在20世纪90年代初将电压暂降列为电能质量指标之一，并加以定义。近年来，国内许多学者在关于电能质量的文章中也都涉及了电压暂降的定义及危害，并尝试提出有效的分析计算方法和研制补偿装置等。研究表明，在电能质量问题中，电压暂降是当前业界所面临的代价较大的问题，美国每年由此造成的经济损失为120亿美元～260亿美元。因此，仅仅考虑谐波工频变化、三相不平衡、电压偏差等稳态电压质量指标已经不能满足现代电力用户的要求。现今，世界上还没有可以推广采用的衡量电力系统电压暂降的指标体系，但这一方向的研究已越来越引起电力科技工作者的极大关注。

电压暂降和电压中断的危害主要体现在以下几个方面：

(1) 电压中断会导致金卤灯等负荷长时间无法恢复工作，特别是使用这些负荷的体育场馆，可能导致比赛中断等较为严重的情况出现。

(2) 对于民用负荷，由 BAS(Building Automation System，楼宇自动化系统或建筑设备自动化系统)监控的电气设备也可能因供电中断导致被控设备即便在电压恢复之后仍然无法工作的情况。

(3) 对于电压暂降而言，无论工业还是民用电气设备均有对电压暂降敏感的设备，如变频器、PLC(Programmable Logic Controller，可编程逻辑控制器)、继电器、计算机等，它们受到电压暂降的影响尤为严重。上海某特大型 IT 企业的内部资料显示，因电压暂降导致其生产线的产品报废的损失，每年都会达到数百万元，不仅如此，生产线的重启也需要数天的时间。

(4) 国内的某些科研机构也常常会受到电压暂降带来的问题，监测数据显示，严重情况下电压暂降深度达到 80%，接触器、继电器意外脱落，导致大型同步辐射装置停运等严重事故。

(5) 电压暂降对机场的行李分拣系统、物流集散中心的分拣系统也有不同程度的影响。

当配电系统中存在对电压中断、电压暂降等敏感且重要负荷时，需要在相应的供电回路中设置电压自动补偿装置。一般而言，对电压中断起到补偿作用的装置是不间断电源装置；对于电压暂降问题，一般采用机械储能型电压自动补偿装置、动态电压调节器；对于集中补偿而言，宜采用静止无功发生器等装置来减小因电压暂降带来的影响。

4.3　主要条款的解释

4.3.1　范围

本标准描述了电力系统及其连接设备的电能质量现象，并给出了分类。本标准适用于标称频率为 50Hz 的电力系统。

4.3.2　术语与定义

本标准主要侧重于电能质量分类及现象描述，属于电能质量标准体系中的基础标准。考虑到目前已经有多个相关电能质量标准颁布实施，如 GB/T 12325—2008《电能质量　供电电压偏差》、GB/T 12326—2008《电能质量　电压波动和闪变》、GB/T 14549—1993《电能质量　公用电网谐波》、GB/T 15543—2008《电能质量　三相电压不平衡》、GB/T 15945—2008《电能质量　电力系统频率偏差》、GB/T 18481—2001《电能质量　暂时过电压和瞬态过电压》、GB/T 24337 —2009《电能质量　公用电网间谐波》等。前期在标准修订工作中，上述标准的术语已经进行了统一的归一化处理。

尽管 IEC 的电磁兼容系列标准比较完整地阐述了电磁干扰的术语、环境、限值、测量等内容，但本标准作为电能质量系列标准的一环，在术语、定义方面保持了与现有实施的相关电能质量标准相一致，在现有标准中已经出现过的术语采用直接引用方式，并标注引用的标准出处。对于没有出现过的术语，则参考相关电磁兼容标准的定义给出相对比较准确的描述。

4.3.3 电能质量分类

4.3.3.1 分类原则

电能质量理论上是电磁兼容的一个分支，属于电磁兼容中有关传导性干扰的范畴。电能质量问题是导致电磁兼容问题的一个因素，但电磁兼容和电能质量的侧重点是不同的。

电磁兼容主要从系统能够稳定工作的角度考虑问题，关注点在于用电设备。主要关注电能质量对电子设备的工作产生的不良影响，以及如何使设备在不良电能质量环境下能够正常工作；研究如何减小电子设备对外部环境（包括电网、空间）的电磁污染发射；研究有效的试验方法和手段，使电子设备能够在预定的电磁环境中可靠地工作。

电能质量的关注点在于电网，而不是设备，更关心如何保持电能质量良好。研究系统中的电能质量指标以保证各种设备能正常工作；研究各种改善电能质量的方法和设备；研究对电能质量的监测方法；研究系统的电能质量评估手段和方法等。即使是电能质量监测设备的设计，也必须考虑其电磁兼容问题。

要解决现代化工业中的电磁兼容，需要将两方面的知识融合起来，这在目前是一件十分困难的事情。因为传统上电磁兼容与电能质量是两个不同的学术领域，电磁兼容工程师与电能质量工程师的活动范围也是局限在两个不同的团体内，他们之间的学术交流较少，这阻碍了技术人员对两方面知识的融合，给解决问题带来了困难。

IEC 的 EMC 系列标准（IEC 61000 系列）对传导型和辐射型的电磁扰动从术语定义、环境描述、限值水平、测量技术以及通用标准等方面进行描述。电能质量现象一般属于传导性电磁扰动，因此也属于该标准定义的范畴内。为保持两者描述的一致性，本标准采用电磁兼容的方法来对电能质量现象进行分类，并对各类电能质量现象进行描述。

4.3.3.2 电能质量现象分类方法

在 IEC 61000－2－5 中，IEC 将电磁现象分为高频传导、高频辐射、低频传导、低频辐射、静电放电和核电磁脉冲几类（见表 4－1）。在特定的频率范围内没有定义高频和低频这样的术语，而主要是为了表明列出的这些类别现象的主频分量的相对差异。

表 4-1　电磁扰动的基本现象分类

分类	范例
传导型低频现象	谐波、间谐波
	信号系统(signal systems)(电力线载波)
	电压波动
	电压暂降与中断
	电压不平衡
	频率偏差
	感应低频电压
	交流电网中的直流分量
辐射型低频现象	磁场(magnetic fields)
	电场(electric fields)
传导型高频现象	感应连续波(CW)电压或电流
	单方向瞬变
	振荡性瞬变
辐射型高频现象	磁场(magnetic fields)
	电场(electric fields)
	电磁场(electromagnetic fields)
	连续波
	瞬变
静电放电现象(ESD)	—
核电磁脉冲(NEMP)	—

电能质量本质上主要为传导型电磁干扰现象,即表 4-1 中的高频传导和低频传导型电磁干扰现象。电能质量主要体现在电压的特征上,包括幅值、频率、相位、波形变化及变化时间几个方面,根据上述特征值的不同变化,产生了一系列的电能质量问题。因此,可以将电能质量简单地分类为传导型高频现象和传导型低频现象两类。但是,这种分类方式过于简单,无法有效描述各类电能质量的特征。

本标准就是要寻求一种合理的归类方法,将上述特征量的相互关联变化所产生的各类电能质量问题进行一种合理的描述,尽量详细体现幅值、频率、相位、波形失真及作用时间之间相互作用所产生的一系列电能质量问题的特征。

表 4-2 给出了与电能质量相关各类电磁现象的典型频谱信息,提供了一种清楚的描述电磁干扰的方法。该分类方法主要参考了 IEEE Std 1159 的标准文件,从典型频谱、持续时间和典型值等方面对目前认知的各类电能质量现象进行了较为细致的分类量化。

同时，本标准作为一种现象描述类的指导性文件，对电力系统及其相关设备的电能质量现象，从其基本定义和典型的波形等方面进行了较为细致的描述，各类电能质量现象的描述也均较为容易理解，使得无论是电力监管部门还是电力设备生产部门均有了一个较为统一的认识。

表 4-2　涉及电能质量的电磁现象的分类和特性参数

分类	典型频谱	典型持续时间	典型值
1.0　瞬变现象			
1.1　脉冲			
1.1.1　纳秒级	5ns 上升	<50ns	
1.1.2　微秒级	1μs 上升	50ns～1ms	
1.1.3　毫秒级	0.1ms 上升	>1ms	
1.2　振荡			
1.2.1　低频	<5kHz	0.3ms～50ms	0p.u.～4p.u.
1.2.2　中频	5kHz～500kHz	20μs	0p.u.～8p.u.
1.2.3　高频	0.5kHz～5MHz	5μs	0p.u.～4p.u.
2.0　短期方均根(有效值)变化	—		
2.1　瞬时(Instaneous)			
2.1.1　暂降		0.5 周波～30 周波	0.1p.u.～0.9p.u.
2.1.2　暂升		0.5 周波～30 周波	1.1p.u.～1.8p.u.
2.2　暂时(Momentary)			
2.2.1　中断		0.5 周波～3s	<0.1p.u.
2.2.2　暂降		30 周波～3s	0.1p.u.～0.9p.u.
2.2.3　暂升		30 周波～3s	1.1p.u.～1.4p.u.
2.3　短时(Temporary)			
2.3.1　中断		>3s～1min	<0.1p.u.
2.3.2　暂降		>3s～1min	0.1p.u.～0.9p.u.
2.3.3　暂升		>3s～1min	1.1p.u.～1.2p.u.
3.0　长期方均根值变化	—		
3.1　持续中断		>1min	0.0p.u.
3.2　低电压		>1min	0.8p.u.～0.9p.u.
3.3　过电压		>1min	1.1p.u.～1.2p.u.
3.4　电流过载		>1min	

表 4-2(续)

分类	典型频谱	典型持续时间	典型值
4.0 不平衡 4.1 电压 4.2 电流	—	 稳态 稳态	 0.5%~2% 1.0%~30%
5.0 波形失真 5.1 直流偏磁 5.2 谐波 5.3 间谐波 5.4 缺口 5.5 噪声	 0kHz~9kHz 0kHz~9kHz 带宽	 稳态 稳态 稳态 稳态 稳态	 0%~0.1% 0%~20% 0%~2% 0%~1%
6.0 电压波动	<25Hz	间断的	0.1%~7% 0~2P_{st}
7.0 频率偏差	—	<10s	±0.10Hz

4.3.4 常见电气设备的电能质量现象

为了使本标准规定的电能质量现象更好地应用到电力系统,并且对电力系统中常见的电力电气设备产生的电能质量现象有一个较为系统的解释与归纳,以便于更好地指导生产实际中遇到的相关问题,本标准对常见的电力电气设备的相关电能质量现象进行了较为详细的描述。

4.3.4.1 电力机车

电力机车主要包含普通电气化铁路和高铁动车组两个类别,总的来说,电气化铁道采用单相供电制,主要负荷是交-直流电力机车或交-直-交电力机车,均属于非线性用电设备。电气化铁道引起的主要电能质量现象包括:谐波、电压波动与闪变、三相电压不平衡。

从20世纪80年代起,大量采用晶闸管相控整流的普通电气化铁路在我国开始投入使用,其一般采用交-直电力机车把交流电直接变成直流电,改变电动机的端电压实现对机车的调速,但是由于技术等方面的限制,这种普通电气化铁路带有的整流装置,将会带来大量谐波(主要为较中低次谐波)。经过多年的原始创新、集成创新和引进消化吸收和再创新,高速铁路技术在我国取得了迅速发展。高速铁路电牵引负荷主要由电力机车及其车厢供电负荷构成,我国的动车组均采用技术先进、性能优越的大功率交-直-交PWM整流牵引传动系统,其谐波的频谱及幅值与传统交-直车不同,不仅在低频带的3、5、7、9次谐波含量较多,而且在高频带的23次~37次和41次~55次区间谐波明显存在,但其总谐波电流畸变率通常小于5%。交-直流电力机车主电路为2脉波相控整流电路,主要产生2k±1次特征谐波,即3次、5次、7次等谐波电流。交-直-交电力机车采用PWM

变流技术,其在网侧产生的谐波分布主要由 PWM 调制方法决定。交-直-交机车采用全桥电路,双极性倍频调制,谐波主要分布在载波频率的偶数倍附近。

普通电气化铁路和高铁动车组均会产生感性无功功率在牵引变压器和牵引供电臂上导致电压降,通常某一段供电臂上机车要比较频繁地进行启动、加速、惰性和制动等工况转换,造成牵引负荷波动剧烈,从而导致电压波动大,一般在 29kV～19kV 之间。电气化铁道采用的单相供电方式,会注入电网大量的负序电流,造成电力系统三相电压不平衡;同时公用电力系统是三相的,单相负荷与三相电源之间电气结构的差异,决定了三相负荷的不对称性。

4.3.4.2 轨道交通

城市轨道交通供电系统由两大部分组成:一部分是由城市电网引入的电源即外部供电系统;另一部分是城轨内部供电系统,即通常所说的供电系统,包括主变电所、牵引供电系统、供配电系统。目前,国内城市电网对地铁供电的电压等级有 110kV、35kV、10kV。典型的城市轨道交通供电系统的结构如图 4－1 所示:

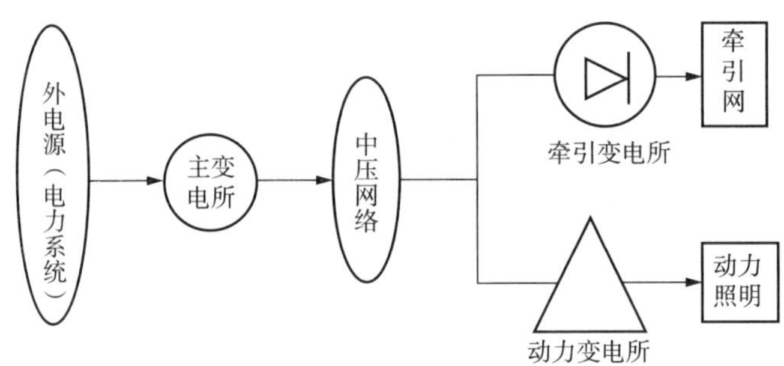

图 4－1 城市轨道交通供电系统结构图

城市轨道交通采用直流供电的方式,通过牵引变电站内的三相并联 12 脉波整流装置,直接给轨道交通的机车提供直流电力。整流装置是典型的非线性负荷,产生 5 次、7 次、11 次、13 次和 23 次谐波。城市轨道交通供电系统的整流设备一般都是采用三相并联的 12 脉波不可控整流电路,12 脉波整流电路主要产生 12k±1 次特征谐波。但是由于整流机组参数的不完全对称性,因而也会产生少量 6 脉波的 6k±1 次特征谐波。另外,配套的低压系统如照明系统、荧光灯(电子整流器)主要产生 3 次谐波。EPS 电源屏、通风空调、电梯、扶梯等设备主要产生 5 次和 7 次谐波。同时,轨道交通启动与制动频率比较大,一个站点一般运行 3min～5min,它具有冲击负荷或波动负荷的特性,引起电压波动与闪变,因此其引起的主要电能质量现象是谐波和电压波动。

4.3.4.3 电弧炉

大功率电弧炉产生大量低次谐波电流,引起三相负荷不平衡,造成电网电压波动,严重影响了电力系统中各设备的正常运行。典型电弧炉的运行方式接线图见图 4－2,公共连接点电压 U,经降压变压器降压至,在 U_c 处接电弧炉,电弧炉电抗(包括炉变前置电抗

器 X_c、炉变、短网的电抗 X_d）。

电弧炉的实测电流中，不仅有奇次谐波，也有偶次谐波和间谐波。在 0.1Hz～30Hz 频率范围内含有量比较大，在精炼期，电弧炉工作相对比较稳定，其谐波含有量显著减小，主要是奇次谐波且集中在 2 次～13 次，这是因为电弧产生过程的波形畸变正负半周不对称所致。电弧炉运行时造成大量负序电流，其两相短路一相断路时情况最为严重，导致其公共连接点出现三相电压不平衡现象。因电弧炉工作状态变化十分频繁，功率波动剧烈，会产生电压波动与闪变等现象。因此，电弧炉的影响主要是谐波、三相不平衡和电压波动与闪变现象。

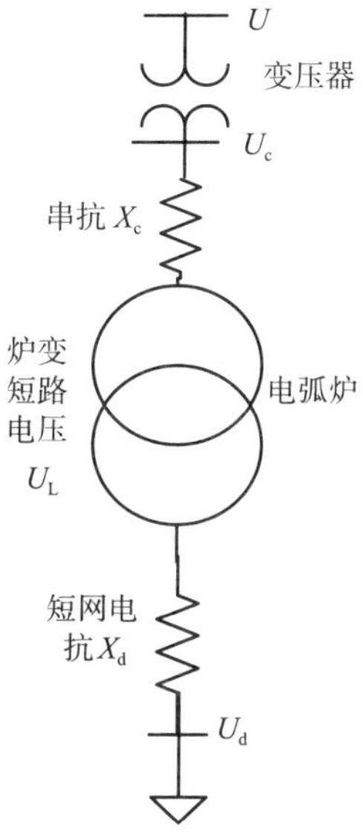

图 4-2　电弧炉系统接线示意图

4.3.4.4　变频调速装置

变频器是利用电力电子器件的通断作用，将工频电源变换为另一频率的电能控制装置。交-交变频与交-直-交变频集成了高压大功率晶体管技术和电子控制技术，它通过对供电频率的转换来实现电动机运转速率的自动调节，变频过程使电流波形发生畸变，引起谐波污染。间接变频将工频电流通过整流器变成直流，然后再经过逆变器将直流变换成可控频率的交流，即交-直-交变频。它的每相都是一个两组晶闸管整流装置反并联的可逆线路。正反两组按一定周期相互切换，在负荷上就获得了交变输出的电压 U_0，U_0 的幅值取决于各整流装置的控制角，频率取决于两组整流装置的切换频率，目前应用较多的还是间接变频器。其主电路如图 4-3 所示。其主电路形成一般由三部分组成：整流部分、逆变部分和滤波部分。整流部分为三相桥式不可控整流器，逆变器部分为 IGBT 三相桥式逆变器，且输出为 PWM 波形，滤波部分采用大电容作为滤波器，所以整流器的输入电流实际上是电容器的充电电流，呈较为陡峭的脉冲波，其谐波分量较大。

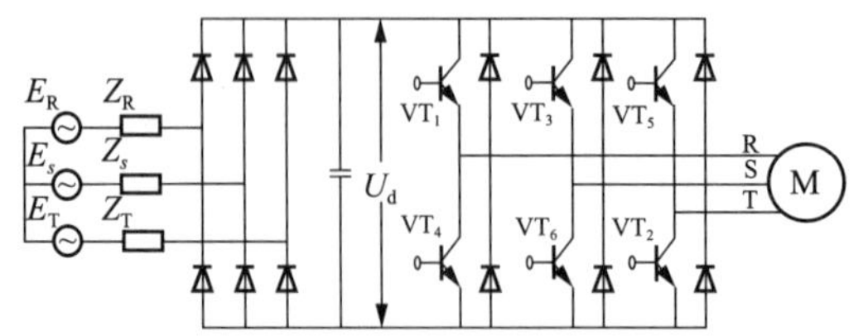

图 4-3　交-直-交变频器主电路

直接变频则将工频交流变换成可控频率的交流，没有中间的直流环节，即交-交变频。如图 4-4 所示。该变频器有两组整流器组成，晶闸管相控整流器与有源逆变器的直流侧反并联后再接上负载，如果仅正组工作可向负载提供正向电流 i_p，如果仅反组工作可向负载提供正向电流 i_N。

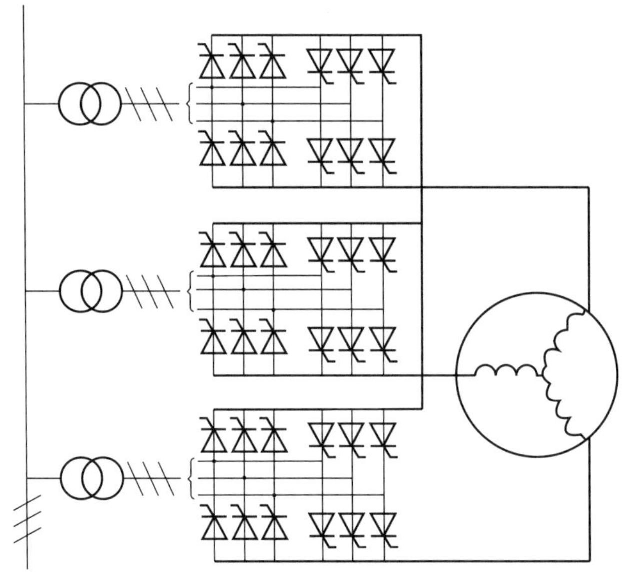

图 4-4　三相交-交变频器

于交-交变频器固有的电路结构和触发机理，在运行过程中将在供电电网中产生丰富的谐波电流。与一般的整流装置不同，它不但产生高次谐波电流，还会产生低于供电电网频率的次谐波电流成分，甚至直流分量。另外，交-交变频器引起的电网谐波电流，其频率不完全是它输入频率或输出频率的整数倍，而是这两种频率的和或差。可表示为：

$$f_h = |(6p \pm 1)f_i \pm 6nf_o| \tag{4-1}$$

式中：

p、n——大于零的整数；

f_i——电网输入频率，一般为工频；

f_o——变频器输出频率。

4.3.4.5　整流装置

12 脉波整流和 24 脉波整流是建立在 6 脉波整流的基础上，如图 4－5 所示为 12 脉波整流机组结构图，其一次侧采用三角形接线(三个端点分别是 A、B、C)。两个二次侧绕组分别采用三角形接线(三个端点分别是 a′、b′、c′)和星形接线(三个端点分别是 a、b、c)。两个二次侧绕组分别与一组三相桥式整流电路连接。与星形二次绕组相连的三相桥式整流电路由编号为 1 到 6 的六个二极管组成，称为第 1 组；与三角形二次绕组相连的三相桥式整流电路由编号为 1′到 6′的六个二极管组成，称为第 2 组。两组三相桥式整流电路的正极通过一个电抗器(LP，其两端点为 e 和 g)相连；负极直接连接在一起。正极与负极之间带有负载，负载模型用 RL 串联电路代替。三相桥式整流电路的另外一个特点是，输出波形是 6 相脉动波形，各相相差 60°。相位相差 30°时，这两组电路就可以通过 LP 输出 12 脉整流电压。两个 6 脉波三相桥式整流电路并联组成一个 12 脉波三相桥式整流电路，两个 12 脉波三相桥式整流电路并联组成一个 24 脉波三相桥式整流电路。双 12 脉波整流电路的变压器高压侧并联绕组分别采用±7.5°外延三角形连接，两套整流器并联运行即可构成等效 24 脉波整流。

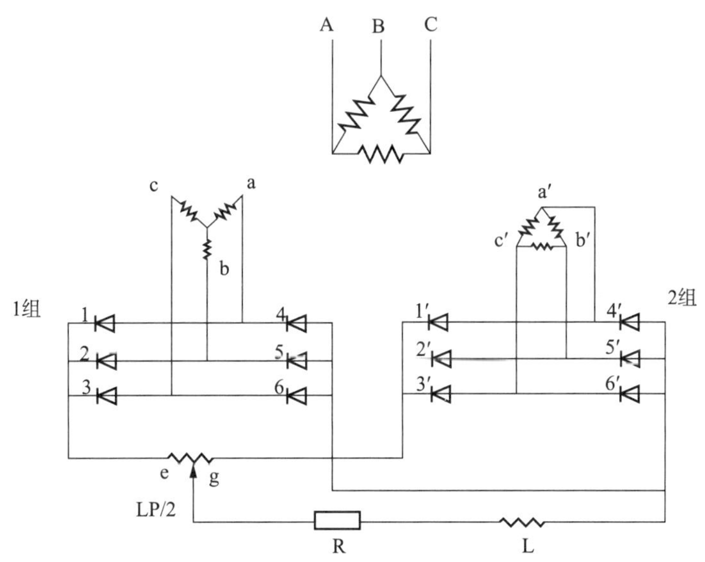

图 4－5　12 脉波整流机组结构图

24 脉波整流机组是由两个 12 脉波整流机组组成，如图 4－6 所示。假设这两个 12 脉波整流机组分别为 T_1 和 T_2，其输出的直流侧电流波形在一个周期中脉动 12 次，每个脉动间隔为 30°。T_2 整流机组整流后输出的空载电压波形与 T_1 整流机组整流后输出的空载电压波形有 15°的相位差。两个 12 脉波整流机组并联运行构成 24 脉波整流机组。24 脉波整流机组输出的空载直流电压波比 12 脉波整流机组输出的空载直流电压波形更平稳，但脉动频率增加一倍，两个脉动波形之间相差 15°。

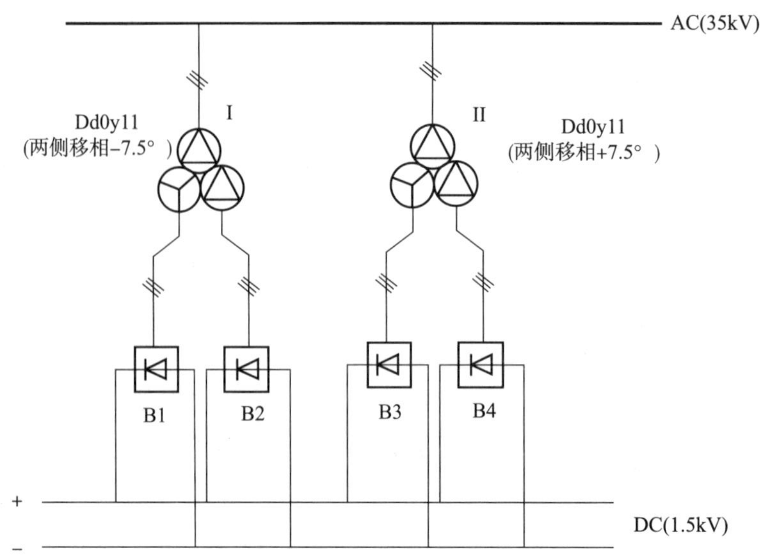

图 4-6　24 脉波整流装置结构图

综上所述，整流装置是将交流电转换成直流电的装置，高压直流输电大量采用晶闸管，主要的电能质量现象为谐波。根据换流理论，在换流的过程中，6 脉冲整流产生 $6k\pm1$(k 为正整数)次特征谐波，即 5、7、11、13…等次谐波，12 脉冲整流产生 $12k\pm1$ 次特征谐波，即 11、13、23、25…等次谐波，24 脉冲整流产生 $24k\pm1$ 次特征次谐波。

4.3.4.6　电动汽车充电站

电动汽车充电站的主要设备之一是充电机，充电机是一种由整流器、直直变换器等装置组成的电力电子设备。其实充电机给电网带来的谐波影响就是内部整流装置产生的谐波电流给电网带来的谐波污染。

目前，电动汽车充电机按工作原理主要有两种：第一类充电机由工频变压器、不控整流器和斩波器组成，属于早期产品。特点是直流侧电压纹波小、动态性能好、工频隔离、体积大、电网侧电流谐波大和变换效率低。对注入电网的 5 次谐波电流含有率为 60%～69%，7 次为 40%～49%，电流总畸变率达 86.2%。此类充电机谐波电流过大，不适于接入公用电网。第二类充电机是由工频变压器、三相不控整流器和高频变压器隔离 DC/DC 变换器组成。特点是直流侧电压纹波小、动态性能好、高频隔离、体积小、电网侧电流谐波大和变换效率低。目前，市场上使用最多的充电机就是这种内部整流装置是三相桥式不控整流器的充电机，一般结构框图如图 4-7 所示。

也就是说，电动汽车充电站的电能质量影响的主要负荷类型为整流装置部分，一般为 6 脉冲、12 脉冲、24 脉冲或者 PWM 整流等形式，其谐波特性可以参考上一节整流装置部分。

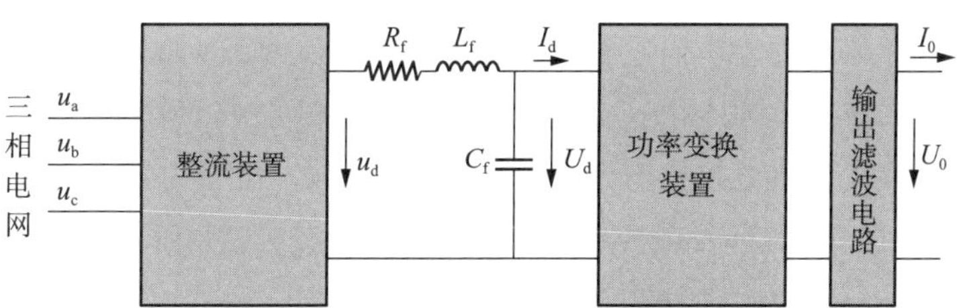

图 4－7　充电机一般结构框图

4.3.4.7　新能源发电站

在所有新能源中，目前已进入工业应用并对电网产生冲击和影响电能质量的新能源发电型式主要为：风力发电和光伏发电。把风电场和负荷简化为一个整体，无穷大系统的等值阻抗和传输线路阻抗简化为一个整体，风电场的并网模型简化为如图 4－8 所示。假设此时电网向公共连接点处传送的有功功率和无功功率分别为 P 和 Q，方向如下图中所示。

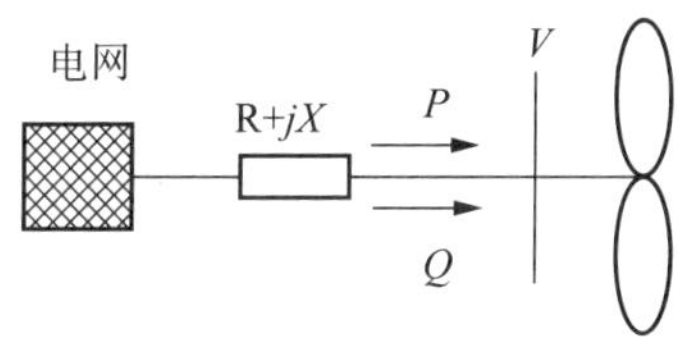

图 4－8　风电场的并网模型简化图

根据电压降落公式（风电并网线路较短，两端电压相角相差不大，故可只考虑纵分量），可得公共连接点处的电压降落为：

$$\Delta V=\frac{PR+QX}{V_N} \tag{4-2}$$

对上式求微分得到电压降落的变化量，即电压波动率：

$$d(\Delta V)=\frac{d(P)R+d(Q)X}{V_N} \tag{4-3}$$

不难看出，风速的波动会带来公共连接点处有功功率的波动，且风机的塔影效应也会导致其功率波动，相应的风电场从电网中吸收的无功功率也产生了波动，而其波动正好处在能够产生电压闪变的频率范围之内（低于 25Hz）。同时，风力发电机组大多采用软并网方式，其在启动时仍会产生较大的冲击电流，引起短时间的电压降落。在风机运行过程中，若风速超过切出风速时，风机会从额定出力状态自动退出运行，如果整个风电场大量风机几乎同时动作，这种冲击对配电网的影响十分明显，因此风机在正常运行时也会给电网带来电压波动的影响。

此外，风电场还可能带来谐波和频率偏差等问题。风电给系统带来谐波的途径主要有两种：一种是风力发电机本身配备的电力电子装置，可能带来谐波问题。对于直接和电网相连的恒速风力发电机，软启动阶段要通过电力电子装置与电网相连，会产生一定的谐波。由于变速风力发电机通过整流和逆变装置接入系统，如果电力电子装置的切换频率恰好在产生谐波的范围内，则会产生很严重的谐波问题。另一种是风力发电机的并联补偿电容器可能和线路电抗发生谐振，产生大量谐波。大型电网具有足够的备用容量和调节能力，风电进入，一般不必考虑频率稳定性问题，但是对于孤立运行的小型电网，风电带来的频率偏移和稳定性问题是不容忽视的。

对于光伏发电站，谐波是其最主要的问题，光伏发电使用交直流逆变器，由于逆变器是通过半导体功率开关的开通和关断作用，把直流电能转变成交流电，是整流变换的逆过程，在此环节就会产生谐波问题。总之，新能源发电具有较强的不确定性，造成输出功率的随机波动，从而引起电网频率偏差、电压波动与闪变。另外，采用电力电子装置接入的新能源发电系统还需要关注注入电网的谐波和直流分量的影响。

4.3.5 典型的电能质量治理装置

详见第 3 章 5.7 并联电容器组～5.30 紧急备用电源系统的理解要点，这里不再重复。

几种常用手段能实现的电能质量控制汇总见表 4-3。

表 4-3 几种能实现电能质量控制的常用手段汇总表

治理控制手段	谐波抑制	无功补偿	电压调整	频率调整	三相不平衡治理	闪变抑制	瞬态电压事件的控制
无源滤波	√	√	√				
有源滤波	√	√	√		√	√	
电容补偿		√	√				
有载调压			√				
SVC	√	√	√		√	√	
STATCOM		√	√		√	√	√
DVR							√
UPS							√
避雷器							√
一次、二次调频				√			
按频率电压减载			√	√			
注:"√"表示手段所能实现的电能质量控制功能。							

4.4 标准编制相关说明

随着科学技术和国民经济发展，对电能的需求量日益增加，对电能质量要求越来越高。本标准首次在我国制定,充分参考了国内外现行的相关专业标准和研究成果,兼顾了国内开展工作状况,并与现行相关标准保持一致。本标准主要内容的讨论,在以下几个方面:

(1) 使用电磁兼容的方法来描述电能质量现象。电磁兼容的方法符合国际电工委员会(IEC)标准。标准正文给出电能质量现象一般描述和相关标准保持一致;电能质量反映在方方面面,用资料性附录加以解释。

(2) 根据电磁兼容概念,电能质量问题是电能在电力系统沿导体传导时出现的电磁干扰现象,即导致用电设备故障或不能正常工作的电压、电流或频率偏差。用于电能质量领域的基本电磁现象分类在附录 A 给出。

(3) 电磁兼容性是指设备或系统在其电磁环境中符合要求运行并不对其环境中的任何设备产生无法忍受的电磁骚扰的能力。反映在两个方面:①设备或系统产生的电磁骚扰;②设备或系统对电磁骚扰的耐受能力。这在附录 B 和附录 C 加以描述。

(4) 电能质量同时受电力生产部门和电力用户的影响。保障电能质量既是电力企业的责任,也是电力用户的义务,故附录 D、附录 E 中列出各行业的电能质量问题和一般控制方法。

(5) 附录 F 指出控制电能质量能带来资源综合利用与可观经济效益,以强调控制电能质量在投入和产出两方面的对立统一。

本标准尽量完整全面地描述各类电能质量现象,并且讨论了其他应予以说明的问题:(1)电能质量一般控制技术是指对电能质量问题的附加控制手段,电力系统建设和扰动负荷改造对电能质量问题有预防作用,但不在讨论范围内。(2)没有被包含在现有电能质量国家标准内的电能质量现象,如振荡暂态、直流偏置、陷波等,但它们可能造成用电设备故障或不能正常工作,所以尽量包含在本标准内。(3)电能质量定义为导致用电设备故障或不能正常工作的电压、电流或频率偏差。但现有电能质量标准主要围绕电压制定,在标准中作了专门说明。

4.5　标准的局限性分析

本标准在制定的过程中,对大量的现场情况的数据进行了调研分析,包括对铁路、钢厂、电网、新能源电站和电动汽车充电站等,但本标准涉及大量的电能质量现象,有的内容缺乏深入研究,有的缺乏实际数据,在标准的制定过程中导致某些方面的实用性有待提高。标准需要改进的地方主要表现在以下几个方面:

(1) 标准中涉及的电能质量现象,包含瞬态现象、短时均方根变化、长时均方根值变化、不平衡、波形畸变、电压波动和频率偏差几个大的分类。在标准中虽然给出了指标的典型特征量,可以按这类典型的特征量对所监测到的现象进行分类,但是对于典型特征量以外的监测现象,本标准的某些指标没有明确的进行量化规定,这给相关科研人员和电能质量监测设备制造企业造成了一定的困惑,这一类问题有待进一步的研究与探讨。

（2）标准中对各类电能质量现象的指导性规定，对电能质量相关科研人员的基本认识有一个基本的统一而减少分歧，而对于实际电网生产中，更重要的是对各类电能质量监测设备的生产企业的规范与指导，而目前的标准中对各类电能质量现象的具体测量的要求没有给出指导性的建议或规定；同时，对于电能质量监测装置，自身需要在各类电能质量问题的环境中长时稳定的工作，那么对于电能质量监测装置自身的抗扰能力就有一定的要求，目前本标准中也尚未涉及，有待进一步的研究和探讨。

（3）近年来，风能、太阳能、燃料电池等可再生能源分布式发电技术发展迅速，其总装机量和发电量均在我国的能源结构中占据越来越大的比重。同时，分布式发电等新能源并网发电伴随的电能质量问题也开始显现，而并网逆变器既作为新能源发电系统接入公共电网的关键端口，也是引起电能质量问题较为直接的设备，目前已展开研究。通常，并网逆变器设计在理想电网的情况，而实际装设时由于系统存在不同程度的电能质量问题（如谐波问题）导致其在并网时电流的畸变更加显著，甚至无法满足谐波的接入标准；由于多数新能源发电场布置在偏远地区，其输电线较长，引起其系统阻抗无法忽略而可能加剧某些电能质量问题；随着集群式新能源场站建设的发展，一个新能源电站内拥有多个并网逆变器的情况也越来越多，而多个并网逆变器控制系统间的交互作用对电能质量的影响不可忽略，但在本标准中暂未涉及，有待进一步的研究。

（4）本标准主要是对电能质量的分类及各种电能质量的特征进行了描述，但主要内容只是局限于目前已经为人们所认知的各种电能质量现象。各种电能质量问题是随着技术的进步、负荷特性的变化、供电方式的改变等逐步呈现的。随着技术的发展，分布式发电应用和智能电网建设的深入，各类非线性、非周期性负荷、大容量敏感负荷以及各种电子设备投入电网运行，其特有的性质在带来可靠性、经济型等方面的好处外，还会给电能质量造成不良的影响，甚至可能出现新的电能质量问题，因此，需要业内人员对其进行跟进研究，及时发现问题，并提出针对性的改进措施，制修订、完善和扩充电能质量的相应标准。

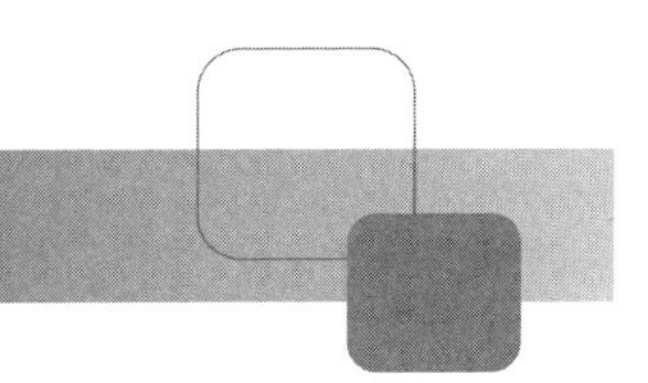

第5章 GB/Z 26854—2011《电特性的标准化》

5.1 概述

GB/Z 26854—2011《电特性的标准化》为国家标准化指导性技术文件，等同采用国际标准 IEC/TR 62510：2008"Standardising the characteristics of electricity"，于 2011 年在国内首次发布。

本指导性技术文件主要用于指导电能质量的标准化工作。

本指导性技术文件的立足点是：电是一种商品，除了满足交换特征、可使用特征之外，还应该包含商品的品质特征。

欧洲在颁布关于不良产品的法令(85/374/EEC)之后，欧盟标准 EN 50160 已正式将电能作为商业产品对待。

不同国家都有公用电网供电的一些特性标准，国际电工委员会的 IEC 61000-2-1、欧盟标准 EN 50160 和北美标准 IEEE 1159 等标准力图涵盖所有的电特性。

电网运营商有责任依据国家法律、国家标准或国际标准来设计和运营电网，使电能质量满足绝大部分客户的要求。

同时，电力用户有责任和义务确保其在使用电能的全过程中，对注入电网的电磁发射满足标准的要求，以保障其他用户用电的质量。

以下内容描述了电的性能，以及供电质量和电磁兼容性(EMC)之间的关系。其内容大部分来自欧洲电能质量报告(EURELECTRIC PQ Report，第 2 版)。

5.2 供电质量

电力供应是现代社会赖以发展的所有基础服务中最基本的服务之一。为此，其重要的质量特性主要表现在下述几个方面：

(1) 供电的连续性，包括：

a) 为保证日连续供电，需要运营机制来防止过长或过于频繁的供电中断。

b) 为保证中长期供电的安全性，要求就用户需求与发电、输电、配电等设备以及各种电源的可用性之间有稳定的平衡。电是无形的，并且具有瞬时特性，因此电能是一种独特的产品。严格地说，作为产品的电能，在其供应点瞬时存在的同时，已经在用户端被使用(并转换成其他形式的能量)，其特性在电网中每个不同的传输点各不相同。此外，电能作为产品,其质量不仅取决于其生产传输的各环节,也被众多的用电设备在任何时刻的应用方式所影响。

(2) 供电电压和频率的标准化是发电、输电、配电和用电设备高效利用电能所必需的。将供电电压和频率控制在所采用的标称值合理范围内非常重要。

(3) 尽管电压和频率一般维持在可接受的水平,实际运行中还是有些相当短时的、低幅值的,或偶发的不规则量叠加在电压上,干扰用户的电气设备或电网中的电气设备正常发挥其功能。

对供电的质量进行分类有许多不同的方法,从功能上按现行的发电、供电和电网运营等几方面的分类更为复杂,例如,最近由欧洲电力管理委员会(The Council of European Electricity Regulator)提交的报告使用了以下术语:

——商务质量:供应商和用户之间的各种服务质量(这里指的服务不仅仅限于电网运营);

——供电连续性:用户感知到的、因种种原因中断电力供应的程度[见上述(1)项];

——电压质量:给用户供电的电压技术特性指标,例如:幅值和频率[见上述(2)]项)以及潜在的扰动问题[见上述(3)项]。

常规意义上可触摸的有形产品的质量控制不适用于电能这种特殊产品。由于电能的瞬时性质,对电能质量的控制必须在发电、输电、配电和用电过程的各个环节进行。

电气设备就其功能及与其他电气设备相互影响的方式而言,正变得越来越复杂。电气设备之间的相互影响常常以电网为媒介,电网给所有电气设备提供公用电源,并给所有的互联设备提供导电路径。

实际上,用电设备产生的电磁现象叠加在供电特性上,并成为电能产品的一部分,传递给系统的其他用户。这些电磁现象还受到大气环境、其他外部事件以及电力系统固有特性的影响。

5.3 名词解释

1. 电磁兼容

电磁兼容性的定义为:设备或系统在其电磁环境中能正常工作且不对该环境中任何事物构成不能承受的电磁骚扰的能力。因此,电磁兼容在于探究用电设备在使用电能中的适应性,即设备产生的扰动水平必须受到限制,同时又能在合理扰动水平下正常工作。更多的解释见第三章第 6 节。

电气设备一旦接入系统,其骚扰水平就成为系统骚扰的一部分。

电磁兼容中经常谈到的规划值,就是系统骚扰水平的控制值,按照通常的理解,就是标准限值。这里需要注意的是,规划值一般低于兼容水平,因此电磁兼容水平并不是控制目标,规划值才是电网的控制目标。这一点在 IEC 61000 系列标准中已经非常明确。

2. 标准化网络阻抗

在电磁兼容以及电能质量分析中，经常使用到系统(网络)阻抗的概念。比如为了评估用电设备的电磁兼容性能，就要通过型式试验对设备进行评定，并确定最大允许系统阻抗，还需要用到一些辅助参量。为了在公式和计算中辨认这些辅助参量，以下标的方式标注，见表 5-1。

表 5-1　系统阻抗的下标及其应用

下标	代表含义	应用
sys	系统	Z_{sys}是系统阻抗的模，根据它确定设备是否被接入来满足特定的限值，下标后面的数字区分特定的计算
ref	参考	Z_{ref}是参考阻抗
act	实际的	Z_{act}供电网在分界点(如 PCC、公共连接点、评估点)实际阻抗的模
max	最大	Z_{max}是供电网阻抗模的最大值，设备满足标准给定的限值
test	试验或测量	Z_{test}是试验电路阻抗的模，根据它来进行发射试验，d_{ctest}，$d_{maxtest}$，d_{sttest}和d_{ittest}是测量值

有了标准化的网络，对具备同一功能的不同型号的设备，就有了统一的评价标准。

图 5-1 是 GB 17625.2—2007《电磁兼容　限值　对每相额定电流≤16A 且无条件接入的设备在公用低压供电系统中产生的电压变化、电压波动和闪烁的限制》(IEC 61000-3-3:2005)中接入设备的评定和试验电路。

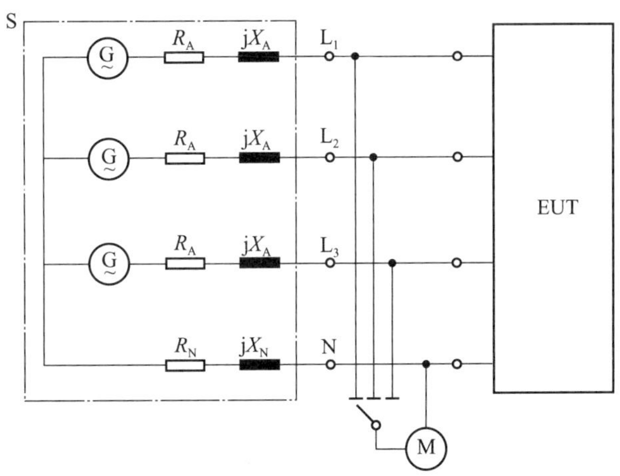

图 5-1　≤16A 设备在闪变试验中由三相四线制电源引出用于单相和三相电源的参考网络

图 5-1 中：

EUT——受试设备；

M——测量设备；

S——由电压源发生器 G 和参考阻抗 Z 组成的供电电源，Z 由下列元件组成：

R_A=0.24 Ω，X_A=0.15 Ω，50Hz；

R_N=0.16 Ω，X_N=0.10 Ω，50Hz。

这些元件包括电源发生器的阻抗。

试验电源的开路电压应该为设备的额定电压。如果对设备规定了电压范围，那么试验电压应该为单相 220V 或者三相 380V。试验电压应该保持在标称值的±2%范围内，频率应该为 50Hz，电源电压的谐波总畸变率应该小于 3%。

3. 电特性的标准化

本指导性技术文件谈论的是将电作为商品应该满足的标准。

其实，在电工产品的试验中，很早就应用了标准化的电特性。比如在考核变压器的绝缘中，就要进行雷电冲击试验。其中试验用的标准雷电冲击波形见图 5-2。

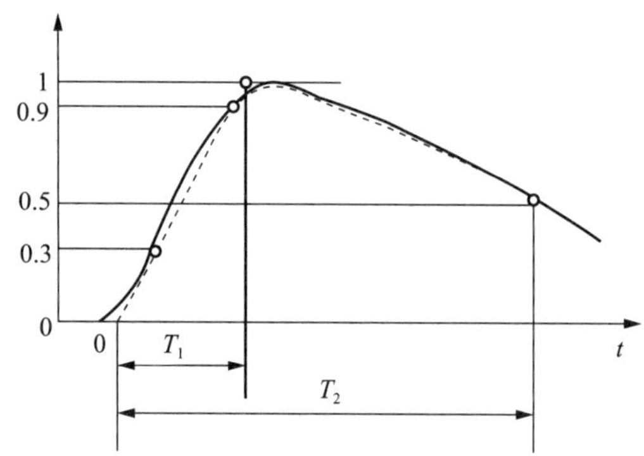

图 5-2 试验用的标准的雷电波形

IEC 60071-1:2011 和 GB/T 311.1—2012 规定：

T_1=1.2μs±30%；

T_2=50μs±20%；

一般写为±1.20/50。

5.4 电能质量现象

关于电能质量的分类，可以参见 NB/T 410004—2014《电能质量现象分类》。其中：

1. 谐波、间谐波、2kHz 至 9kHz 范围的频率分量

这些分量主要是由系统内用电设备引起的，这类设备的用电特性为：电流相对于电压是非线性关系，除了吸收基波电流之外，还向供电网注入非基波频率的电流。

谐波：其频率是基波频率的整数倍。

间谐波：其频率在工频电压和电流的谐波频率之间，即实际频率不是基波频率的整数倍。间谐波可以以离散频率或者以一个宽带频谱的方式出现。由变频换流器、整流器

或类似控制设备的非线性负荷运行而产生。

2. 闪变

闪变是由电压波动引起的，主要是电压波动导致照明设备光照强度闪烁，使人产生视觉疲劳和不适。

某些用电设备吸收的电流幅值具有波动的特征，相应地引发电网电压波动。比如钢铁制造行业的轧机，其轧制过程中的电流具有波动特征。钢铁冶炼中的电弧炉，其冶炼过程中的电流也具有明显的波动特征。

3. 短时间有效值变化

短时间电流的有效值变化包括瞬时、暂时和短时几个时间过程。

短时间电流的有效值变化一般是由突发事件、系统短路与切除、电动机启动、供电系统或所连接的装置电流突然增大等原因引起。

短时间有效值变化往往带有脉冲性质，是非周期的一种变化。大容量电动机启动过程中的短时间电流有效值变化往往引起电压暂降。

4. 瞬态过电压(冲击和振荡过电压)

若干电磁现象，包括开关操作、熔丝熔断、电网受到雷击事件等，均会在配电网及其连接的设备上产生瞬态过电压。

瞬态过电压如果超出设备的耐受能力，会导致设备的绝缘受损、元件失效，最终导致设备失效。

5. 暂态工频过电压和低电压(长时间的 rms 变化)

根据实践，带电导体(相线)与大地之间的短时工频过电压经常由于中性(线)导体开断引起。短时工频过电压也可能在公用配电网或用户设施接地故障期间出现，在接地故障清除后消失。

6. 不平衡

三相系统的不平衡电压是由于系统故障或系统用电设备吸收相间不平衡电流引起的。

系统故障条件下的三相电压不平衡往往与某些相线的工频过电压同时发生。

曾经有工程施工铲断变压器的中性点接地线，导致中性点电位偏移，使部分相线的电压超出电压偏差所允许的限制，最终使部分相线的用电设备损坏的案例。

5.5　电特性管理的必要性和可行性

电压的上述特性构成了电能这一产品的质量缺陷，对公用电网和用电设备而言是有害的。但在公用电网中，这些电能质量特性却总是存在于供电和用电过程中，不可能完全消除，因此需要依据不同的特征，采用不同的方式进行管理。这需要电力生产、电网运营和制造商的共同参与。

供电质量涉及下列三个不同的关系，见图 5－3：

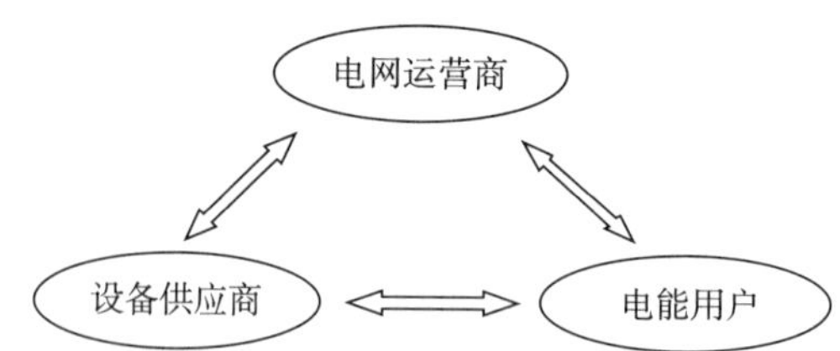

图 5-3 电能质量现象在电网运营商、设备供应商、电能用户之间的关系

1. 电网运营商—电能用户

供电质量直接涉及两个主体:电网运营商和电能用户。

(1) 在供电端,电网运营商要采取切实有效的措施保证电的性能在规定的限值范围之内,必要时,还要将正常运行条件下的限值水平告知用户(用户也需要知道偶发的非正常运行条件)。为了履行上述责任,电网运营商也应对全部用户采取合理的控制,并告知每个用户:也许有必要采取措施使其在用电时不要对其他用户造成扰动。

(2) 用户的责任是:其用电方式要避免对电网运行或其他用户供电造成扰动。在产生这样的扰动时,要采取一切必要的措施将扰动降低到可接受的水平。用户有责任向电网运营商提供其全部(已安装或即将安装)设备的相关资料,以及设备的运行方式。此外,用户还必须按照电网运营商规定的条件运行其设备,避免产生超标的扰动。

(3) 大负荷报装时,要求用户在送电前向电网运营商提供详细的相关资料,以便电网运营商设计合理的供电方式,制定出电力用户、设备供应商、其他专家顾问均赞同的运行规程。用这种方法,才能够将扰动维持在可接受的水平。

实际上,只有相当大的负荷和设施以这种方式履行责任。至于其他设备,供电质量、避免产生扰动、电网和用户设备的正常功能发挥等,则依赖于电磁兼容性规定的正确执行。

2. 电能用户—设备供应商

正常情况下,电能用户通过电力设备用电,设备供应商间接地涉及用户和电网运营商之间的关系。

(1) 设备供应商应该确保提供的设备满足预定的功能,包括避免产生扰动,能适应运行时的电磁环境,包括公共供电网可能出现的环境条件。这要求产品在投放市场前进行试验和认证,只有满足要求的设备才能投放市场。

(2) 设备供应商有责任向用户提供设备特性方面的说明书,这些资料也许是电网运营商为了输电所需要的,也许是用户需要的说明书。

(3) 数十年来,用户在零售市场购买的小容量设备一般不报告电网运营商而直接接入电网,由此产生的扰动逐渐增加。这些设备包括 IT 产品和其他电子类产品,如电视机、个人电脑等,作为单台设备而言其容量较小,所产生扰动的绝对值水平也相对较低,但由于其安装数量庞大,同时运行的几率高,因此其共同作用下累积的扰动水平也非常高。由于这些电器在安装时一般不报告电网运营商，因此避开了公用电网的监管控制。另一方面，面对如此庞大数量的扰动设备，不可能考虑控制每一单台设备。因此，基于控制难度大，且考虑到电视机和其他电子设备(包括个人电脑)引起的非工频电压水平已在提升，已经规范了相对较高的电磁兼容水平，这也反映在欧盟标准 EN 50160 的相关内容中。

3. 电网运营商—设备供应商

电网运营商和设备制造商共同牵涉到电磁兼容性(EMC)方面的规定，以确保：

(1) 限制干扰的发射水平，防止电网中的扰动水平上升，使用电设备发挥正常的功能，保证电网正常运行。

(2) 用电设备要具备足够的抗扰动能力，实际中发现某种水平的干扰可以通过供电端传递过来。

(3) 新兴的分布式发电将对电压稳定、工频频率和扰动等产生巨大的影响。作为小容量的分布式发电设备可以在零售市场上得到，不需要经过电网运营商便可安装，因此，这些众多的小容量分布式发电系统也将避开电能质量监管控制系统。实际上，这些类型的设备数量巨大，根本无法单台考虑。

(4) 在产品设计和制造环节将设备的扰动限制在适当范围内是实现这一目标的唯一途径。

概括起来，只有满足电磁兼容性能的设备，才能确保其功能的正常发挥，同时不影响电网和其他设备功能的正常发挥。用时下流行的安全口号来说就是：不伤害他人，不被他人伤害。

5.6　标准的局限性

本指导性技术文件主要是作为电能质量系列标准制定工作中的指导性文件，其中的主要内容是原则规定，属于纲领性文件。它不可能解决电能质量的具体问题。

国内已经制定了系列的电能质量标准，包括国家标准、行业标准等。相关的电能质量国家标准是由全国电压电流等级和频率标准化技术委员会(SAC/TC 1)提出并归口。

IEC/SC 77A(对应 SAC/TC 246/SC 2)负责众多设备(电网中主要的干扰源)的电磁兼容(EMC)限值标准。IEC/SC 77A 曾经出版了两个技术报告，IEC/TR 61000-3-6(GB/Z 17625.4—2000)和 IEC/TR 61000-3-7(GB/Z 17625.5—2000)，这两个技术报告提供了如何评估设备产生扰动的方法。IEC 对这两份文件的维护由多个机构协作进行，由国际大电网会议-国际供电会议(CIGRE-CIRED)工作组发起，由美国电气和电子工程师协会(IEEE)、国际电工委员会(IEC)、国际电热联盟(UIE)和欧洲电力工业联盟(EURELECTRIC)共同参与。

在制定电能质量相关标准时，应该参考 IEC/SC 77A 的相关文件。IEC/SC 77A 除了电磁兼容外，还涉及电能质量的测量方法、设备的发射限值及评估方法等。

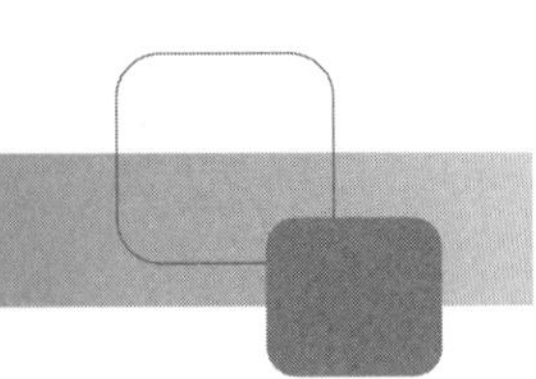

第6章　GB/Z 28805—2012《能源系统需求开发的智能电网方法》

6.1　概述

2001年,美国电力研究院(EPRI)完成了"综合能源和通信系统架构(Integrated Energy and Communications System Architecture,IECSA)"项目的研究。20世纪末以来,美国日渐陈旧的电力系统越来越难以适应信息时代的用户需求,IECSA项目的目的正是为美国电力系统的升级改造提供思路和解决方案。项目报告指出未来电网应以协调、高效和可靠的方式运行,能够处理紧急情况,即具有"自愈"能力,能够响应电力市场和电力企业的需求。这个电力系统应拥有智能通信基础设施,能够及时、安全和有效地处理信息流,为不断变化的数字经济提供可靠和经济的电力。

IECSA项目提出,在电力行业,传统的电网应该和控制它的信息系统(通信、网络和智能设备)更加紧密地结合起来。因为随着电网的发展,电网运行监视和控制的复杂性成几何级数增长,已经越来越依赖于信息系统的支持。这两个系统必须相辅相成并行发展,大力建设使用智能设备和算法的先进的通信和网络技术,以执行日益复杂的系统功能。

为实现IECSA的目标,美国电力研究院在该项目发表的一系列研究报告中,提出了"智能电网架构(intelli grid architecture)"的概念及一整套方法。术语"架构"一般是指一个结构的总体规划、风格和愿景,也是对建筑原则的总体研究。其中重要的一点是,任何系统架构都要根据运行环境的变化而进行调整。按照这个定义,IECSA既是集成电力系统基础设施的计划,也是对完成自动化项目工作所需要求和原则的研究。从基本角度来说,IECSA架构是一组组件及其互连规则。IECSA致力于定义可重用的架构组件和一组公共接口或者"语言",用于不同企业间应用的交互。

为了开发IECSA,由电力专家、供应商、软件研发工程师和项目经理等各方面人员组成项目组,项目组遵循系统架构设计的步骤:

1)收集所有相关方的需求;

2)利用工具进行需求分析;

3)评估最新信息技术是否适用;

4)利用公共组件和服务进行架构设计;

5)利用互联网收集架构设计和建议;

6）在原型和试点项目中测试架构的原理；

7）在实际的大比例模拟系统中实施和验证设计；

8）将经验教训整合到新的迭代中。

在开发 IECSA 时，要求项目组清楚地了解至少 5 到 10 年后电力系统的需求，否则现在设计的架构在实际建设时很可能就已经过时了。

在 IECSA 开发过程中，项目组采用软件工程的方法开发智能电网应用软件框架，并形成一套系统的电力公司业务需求收集和分析流程，致力于帮助电力专家用标准的方法描述和确定自己的需求。在此基础上，提出了能源系统发展需求的智能电网方法。2008 年 1 月，IEC 发布了第一个有关智能电网方面的正式出版物 IEC/PAS 62559 ed1.0 Intelli grid methodology for developing requirements for energy system，即《能源系统发展需求的智能电网方法》。SAC/TC 1 将此“可公开的技术规范”转化为我国的国家标准，旨在推动我国智能电网的发展。

国内在大型软件的开发过程中采用软件工程方法早已成为共识，但在开发过程的不同阶段，其对大型软件的应用重视程度仍参差不齐。尤其在需求分析阶段，能够坚持用规范的方法和工具开展业务需求收集和提炼的项目组相对较少，主要原因是嫌麻烦和为了赶进度。但这样做往往导致后期开发阶段不断修改功能，甚至是整个软件的返工，同时也导致各个应用功能的通用性不断降低。在工程实施后，各个用户使用一样的应用，看似功能相同，实则总有差异，后续维护工作量巨大。而且由于没有按照规范的需求分析工具描述用户需求，分析文档资料不全不细，导致软件功能说明的回溯性差，不利于今后的升级更新。总的来看，严谨的需求分析不是事倍功半，而是“磨刀不误砍柴工”，是事半功倍。

同时，智能电网架构的建设是业务专家、软件工程师、用户、监管部门等各方面共同参与才能完成的大型系统，持续时间跨度大。各参与方的专长不同，必须用各方都能理解的语言建立规范的需求模型，才能由软件工程师开发出各利益相关方所需的软件系统，并且具有可扩展性等。

《能源系统发展需求的智能电网方法》即是为全面地描述智能电网体系而推动建立的关于电力业务需求收集和分析的方法和过程标准。

6.2 标准的理解与应用

6.2.1 标准的内涵

软件工程方法学早已有之，但在电力应用软件行业中并没有针对电力应用需求的规范或标准。美国电力研究院在开展 IECSA 项目中采用的方法成为 IEC/PAS 62559：2008 的基础。这个方法契合了开发智能电网复杂体系的客观需求。

在美国电力研究院的报告中，智能电网架构涵盖了发电、输（变）电、配电、用电、分布式发电、电力市场六个领域，以及信息通信技术支持系统的应用，实际上是对传统电网运行管理系统的智能化升级和改造。由于历史发展的原因,许多现有的电网运行管理系统是相互孤立的,数据格式不一致,信息不能共享,形成了一个个"信息孤岛"。而随着电网运行规模的扩大、用户对供电可靠性和电能质量要求的提高,分布式新能源的大量接入对原来单向配网运行模式以及电力市场的影响越来越不容忽视,现有的运行管理系统已经不能适应电网的发展。IECSA 项目中提出的智能电网架构,是在重新梳理原有运行管理系统的基础上构建的面向智能电网监视、控制、市场交易、安全管理的基于网络信息技术的一整套应用框架集。

IECSA 总结的电力系统运行各环节的应用功能超过 400 个,在智能电网架构中,用户更关注的是如何确定需求,满足各相关方提出的需求,而不涉及具体的实现技术。用例(Use Case)是开展需求分析的好方法,已在软件工程中应用多年,非常成熟。IEC/PAS 是对智能电网架构中提出的开发用户需求方法的细化,详细阐述了提取电力系统应用需求的过程。

6.2.2 标准的指导作用

2008 年以来,有关智能电网概念在国内迅速得到了业界重视,企业、高校、研究院所等纷纷对此展开了大量研究。国家电网公司在 2009 年发布了智能电网标准体系路线图,同时提出分三阶段在 2020 年基本建成中国特色的坚强智能电网。发、输、变、配、用、调度、电力市场、新能源等各领域都提出了智能化发展规划。可以想象,电网智能化必然是以信息基础设施和体系的支撑为基础的,是有机融合了信息、数字等多种前沿技术的输配电系统;以建设节能、环保、高效、可靠、稳定的现代化电网为目标。在国家电网公司"三集五大"体系下,集约化管理、大范围资源优化配置,带来信息的空前增长和交互,各应用系统的信息交互和共享需求亟待解决。例如,在我国的智能调度中,以前分散在各个专业部门的应用系统,如调度、监控、保护、设备管理等,现在都实现了一个平台运行、数据分布管理、应用服务化的模式,实现了上下级调度中心信息纵向贯通、横向调度信息共享的模式。

在开发智能调度系统的过程中,需求收集和分析是庞大的工作,各地、各级调度、计划、保护、管理等各部门运行人员都有不同的需求,如何从中提取出能满足所有部门的、合理的需求,是非常重要的阶段,直接决定了后续的系统设计和开发的成败。

在 GB/Z 28805—2012《能源系统需求开发的智能电网方法》中,给出了收集需求的标准流程,核心即采用"用例"的方法,用所有相关参与方都能"看懂"的形式描述需求和各参与方的交互过程。

6.2.3 项目需求的确定过程

IECSA 项目组的需求收集过程是按照 IEC 标准"开放式分布式处理参考模型——RM-ODP"开展的。该标准确定了架构开发所需的基本信息,例如是"谁"参与系统,"正在交换什么"数据,以及数据如何交换(即"通信服务质量要求")。需求收集过程采用由小组开发的“域模板”，然后按照 RM-ODP 指南征求信息。域模板中，首先是用简明语言描述具体功能，然后通过识别和定义参与者、参与者之间的数据交换、互动步骤顺序以及通信要求等来指导利益相关者完成需求收集过程。

智能电网架构除包括传统的系统外，未来电力系统的需求集中在四个方面，即：电力市场、广域测量与控制(WAMAC)、高级配电自动化(ADA)/分布式发电(DER)和用户接口。同时需要研究支持电力系统应用的信息化平台系统需求，即覆盖整个架构的“通用服务”。

确定需求领域，查阅现有各种文件资料，了解现有系统功能和标准使用情况。同时制定和实施利益相关方识别和参与计划，以便确定利益相关者并涵盖尽可能广泛的需求。正如 GB/Z 28805—2012《能源系统需求开发的智能电网方法》中所述，这是一个反复迭代和逐步优化的过程，项目组评估检查所选择的功能的性能、安全性、数据管理和配置需求，以及对网络管理服务的需求，涵盖时间同步、网络管理、自动配置等方面。利用域模板的标准格式对功能的详细描述、需要收集和分析结果进行结构化处理。域模板从每个待评估的功能中提取公共信息，填写域模板的过程导致创建了一个用例。上述现有文件可作为用例的参考。用例可以自动导入标准通用建模语言(UML)建模工具中。

智能电网架构结果应是可扩展的，随着新概念、特征和功能的发展，域模板和随后的模型分析工具可以通过添加新的用例来扩展知识库，以跟上变化的时代和技术。

6.2.3.1 电力系统功能需求的确定

明确定义智能电网架构的范围是项目的最初任务，尤其要确定和解决全行业范围内的电力系统应用功能。界定智能电网架构范围的关键是确定主要功能，并将所有利益相关者及其潜在的互动按业务和业务场景分类。同时，分析现有分布式计算和通信技术标准的现状以及在电力行业的实际应用情况。

智能电网架构小组首先着手制定当前和未来电力行业运营的场景，并将这些描述纳入可以转化为需求过程的格式。这些初步描述说明未来的合理运行模式，以引起利益相关者的关注。为了加快这一点，智能电网架构小组开发了业务模式，确定了一系列实体，描述了实体之间的主要交互过程，创建了当前和未来实体之间的一系列工作关系。这些应用描述可带入利益相关者参与和需求收集过程中。

电力系统应用可划分成前述的六个功能领域：发电、输(变)电、配电、用电、分布式发电、电力市场，以及技术支持系统管理。技术支持系统包括跨越所有其他领域的技术功能，如网络管理和安全，即所谓的通用服务。智能电网架构小组的电力专家总结每个领域的所有功能，最终确定了 80 个高级功能，这些高级功能又是由 417 项基本功能组成。这些功能仍然可以扩展。

同时，架构专家制定了一套质量评价标准，用于分析每个功能对智能电网架构的影响程度，这些标准是：

- 通信配置需求，如局域网、广域网、移动网络等。
- 服务质量和性能要求，如可用性、响应时间、数据精度等指标。

• 安全要求，如身份验证、访问控制、数据完整性、加密以及不可否定性等。

• 数据管理需求，如大数据库，尤其跨部门的数据管理，频繁修改性能等。

• 约束条件和风险点，如带宽、遗留系统的覆盖率、未经验证的技术等。

可按照这套评价标准对每个功能进行评估，为每个功能赋予一个对智能电网架构的影响因子，从0(没有影响)到3(非常重要)。例如，对于某个功能，其安全因子为3，即表明保密性具有主要意义，而服务质量因子为2说明可用性和响应时间是最重要的。

在构建智能电网架构过程中，需要对以下技术和需求格外关注：

• 遗留系统。对于在行业中广泛应用的遗留系统，应开发移植计划，将重要遗留系统逐步升级到智能电网架构之内，这对于智能电网架构在电力系统的接受程度至关重要。

• 安全要求。电力行业越来越意识到电力系统的可靠性取决于信息的安全和设备的可控性，因此需要分析基于风险和成本效益的安全需求，并提出解决方案。

• 数据管理。例如，调度运行、电力市场、客服服务系统之间有跨越不同系统的日益复杂的数据管理需求，以及在减少数据库维护成本的同时开发保持数据库准确性和一致性的方法。

6.2.3.2 电力系统域的确定

开发智能电网架构的最初步骤包括明确规定电力系统功能需求的范围，并确定所有利益相关者。有很多电力系统应用和大量已经参与电力系统运行的潜在利益相关者、未来诸如用户响应实时价格的更多利益相关者、向电力市场销售能源和辅助服务的分布式能源(DR)业主以及要求高质量的用户将积极参与电力系统运营。同时，随着市场力量将电力系统推向极限，需要新的和扩展的应用来应对管理电力系统可靠性的压力。电力系统安全也被认为在日益增长的数字经济中至关重要。关键是确定和分类所有这些要素，以便能够理解其需求，可以确定其信息需求，并最终确定这些信息需求之间的协同效应。因此，确定了以下电力系统领域：

1) 电力市场，包括电力交易、电力调度、阻塞管理、应急电力系统管理、计量、结算和审计。

2) 调度运行，包括正常情况下的优化运行、防止意外事件、短期计划、紧急操作、调度和配电系统运行支持。

3) 配网运行，包括电压/无功协调控制、自动配网运行分析、故障定位/隔离、供电恢复、馈线重构、需求响应管理、停电调度和数据维护。

4) 用户服务，包括AMR、服务时间和实时电价、电能表管理、用户归集、电能质量监控、停电管理以及客户服务。

5) 大规模发电，包括自动发电控制、机组检修计划和风电协调。

6) 配网侧分布式发电，包括参与电力市场的分布式发电、分布式发电监控、微电网管理和分布式发电维护管理。

7) 技术支持系统，其中包括跨越所有其他领域的技术功能，如网络管理和安全，即所谓的通用服务。

6.3　标准的局限性分析

在实际操作中要真正做到需求分析全面与描述准确并非易事，因需求分析受以下几方面的影响：

6.3.1　需求提出的局限性

参与提出需求的电力专家分布在不同专业领域，大部分对整个企业或其他业务领域并不熟练，这样造成需求界限不清或重叠，特别是涉及整个组织运作的集成系统，由于负责人职位问题，很少能够熟知全局业务运作，所提出的需求的完整性因人而异。

同时，需求应该涵盖未来较长一段时间的需求，但参与者对具体领域的未来发展趋势的理解以及技术发展的预测并不相同或相一致，从而使得其需求的合理性及准确性有一定的盲目性。

另外，长期以来形成的重编码、轻设计的思想，在需求分析阶段不够严格，认为可以以后不行再改、再加，或者要求加上"一些有关的功能"等模糊意义的需求。这样导致需求分析者未能全面准确地掌握需求源泉。

6.3.2　需求描述的复杂性

需求的完整描述不仅要求面面俱到，内部的关联性也很强，错综复杂。所以需求描述很花费人力和时间，一个稍大一点的软件项目需求描述就上百页，并且需求描述粒度会因客户的要求而不同，粒度小的需求描述就更多。

6.3.3　需求审查的随意性

面对如此繁杂的需求分析与描述举行的需求评审会，专家和各个业务客户往往因为会议组织安排问题和时间仓促问题而流于形式，并不能对需求描述做深入细致的分析。

6.3.4　需求分析的时间性

不管是业务专家还是软件设计人员，尤其是项目负责人，都希望项目能够尽快进入设计编码阶段，软件开发人员可以干起来，而不想在这样"纸上谈兵"的需求方面花费太多的时间。

很多参与过项目开发的资深专家普遍认为，需求分析阶段的时间应不少于整个项目阶段的 20%，但迫于各种现实情况匆匆走过场的大有人在。

正如《能源系统需求开发的智能电网方法》的名称，该标准更多的是一个定性的指导需求收集规范化的方法论，需要使用者熟练掌握软件工程需求分析工具并坚持使用，这样才能将标准带来的好处落到实际工作中。

第7章　IEC/TS 62749：2015《公用电网电能质量限值及其评估方法》

IEC/TS 62749:2015《公用电网电能质量限值及其评估方法》国际标准已经于 2015 年 4 月9 日正式出版，其英文全称为：IEC/TS 62749：2015　Assessment of power quality—Characteristics of electricity supplied by public networks。该标准规定了公用供电系统正常运行方式下，在供电点需要考核的稳态电能质量现象指标限值及其评估方法，包括电压偏差、频率偏差、谐波(间谐波)电压、三相不平衡度、闪变、快速电压变化、信号电压；同时标准还规定了暂态电能质量现象包括电压暂降、暂升、短时中断的评估方法。本章结合标准编制的过程，针对标准的相关内容进行说明，便于使用者更好地理解 IEC/TS 62749:2015 的基本思想。当然，详细的内容请参见 IEC/TS 62749:2015 标准具体章节。

7.1　概述

IEC/TS 62749 的线索可以追溯到 2010 年 4 月，当年由我国 TC 1 组团参加了在韩国首尔举办的 IEC/TC 8 年会，在本次会议上，中国代表团提出了关于电能质量限值及其评估方法国际标准的新动议并被大会接受，会议要求中国代表团准备正式议案并提交 IEC 进行表决。该议案经过两次表决于 2011 年 8 月通过，同时 IEC 正式成立 IEC/PT 62749 项目组负责起草该标准。项目组历时 5 年时间，直至 2015 年 4 月 9 日 IEC/TS 62749 正式发布出版，随后项目组转化为 IEC/TC 8/MT2 专门维护该标准。

需要指出的是，IEC/TS 62749 新议案的表决结果是这样的：在 32 个 P 成员中，该提案以 18 票赞成、5 票反对、4 票弃权或作废、5 票未投而获得通过；5 个反对票(奥地利、丹麦、德国、日本、英国)反对的理由如表 7－1 所示。可见，要启动一个国际性电能质量限值及其评估方法标准还是比较困难的。

表 7－1　新议案反对的 P 成员国及理由一览表

反对的国家	反对理由
奥地利	1)目前有 EN 50160 标准(有 17 年的历时)，应该把它作为国际标准而不必要重新起草； 2)基于各国电网情况及各国经济现状，制定一个国际上普遍接受的统一限值标准比较困难

表 7-1(续)

反对的国家	反对理由
德国	应该与相关产品标准化委员会共同制定该标准
丹麦	1)IEC 61000 系列标准已经覆盖了电能质量的很多内容,因此没必要起草一个新的标准; 2)CIGRE 在电能质量领域已经做了许多研究工作,因此没必要重复这样的工作
日本	该工作应该交由 IEC/TC 77A 负责起草
英国	没有给出反对的具体理由

7.2　标准编制的原则及特点

7.2.1　标准编制的准备工作

由于电能质量问题的敏感性,作为国际标准化组织的 IEC,围绕电能质量议题标准化工作的争论多年来就没有停止过,即使在目前,电能质量议题仍是 IEC 标准化工作的敏感议题。

实际上,早在 1996 年 IEC 就成立了特别工作组考虑电能质量限值标准化工作,但是由于电能质量议题涉及电力发、供、用(设备制造方及设备使用方)各方利益,也涉及电能质量监测、评估、治理各环节,同时考虑到电能质量议题涵盖范围的巨大争议等,特别工作组建议电能质量国际标准化工作首先从电能质量监测方法开始,并于 2003 年发布国际上第一部 IEC 电能质量相关标准 IEC 61000-4-30《电能质量测量方法》;之后直到 2011 年 IEC/PT 62749 成立之前的十余年里,IEC 再未有电能质量相关标准化工作进展。可见,要进行国际范围内的电能质量限值及其标准化工作是一件异常艰难且头疼的事情,不仅要把握各国、各区域组织相关标准,更要从中寻求最大公约数!

鉴于此,在 IEC/TS 62749 开始起草之前,PT 62749 发放了专门设计的问卷调查并获得了重要的相关信息,这些信息是 IEC/TS 62749 起草的基础资料,也是各国的基本态度。本节简介问卷调查内容及其反馈内容,以助于读者进一步理解标准的内容。

(1) 简介你们国家电能质量标准(体系)

问题 1 的反馈信息见表 7-2。

表 7-2 问题 1 反馈信息

国家	反馈
澳大利亚	1. 澳大利亚电力市场是基于电力法(NER:The National Electricity Rules)运作的; 2. 相关标准: 1)国家标准:Australian Standard:Part 3. 100—2001:Limits—Steady state voltage limits in public electricity systems; 2)能源协会(ENA:Energy Networks Association)标准:用户供电导则(与 EN 50160 类似)
加拿大	1. 限值标准(电能作为产品):CSA CAN3-C235-83; 2. 测量标准:IEC 61000-4-30/-4-15/-4-7; 3. 电能质量控制标准:IEC 61000-3-6/3-7/3-13,IEEE 519—1992
日本	1. 电压偏差(强制标准):101V±6V 和 202V±20V; 2. 谐波:6.6kV,THD:5%;大于 6.6kV:3%; 3. 闪变:100V ΔV10 不大于 0.45(与 P_{st} 小于或等于 1.0 等价); 4. 电压不平衡度:3%
荷兰	1. 对下列公用电网电能质量现象进行了规定:电压偏差、谐波电压、电压不平衡度、快速电压变化; 2. 测量标准:NEN-EN 61000-4-30,同 IEC 61000-4-30 一样
瑞典	1. 对下列公用电网电能质量现象进行了规定:电压偏差、谐波电压、电压不平衡度、快速电压变化、电压暂降、暂升、短时中断; 2. 测量标准:NEN-EN 61000-4-30,同 IEC 61000-4-30 一样
英国	EN 50160
法国	EN 50160

(2) 你认为你们国家的电能质量标准在哪些方面还需要完善?

问题 2 的反馈信息见表 7-3。

表 7-3 问题 2 反馈信息

国家	反馈
澳大利亚	1. 澳大利亚希望有一个国际上普遍接受的公用供电系统电压质量标准; 2. 澳大利亚现有标准缺乏系统性和一致性
加拿大	1. 加拿大目前没有公用供电系统电压质量的国家标准; 2. 各供电公司基于自身立场起草企业标准; 3. 很多规范没有包括瞬态电压质量(包括电压凹痕)及频率偏差

表7-3(续)

国家	反馈
日本	不需要
荷兰	1.现有标准没有包括40次以上谐波； 2.现有标准没有涵盖所有电压等级； 3.电压暂降、暂升没有很好规定
瑞典	1.现有标准没有包括40次以上谐波； 2.现有标准没有涵盖所有电压等级； 3.电压暂降、暂升没有很好规定
英国	现有标准没有包括40次～100次谐波
法国	无

(3) 你对正在起草的IEC/TS 62749电能质量标准有什么期望？

问题3的反馈信息见表7-4。

表7-4 问题3反馈信息

国家	反馈
澳大利亚	1.澳大利亚希望有一个类似EN 50160的电能质量国际标准，且比EN 50160更具体化，例如包括： 1)特征值及目标值； 2)大容量负荷的发射限值； 3)测量设备协议。 2.澳大利亚还希望新起草的国际标准涉及如下内容： 1)系统稳定； 2)稳态电压偏差； 3)谐波、间谐波电压； 4)电压不平衡度； 5)闪变； 6)快速电压变化； 7)电压暂降、暂升、短时中断； 8)频率偏差； 9)瞬态过电压(包括电压凹痕)； 10)中性点电压； 11)可靠性； 12)保护和故障清除时间； 13)负荷和网络控制装置； 14)输配电重合闸

表 7-4(续)

国家	反馈
加拿大	1. 加拿大希望一个类似于 EN 50160 的标准,包括: 1)特征值和推荐值; 2)大用户发射限值; 3)测量设备协议 2. 加拿大还希望该标准包括如下内容: 1)稳态电压; 2)电压不平衡度; 3)闪变; 4)快速电压变化; 5)电压暂降; 6)电压暂升; 7)电压短时中断; 8)频率偏差; 9)暂态过电压(including voltage notching); 10)中性点电压; 11)电话干扰系数
日本	1. 日本认为,IEC/TC 8 起草一个电能质量国际标准是不可能实现的; 2. 日本认为,应该像 IEC/TR 61000-2-8 一样,不同背景电网现状的国家分享其电能质量水平相关信息对电网规划倒是有用的
荷兰	荷兰希望起草一个电压质量国际标准,其考核点在连接点(POC),包括: 1)对电网的合理要求; 2)对连接到电网的设备(包括异动装置、固定安装的设备、系统)的发射水平、抗扰度水平的要求
瑞典	瑞典希望起草一个电压质量国际标准,其考核点在连接点(POC),包括: 1)对电网的合理要求; 2)对连接到电网的设备(包括异动装置、固定安装的设备、系统)的发射水平、抗扰度水平的要求
英国	认为不需要起草一个这样的国际标准,因为就英国而言,已经有相关标准
法国	希望与 EN 50160 一样
中国	希望就电能质量问题,在国际范围内达成广泛共识,形成广泛接受的国际标准,有利于电气设备的国际贸易

(4) 你认为正在起草的 IEC 电能质量标准应该覆盖哪些电压等级?

——低压(LV):$U_n \leqslant 1\text{kV}$;

——中压(MV):$1\text{kV} < U_n \leqslant 35\text{kV}$;

——高压(HV):35kV<U_n≤230kV;

——超高压(EHV):230kV<U_n。

问题 4 的反馈信息见表 7-5。

表 7-5 问题 4 反馈信息

国家	反馈
澳大利亚	LV,MV,HV
加拿大	LV,MV,HV
日本	该问题应由 IEC/TC 77/SC 77A 讨论
荷兰	所有
瑞典	所有
英国	LV,MV,HV
法国	LV,MV
中国	所有

(5) 你认为正在起草的 IEC 电能质量标准应涵盖哪些电能质量现象?是否需要包括下述电能质量现象,为什么?

——信号电压;

——快速电压变化。

问题 5 的反馈信息见表 7-6。

表 7-6 问题 5 反馈信息

国家	反馈
澳大利亚	应包括信号电压、快速电压变化
加拿大	应包括快速电压变化
日本	该问题应由 IEC/TC 77/SC 77A 讨论
荷兰	所有 EMC 现象,包括信号电压、快速电压变化
瑞典	所有 EMC 现象,包括信号电压、快速电压变化
英国	应包括信号电压、快速电压变化
法国	应包括信号电压、快速电压变化
中国	不应包括,但可继续研究

(6) 电能质量限值应作用于什么位置？是否同意公共连接点(PCC)？

问题 6 的反馈信息见表 7－7。

表 7－7　问题 6 反馈信息

国家	反馈
澳大利亚	供电点
加拿大	供电点
日本	终端用户连接点
荷兰	供电点
瑞典	供电点
英国	供电点，不是 PCC
法国	供电点
中国	PCC

(7) 对于电压暂升、暂降、短时中断，应该监测相电压还是线电压？

问题 7 的反馈信息见表 7－8。

表 7－8　问题 7 反馈信息

国家	反馈
澳大利亚	相电压和线电压
加拿大	相电压和线电压
日本	相电压和线电压
荷兰	大于 1000V，线电压 小于 1000V，相电压
瑞典	大于 1000V，线电压 小于 1000V，相电压
英国	与 EN 50160 规定一样
法国	无法测量到相电压时测量线电压，否则测量相电压
中国	无法测量到相电压时测量线电压，否则测量相电压

(8) 对于稳态电能质量现象，采用什么样的方法进行系统性评估？

问题 8 的反馈信息见表 7－9。

表 7-9 问题 8 反馈信息

国家	反馈
澳大利亚	1. 标准应提供一个导则,以便于电网公司开展长期的电能质量研究; 2. 应要求电网公司在全网内满足标准制定的电能质量限值
加拿大	1. 系统性电压特征评估从管理角度而言很有用,但不应该标准化; 2. 尽管如此,可以用一个资料性附录或单独的文件给出一个相关导则
日本	1. 电能质量干扰是随机的; 2. 可以采用统计的办法,例如均值、概率大值、标准差; 3. 为了使统计数值结果可靠,电能质量监测点应至少 100 个点
荷兰	1. 系统性电能质量评估是必要的,但应该是资料性要求; 2. 一个可行的方法为:可基于不同电能质量现象进行分类量化
瑞典	系统性电能质量评估是必要的,但应该是资料性要求
英国	基于 EN 50160、IEC 61000-4-30 进行
法国	不需要,对每个供电点评估就行了
中国	均值+样本方差

(9) 对稳态电能质量限值的建议?

主要集中于如下限值:中国电能质量标准限值、EN 50160 限值、电磁兼容限值。

(10) 对于稳态电能质量监测,应该采用什么样的数据简约方法?为什么?

问题 10 的反馈信息见表 7-10。

表 7-10 问题 10 反馈信息

国家	反馈
澳大利亚	澳大利亚积累了一些经验
加拿大	基于 IEC 61000-4-30,10min
日本	1. 基于测量的目的考虑:是终端用户问题查找还是一般性电能质量观察。一般来说,一周内的均值、95%大值、标准差都是有益的; 2. 尽管如此,电能质量现象并不符合正态分布。例如,在日本,就电压偏差而言,我们计算 30min 的平均值,用最大值、最小值判断其是否满足标准要求
荷兰	应基于数据的应用用途考虑,是用于管理、用户、系统运行等
瑞典	基于 IEC 61000-4-30
英国	一般来说基于 IEC 61000-4-30
法国	基于 IEC 61000-4-30,10min
中国	基于测量的目的考虑,方均根值、最大值都应考虑

(11) 用哪些指标量化瞬态电能质量现象?

问题 11 的反馈信息见表 7-11。

表 7-11　问题 11 反馈信息

国家	反馈
澳大利亚	目前来说,测量监测比较困难,IEC 61000-4-30 提供了一些信息
加拿大	峰值、波形特征
日本	基于标准波,过电压+持续时间
荷兰	峰值。也可考虑上升速率、年发生频度等
瑞典	峰值。也可考虑上升速率、年发生频度等
英国	同 EN 50160 规定,幅值+持续时间
法国	一般由绝缘配合规定
中国	在考虑中

7.2.2　标准编制的原则

电能质量概念是以电能作为商品的基本共识而提出并进行量化表征的,但作为商品,电能又有区别于其他有形商品的特征,例如产销用瞬时完成性、产销用各环节均对电能质量产生影响、传导性等,其质量指标、评判过程、评价方法有区别于传统有形商品质量之处。因而,从国际标准角度,电能质量限值及其评估方法的标准化应该立足于下述原则,依次规定交流 50Hz/60Hz 电力系统正常运行方式下作用于高压、中压、低压供电点的电能质量限值及其评估方法。

(1) 考虑影响电能质量的多种因素

结合可再生能源发电的现状及其发展,电能在生产、传输、使用的各环节均对电能质量可能产生影响,因此,均属于电能质量的责任体。另外,故障、雷电等不可抗拒因素也是影响电能质量的因素。

(2) 指标及其测量评估方法的统一性

电能质量指标是电能质量现象危害性的特征指标,在电器产品全球贸易化的时代下,国际范围内需要统一的技术指标、测量方法和评估方法对电能质量进行监督,从而指导电能质量危害性的研究,指导电气设备抗扰度水平的设计,使电气产品在各国/地区电能质量环境下均能够安全可靠运行。

(3) 限值需求的多样性与电价

电能质量限值的确定是一个技术经济问题。提高电能质量水平与其过程成本密切相关,电能质量的需求也因负荷用电特性的差异而呈现不同的要求,因而在满足基本电能质量水平的条件下,更高电能质量需求是需要与电价挂钩的。同样,在某些情况下,例如偏远地带,电能质量的要求可能会更低。鉴于此,需要承认国际/地区范围内电能质量限值需求的差异性。IEC/TS 62749:2015作为一项国际标准,其限值以一个区间(range)的形式给出,供各国/地区根据情况进行合理选择。

(4) 电能质量现象的时变性

电能质量现象的时变性要求对其指标需要进行最小时间段的连续在线测量评估。考虑到电能质量水平的经济性特点,不可能要求每一监测点100%的时间段里电能质量指标时刻满足要求,但也不允许不满足电能质量限值时间段的指标值不加约束。

(5) 正确把握电能质量与电磁兼容的关系

众所周知,电能质量是在电磁兼容技术的发展过程中逐渐分离并成为一个专门的领域,因而电能质量与电磁兼容有千丝万缕的关系。IEC/TS 62749用专门的附录阐述了两者之间的相互关系。

7.2.3 标准的主要特点

纵观该标准的主要内容,有如下几个特点:

(1) 现象分类、指标及其限值规定、评估方法等主要议题系统地贯穿在一个标准中通盘考虑。

(2) 灵活的限值规定。许多限值给出一个区间,由各国/地区根据实际情况进行选择。

(3) 针对连续变化的电能质量现象,提出了限值评估、短时指标评估、短时最大值指标评估的体系,便于在x%概率大值满足限值的条件下,避免$(100-x)$%时间段电能质量指标不可控;同时也有助于电能质量监测数据在故障分析领域的应用。

(4) 规定了采用一周窗口按日滑动的限值评估方法,加大了超标现象的影响权重。

(5) 从系统管理的角度,针对连续变化的电能质量现象,提出了"均值+样本方差"的系统性评估方法,便于不同区域之间、子系统之间进行比较,以促进提高整体电网运行的管理水平。

7.2.4 标准与中国电能质量标准传统制定思路的差异

与我国电能质量传统的制定思路比较而言,存在下述主要差异点:

(1) 系统运行方式

我国电能质量国家标准限值及其评估是在电网正常运行的最小方式下进行的。而IEC/TS 62749是基于系统正常运行方式而制定的。

实际上,电网大部分时间并不运行在最小方式下,如果将最小运行方式作为电能质量限值评估的基础是不符合技术经济总体考量思路的,是过于保守的。

(2) 监测评估点

我国电能质量监测评估一般考虑作用于公共连接点(PCC)。实际上,PCC的概念来源于电磁兼容,其目的在于针对确定的电磁环境,方便地规定其兼容限值,进而在确定的发射限值与抗扰度限值情况下,设备与系统能够正常运行。但是电能质量属于利益体之间的考虑因素，因此，其限值及其评估作用于利益体之间的分界点即供电点是比较合理的(图7-1)。当然，PCC有时与供电点重合。

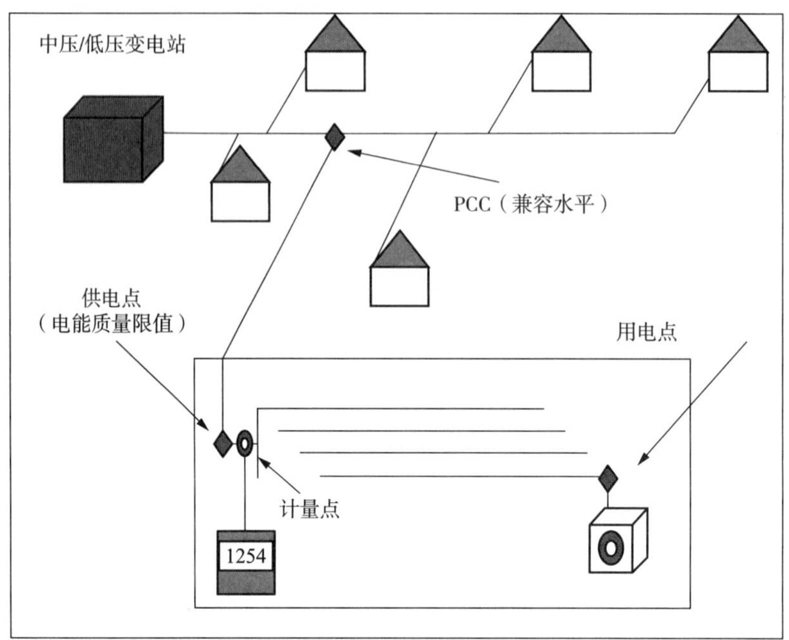

图7-1　PCC及供电点差异示意

7.3　理解电能质量与电磁兼容的关系是理解标准的核心

理解IEC/TS 62749的核心是理解电能质量与电磁兼容(EMC)的关系。

IEC/TC 8/PT 62749与IEC/TC 77A/WG8专家经过讨论，共同认为，电能质量与电磁兼容的关系主要表现在以下几个方面，本节将基于这样的理解，进一步阐述电能质量与电磁兼容的关系。

(1) 电能质量针对的现象与EMC的低频传导干扰现象相同，因此，EMC多年的发展为电能质量体系的建立有重大的借鉴作用；

(2) 从定义的角度，EMC侧重于关注设备，电能质量侧重于关注系统；

(3) 从评估方法角度，尽管表面上EMC与电能质量采用同样的概率大值评估方法，但是其含义完全不同；

(4) 电能质量的评估方法比电磁兼容的评估方法更加苛刻，因此，一般来说，电能质量限值不宜小于电磁兼容限值；

(5) 电能质量立足于供电点；电磁兼容立足于公共连接点(PCC)。

7.3.1　低频传导干扰的正态分布

实际应用时，一般把电磁干扰视为具有正态分布性。图7-2为标准的正态分布曲线。

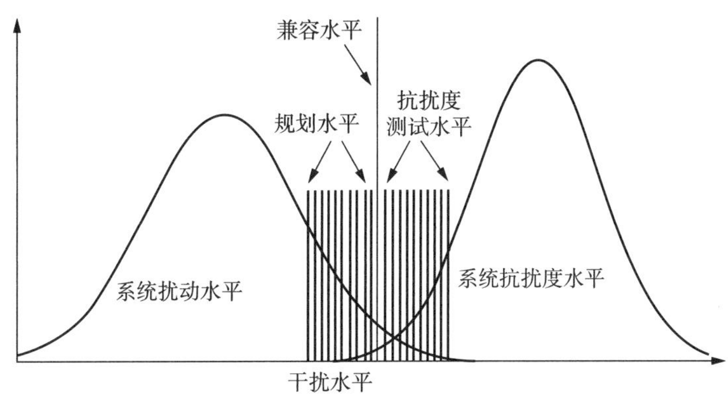

图 7-2　标准正态分布

如果认为电能质量干扰量 X 符合正态分布，则其干扰分布可表示为 $X\sim(\mu,\delta^2)$，这里 μ 为其期望值，δ 为其标准差。借用均值和标准差指标用以描述正态分布特征的基本思路，标准 IEC/TS 62749 中也开发了系统性（区域）电能质量评估的基本方法，具体实施中采用“均值＋样本标准差”进行评估，下面对此作进一步解释。

均值即算术平均值，是表征数据集中趋势的一个统计指标，用以对统计对象的整体规模和水平作趋势描述，其定义为式(7-1)：

$$\overline{x}=\frac{\sum_{i=1}^{n}x_i}{n} \tag{7-1}$$

式中：

$\overline{x}$——算术平均数；

x_i——本系统内各监测点某指标的 95％概率大值；

n——本系统内监测点数量。

为了比较均值相同（接近）的不同系统（区域）的电能质量水平的优劣，再引入标准差指标。标准差直接而平均地描述了一组数据差异的大小，是最重要、最常用且比较精确的一种差异量数。在同一个平均指标下，标准差越大，表明这组数据的差异程度越大，分布越分散，平均数的代表性就越差；反之，则表明数据的差异程度越小，分布越集中，平均数的代表性越好。当然在现实中，很难找到一个总体的真实标准差（除非在某些特殊情况下），因此总体标准差一般是通过抽取样本并计算其标准差进行估计的，这也就是样本标准差的概念。从一大组数值（$X_1,X_2,\cdots,X_N$）当中抽取出一样本数值组合（$x_1,x_2,\cdots,x_n$），这里 $n<N$，则其样本标准差定义如式(7-2)所示。

$$s=\sqrt{\frac{\sum_{i=1}^{n}(x_i-\overline{x})^2}{n-1}} \tag{7-2}$$

样本方差 s^2 是对总体方差 σ^2 的无偏估计。这样在获取各系统的“均值+样本标准差”后用以比较各系统的电能质量综合指标。需指出的是，系统电能质量指标评估不仅是系统内电能质量指标的技术参数，同时也反映了系统内总体管理水平、协作水平及技术革新等因素。

需强调的是，由于系统内各点电能质量指标95%概率大值已统计出来且作为各点评估的依据，因此，该标准中针对一个系统的均值 $\bar{x}$ 取各监测点95%概率大值的平均值，并依此求取样本方差。

7.3.2 电磁兼容评估的基本方法

兼容水平（一般针对电压）作为一个参考基准，用以确定设备发射限值及抗扰度限值，从而使整体系统具有良好的兼容环境，实现电磁兼容。兼容限值作用于PCC，且认为电力系统供电点的电磁环境在大多数情况下与PCC的接近。参看国际电工词汇IEV 161-07-15中关于PCC的原始定义，PCC也可指一个系统（某些应用场合，PCC限于公共网）。因此可以说，兼容限值可应用到公用电力系统的所有节点。

兼容限值评估采用95%概率大值，之所以用此而非最大值，主要出于经济方面的原因。95%概率大值不仅作用于空间和时间上，也作用于整个系统（但不得用于单一点）。因此，电磁兼容评估方法适用于对整个系统进行评估，从而实现对全系统的电磁兼容评估（见图7-3）。目前还没有针对某一点进行电磁兼容评估的方法。

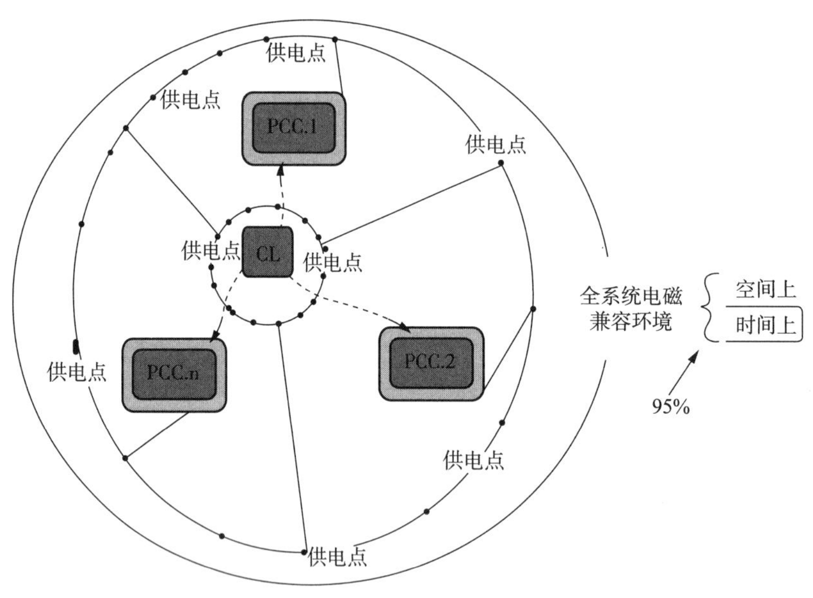

图7-3 电磁兼容评估方法示意

这里对电磁兼容评估方法进行总结，具体如下：

（1）选定待评估指标；

(2) 获取一周时间内待评估系统各监测点该指标的监测数据 $X=\{X_1, X_2, \cdots, X_N\}$，$X_i=\{x_{i1}, x_{i2}, \cdots, x_{in}\}$，$i$ 为系统内监测点总数($i=1,2,3,\cdots,N$)；

(3) 对 X 采用概率大值的方法进行评估，得到 95%概率大值，与兼容水平进行比较；

(4) 若 95%概率大值小于兼容水平，则认为满足电磁兼容。

7.3.3 电能质量评估的基本方法

IEC/TS 62749 所规定的稳态电能质量概率大值的评估方法，包含下面几层含义：

(1) 作用于系统正常运行方式；

(2) 针对单一供电点而非公共连接点或一个系统；

(3) 仅作用于时间轴线，空间上要求 100%供电点都应该满足；

(4) 最小评估周期为一周；

(5) 评估周期按天滑动，每一评估周期都应该满足限值标准；

(6) 不仅针对 10min 有效值进行概率大值评估，而且对 3s 有效值进行概率大值及最大值评估。

因此，IEC/TS 62749 里面最常用的一句话为：Under normal operating conditions, during each period of one week, the x% percentile values of the 10minute r. m. s. values at the supply terminals(U), should comply with the recommended values.

综上所述，电能质量各指标的概率大值评估方法总结如下：

(1) 选定待评估指标；

(2) 获取一周时间内系统各供电点的监测数据 $X_1, X_2, \cdots, X_N$($1\sim N$ 监测点)；

(3) 对每一个 X_i($i=1,2,\cdots,N$)采用概率大值的方法进行评估，得到该点的概率大值，与限值水平进行比较；

(4) 若该供电点概率大值大于限值，则视为该供电点电能质量水平不合格。

7.3.4 电磁兼容评估方法及电能质量评估方法举例比较

为了说明电磁兼容评估方法与电能质量评估方法的差别，以图 7-4 所示的 400V 低压网络谐波电压总畸变率为例进行说明。该低压系统设置了 30 个监测点，取 1 周 10min 记录进行分析。模拟数据样本说明如下：

(1) 在 0%~8%范围内随机生成 30 个监测点一周每日谐波电压总畸变率数据的均值共计 30×7 组数据；

(2) 在 0~2.0 范围内随机生成 30 个监测点一周每日谐波电压总畸变率数据的标准差共计 30×7 组数据；

(3) 依据上述各监测点周一到周日的均值及标准差，生成 30 个监测点周一到周日对应每日的正态分布干扰参数，构成样本集合 $X=\{X_1, X_2, \cdots, X_{30}\}$，$X_i\sim[(\mu_{i,1}, \sigma_{i,1}), (\mu_{i,2}, \sigma_{i,2}), \cdots, (\mu_{i,7}, \sigma_{i,7})]=\{(x_{i,1,1}, x_{i,1,2}, \cdots, x_{i,1,144}), \cdots, (x_{i,7,1}, x_{i,7,2}, \cdots, x_{i,7,144})\}$，$i=1,2,\cdots,30$(7 天，每天有 144 个 10min 记录)。

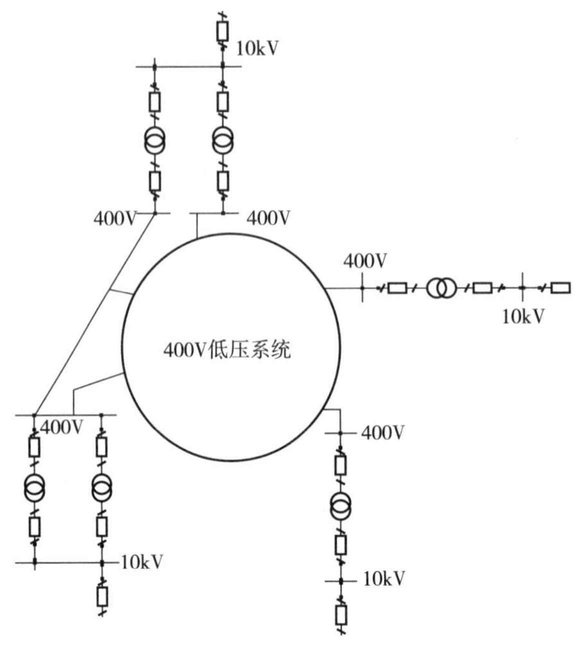

图 7-4 待评估的 400V 低压系统示意

7.3.4.1 电磁兼容评估

采用电磁兼容评估法,要求将 30 个监测点 7 天的所有数据作为样本集合采用 95% 概率大值进行分析。图 7-5 为最小值为 0、最大值为 14.2%、均值为 4.22%、标准差为 1.4858 的一组样本的概率密度示意,图 7-6 为对应的累积分布函数示意。其 95%概率大值评价结果为 7.0414%,低于 400V 系统谐波电压总畸变率 8%的兼容限值,说明该系统满足谐波电压总畸变率的电磁兼容要求。

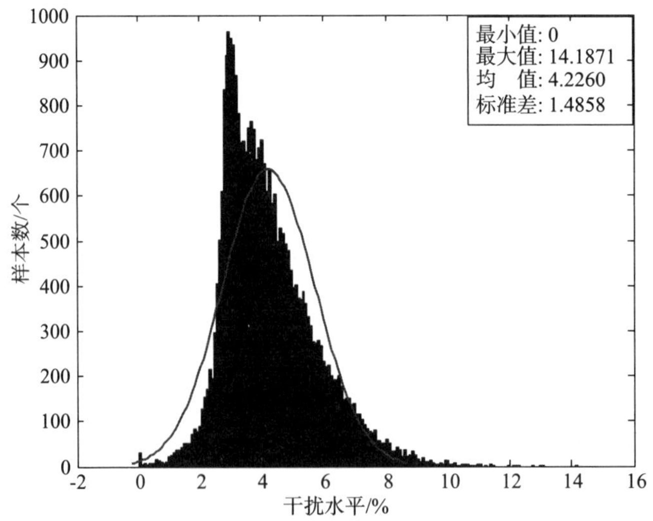

图 7-5 30 个监测点总畸变率概率密度示意

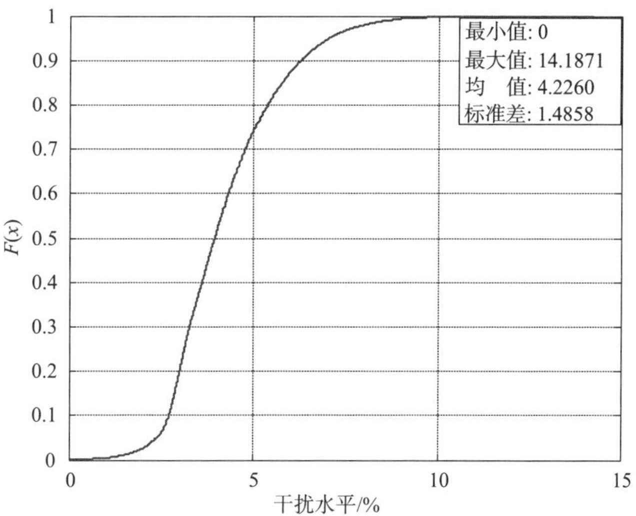

图 7-6　对应图 7-5 的累积分布函数

7.3.4.2　电能质量评估

同样针对上述 30 个监测点一周的监测数据(与上述数据完全一样),采用电能质量评估法对各监测点进行电能质量评估,要求将 30 个监测点 7 天的数据按监测点形成 30 个待评估样本,针对每一样本采用 95%概率大值进行分析。图 7-7 为其中一个监测点样本的概率密度示意;图 7-8 为其对应的累积分布函数示意;图 7-9 为该样本一周的变化曲线示意。

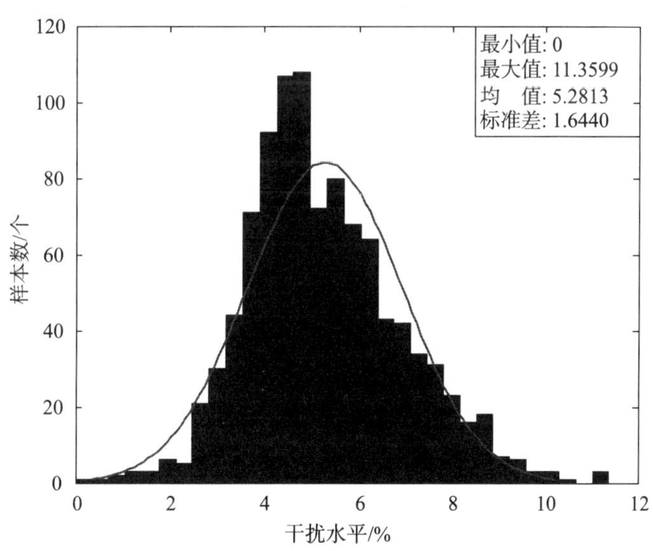

图 7-7　某监测点电压总畸变率概率密度分布示意

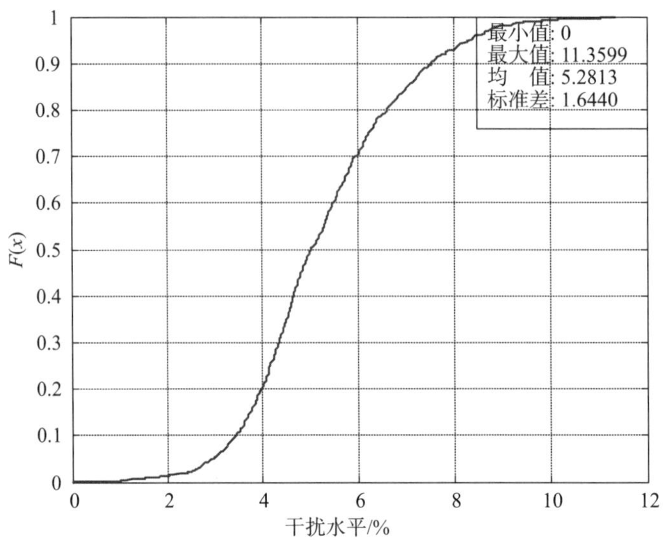

图 7-8 对应图 7-7 的累积分布函数

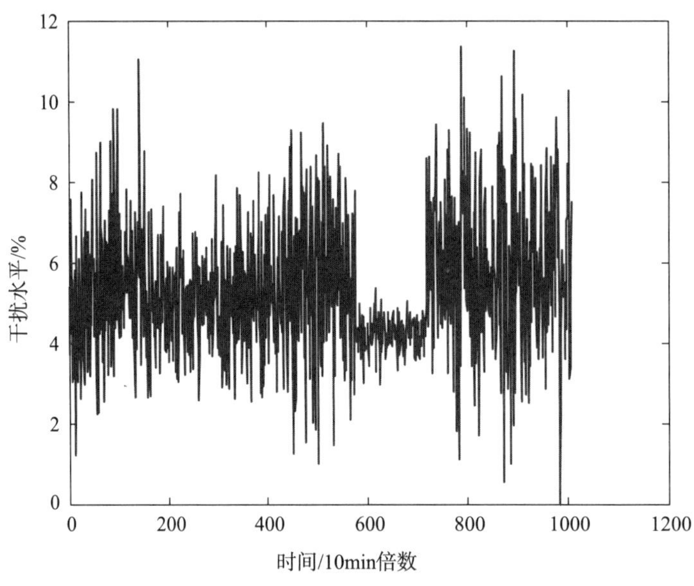

图 7-9 某节点样本一周的变化曲线

该系统各监测点的评价结果如表 7-12 所示。可以看出，若 400V 系统谐波电压总畸变率电能质量的限值与电磁兼容的限值一样，则有 3 个监测点不合格（评估值高于 8%），而且有多个监测点评估值接近 8%。

表 7-12 30 个监测点电能质量 95%概率大值评价结果

监测点	1	2	3	4	5	6	7	8	9	10
评价值/%	8.3581	6.2236	7.0693	5.4522	5.6605	6.3388	7.2962	8.5143	5.3694	7.5196
监测点	11	12	13	14	15	16	17	18	19	20
评价值/%	5.2779	5.7360	5.3436	6.0787	7.9883	8.3025	6.4208	5.8662	6.3470	7.2370
监测点	21	22	23	24	25	26	27	28	29	30
评价值/%	7.8451	5.1261	5.2661	6.3864	6.1634	7.7869	5.6531	6.2382	7.9549	7.4231

上述举例比较可见，电能质量限值与电磁兼容限值虽然完全一样，但电能质量评估方法更苛刻。

7.4 电能质量现象的分类及其指标和限值

7.4.1 电能质量现象的分类

我国电能质量领域常常以稳态电能质量现象与暂态电能质量现象进行分类。实际上，此处的“稳态”与“暂态”没有明确的定义，也经不起仔细推敲，例如是系统的运行状态还是现象的状态等。IEC/TS 62749 根据电能质量现象的发生频度，将目前的电能质量现象分为连续变化的电能质量现象和非连续变化的电能质量现象(事件)(表 7-13)。

表 7-13 电能质量现象分类

连续变化的电能质量现象	非连续变化的电能质量现象(事件)
频率偏差	电压中断
电压偏差	电压暂降
电压不平衡	电压暂升
谐波电压	瞬态过电压
间谐波电压	快速电压变化
闪变(电压波动)	—
信号电压	—

针对表 7-13，有几点值得探讨说明：

(1) 没有包含(间)谐波电流

电能质量现象是否包含(间)谐波电流一直是中国代表与其他各国代表争论的焦点，经历了“初稿正文包含”“二稿移至附录”“最终删除”3 个历程。

IEC 电能质量术语定义为：用于表征电力系统给定节点电压、电流、频率特征的一组技术参数(characteristics of the electric current, voltage and frequencies at a given point in an electric power system, evaluated against a set of reference technical parameters)。按此定义,电能质量应该包含电流质量,但工作组除中国代表之外的各委员均认为(间)谐波电流是骚扰发射现象,属于电磁兼容的范畴。

(2) 快速电压变化(RVC)属于连续变化还是非连续变化现象

在北欧、加拿大等国家或地区,非常注重快速电压变化的现象。事实上,快速电压变化现象是在电压波动现象中抽取的一种特殊现象(图 7-10)。图中 ΔU_c 为稳态电压变动,ΔU_{dyn} 为动态电压变动。IEC/TC 8/PT 62749 项目组的最终讨论决定快速电压变化指稳态电压变动,并给出了限值及测量要求。

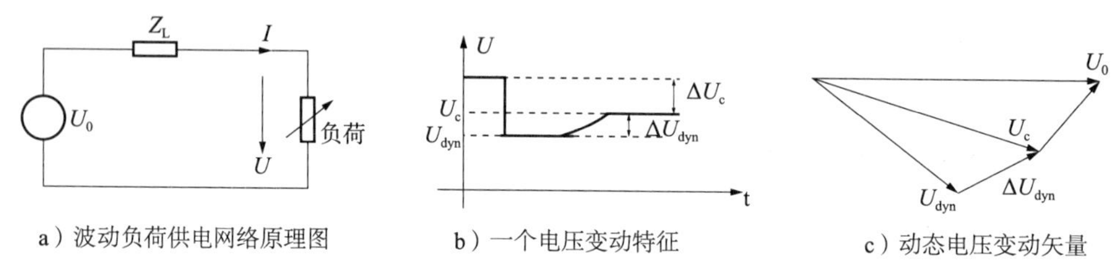

图 7-10 动态电压变化示意图

快速电压变化到底属于连续变化的现象还是非连续变化现象,IEC/TC 8/PT 62749 内部一直争论不休,最后在加拿大、挪威等代表坚持下,IEC/TC 8/PT 62749 将 RVC 划归为非连续变化的电能质量现象,并获得了 IEC 成员国表决通过。

7.4.2 电能质量限值指标

根据上述电能质量现象分类,结合世界各国目前电能质量限值指标的现状,考虑到电能质量与电磁兼容的历史关系,IEC/TS 62749:2015 定义的电能质量限值指标如表 7-14所示。

表 7-14 电能质量限值指标

连续变化型		非连续变化型(事件)	
现象	限值指标[a]	现象	限值指标
频率偏差	10s	电压中断	—
电压偏差	10min[b]	电压暂降	—
电压不平衡	10min[b]	电压暂升	—
谐波电压	10min[b] 含有率,总畸变率	瞬态过电压	—

表 7-14(续)

连续变化型		非连续变化型(事件)	
间谐波电压	10min[b] 谐波集 间谐波子集	快速电压变化	150/180 周波[c]
闪变(电压波动)	2h P_{lt}	—	—
信号电压	3s	—	—

[a] 各指标结合 IEC 61000-4-30 进行理解。
[b] 有些国家,采用小于 10min 指标。
[c] 150 对应 50Hz 系统,180 对应 60Hz 系统。

7.4.3 电能质量限值

7.4.3.1 电能质量限值的确定原则

电能质量限值的确定主要考虑了电能质量与电磁兼容的关系,下面再进一步阐述。

满足电能质量的要求依赖于电磁兼容的控制,也就是说,在电磁兼容良好控制的基础上,才可能从技术经济上实现电能质量的控制目标。

我们知道,电磁兼容控制的目的在于电气设备在满足发射水平及抗扰度水平的条件下,实现所定义电磁环境下电气设备及其系统的安全可靠运行。也就是说,确定了兼容限值或控制了一个定义的兼容限值,就便于协调确定发射限值及抗扰度限值包括这两种限值的相对差异程度。因而,兼容限值在于控制所定义电磁环境下所有设备及其系统电磁干扰相互作用的共同累积效果,电磁兼容限值的控制依赖于这一环境下所有电气设备发射限值的控制。也正是因此,电磁兼容具有时间与空间的双重含义,并定义了具有时间与空间概念的系统性概率大值评估方法。

基于上述事实,考虑到电能的商品属性,电能质量与电磁兼容有其共性特征,即电能质量控制其目的在于不对各利益体产生危害和影响;但不同之处在于电能质量限值作用于利益体交换点,即供电点,也就是说是基于某一点而言的,理论上 100%的利益交换点 100%的时间上,其质量都应该满足限值要求。但是,考虑到干扰的时变性、电能质量限值的技术经济性、电磁干扰的兼容性控制等,相关电能质量限值评估也采用了概率大值的评估方法,但含义不同。

因此,IEC/TS 62749:2015 所规定的电能质量限值与电磁兼容值非常接近或相等,同时考虑到各国实际电网结构、接地方式差异、目前电能质量限值的规定、利益体之间需求的差异性、电能质量与电价的关系等,IEC/TS 62749:2015 电能质量限值也采用了区间的定义方式。

从上述分析可见,尽管电能质量限值与电磁兼容值非常接近甚至相等,但是实际上要实现电能质量的控制目标比实现电磁兼容的控制目标要苛刻得多。

7.4.3.2 限值

(1) 频率

考虑到频率控制涉及电力系统安全稳定等因素，标准没有给出频率偏差的具体限值，由各国/地区根据实际情况，在确保电力系统安全稳定的前提下，规定相应的频率偏差。

(2) 电压偏差

电压偏差的限值规定如图 7－11 所示，其中电压偏差的限值相对中国国家标准在不同电压等级、不同情况下略有放宽，但比我们传统的 95%概率大值的要求更严格；低压、中压有向正负偏差绝对值最大值要求的趋势发展，特别地，IEC/TC 8/PT 62749 经过充分讨论认为，若不对供电电压最大值进行限制，例如仅规定 x%概率大值，那么，(100－x)%时间的电压可能使电气设备损坏，同样，供电电压的最小值也需要规定。

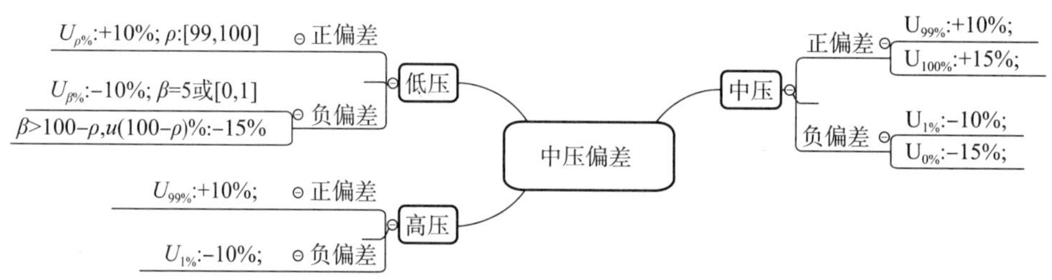

图 7－11 IEC/TS 62749 电压偏差限值规定

(3) 不平衡度

高、中、低压电网负序电压不平衡度限值如图 7－12 所示。

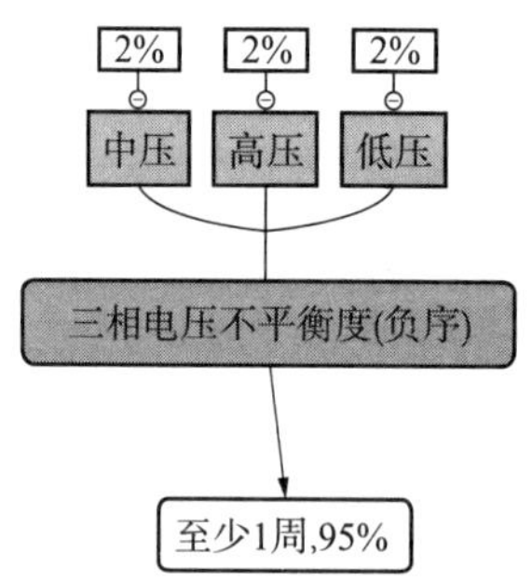

图 7－12 IEC/TS 62749 不平衡度限值规定

(4) 闪变

闪变仅规定了长时闪变，没有规定短时闪变，其原因在于假如规定 P_{st} 限值为 1.2，则可能出现的情况是某一个间或出现的大于 1.2 的 P_{st}，一般不会对灯光的照度产生较严重的影响，但是却预示着这是一个超标的现象，需要较大的投资进行解决。目前，闪变仍是以 60W 白炽灯为参考对象进行确定，在节能灯、LED 灯等大力推广的情况下(很多国家禁止白炽灯),需要研究更进一步的其他指标。

(5)(间)谐波电压

(间)谐波电压限值的规定如图7-13所示。除高压系统考虑CVT谐波传递的特性仅规定到13次谐波以外,其他电压等级谐波次数规定到50次;间谐波以谐波集、间谐波子集进行约束;考虑到电网接地方式及变压器接线方式,允许3的倍数次谐波选择给定限值的较大值(给了2个值)。

实际上,谐波指标限值与我国GB/T 14549—1993的差异较大,如果理解了本章叙述的电能质量与电磁兼容的关系,就不难理解这种差异,也就更能理解IEC/TS 62749限值的技术经济考量。

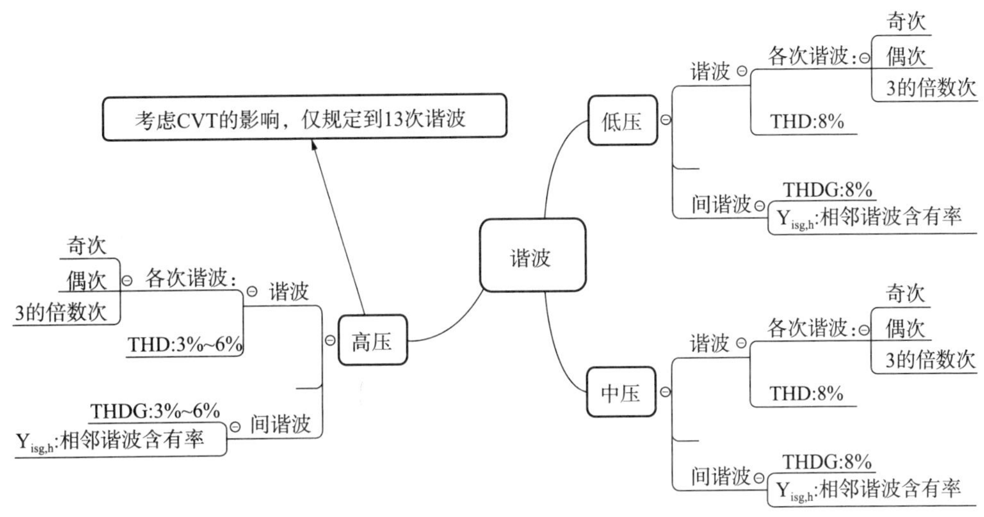

图7-13 IEC/TS 62749对(间)谐波电压限值的规定

(6)快速电压变化

对快速电压变化进行限值设定的目的在于量化评价电容器的频繁投切及电动机的频繁启动对电压的影响。当这些操作(动作)导致的电压变化不足以引起电压暂降、暂升时(没有达到其阈值设定),则以快速电压变化进行评价。值得一提的是,IEC/TS 62749:2015也给出了快速电压变化的测量方法,即以IEC 61000-4-30定义的150/180周波有效值进行测量评估。当然,这一方法也需要进一步的实践检验。

7.5 电能质量评估的基本内容

对于连续变化的电能质量现象,其指标限值的评估已经在给定限值的同时作了规定,即规定时间段(例如一周)内的x%概率大值。但是,电能质量评估还存在下述主要争论点:

(1)是否需要对(100−x)%时间段的干扰进行规定,例如若采用一周95%概率大值评估，那么对剩余时间5%时间段即8.4h难道不进行约束吗？

（2）对于规定的时间段，是否仅需要对连续测量一周的数据进行评估即可？

（3）是否从管理的角度，需要对一个系统进行评估？如何评估。

IEC/TS 62749:2015最终给定的电能质量评估内容包括限值评估、短时指标评估、短时指标最大值评估及系统评估。

7.5.1 连续变化的电能质量现象指标评估

7.5.1.1 单一供电点评估

单一供电点连续变化的电能质量现象指标评估如图7-14所示。该方法需要强调下述几个方面内容：

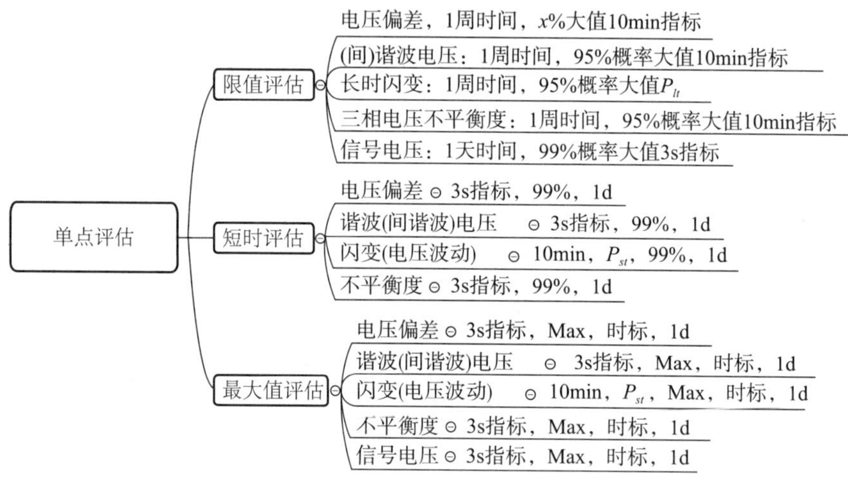

图7-14 单一供电点连续变化的电能质量现象指标评估

（1）限值评估尽管规定评估时间周期最少一周，但是采用了一周窗口按日滑动的评估方法（见图7-15）；

（2）短时指标限值等于对应长时指标限值的k倍，但k值目前仍处于考虑中；

（3）短时指标最大值主要为事故分析提供协助。

关于图7-15定义的一周窗口按日滑动的评估方法的简单解释如下：

传统的电能质量评估一般以一周为时间周期并以一周为时间段递进进行评估，这样无法分析、了解其他时间组合的电能质量情况，例如本周一到下周一、本周二到下周二等。因此，IEC/TS 62749提出了以周为时间窗口按日滑动的电能质量评估方法。图7-16为采用7天窗口日滑动和周滑动评估结果对比。可见，日滑动评估方法能够保留更多的扰动变化信息，增大了大扰动在电能质量评估中的影响权重，更能够突出大扰动对评估结果的影响，有利于电能质量技术监督工作的开展。

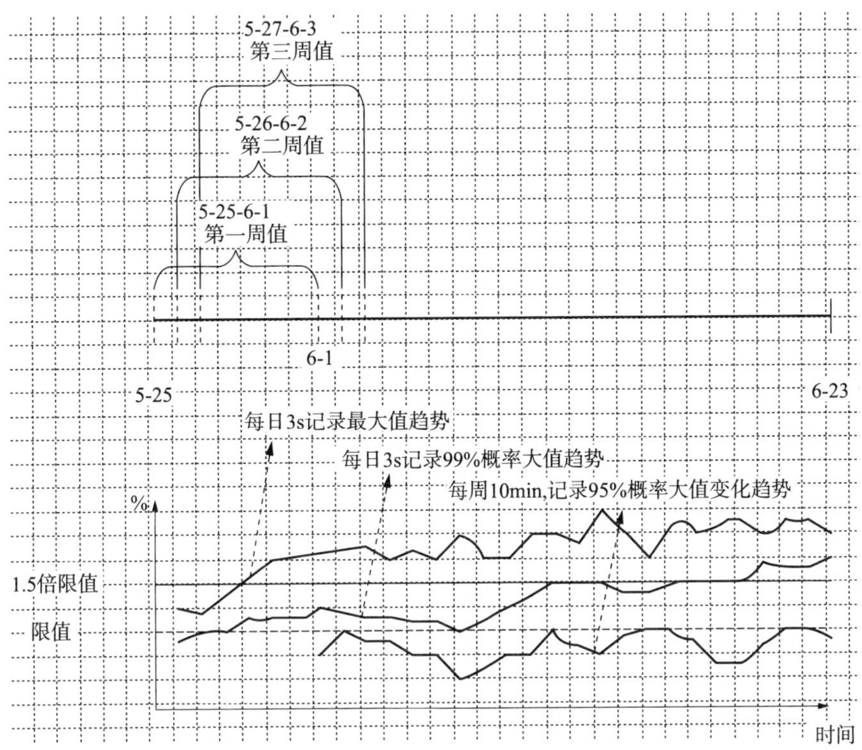

图 7-15 单一供电点连续变化的电能质量现象指标评估方法示意举例

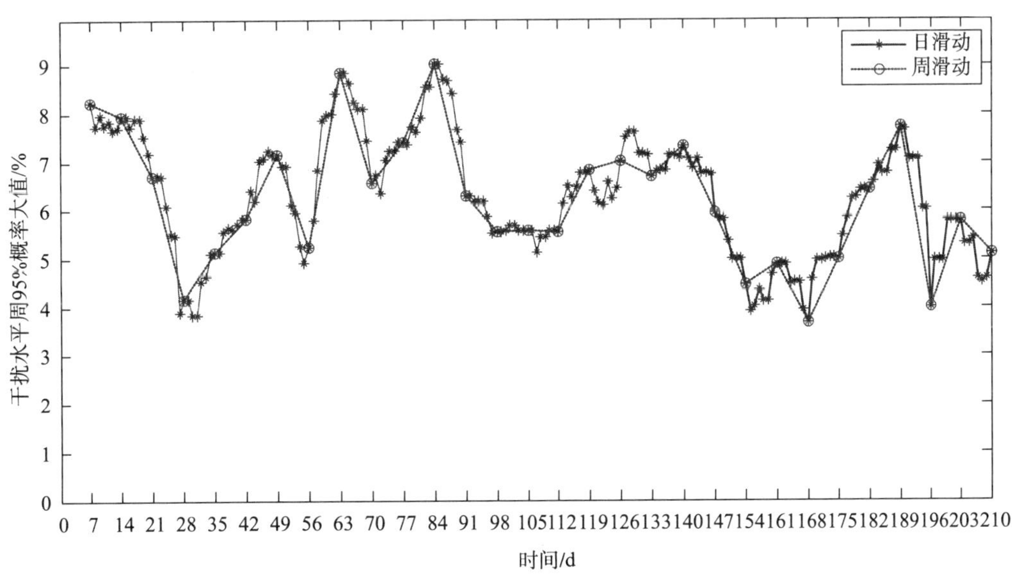

图 7-16 7 天窗口日滑动和周滑动评估结果对比

7.5.1.2 系统评估

系统性评估采用“均值+样本标准差”的方法进行，已经在 7.3.1 节做了解释，在此不再赘述。

7.5.2 非连续变化的电能质量现象指标评估

对单一事件评估，仍采用“维持电压+持续时间”的特征指标评估方法。标准给出的一个评估模式如表7-15和图7-17所示。

表7-15 单一事件属性列表

属性	位置	时标	阈值	维持电压	持续时间	RMS变化形状	实时波形
特征	东郊变电站10kV母线	2011-06-30 12 h:36 m:12.2150 s	80 %	21 %	81.9 ms	图7-17a)	图7-17b)

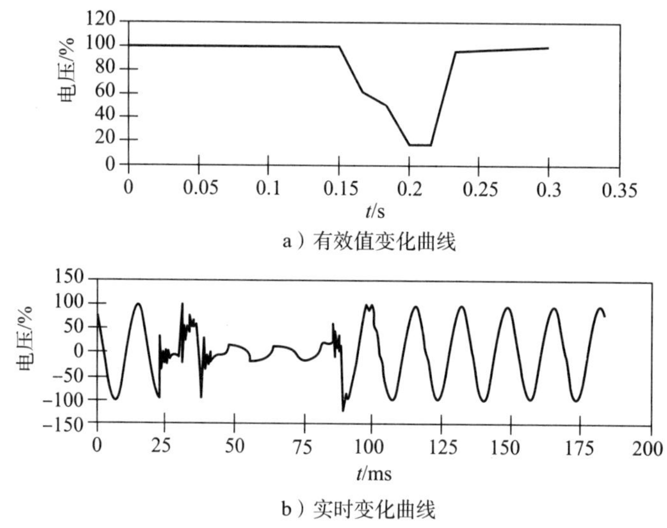

a）有效值变化曲线

b）实时变化曲线

图7-17 单一事件有效值变化及其实时波形

对单一供电点、系统性事件集合评估，采用“SARFI-X”与“维持电压幅值-持续时间表格”相结合的评估方法。需说明的是，评估前首先需要对事件集合进行简约，即1min内发生的多次事件，选择最严重的作为代表；SARFI-X方法缺乏事件的时间特征，需采用“维持电压幅值-持续时间表格”进行补充。

下面对事件的简约规定在实践中的应用再作进一步说明。

IEC/TS 62749 ED1.0规定了针对事件的简约方法：Time aggregation method, in the case of multiple successive events, should be used prior to the assessment. The time aggregation duration is defined as 1minute in this Technical Specification, within which all events can be counted as one event whose magnitude and duration are those of the most severe observed during this interval。除此之外，IEC 61000-2-8、IEEE 1564、CIGRE C4.112均进行过规定与讨论。概括如下：

(1) 简约时间的计时开始时刻

无论简约时间是 60s 还是 100s,其从什么时间开始计时是一个值得关注的问题。是从上一事件的开始计时还是从上一事件的结束开始计时将会导致完全不同的简约结果。例如如图 7-18 所示的事件序列,若简约周期为 100s,则如果计时开始时间为上一事件的开始,则简约后包含两个事件;若计时开始时间为上一事件的结束,则简约后仅为一个事件。

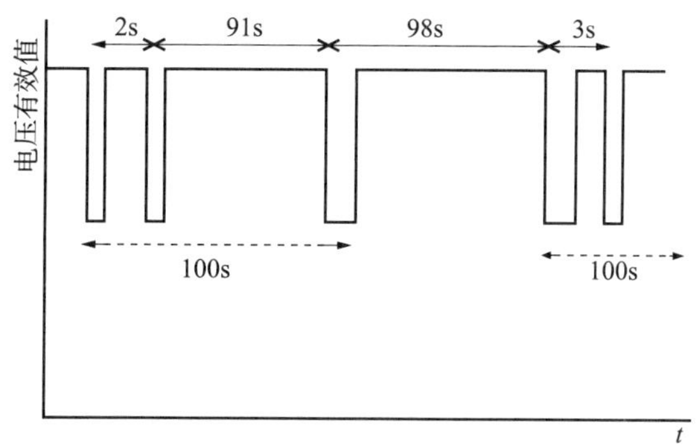

图 7-18　事件简约计时起点讨论示意

(2) 维持电压及持续时间的简约方法

关于维持电压及持续时间的简约方法,实践中有多种理解方法(如图 7-19),都是结合事件的危害影响进行的,包括:

a) 取简约周期中最严重的维持电压和最长的持续时间;

b) 取简约周期中维持电压最严重的一个事件作为简约后的事件指标;

c) 对于简约周期内事件间隔非常紧密的系列事件(例如几个周波甚至几秒),维持电压取最严重的作为代表,持续时间为各事件序列维持时间之和。

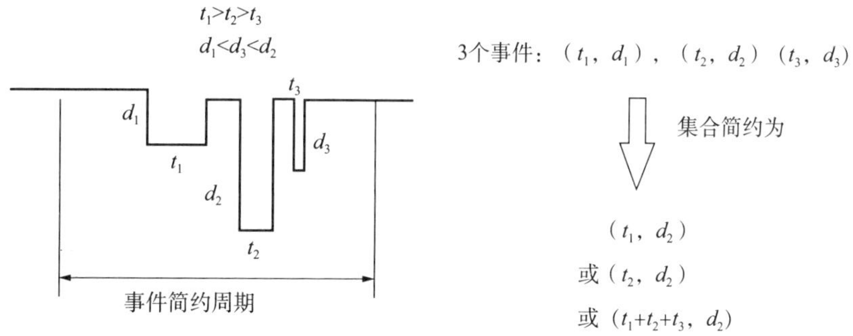

图 7-19　事件简约方法示意

基于上述分析实践中可能出现多种简约结果,认为后续版本的 IEC/TS 62749 将以实例的形式予以解释并作完善性补充。

7.6 其他

IEC/TS 62749 还以附录的形式给出了下述内容：相关国家/地区现有的电能质量限值标准，包括中国、欧共体、加拿大、澳大利亚等；劣质电能质量危害；电能质量与分布式电源、微电网；提高电能质量的方法；电能质量与电磁兼容的关系。

7.7 结束语

IEC/PT 62749 已经成为历史，这个包括 13 个国家 23 位电能质量专家的项目组历时 5 年时间(2010—2014 年)，通过全方位技术经济分析起草了国际上第一部公用电网电能质量限值及其评估方法国际标准，该标准的出版发布引起了国际电能质量领域包括相关国际组织的广泛关注(包括 IEC/TC 38，TC 64，SC 77A 和 TC 85，CIGRE)。IEC/TS 62749:2015 标准的出版，构成了 IEC 范畴包括电能质量限值评估、电能质量监测方法、电能质量监测设备、电能质量通讯规约(IEC 61850)在内的电能质量标准体系。我们相信 IEC/TS 62749 必将在实践中起到其应有的作用并将在实践中不断完善。

目前，IEC/TS 62749 已经交由 IEC/TC 8/MT2 维护工作组维护，MT2 将不断收集该标准在使用过程中的反馈，并进行维护。MT2 第一阶段的维护工作已经开始，主要集中在下述几个方面：

(1) 低压直流配电系统电能质量；

(2) 微电网电能质量；

(3) 快速电压变化测量方法(与 IEC 61000-4-30 共同协商)；

(4) 将 IEC/TR 62510 的内容融合到 IEC/TS 62749。

参考文献

[1] IEC/TS 62749:2015 Assessment of power quality—Characteristics of electricity supplied by public networks

[2] 刘军成，刘之博. IEC/TS 62749《公用电网电能质量限值及其评估方法》中电能质量评估方法剖析[J]. 大功率变流技术，2016(3):58-62.

[3] 刘军成. IEC/TS 62749《公用电网电能质量限值及其评估方法》标准探析[J]. 大功率变流技术，2015(04):1-6.

[4] IEC 61000-2-8(2002-11) Electromagnetic compatibility(EMC)—Part 2-8: Evironment—Voltage dips and short interuptions on public electric power supply systems with statistical measurement results

[5] IEEE P1564(TM)/D15 Draft guide for voltage sag indices

[6] Joint Working Group Cigré C4.07/CIRED, power quality indices and objectives

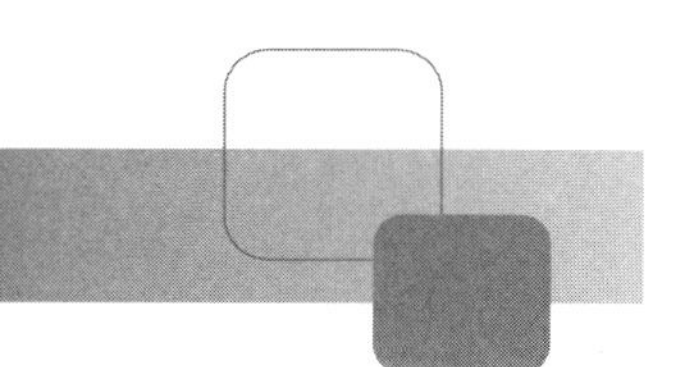

第8章 GB/T 156—2017《标准电压》

8.1 概述

本标准修改采用 IEC 60038:2009《IEC 标准电压》。本标准代替 GB/T 156—2007，历次版本还有 GB 156—1980、GB 156—1993 和 GB 156—2003。

本标准属于基础标准。电是由其他能源转化而来的一种能源形式，因为它使用方便，传输中损耗小，又容易转化为其他形式的能量，便于为人类服务而得到广泛应用。随着科学技术的发展，电在人类社会的发展中将会发挥更大的作用。电压是电的重要属性，它是电源提供能量特性的重要参数，也是供电设备和用电设备之间配合应考虑的首要因素。电压的等级已经影响到全社会各行各业的发展，甚至影响到现代社会的每一个人。它会影响到与电相关的其他国家标准、行业标准、地方标准和企业标准。

电是文明社会的产物，同时又促进文明社会的发展，其使用程度是和社会文明程度密切相关的。文明社会的特点是科学技术迅速发展，生产的社会化程度越来越高，生产规模越来越大，技术要求越来越复杂，分工越来越细，各生产环节的和谐协调越来越重要。电压值、电压标准值以及它们的分级就是需要协调的内容之一。

标准化从其本质上来说，是人类(可以是一个群体、国家、行业、地区、企业)有意识地通过努力使其统一的过程。这不仅是为了减少目前的复杂性，而且可以预防将来产生不必要的复杂性。电压标准值的分级就是为了减少复杂性而制定的，其主要工作是对电压值进行合理归并、精选，在适应需要的前提下，合理减少电压等级，同时又要形成系列，满足电力网自身和用户的要求。电力网自身主要考虑系统稳定、输送距离和容量，同时要充分考虑相关的影响因素(如电气设备制造行业的技术水平、广大用户的使用习惯)，各方尽量协商一致，使得在一个相对稳定的时期内提高电气设备的互换性和通用性，减少“量身定制”的电气设备，为电气设备的高效大生产服务，减少和清除因为电压值不配合而带来的生产成本增加。电压等级的确定，还会受到电磁环境、造价等影响。本标准的制定将促进机械和电力行业的发展。

本标准修订任务来源是国家标准化管理委员会 2014 年下达的国家标准制修订计划(国标委综合[2014]89 号)，项目编号为 20141934 - T - 189，所修订的国家标准为 GB/T 156—2007《标准电压》。该项目由全国电压电流等级和频率标准化技术委员会(SAC/TC 1)归口负责。

8.2 标准及条款的理解

8.2.1 前言

GB/T 156—2017 代替 GB/T 156—2007《标准电压》，与 GB/T 156—2007 相比主要技术变化如下：

——增加了高压直流输电系统标称电压，形成±160、(±200)、±320、(±400)、±500、(±660)、±800、±1100kV 的直流输电电压等级序列（见 GB/T 156—2017 的表 6）；

——删除了 GB/T 156—2007 中直流部分的 1.2V、1.5V，增加了 400V 优选值，440V 改为备选值；增加表注“因为原电池和蓄电池单元的电压均低于 2.4V，实际应用中电池的选型是基于其特性而不是其电压，表中未包含这些电压值”（见 GB/T 156—2017 的表 7）；

——删除了发电机的额定电压值（见 GB/T 156—2007 的 4.8）。

GB/T 156—2017 使用重新起草法修改采用 IEC 60038:2009《IEC 标准电压》。

GB/T 156—2017 与 IEC 60038:2009 相比，在结构上有变化。由于删除了第 2 章、3.4～3.8，GB/T 156—2017 的第 2 章之后的章条编号在 IEC 60038:2009 的基础上减 1。

GB/T 156—2017 与 IEC 60038:2009 的技术性差异及其原因如下：

——按照我国实际情况，范围一章，将标称电压高于 100V，修改为标称电压高于 220V；直流电压低于 750V，修改为直流电压低于 1500V；增加了适用于“高压直流输电系统”；删除了用于说明国际标准取值原因的注 1；为便于标准使用，增加新的注 1；GB/T 156—2017 仅保留 50Hz 电压系列（见 GB/T 156—2017 的第 1 章）；

——鉴于有专门的供电电压允许偏差标准（GB/T 12325），且技术要求更严格，因此删除了 IEC 60038:2009 中规范性引用文件 IEC 60364-5-52；

——删除了‘供电点”“供电电压”“供电电压范围”“用电电压”“用电电压范围”等术语，增加了“设备额定电压”术语（见 GB/T 156—2017 的 2.4）；

——将 IEC 标准电压 230/400V 和 400/690V 分别修改为 220/380V 和 380/660V，同时增加了某些应用领域使用的 1140V（见 GB/T 156—2017 的表 1）；

——删除了 IEC 60038:2009 中 4.1 的最后一段和注（见 GB/T 156—2017 的 3.1）；

——有关牵引系统的标称电压直流部分删除 3000V、交流部分仅保留了 25000V（见 GB/T 156—2017 的表 2）；

——有关交流三相系统及相关设备的标准电压保留了大部分电压等级（见 GB/T 156—2017 的表 3、表 4、表 5），增加了 220kV 以上的交流三相系统的标称电压（见 GB/T 156—2017 的表 5）；

——增加了高压直流输电系统标称电压（见 GB/T 156—2017 的 3.6）；

——直流电压低于 750V，修改为直流电压低于 1500V（见 GB/T 156—2017 的3.7）；

——交流设备额定电压增加备选值 42V，直流设备额定电压增加优选值 400V，IEC 60038 中的优选值 440V，改为备选值（见 GB/T 156—2017 的表 7）。

GB/T 156—2017 做了下列编辑性修改：

——删除了 IEC 60038：2009 的附录 A。

8.2.2　术语和定义

1. 系统标称电压

用以标志或识别系统电压的给定值。这个标称电压一般是指电力系统（具体的主要是指电力网）的电压给定值。电力系统是发电厂经变电站、输电线路直到供电点的全部，其去掉发电机就是电力网，主要作用是输送、控制和分配电能。电力系统存在多个层次的电压等级，这些电压等级是按输送和分配电能的需要而设定的。

本标准规定的我国标称电压是 3kV、6kV、10kV、20kV、35kV、66kV、110kV、220kV、330kV、500kV、750kV 和 1000kV，均指三相交流系统的线电压。

从输送电能的角度来看，三相交流输电线路传输的有功功率为：

$$P=\sqrt{3}UI\cos\varphi \tag{8-1}$$

式中：

I——线电流，kA；

U——三相交流输电线路线电压，kV；

P——传输的有功功率，MW。

三相线路的功率损耗为：

$$\Delta P=3I^2R_L=3\left(\frac{P}{\sqrt{3}U\cos\varphi}\right)^2\rho\frac{L}{S}=\frac{P^2\rho L}{U^2\cos^2\varphi S} \tag{8-2}$$

式中：

ΔP——三相线路的功率损耗，MW；

I——线路电流，kA；

R_L——一相导线电阻，Ω；

P——三相线路的输送功率，MW；

U——三相交流输电线路线电压，kV；

$\cos\varphi$——负载功率因数；

ρ——导线电阻率，$\Omega\cdot mm^2/km$；

L——一相导线长度，km；

S——导线截面积，mm^2。

由式（8-1）、式（8-2）可知，当输送的功率一定时，线路电压越高，线路中通过的电流就越小，所用导线的截面就可以减小，用于导线的投资可减少。所用导线截面一定时，线路电压越高，线路中的功率损耗、电能损耗也都会相应降低。但是，电压越高，要求线路的绝缘水平也越高，线路杆塔投资增大，输电走廊加宽；变压设备的投资制造难度也会迅速增加。

电力网中标称电压及其系列的选择是电力网建设的基础，其主要考虑的因素是：国民经济和人民生活的近期和远期的需求、电能和电力输送需求、输送距离、电力网损耗和输变电设备的投资等。

世界电力工业发展的经验表明，电压等级不宜过多或过少，即相邻的两电压等级的级差不宜过大或过小。级差过小，电压等级过多，则电力设备制造部门生产品种增加，成本增大，也使电力系统中设备的维护和检修的工作量增大，电力网中变电损耗增大，管理难度加大。反之，过少的电压等级又会使电压等级的选择受到限制，变电站出线增加，供电可靠性下降。根据经验，电力网中输电的标称电压等级中相邻的两个电压之比为2～3。

我国交流电压等级西北地区为10kV、35kV、110kV、330kV、750kV。其他地区为10kV、35kV、110kV、220kV、500kV、1000kV。

表8-1给出了架空输电线路的标称电压、输送功率、合理输送距离之间的关系。

表8-1　架空输电线路的标称电压、输送功率、合理输送距离之间的关系

线路电压/kV	输送功率/MW	输送距离/km
3	0.1～1.0	1～3
6	0.1～1.2	4～15
10	0.2～2.0	6～20
35	2.0～10	20～50
110	10～50	50～150
220	100～500	100～300
330	200～800	200～600
500	1000～1500	250～850
750	2000～2500	300～1000
1000	2500～5000	500～1500

随着输电距离和输电容量的不断增加，输电电压会不断提高，相关的制造、施工、安装、运输和运行技术要求及工程成本都会提高。输电线路的最高电压等级已成为一个国家电力系统规模和输电技术水平的象征，也是一个国家综合实力的象征。

2. 系统最高和最低电压

GB/T 156—2017中规定：正常运行条件下，在系统的任何时间和任何点出现的电压最高和最低值，不包括瞬态电压（雷电击中线路、变电站、附近物体或大地时的雷击过电压；开关操作切除、接上电力网的某一部件或部分时的操作过电压），也不包括异常工况时工频（50Hz）电压的升高。

电力网是由输电线路和电气设备组成的，它们的运行电压值必须配合（当然，其他参数如电流、功率等也应配合）。一般地讲，由于输送电能时在线路和变压器等元件上产生的电压降落，会使线路上产生电压损失，线路上各处的电压各不相等，与标称电压产生偏离。为了使线路各点的电压偏离值小一些，可以将线路调整为首端（电源端）的电压高出标称电压，线路末端的电压低于标称电压，如图 8-1 所示。其中，U_N、V_N 为不同电压等级线路的标称电压。

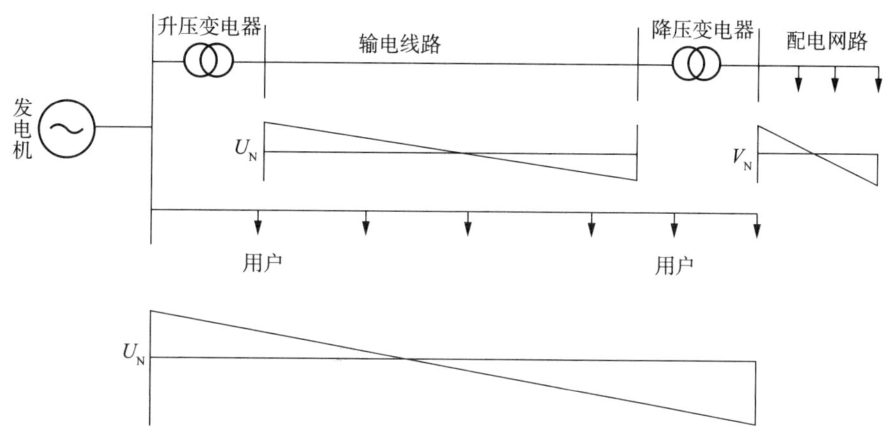

图 8-1 电力网各部分电压分布示意图

3. 供电点、供电电压和供电电压范围

供电点是指供电部门配电系统与用户电气系统的联结点。这个点的电压值为供电电压，可以用线电压或相电压表示，这个点电压的范围为供电电压范围。这三个术语，主要用于供电部门和用户之间的产权分界、电能计量和电能质量的考核。供电点从纯电气的角度来说只是某个电压等级的电路上的一个点，这个点上有一个集中的负荷接入。

4. 用电电压、用电电压范围

是指设备受电端上的线电压或相电压及其变化范围。从上面介绍的知识可知，若用户有多台用电设备、供电点到用电设备有相当的电气距离的条件下，供电电压和用电电压之间会有一个可观的电压差。供电电压范围和用电电压范围也会不同。

注："3. 供电点、供电电压和供电电压范围"以及"4. 用电电压、用电电压范围"不是本标准的术语，为了系统、全面地理解本标准，增加了这两条。

5. （设备的）额定电压、设备最高电压

额定电压是用以规定元件、器件或设备额定工作条件的电压。设备最高电压是设备可以应用的最高电压。

用电设备的额定电压应和电网的电压相一致，为了使电气设备有良好的运行性能，电网电压的偏差不得超过±5%。故在运行中通常可允许线路首端的电压比标称电压高 5%，而末端电压比标称电压低 5%，即电力线路从首端到末端的电压损失允许为 10%。

这样无论用电设备接在线路的哪一点，都能保证其承受的电压不超过额定电压值的±5%，以满足接入电网设备的安全、经济运行。

对于变压器而言，因为其在电力系统中具有发电机和用电设备的双重性，变压器的一次绕组是从电网接受电能，相当于用电设备；其二次绕组是输出电能，相当于发电机。因此规定：变压器一次绕组的额定电压等于电网的电压。当变压器的一次绕组直接与发电机的出线端相连时，一次绕组的额定电压应与发电机的额定电压相同。变压器二次绕组的额定电压是指变压器空载运行时的电压，当变压器在额定负载下运行时，其内部阻抗会造成大约5%的电压损失。为使变压器在额定负载下运行时，二次绕组的电压比同级电网的电压高5%，变压器二次绕组的额定电压应比电网电压高10%。当变压器的二次侧输电距离较短，变压器阻抗较小时，变压器二次绕组的额定电压可比同级电网电压高5%。

设备最高电压是表示绝缘和电压值相关的其他特点必须满足运行的要求。在最高电压值下，设备的内外绝缘不能被损坏或击穿，在设备的寿命期内性能不能明显下降。又如变压器等设备在最高额定值下，其励磁电流不能超过一个合理的值，铁芯内的磁通密度不应运行在深度饱和区。变压器的变比则根据系统中所处的位置（电压的值和变化范围）进行选择，不能都按最高电压值来选择，变压器还有抽头用于调节电压。

8.2.3 标准电压

GB/T 156—2017《标准电压》第3章给出了不同系统和设备的标准电压值。

其中，3.2给出交流和直流牵引系统的标准电压，系统标称电压25kV是电气化铁道的电压值（交流）。其他牵引系统的电压值分别为600V、750V、1500V（直流）。近年来高速铁路（电气化铁道的一种，系统标称电压仍是25kV）在我国发展很快，有输送能力大、速度快、安全性好、正点率高、舒适方便、能源消耗低的优点。到2020年，我国将新建高速铁路1.6万km以上，形成以“四纵四横”高铁为主骨架的快速铁路网，现在高铁运行时速达到300km/h，提速至350km/h的呼声也在不断增强。

供电系统为高铁提供电力，高铁依靠电力来获得动力，基本原理为：高速列车通过受电弓与接触网接触将高压交流电取回车内，然后通过变压器降压和整流器转换成直流，在经过逆变器转换成可调幅调频的三相交流电，输入三相异步/同步牵引电机，通过传动系统带动车轮运行，见图8-2。

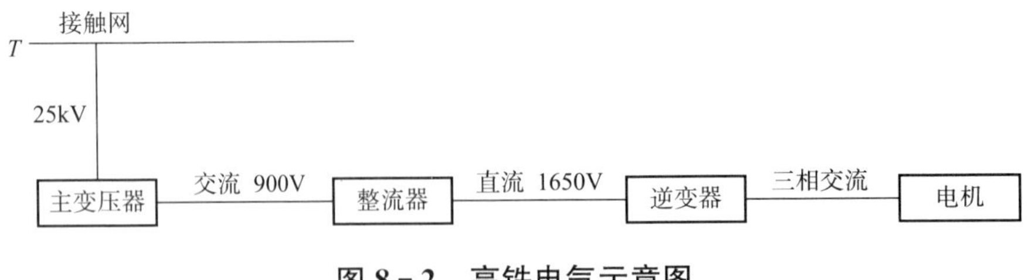

图8-2 高铁电气示意图

高铁是一种特殊的大功率单相负荷，对于三相对称的电力系统来说，高铁牵引负荷具有波动性、非线性、不对称性等特点。

1. 负荷波动与冲击

列车在运行中的加速、惰行、制动等因素都会引起牵引变电站负荷的波动，特别是列车从一个供电支变换到另一个供电支时，其瞬间造成的负荷波动和冲击是非常巨大的，巨大的负荷波动和冲击会引起电网电压的异常波动。图 8－3 是高铁牵引变电站 24h 内有功功率变化情况，可以看出高铁牵引变电站负荷波动和冲击非常大。

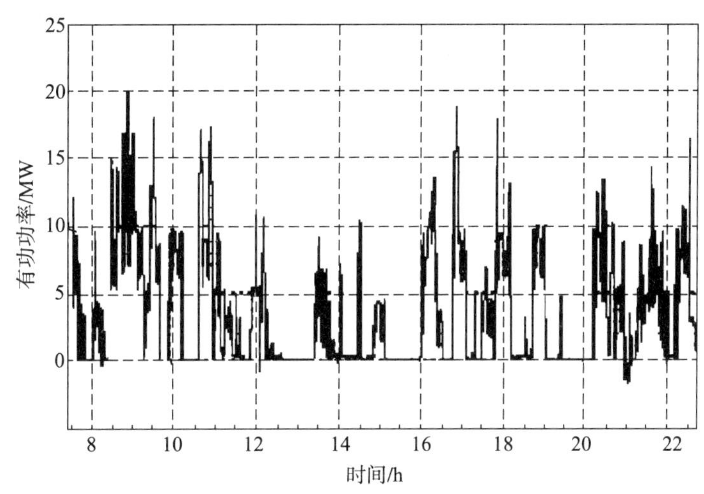

图 8－3　牵引变电站有功功率曲线

2. 非线性

从高铁的驱动原理可以看出，高铁采用交-直-交的 PWM 变流器技术，把工频交流电经过整流逆变转变为可调幅调频的三相交流电，为牵引电机供电，这是一个非线性的过程，不可避免地会产生大量的谐波。此外，整个列车电源还要向车内的空调、照明等非线性负荷供电，这些非线性设备也会产生大量的谐波。

3. 不对称性

高铁采用单相供电制，且牵引网两个供电支的负荷不可能保持一致，因此对于三相电网来说，属于不对称性负荷，会产生负序电流，造成牵引变电站外接电网三相不平衡。

电气化铁路(特别是高铁，见图 8－4、图 8－5)促进了国民经济的发展，也改变了人们的生活。其带来的电能质量问题，经过铁路、电力部门和相关部门的共同努力，已经基本得到解决。

GB/T 156—2017《标准电压》的 3.7 是交流低于 120V 和直流低于 1500V 的设备额定电压。设备额定电压和其对应的电源电压的等级充分体现了系列性、适用性和经济性，既满足了国民经济发展和人民生活对电气设备的需求，又减少了规格，便于互换、配套、更新，达到了减少社会生产总成本的目的。

图 8-4　运行中的高铁列车

图 8-5　高铁

GB/T 156—2017《标准电压》的 3.1 以及 3.3～3.6 的内容是讲交直流电网和相关设备的。

8.2.4　几个特别关注的问题

1. 220/380V 和 230/400V 标称电压

IEC 标准中规定的是 230/400V 标称电压，在其注中还指出，现有的 220/380V 和 240/415V 标称电压的系统，应逐步过渡到推荐值 230/400V，过渡期要尽可能短，还推荐了一些过渡措施。我国采用的是 220/380V。在 IEC 标准制定过程中，我国作为 P 成员国（积极成员），曾表示不改变原来的 220/380V 值。这个标称电压值的改变涉及面是很大的，不改是对的。世界上还有美国、日本等许多国家采用 110V 标称电压。

2. 20kV 配电电压等级

随着国民经济发展和人民生活水平的提高，电网负荷在不断增长，特别是城市中心区域，负荷密度大增。原来的 10kV 配电网络容载比较低，必须增加新的电源点，但这些区域所处位置、站点、线路路径和上级电源的选取都非常困难。因此将 10kV 电压等级升为 20kV 是解决中压配电容量不足、提高供电可靠性、减少线路损耗、满足用户用电需求的一个途径。

美国早在 1948 年就部分采用了 21kV～25kV 电压等级，法国和德国在 20 世纪60 年代就开始发展 20kV 电压等级，意大利、奥地利、保加利亚、波兰和前苏联均采用 20kV～25kV电压等级。亚洲国家和地区中有 9 个将 20kV 作为中压配合电压等级，我国苏州工业园区和东北部分工业企业中内部配电采用 20kV 电压等级。20kV 电气设备制造能力等均已成熟。

20kV 取代 10kV 中压配电电压，在提高配电系统的容量、降低线路上的电压损耗、增大供电半径、降低线损等方面有明显的成效。

在有些地区实现 20kV 供电可以直接采用 110kV/20kV，来取代 110kV/35kV/10kV 的模式，减少一个环节，提高电力网效益。当然实现 20kV 替代 10kV，在原有供电区域涉及改造成本等方面的问题，但是对新建的大型小区、工业园区采用 20kV 供电是完全可能的、有效益的。

3. 直流输电电压等级

GB/T 156—2017《标准电压》增加了高压直流输电系统标称电压±160kV、(±200)kV、±320kV、(±400)kV、(±660)kV、±1100kV，形成±160kV、(±200)kV、±320kV、(±400)kV、±500kV、(±660)kV、±800kV、±1100kV 的直流输电电压等级序列(圆括号中给出的是非优选数值)，以满足远距离和大规模输电。上述直流电压等级序列满足我国直流输电的多样化需求。直流序列的建立一方面紧密依托现有研究和设计成果；另一方面结合输电容量、距离等实际输电需求，以优化确定各电压等级合理配置方案。

目前，国际直流输电工程的额定直流电压尚未形成电压等级的系列(如交流 110kV、220kV、500kV、1000kV)，一般针对不同直流工程进行选择。截至 2015 年年底，我国已建成多个±500kV(±400)kV、±660kV、±800kV 常规直流输电工程；柔性直流输电工程已开始了示范应用，建成了上海南汇风电场±30kV 工程、福建厦门±320kV 工程、浙江舟山±200kV 五端工程、广东南澳±160kV 三端工程，张北可再生能源±500kV 柔性直流电网正在建设。

随着直流输电技术的发展、成熟以及工程数量的增多，高压直流输电有必要形成具有一定输电电压和输电容量级差、合理可行的电压等级序列。通过直流输电电压等级序列的建立，避免直流输电电压等级和设备型式过多导致的重复研究，有利于实现直流工程的建设、运行维护、备品备件管理标准化，提高直流运行可靠性，降低运行费用，形成规模效益。高压直流输电系统工程中部分设备见图 8-6～图 8-8。

IEC 标准中没有这部分内容，GB/T 156—2017 的 3.6 规定了高压直流输电系统的系统标称电压。

图 8-6　电容器装置

图 8-7　换流变压器

图 8-8　换流阀

2016 年 1 月 11 日，±1100kV 准东—华东(皖南)特高压输电工程开工建设，预计 2018 年投入运行。它是国家实施“疆电外送”战略以来，在新疆实施的第二条特高压直流外送输电通道。工程起于新疆准东五彩湾，止于安徽宣城市，额定输送功率 12000MW(1200 万 kW)，线路全长 3340km，总投资约 410 亿元，是目前全世界输电容量最大、输电距离最长、技术创新最多的首个±1100kV 特高压直流输电工程。

引入±1100kV 直流电压等级，适应超远距离、超大容量输电需要。由于交直流输电方式各自特点不同，交流特高压电网的建设基本能够满足距离负荷中心相对较近的能源基地送出。而如西藏水电、新疆火电外送和跨国输电等项目的输电距离超过 3000km，远景输电规模超过 1 亿 kW，输电容量大、距离长，采用±800kV 直流输电线损率将超过 10%，损耗过大，客观上也要求采用更高电压等级直流输电。±1100kV 级输电容量达到了 1200 万 kW，比±800kV 提高了 37.5%，损耗明显降低，功率损耗控制在 10%以下，输电距离可以达到 4000km 左右，对我国远距离、大容量直流输电技术发展具有十分重要的意义。从未来发展需要看，±1100kV 直流主要解决新疆、西藏电力的超远距离输送问题，输电容量采用 1100 万 kW 是必要的。

4. 直流输电的优缺点

(1) 线路造价低。对于交流，架空线用三根导线，直流用两根导线即可，建设费用较低。对于电缆，绝缘介质的直流强度远高于交流强度，直流电缆投资要少。

(2) 年电能损耗小。导线电阻损耗小，没有感抗和容抗的无功损耗；没有集肤效应，导线截面利用充分。直流架空线路的“空间电荷效应”使电晕损耗和无线电干扰都比交流线路小。

(3) 不存在同步稳定问题。用直流输电系统连接两个交流系统，由于直流线路没有电抗，输电容量和距离不受同步运行稳定性的限制，还可以实现非同期联网，限制由于联网带来的短路电流增加，提高系统运行的安全稳定性。

(4) 没有电容电流。直流线路稳态时无电容电流，沿线电压分布平稳，无空载和轻载时交流长线受端及中部电压异常升高的现象，也不需要并联电抗补偿。

(5) 节省线路走廊。输电线路走廊是一种资源，±500kV 直流和 500kV 交流输电线路走廊大约 50m，前者输送容量约为后者的 2 倍。

(6) 换流装置昂贵。这是限制直流输电应用的最主要原因。在输送相同容量时，直流线路单位长的造价比交流低；而直流输电两端换流站造价比交流变电站贵很多。

(7) 消耗无功功率多。一般每端换流站消耗无功功率约为输送功率的 40%～60%，需要无功补偿。

(8) 产生谐波。换流器在交流和直流侧都产生谐波电压和电流，使电容器和发电机过热，换流的控制不稳定，会对通讯系统产生干扰。

(9) 直流开关制作困难。直流无波形过零点，灭弧困难。

(10) 不能用变压器来改变电压等级。尽管多端直流输电技术取得一些经验(美国和加拿大建成了五端直流输电工程），中间落点尚有许多困难。

因此，直流输电主要用于长距离、大容量输电，以及交流系统之间异步互联和海底电缆送电。

目前，国内已在建设±1100kV 等级的直流输电工程。

5. 特高压输电技术

GB/T 156—2017《标准电压》的 3.5 中列有系统标称电压 750kV 和 1000kV，设备最高电压分别为 800kV 和 1100kV。

750kV 电压等级是西北地区 330kV 电压等级上面的一个电压等级，从电网电压等级来看是合理的。第一个 750kV 输电工程（青海官亭至甘肃兰州东）于 2005 年年底投入运行（见图 8－9）。虽然 750kV 电压等级在国外属于成熟技术，但在我国首次实现时尚有很大困难，此输变电工程从科研、设计、制造、施工和调试，全部立足国内，调试一次成功，运行状态良好，取得了良好的效益。随后陕西、甘肃、宁夏、青海已由 750kV 联成网，同时已经和新疆电网互联，为疆电外送作出了贡献。

图 8－9　西北 750kV 输电线路

国际上，一般将 330kV 以上、1000kV 以下的电压称为超高压（EHV），1000kV 及以上的电压称为特高压（UHV）。750kV 电压等级属超高压。750kV 电压等级输变电工程的投运为 1000kV 电压等级的建设提供了借鉴和经验。

我国电力工业在过去的几十年内发展迅速，装机容量从 1949 年的 185 万 kW 增长到 2004 年年底的 4.4 亿 kW、2009 年年底的 8.6 亿 kW、2014 年年底的 13.8 亿 kW、2016 年年底的 16.5 亿 kW，人均 1.2kW。

电力工业发展来源于用电负荷的增大。我国的生产力发展和能源资源呈逆向分布，能源丰富地区远离经济发达地区。我国 2/3 以上的经济上可开发水资源分布在四川、西藏、云南，煤炭资源 2/3 以上分布在山西、陕西和内蒙古。系统运行电压等级的提高来源于输送容量和距离的增加，实现电压等级的提高还要求电气设备制造技术以及输变电工程设计、施工技术的提高。我国于 1972 年建成第一个 330kV 电压等级的输变电工程，1981 年建成第一个 500kV 电压等级的输变电工程，1989 年建成第一个±500kV 直流工程，2005 年建成第一个 750kV 电压等级的输变电工程，2008 年建成第一个 1000kV 电压等级的输变电工程，2010 年建成第一个±800kV 直流工程，2016 年开始建设第一个±1100kV 直流工程（预计 2018 年建成）。国内外电压等级出现的年份比较见表 8－2。

表 8－2　国内外电压等级出现年份比较

电压等级/kV	330～380	500	750～765	1100～1150	(±400)±500	±600	±800	±1100
国外	1954 年瑞典	1964 年前苏联、美国	1965 年加拿大	1989 年前苏联	1965 年前苏联	1980 年巴西	—	—
我国	1972 年	1981 年	2005 年	2008 年	1989 年	2011 年	2010 年	正在建设中

1000kV 电压等级的需求来源于 500kV 系统短路电流的增加，系统发生对地或三相短路故障时，开关必须有效地切断故障部分，以保持系统的安全运行。目前有些地区短路电流已经超过或接近于开关的开断限值。华东地区研究了用在系统中串联小电抗的方式来限制短路电流，缓解短路电流超标问题。也有将 500kV 环网采用开环方式来限制短路电流，但这种做法影响了系统运行的可靠性。

6. 1000kV 交流输电的主要优缺点

（1）提高传输容量和距离。1000kV 交流自然功率输出能力是 500kV 交流的 5 倍，输送距离是 500kV 的 2 倍。

（2）节约土地资源。我国土地资源紧缺，输电工程的建设必定要占用土地，这势必会对输电走廊内人类的社会活动和日常生活造成一定影响。从电力建设本身来说，大江、大河的过江点已经成为稀缺的资源，另外随着我国输气管道及其他工农业设施的建设，地下走廊也成为资源，且日益显现出互相牵制、互相矛盾的局面。输送容量相等时，1000kV 交流输电可比 500kV 交流输电节省约 2/3 的土地资源。

（3）输电损耗低。1000kV 输电具有低损耗的技术优势，输送相同的容量，1000kV 的损耗是 500kV 的 1/4。

（4）工程造价省。输送相同容量时，1000kV 输电与 500kV 输电相比，节省导线材料为 1/2,节省铁塔材料约 2/3,综合造价节省约 3/4。

(5) 1000kV 交流输电具有灵活性。交流输电与直流输电相比,一条交流输电线路上可以有多个落点,而直流输电基本上只是点对点的输送电能。实现网与网之间的联接,进一步形成全国联网,必然是多端网络,这也必须依靠 1000kV 交流工程来实现。在特殊情况下,局部可用直流联网和背靠背连接联网。

1000kV 输电的主要缺点是稳定性和可靠性欠佳。从目前的可靠性理论分析,特别是靠一两条线路连接两个网,两个网的可靠性都会下降。电源集中送出,其容量在受端电网中有相当的比例,一旦线路故障,会对受端电网带来巨大的冲击。1000kV 尚未形成主网架时,下级电网不能开环运行,不能有效降低电网短路电流。当然这些问题在大容量直流输电中同样存在。图 8-10 是我国第一条 1000kV 特高压线路图(晋东南—湖北荆州)。

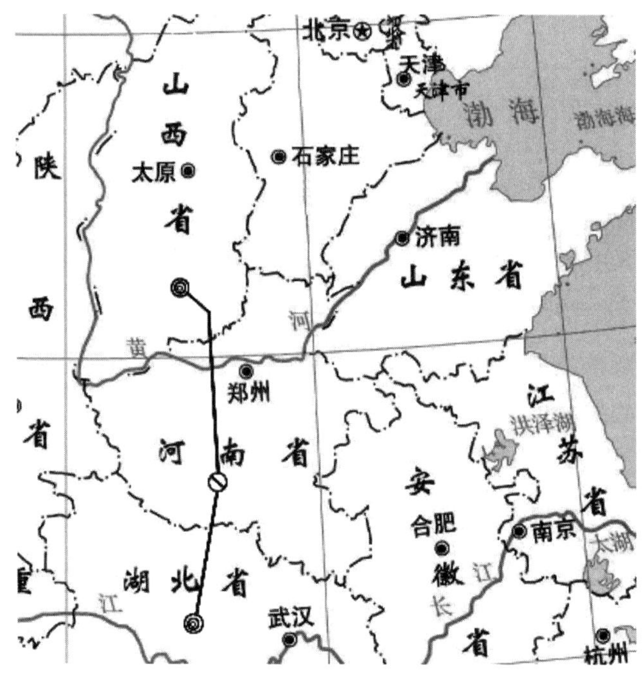

图 8-10 我国第一条 1000kV 特高压线路图(晋东南—湖北荆州)

8.3 结语

从国内外电力系统发展的历史看,一座或数座大型电站接入系统会促使系统出现更高一级电压等级。我国西北刘家峡水电站的接入形成了西北 330kV 电网;葛洲坝水电站的建成,使我国华中地区形成了 500kV 电网。在国外,加拿大为丘吉尔瀑布水电站群建设了 735kV 电网;俄罗斯为核电站送电建设了 750kV 电网。

电网电压等级的发展主要来源于输电容量和距离的需要。电压等级的提高为电网的安全经济运行提供条件。西北 750kV 迅速成网并延伸到新疆，±1100kV 直流工程的建设，对于保障国家能源安全，缓解东部地区环保压力，促进新疆煤炭资源的开发和资源优势转化为经济优势具有重要意义，进而对促进新疆经济的发展、民族团结和一带一路国际合作发展都有重要意义。

我国第一条 1000kV 特高压线路（晋东南—湖北荆州）已经投入运行。今后我国将建设联接大型能源基地与主要负荷中心的“三纵三横一环网”特高压骨干网架和 13 项直流输电工程（其中特高压直流 10 项），形成西电东送、北电南送的能源配置格局。

三个纵向输电通道为：

锡盟—北京东—天津南—济南—徐州—南京；

张北—北京西—石家庄—豫北—驻马店—武汉—南昌；

陕北（蒙西）—晋中—晋东南—南阳—荆门—长沙。

三个横向输电通道为：

蒙西—晋北—石家庄—济南—潍坊；

靖边—晋中—豫北—徐州—连云港；

雅安—乐山—重庆—长寿—万县—荆门—武汉—皖南—浙北—上海。

一环网为：

淮南—南京—泰州—苏州—上海—浙北—皖南—淮南长三角。

电压等级标准是一项基础标准，它反映了电力系统的基本组成（这次修订删除了发电机的额定电压值，笔者认为不但要保留，而且应该增加目前发展迅速的风力发电和太阳能发电的额定电压值），也反映了国民经济发展和人民生活水平提高的程度，工农业生产发展了，人民生活水平提高了，用电量自然就增加了。此时如果本地资源不能生产出足够的电力，就需要远距离送电。工业总体水平提高了，生产的电气设备可以满足相应的电压等级的要求了，才能上一个电压等级。在刘家峡水电站送出相关的 330kV 电压的论证中，曾有 330kV 还是 380kV 之争，后来主要因为我国电工生产水平的限制，才定为 330kV。第一条 500kV 输电线路（平顶山—武汉）两端变电站的设备基本上是进口的。同时在东北建设的变电站全部采用国产化设备，许多年后才建成。国产设备质量较低和电力系统较高的安全可靠性要求之间的矛盾很突出。为了支持、鼓励国产化发展，国家有关部门曾有进口设备需要原机械部会签的规定。电力工程的建设虽然不像原子弹、宇宙飞船、航空母舰那样的高科技，却也是和材料、工艺、加工、设计技术、自动化控制技术以及众多学科的基础相关，这也从某一侧面反映了一个国家的综合实力。21 世纪初，我国建设的交流 750kV 工程、交流 1000kV 工程、±800kV 直流工程和正在建设的±1100kV 直流工程基本上实现国产化。

其他电压等级主要是适用于牵引系统和工农业生产各行业的用电设备（包括系统）以及控制、操作用电源和设备。这些电压等级的科学化、系列化、标准化，更主要地反映了一个国家的管理水平和管理理念，在充分满足各行业需求的基础上，尽量减少电压等级特别是数值相近的电压等级，实现常用电器的电压和接口的标准化，有利于通用性、互换性的实现，少储备件或不用备件，提高制造企业和使用企业的效率，进而在减少社会总成本中发挥重要作用。

文明社会产生了标准化和标准化活动，标准和标准化促进文明社会的发展。从某种程度上说，一个社会的文明程度是和这个社会的标准化程度以及人们的标准化意识密切相关的。

第9章　GB/T 30137—2013《电能质量　电压暂降与短时中断》

9.1　概述

随着用电设备的技术更新，特别是数字式自动控制技术在工业生产中得到广泛使用，尤其是如变频调速设备、可编程逻辑控制器、各种自动化生产线以及计算机系统等敏感用电设备的使用，电压暂降和短时中断所造成的影响日益突出。电压暂降与短时中断造成的危害及带来的经济损失已成为供电公司与电力用户最为关注的电能质量问题。与其他几项电能质量指标均有相应国家标准不同，电压暂降与短时中断问题长期缺乏国家标准进行规范，导致供电公司和电力用户在进行电压暂降与短时中断的监测、分析及评估时缺乏依据，对定义理解不一致，无法采用公认的指标以及监测和评估方法，监测和治理厂家产品功能不规范，严重影响了供用电双方对电压暂降与短时中断问题的有效治理，导致了电网和用户的电能质量指标下降，将给电网和用户带来日益严重的经济损失，不利于社会用户满意度和供电服务水平的提高。针对以上问题，有必要制定相应的国家标准，规范电压暂降与短时中断的定义、监测要求以及评估方法和流程，以提升公用电网的电能质量水平，促进相关设备制造行业的产品升级。

电压暂降与短时中断国家标准属于新制定标准，列入国家标准化管理委员会2010年下达的国家标准制修订计划(国标委综合[2010]87号)，项目编号为20100150－T－469，下达计划项目名称为《电压暂降与短时中断评价方法》，编制过程中经批准改为《电能质量　电压暂降与短时中断》。

9.1.1　国内外研究现状

电压暂降和短时中断在IEC和IEEE中有不同的定义，本标准主要参考了IEEE Std 519。根据IEEE Std 519的定义，电压暂降是指供电电压有效值突然降至额定电压的10%～90%(0.1p.u.～0.9p.u.)，并持续半个周期至1min，然后又恢复至正常电压；当电压暂降电压有效值低于10%，则为电压短时中断。由于电压暂降与短时中断两者定义的持续时间范围一致，只是电压暂降的幅值大小不同，所以本章提到的电压暂降包括电压短时中断。系统中线路电流的短时间增大是导致电压暂降产生的根本原因，实际电力系统中的电压暂降主要由短路、开关操作、变压器以及电容器组的投切、大容量感应电机启动等原因造成。电压暂降的幅值、持续时间和相位跳变是电压暂降的三个特征量。发生暂降时的电压方均根值与标称电压方均根值的比值定义为暂降的幅值(残余电压)，将暂降从发生到结束之间的时间定义为持续时间。此外，电压暂降往往伴随着电压相位的突然改变，称之为相位跳变。

指标方面，IEC、IEEE 等国际组织对暂降指标进行了大量的研究，并推荐了一些指标。如 UNIPEDE 的 DISDIP 组和 IEC 61000－2－8 分别推荐的暂降次数统计表，按暂降幅值和持续时间分类记录暂降发生次数；南非 NRS 048－2 标准中按暂降特征划分区域来记录暂降次数；IEEE P1564 中 $SARFI_X$ 和 $SARFI_{-CURVE}$ 分别针对某一阈值电压和某一设备敏感曲线统计暂降次数。IEEE P1564 中也推荐了基于某一暂降事件的严重性指标 S_e。将暂降事件与设备敏感性曲线相比较，通常采用的曲线有 CBEMA、ITIC 和 SEMI 曲线，如法国电力公司基于 ITIC 曲线制定的严重性指标 PQI；另外还有文献提出了用 MSI、DSI、MDSI 和模糊指标来反映暂降严重性。在描述电压暂降事件时，除了暂降幅值和持续时间这些典型特征外，还可以用单个指标来体现暂降的严重性，如电压缺失、能量缺失以及基于设备敏感性曲线拟合定义的单相和三相暂降能量。此外，还有故障点电压暂降系数指标，该指标主要是来量化故障位置对全网电压暂降的影响程度。经济性指标方面，底特律 Edison 电力公司与“三大”汽车制造商之间签订的电能质量合同中采用了暂降分指标作为电力公司为暂降事件赔付的依据。上述指标从不同方面反映了暂降与短时中断的特点。

评估体系方面，IEEE 1159、IEEE 493 标准以及 IEC 61000－4－30 详细说明了节点的电能质量评价的方法。IEEE P1564 以 IEC 61000－4－30 标准和 SARFI 评价方法为基本框架，在节点电能质量评价中形成更具操作性的指标体系；相比简单的统计电能质量事件次数而言，能够更多地从每个检测到的电能质量事件出发，研究其是否对用户造成影响，并只保留对用户造成影响的事件。其中在不平衡三相电压暂降事件特征的计算时，有 BOLLEN－1、BOLLEN－2 及基于 SLGF 和 LLF 两种故障类型的三种方法。

监测方面，国内尚无专门的电压暂降监测标准，国外与电压暂降监测相关的标准有 IEC 61000－2－8、IEC 61000－4－11、IEC 61000－4－30 以及 IEEE Std 1159 等。这些标准除 IEC 61000－4－11 外，均为电能质量问题通用标准，对电压暂降的固有特点考虑较少，IEC 61000－4－11 为电压暂降、电压中断和电压变化抗扰试验标准，与电压暂降与短时中断的监测不完全相同。

目前，国际上还没有公认的电压暂降衡量指标及限值要求，在规定供电系统环境的国际标准文档中也没有找到合适的电压暂降目标限值。其主要原因是由于缺乏与电压暂降相关的数据信息且电网之间存在很大不同的网络拓扑和操作环境。再者，难以定义合适的厂站和系统指标也是导致电压暂降控制目标值难以严格制定的一个原因。虽然一些行业协会定义了一些敏感性负荷的容限标准，并以最小容限水平来引导一些设备接于低压网络的用户，但这些并不能直接认为这方面的指标能够直接适用于供电网之间进行指标比较。

在欧标 EN 50160 中，对低压和中压在电压暂降采用了相同的规定；对暂降控制目标也只是给出了一般性的条款，规定：在正常操作的情况下，每年电压暂降的预计次数为几十到 1000 次；绝大部分暂降的持续时间应小于 1s，且其剩余电压要高于 40%。其实，更严重的电压暂降（更低的剩余电压，更长的持续时间）一般很少发生，而在一些区域由于用户安装设备而导致负荷转换，剩余电压为标称电压的 85%～90%，电压暂降会发生得很频繁。值得注意的是，该文件称为"电压特性"标准，意味着这些值是所有用户希望在绝大部分时间能够得以维持的值。但是严格来说，上述的值并不能看作电压暂降的目标值（或兼容水平），只能看作是限值的一个描述。对 EN 50160 中这些值的理解仍是一个争议点，所以很多欧洲电网调度者只是把这个文档作为其电网电能质量的一个参考。

南非标准 NRS 048 - 2:2003 在一个表格给定了各类电压暂降事件发生的次数作为特性值，这些值在南非的电压暂降监测史上分别有 95%和 50%的监测厂站没有超过这些值（详见表 9 - 1 和表 9 - 2），并以之作为南非电网电压暂降限值的参考标准。由于该数据都是基于长时间的普测得到，符合南非电网的实际情况，有很好的指导意义。

表 9 - 1 电压暂降每年的特征次数(95%厂站值)

系统电压	电压暂降次数(每年)					
	X1	X2	T	S	Z1	Z2
6.6kV～44kV(农村)	85	210	115	400	450	450
6.6kV～44kV	20	30	110	30	20	45
44kV～132kV	35	35	25	40	40	10
220kV～765kV	30	30	20	20	10	5

注：表中的 X、S、T、Z 是按照残余电压和持续时间这两个特性将暂降分成的不同类型区域，各分类区域的具体定义和阐述见表 9 - 8。

表 9 - 2 电压暂降每年的特征次数(50%厂站值)

系统电压	电压暂降次数(每年)					
	X1	X2	T	S	Z1	Z2
6.6kV～44kV(农村)	13	12	10	13	11	10
6.6kV～44kV	7	7	7	6	3	4
44kV～132kV	13	10	5	7	4	2
220kV～765kV	8	9	3	2	1	1

总体来说，无论是在指标、评估体系、限值确定和监测方面，国内外的学者都进行过相关的研究和探索，取得了一定的成效。但是目前还没有统一的衡量电压暂降与短时中断的指标和标准，在此方面还需进行深入的研究。

9.1.2 主要内容

本标准在我国属首次制定。本标准的编制综合了 IEC、IEEE 等国际组织的相关规定，参考了国内外较为成熟的研究成果，并结合了我国电压暂降工作开展的实际情况。

本标准对电压暂降与短时中断进行了定义；给出了电压暂降与短时中断事件统计及推荐指标；明确了电压暂降与短时中断的检测阈值和计算方法；对电压暂降与短时中断的监测仪器进行了分类，列出具体的技术要求，并对电压暂降与短时中断事件的监测提出要求；同时对电压暂降与短时中断的评估进行详细规定，包括单一事件特征参数确定、单测点指标计算、系统指标计算等。

该标准是国内首个针对公用电网暂降电能质量问题的国家标准，填补了国内在此方面长期缺乏标准依据的空白，对供电企业、电力用户、电力设备制造业均有重要的意义。

对电网企业而言，标准的实施改变了原先对电压暂降与短时中断问题缺乏统一考核评估方法的局面；对电力用户而言，可减少电能质量问题带来的巨额经济损失；对相关设备制造商而言，可加速产品升级，提高全行业整体技术水平。

9.2 制定本标准的相关基础理论和基础知识论述

9.2.1 电压暂降机理

电压暂降是配电系统中最常见的一种电压扰动，导致电压暂降的原因非常复杂，有自然因素，也有人为因素，有供电部门系统保护的因素，也有设备原因和误操作等因素。当电力系统发生短路故障、大容量电动机启动、雷击、开关操作、变压器或电容器组投切时，都可能引起电压暂降。电压暂降并不是一个新的电能质量问题。由于过去的绝大多数用电设备对电压的短时突然变化不敏感，没有引起人们的关注。

电压暂降的机理非常简单，其根本原因是系统中某处电流突然增大很多，然后在非常短的时间内恢复正常引起的。电力系统中的短路故障、大型电动机启动、变压器投入运行、开关操作等都会引起电流突然增大，然后在较短的时间内恢复正常。

下面以短路为例，说明一下电压暂降的产生机理。

如图 9－1 所示，当故障发生时，其所在支路电流急剧增大，设电源点电压为 U_s，系统阻抗为 Z_s，短路电流表示为 I_f。由于其他支路负荷电流远远小于短路电流，忽略其他支路的电流，公共连接点 PCC(Point of Common Coupling)处的电压就会下降为：

$$U_{PCC}=U_s-I_f\times Z_s$$

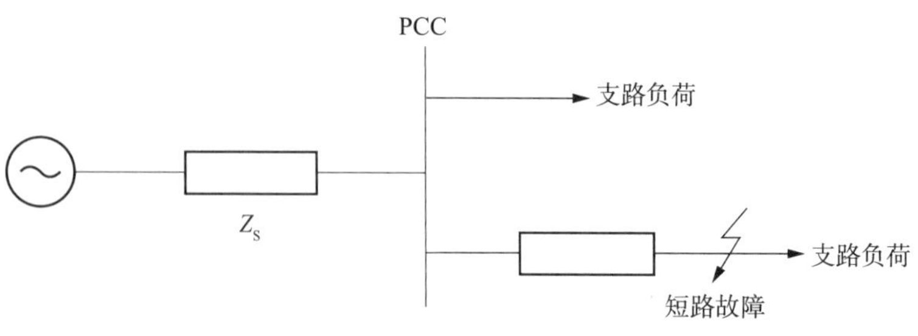

图 9－1 电压暂降机理示意图

显然，随着短路电流的加入，系统阻抗上产生了比较大的电压降落，公共连接点(PCC)上电压降低了。在故障清除之前，随着公共连接点上的电压降低，所有连接在该母线上的用户都要经历一次电压暂降。如果重合闸不成功，与故障线路邻近的其他线路上还会再经历一次甚至几次电压暂降。在这期间，如果电压暂降的幅值和持续时间超过了一些敏感负荷的承受能力的话，那这些敏感负荷可能会停运，在单相及两相故障时，也会发生电压暂降，只是各相暂降的幅值可能不同，具体的暂降幅值取决于系统阻抗、故障阻抗、变压器连接方式、故障前的电压水平等因素，暂降造成的影响取决于设备的敏感程度。

电动机启动、变压器投入时其所在支路电流也会大大增大，原理与短路类似。不同的只是这些情况下电流的幅值比短路情况小一些，持续时间比短路时间长。

9.2.2 电压暂降危害

目前，微处理器控制设备和电力电子设备在工业中广泛使用，这些设备对电压暂降特别敏感，电压暂降往往会导致其损坏或误动作。如变频调速、可编程逻辑控制器、各种自动化生产线、计算机系统等。在欧洲和美国，电力部门和用户对电压暂降的关注程度比对其他电能质量问题的关注程度要强得多。主要原因是由电压暂降引起的用户投诉占整个电能质量问题投诉数量的80%以上，而由谐波等引起的电能质量问题投诉数量所占不到20%。IBM公司(国际商业机器公司)统计表明，48.5%的计算机数据丢失是由电压不合格造成的。

(1) 汽车行业

在汽车行业中，大量使用工业机器人，由机器人控制对金属部件进行钻、切割等精密机械加工或喷涂设备时，如果发生电压暂降事件，会引起机器人的误动作，造成产品报废。

(2) 半导体、精密电子等行业

电压暂降会导致半导体设备制作过程被迫停止，大量产品报废，经济损失可高达几百万至上亿人民币，还会导致工艺冷却水系统(PCW)水泵意外停机，造成价值上千万元的半导体制造机台因不能及时得到冷却水进行降温而损坏，机台维修一次的费用就高达几十万元，同时会造成很多产品报废，经济损失巨大。另外，超纯水系统和空调系统也会因为电压暂降停机造成同样的影响。

(3) 火电厂

电网高压输电线路瞬时接地故障引起的电压暂降会造成附近火电机组停机事件，由此带来巨大的经济损失。以一台600MW机组为例，一次重新吹扫点火的时间约为2h～5h，直接经济损失约20万元。

(4) 石油化工和煤化工行业

为了保证供电可靠性和工艺供热需求，一般石化和煤化工企业都有自备电厂。自备电厂给粉机变频器、空气预热器用的变频器等受到电压暂降的影响后，其后果如火电厂一样，同时因为供热停止，造成的化工工艺损失远大于一般的发电厂。据多数石化企业反映，一次停产损失可高达数百万人民币。以一个年产 60 万吨的甲醇厂为例，每天生产甲醇约 2000t，一次电压暂降引起的停机事故，重新开机到工艺正常约 8h，以甲醇 2000 元/t 计算，直接损失就有约 130 万元。

(5) 化纤行业

在化纤行业中，一个不容忽视的问题就是工艺敏感负荷（如增压泵、熔体输送泵、聚酯搅拌器、计量泵、侧吹风机、环吹风机、浆料搅拌器、高压氯苯泵等）对电压暂降的免疫能力不够。在电压暂降期间发生变频器、接触器跳闸事件，引起整条生产线停止，造成约 20 万元～60 万元的经济损失和大量废品，甚至损坏设备，清理和重新开机造成了人力、物力和时间的大量浪费。

9.2.3 容限曲线

20 世纪 80 年代，美国计算机商业设备制造者协会（Computer Business Equipment Manufacturing Association，CBEMA，现已改称 Information Technology Industry Council，ITIC，信息技术工业协会）基于大型计算机对电能质量的要求，提出了电压允许的 CBEMA 曲线（如图 9－2 所示），以防止电压扰动造成计算机及其控制装置误动和损坏。该曲线是根据大型计算机的实验数据和历史数据绘制的。对于其他敏感负荷的 CBEMA 曲线，可参照该曲线并根据实际情况制定。CBEMA 改称信息技术工业协会后，其所属的第三技术委员会对 CBEMA 曲线进行了修订后称其为 ITIC 曲线，如图 9－3 所示。ITIC 曲线仍沿用 CBEMA 的基本概念，即包络线内的电压为合格电压，而包络线外的电压为不合格电压。但与 CBEMA 曲线相比，ITIC 曲线的包络线进行了修订，将光滑曲线改为折线，使电压幅值与持续时间有明确的对应关系；稳态电压容限从 106％和 87％改为

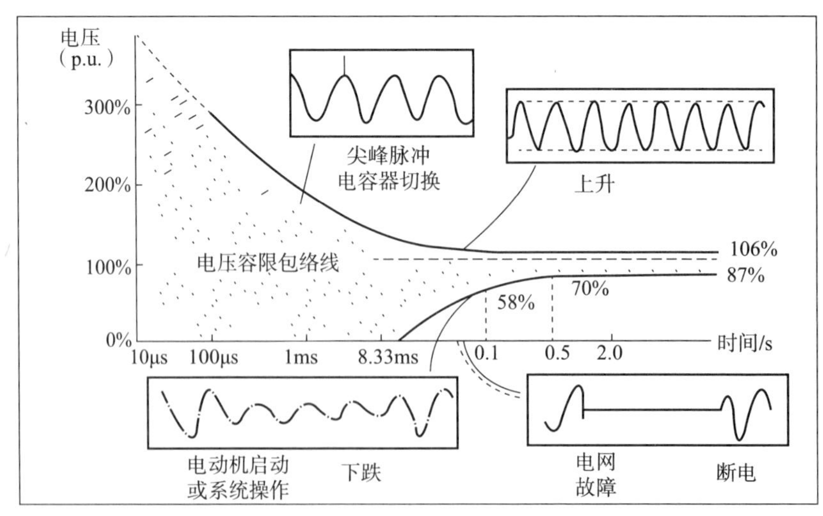

图 9－2 CBEMA 曲线

110%和 90%;下包络线的起始时间从 8.33ms 改为 20ms(超过 60Hz 系统的一个周波),表明计算机元件的断电耐受水平有了提高;横坐标既标明秒的单位,又标明 60Hz 系统的周波(图 9-3 中的 c)单位,更具实用性。

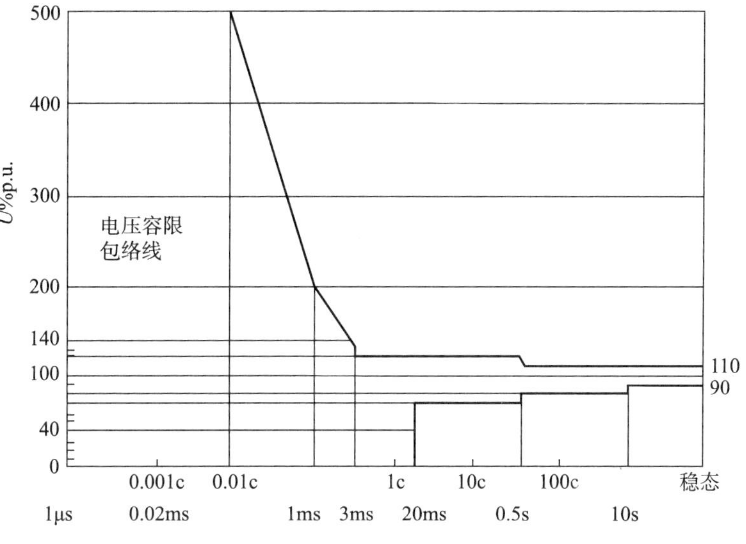

图 9-3 ITIC 曲线

SEMI F47 是半导体加工设备的电压暂降抗扰力规范,定义了半导体加工、度量、自动化测试设备的电压暂降抗扰力(见表 9-3 和图 9-4 实线框内),规定了持续时间从 0.05s 到1.0s 的 60Hz 和 50Hz 工频下电压暂降耐受值。

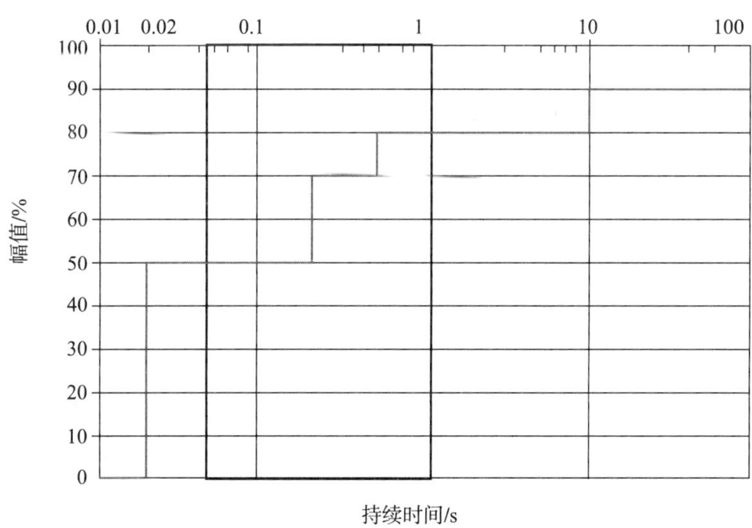

图 9-4 SEMI F47 曲线

表 9-3 SEMI F47 电压暂降持续时间和耐受值

持续时间/s	持续时间/周波		幅值/%
	周波 60Hz	周波 50Hz	
<0.05	<3	<2.5	无规定
0.05~0.2	3~12	2.5~10	50
0.2~0.5	12~30	10~25	70
0.5~1.0	30~60	25~50	80
>1.0	>60	>50	无规定

9.3 标准主要条款的解释

9.3.1 术语和定义

电压暂降 voltage dip(sag)在本标准中定义为“电力系统中某点工频电压方均根值突然降低至 0.1p.u.~0.9p.u.,并在短暂持续 10ms~1min 后恢复正常的现象”,有如下几点说明:

(1) 名称确定

对于电压暂降,美国电力电子工程师协会(IEEE)用语为 voltage sag,国际电工委员会(IEC)用语为 voltage dip。长时间来,我国对 sag 和 dip 的翻译非常不统一,常用的名称有电压暂降、凹陷、骤降和下凹等。在我国电工术语国家标准中将 IEC 标准中的“voltage dip”均翻译为“电压暂降”,故本标准中也采用“电压暂降”来描述此类现象。

(2) 幅值选取

IEC 标准中通常将电压方均根值下降到额定值的 1%~90%的短时电压变动现象归为电压暂降;而 IEEE 标准中定义电压暂降幅值为标称值的 10%~90%。在实际操作中,由于测量误差存在,使得 1%标称电压值很难被准确检测,故本标准参照 IEEE 将电压暂降幅值定为 10%~90%(即 0.1p.u.~0.9p.u.)。

(3) 持续时间定义

电压暂降的持续时间在 IEC 和 IEEE 中有不同的定义。IEC 中定义电压暂降持续时间为 0.5 周波~3min;IEEE Std 1250—1995 中定义电压暂降持续时间为 0.5 周波~2min;IEEE Std 1159—1995 中定义电压暂降持续时间为 0.5 周波~1min。由于在实际运行中,超过 1min 的电压暂降事件发生很少,故本标准引用 IEEE Std 1159—1995 中对电压暂降持续时间的规定。

(4) 分类

在许多国际标准或文献中,按照持续时间长短还对电压暂降与短时中断进行了分类。虽然本标准中未进行进一步分类,但为便于读者更好地理解和阅读其他相关资料,现提供分类表供参考(见表9-4)。

表9-4 电压暂降及短时中断分类及特性参数

类别		典型持续时间	典型电压幅值
即时	暂降	10ms~500ms	0.1p.u.~0.9p.u.
瞬时	中断	10ms~3s	<0.1p.u.
	暂降	500ms~3s	0.1p.u.~0.9p.u.
暂时	中断	3s~60s	<0.1p.u.
	暂降	3s~60s	0.1p.u.~0.9p.u.

9.3.2 电压暂降与短时中断事件统计

(1) 电压暂降与短时中断事件统计表

对电压暂降与短时中断事件的统计方法中,在各类国际标准和文献中可供参考的主要有UNIPEDE(欧洲供电国际联盟)电压暂降统计表(见表9-5)、IEC 61000-2-8(见表9-6)及南非NRS 048-2(见表9-7)的电压暂降统计表格以及电压暂降等势图(见图9-5)等。

表9-5 UNIPEDE(欧洲供电国际联盟)DISDIP组推荐表
(摘自IEC 61000-2-8:2002 Table2)

残余电压 u %的 U_{ref}	持续时间 s							
	$0.01<\Delta t\leqslant0.02$	$0.02<\Delta t\leqslant0.1$	$0.1<\Delta t\leqslant0.5$	$0.5<\Delta t\leqslant1$	$1<\Delta t\leqslant3$	$3<\Delta t\leqslant20$	$20<\Delta t\leqslant60$	$60<\Delta t\leqslant180$
$90>u\geqslant85$								
$85>u\geqslant70$								
$70>u\geqslant40$								
$40>u\geqslant10$								
$10>u\geqslant0$								

注1: 第1列和第1行的测量结果可能会分别受瞬态事件和负波荷波动的影响数值偏大。

注2: 第1、2个时间栏中的0.01s和0.02s对应50Hz电压系统中的0.5周波和1个周波。60Hz系统中使用对应的时间值。

表 9-6　IEC 61000-2-8 推荐表(摘自 IEC 61000-2-8:2002 Table28)

残余电压 u %的 U_{ref}	持续时间 s							
	0.02<Δt≤0.1	0.1<Δt≤0.25	0.25<Δt≤0.5	0.5<Δt≤1	1<Δt≤3	3<Δt≤20	20<Δt≤60	60<Δt≤180
90>u≥80								
80>u≥70								
70>u≥60								
60>u≥50								
50>u≥40								
40>u≥30								
30>u≥20								
20>u≥10								
10>u≥0 (短时中断)								
注:第 1、2 个时间栏中的 0.01s 和 0.02s 对应 50Hz 电压系统中的 0.5 周波和 1 个周波。60Hz 系统中使用对应的时间值。								

表 9-7　基于深度和持续时间特性的暂降分类表(摘自 NRS-048-2:2003 Table7)

<table>
<tr><td>1</td><td>2</td><td>3</td><td>4</td><td>5</td></tr>
<tr><td rowspan="2">暂降深度
ΔU
(表示为
a %的 U_d)</td><td rowspan="2">残余电压
U_r
(表示为
a %的 U_d)</td><td colspan="3">持续时间
t</td></tr>
<tr><td>20<t≤150
ms</td><td>150<t≤600
ms</td><td>0.6<t≤3
s</td></tr>
<tr><td>10<ΔU≤15</td><td>90>U_r≥85</td><td colspan="3">Y</td></tr>
<tr><td>15<ΔU≤20</td><td>85>U_r≥80</td><td colspan="2">Y</td><td rowspan="2">Z1</td></tr>
<tr><td>20<ΔU≤30</td><td>80>U_r≥70</td><td>Y</td><td rowspan="3">S</td></tr>
<tr><td>30<ΔU≤40</td><td>70>U_r≥60</td><td>X1[a]</td><td rowspan="3">Z2</td></tr>
<tr><td>40<ΔU≤60</td><td>60>U_r≥40</td><td>X2</td></tr>
<tr><td>60<ΔU≤100</td><td>40>U_r≥0</td><td colspan="2">T</td></tr>
<tr><td colspan="5">注:在对 LV 系统进行测量时,将暂降阈值设置为 0.85p.u.是可以接受的。</td></tr>
<tr><td colspan="5">[a]有相当数量的事件落在 X1 中。即使暂降幅值很小,但是具有复杂特征(例如相位跳变、三相不平衡、多相暂降)的暂降事件仍然会对用户的工厂造成重大的影响,而此时用户可能没有办法去减轻这些影响。</td></tr>
</table>

比较 UNIPEDE 与 IEC 61000－2－8 推荐的电压暂降统计表，可以看出，IEC 61000－2－8 将 100ms～500ms 的区间合理分解，并且在暂降幅值上做了更细致的划分。至于南非 NRS 048－2 提供的表，它考虑到了设备的敏感性，但南非地区很特殊，供电部门的主要目的是让大多数人用上电，此表在南非之外很少应用，并且此表的时间只到 3s。

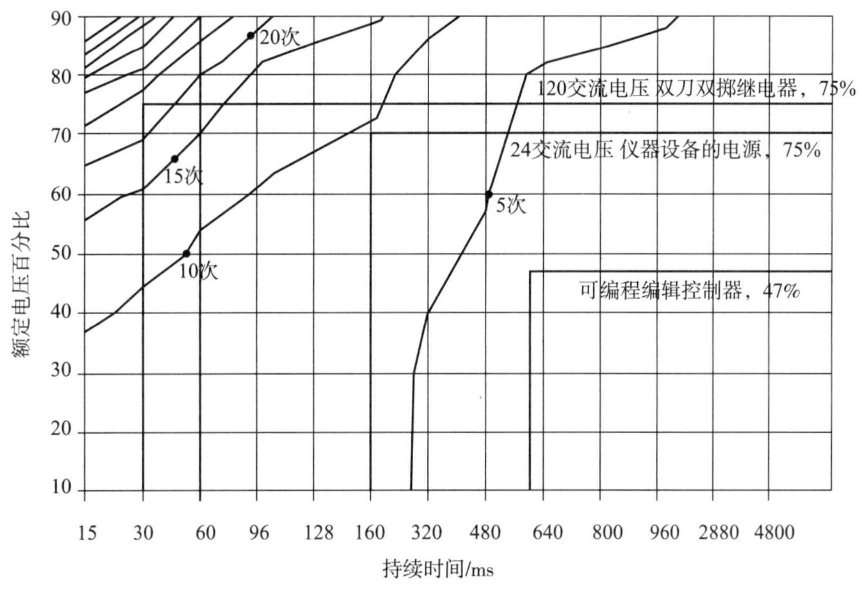

图 9－5　电压暂降等势图

至于电压暂降等势图，其优点是：①可以直接与设备性能比较，因此适合作为电力公司和工业用户之间的数据交换；②图内信息缺失少，数据可经再处理转化为其他格式的指标；③包括了非矩形暂降，并且不要进一步的复杂处理方法。但是，由于它包含许多变量，各监测点之间的数据不适宜作简单对比，并且方法很复杂，导致很少使用。

综上所述，本标准中采用修正的 IEC 61000－2－8 推荐表，按暂降幅值和持续时间分类记录暂降发生次数，分类清晰，简洁明了。又因为电压暂降的典型持续时间是 0.5 周波～1min，所以将起始值由 1 周波改为 0.5 周波(即 0.01s)，并且只统计 1min 内的事件(由于超过 1min 的暂降事件发生的次数是很少的)，同时考虑了对短时中断的统计。

(2) 电压暂降监测时间的确定

在进行电压暂降与短时中断事件统计时，本标准规定，对于 1min 内发生的多次电压暂降应归并为一次进行统计，因此就要求在统计电压暂降事件时需要采用时间组合，即组合事件(在 1min 内发生连续电压暂降，只统计为一次暂降事件)。时间组合可以压缩海量数据，突出质量必要信息，同时可以简约电能质量报表。由于电压暂降定义的持续时间为 0.5 周波～1min，而美国电力科学研究院对配网电能质量调查(EPRI－DPQ)统计表明，约 90%的电压暂降持续时间不超过 1s，不超过 0.1s 的约占 60%。因此，推荐电压暂降组合时间是 1min。

以电压暂降为例，当相邻线路断路器一次或多次重合在永久性故障上时，会在较短时间内引起 PCC 处电压发生一次或多次暂降，图 9－6 是对某 10kV 母线实际捕捉到的比较典型的因三相一次重合失败造成连续两次暂降。

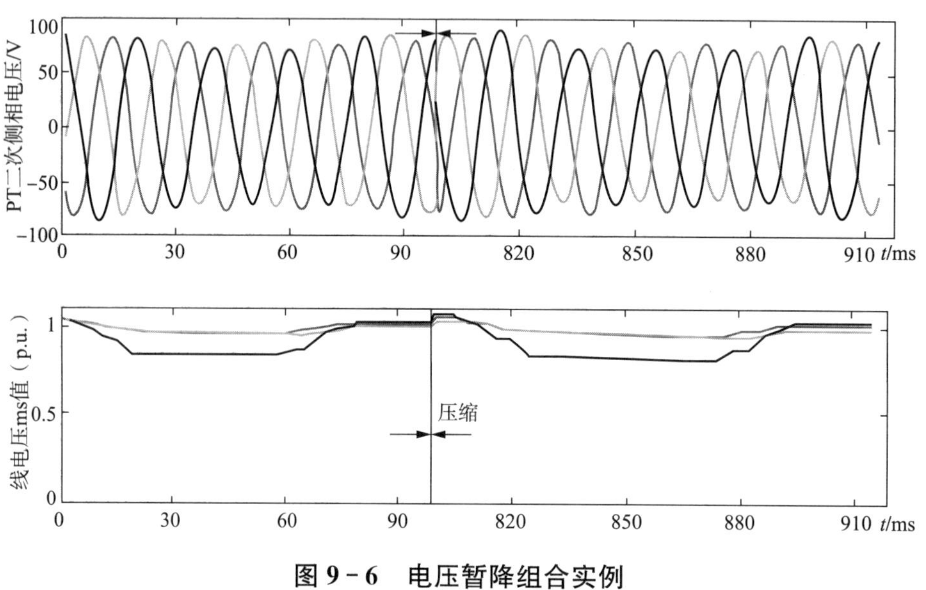

图 9－6　电压暂降组合实例

在一个较短时间窗内发生的多次电压暂降，大多数情况下，敏感设备可能在第一次暂降时就跳闸，要不就根本没有反应。即使设备在第一次暂降时跳闸，其设备恢复运行时间远远要大于秒级的重合闸时间。因此，从设备受影响角度出发，对于因重合闸重复动作等原因造成的 1min 内连续发生的多频次电压暂降，如图 9－7 示例两频次暂降，只计为一次暂降，在这 1min 内的三相中最低的电压方均根值就是本次电压暂降的幅值，记作 Vs；最小残余电压所在的那次暂降持续时间就作为本次暂降的持续时间，记作 T，如图 $T=T_1$。

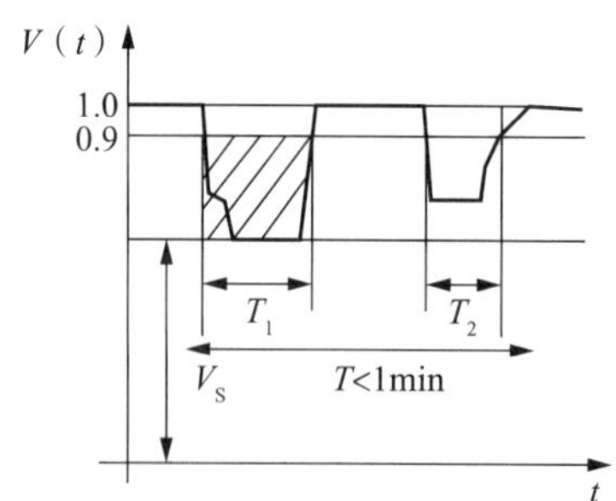

图 9－7　电压暂降组合示意图

9.3.3 电压暂降与短时中断推荐指标

(1) SARFI指标

SARFI指标是用来反映电力公司在电压RMS值变动方面的供电服务质量，表示为发生在监测期间每个用户特定电压方均根值变化测量事件的平均次数。SARFI指标包括两种形式：一种是针对某一阈值电压的统计指标$SARFI_X$；另一种是针对某类敏感设备的容限曲线的统计指标$SARFI_{-CURVE}$。

本标准中$SARFI_X$推荐采用以下两种形式，分别为利用事件影响用户数进行统计的$SARFI_{X-C}$和仅利用事件发生次数进行统计的$SARFI_{X-T}$。在$SARFI_{X-C}$和$SARFI_{X-T}$的公式中，X为电压方均根阈值，可以为参考电压的90%、80%、70%、50%或10%等；X值的选取是由用户设备的抗干扰性确定，例如重要的敏感负荷，对于三相电压暂降的情况，推荐只考虑发生暂降深度最大的那相。对于单一用户来说，测定的$SARFI_{X-C}$指标就等价于电压方均根值低于规定阈值的暂降事件的总和，即与$SARFI_{X-T}$计算结果一致。

例如，某一用户在100天的测量周期内记录了10次的电压暂降事件(假定阈值为X)，则按标准月周期(30天)计算后，测试点$SARFI_X=10\times(30/100)=3.0$。

$SARFI_{-CURVE}$即$SARFI_{-CBEMA}$、$SARFI_{-ITIC}$、$SARFI_{-SEMI}$，这些曲线就没有限制持续时间一定要小于60s。另外采用$SARFI_{-CBEMA}$、$SARFI_{-ITIC}$、$SARFI_{-SEMI}$对电压变动事件进行分组，可以反映基于标准敏感曲线的暂降次数对该类设备的影响情况，当对比一个特定用户的敏感曲线时，可以估计该设备或生产线的跳闸次数，同时，当其与特定系统的具体参数相结合时(如法国EDF的70%，600ms)，能较好地评估系统的性能。

SARFI指标也能够用于系统描述，可将系统内所有测点的SARFI值的平均值视为整个系统的SARFI指标，作为表征系统的平均供电质量指标。由于并不是所有的系统节点都被监测，并且所有的测点情况并不都相同，因此，可以根据测点所在区域负荷重要程度分配更多权重(加权系数)的加权方法来加以区分。大多数情况下认为所有测点的加权系数都是相等的。当监测的线路较多时，也可采用CP95概率值来作为系统指标。

SARFI指标有如下优点：①计算简洁，易于使用；②易于比较不同测点、不同系统的供电质量，以及易于进行周期(年、月)变化比较；③该指标只由事件总数决定，对于减少系统故障次数有很强的激励作用。

(2) 其他指标

除了本标准推荐的电压暂降统计指标SARFI指标外，还有暂降严重性指标、暂降事件次数指标、经济损失指标、短时中断的可靠性指标等。

9.3.4 电压暂降与短时中断的检测

对于单相系统的电压暂降与短时中断检测阈值来说，本标准与IEC、IEEE的检测方法都一致，都是"当$U_{rms(1/2)}$或$U_{rms(1)}$低于暂降(短时中断)阈值时，电压暂降(短时中断)开始；当$U_{rms(1/2)}$或$U_{rms(1)}$等于或者高于暂降（短时中断）阈值与迟滞电压之和时，电压暂降（短时中断）结束。"此处引入迟滞电压是为了避免检测暂降的幅值在阈值范围附近振荡时造成事件的多次统计，迟滞电压通常为U_{din}的2%。

而对于多相系统来说，对电压暂降的检测阈值本标准与IEC、IEEE的检测方法都一致；但是对于短时中断的检测阈值本标准采用的是IEEE的检测方法，与IEC不同。这是由于IEC标准对短时中断的定义中规定"多相系统中，当所有相电压方均根值均低于短时中断阈值时，短时中断开始；当任何一相电压方均根值等于或者高于短时中断阈值加上迟滞电压时，短时中断结束"，此种定义方式将造成"在多相系统中，一相或多相（非全部相）电压方均根值低于0.1p.u."的事件缺乏定义覆盖，容易造成误解；而本标准采用了IEEE标准对短时中断定义为"在多相系统中，一相或多相电压低于0.1p.u.时，短时中断发生；当所有相电压恢复时，短时中断结束"，此定义方式避免了以上情况出现；同时也避免了"在多相系统中，一相或多相（非全部相）电压方均根值低于0.1p.u."的事件在本标准中表1中无处填写的情况；并且此种检测形式也与电压暂降保持一致，有利于本标准的实际推广应用。

9.3.5 电压暂降与短时中断的监测

本标准中对电压暂降与短时中断的监测仪器要求主要是参照IEC 61000－4－30（GB/T 17626.30），与新版的GB/T 19862—2016《电能质量监测设备通用要求》也保持一致。

电压暂降与短时中断是在人们无法预知的情况下发生的，因此，对其的监测需要自动在线进行，应在系统带有敏感负荷的分支线路或重要节点上装设监测装置进行监测；或根据故障分析统计的结果，在出现次数频繁、影响程度大的线路上装设电能质量在线监测装置。为了获得电网的电压暂降普遍水平，监测点必须覆盖各个电压等级。电压等级越高，且存在用户直接接入的公共接入点，越应该进行监测；对于电压等级较低的，则可以选择一定比例的厂站进行监测，在厂站中选择单点或多点进行监测，从而获得接近实际情况的电网电压暂降水平。监测记录内容应包括日（月、年）电压暂降及中断频次等，并按照本标准提供的统计表给出统计结果。

（1）电压暂降相的确定

电压暂降的检测往往是对单相进行的，而电压暂降有时会同时出现在两相或者三相上，对暂降相的识别有利于对暂降原因加以判别，从而更好地分析和抑制电压暂降的发生。当单相发生电压暂降时，暂降相即为此发生相。当多于一相电压发生暂降时，应确定发生相，分别给出暂降幅值（A类仪器还应给出各相对应的相位跳变），并显示暂降幅值最低的相。

（2）电压暂降监测时间的确定

电压暂降监测时间长短对暂降事件的分析十分重要，监测要把暂降事件中的特征数据保留下来。大部分电压暂降事件是由于输配电线路短路故障引起的，暂降的持续时间取决于故障的切除时间。电力系统线路故障切除时间一般为：500kV 线路近端故障 0.08s，远故端障 0.1s；220kV 线路近端故障 0.1s，远端故障 0.12s；而对于母线故障切除时间一般取 0.08s～0.1s。总的来说，对于一般的快速保护动作时间为 0.06s～0.12s，更快者可达 0.01s～0.04s，一般的断路器的动作时间为 0.06s～0.15s，更快者可以达 0.02s～0.06s。因此，当电网发生故障时，中高压系统的主保护一般能在 150ms 之前切除故障，低压系统的主保护与配置相关，快则在 150ms（7.5 个周波）之内能够切除故障，慢则在 100ms～500ms 区间。考虑到以上原因，监测仪器应具有记录至少 10 个周波数据的能力，最好能记录 25 个周波以上的数据。记录中应包括暂降前至少 5 个周波与暂降结束后至少 5 个周波的数据。

9.4　制定标准期间相关条款的争议及其最后确定

对于本标准是否将电压暂升纳入的问题，在标准起草过程中也经过多次的反复讨论。标准起草工作组在最后一次送审稿讨论会上汇集分析了各方专家的意见后，经讨论最终取得了一致意见：将原标准稿中涉及电压暂升的部分删去。

相对电压暂降而言，电力系统中电压暂升发生次数相对较少，并且幅值较低的电压暂升对设备影响相对较小，而较大幅值的电压暂升通常持续时间较短，其引起的危害与电压暂降相比，往往较小。电压暂升与电压暂降产生的原因有所不同，电压暂降主要是由接地故障、重负载启动与供电系统切换引起；而电压暂升主要由减负载与供电系统切换引起；电压暂升对电力设备的影响与电压暂降也属于不同的类型。

国内外对电压暂升的关注度较小，在目前制定标准中应突出重点，无须专门提及电压暂升；并且在 GB/T 18481—2001《电能质量　暂时过电压和瞬态过电压》中的工频过电压内容中也包含了部分电压暂升的内容，是否将其剥离出来另定标准就不在这展开讨论了。

9.5　标准的局限性分析

本标准在起草过程中，对大量的现场情况及测试数据进行了调研和分析，同时参阅了国内外涉及电压暂降的标准及技术文献，由于国内外对电压暂降的研究时间都不长：从 20 世纪 70 年代起才开始出现相关的研究工作；直到 20 世纪 80 年代，随着用电设备的技术更新，数字式自动控制技术在工业生产中得到大规模应用，如变频调速设备、可编程逻辑控制器（PLC）、各种自动生产线以及计算机系统等敏感性用电设备的大量使用，电压暂降问题才引起各有关部门与相关研究人员的广泛关注，此时主要的研究工作集中在检测、机理分析及对电机运行性能的影响；到了 90 年代初，电压暂降与短时中断已成为最重要的电能质量问题。在欧洲和美国，电力部门与用户对电压暂降的关注程度比对其他电能质量问题要强得多，由电压暂降引起的用户投诉占整个电能质量问题投诉数量的80%以上,此时对电压暂降的研究更加广泛和深入,也取得了丰硕的成果,IEEE与IEC等组织也一致致力于相关标准的制定。国内虽然起步较晚,近几年也有大量的研究成果涌现。但对于电压暂降特征参数的提取及辨识、电压暂降限值的确定以及电压暂降指标等方面的研究与国际上还存在很多分歧,也给本标准的起草带来了很大的困难。

本标准作为国内第一个关于电压暂降的电能质量标准,可供参考的国内外标准及技术文献不多,可用于分析的测试数据也有限,在起草时主要考虑将国内外研究较为成熟、并且在学术上取得共识的部分纳入本标准。因此,在某些方面操作性和应用性不强,今后需要进一步研究和改进的问题主要有以下几个方面。

9.5.1 电压暂降中相位跳变特征的问题

电压暂降特征量是判断电压暂降事件是否发生,以及衡量暂降事件严重程度的重要依据。由图9-8可见,在电压暂降早期的研究中,幅值和持续时间是最受关注的两个特征量。在对敏感设备的电压暂降免疫力研究中,通常采用幅值和持续时间这两个特征量描述设备对电压的耐受能力。

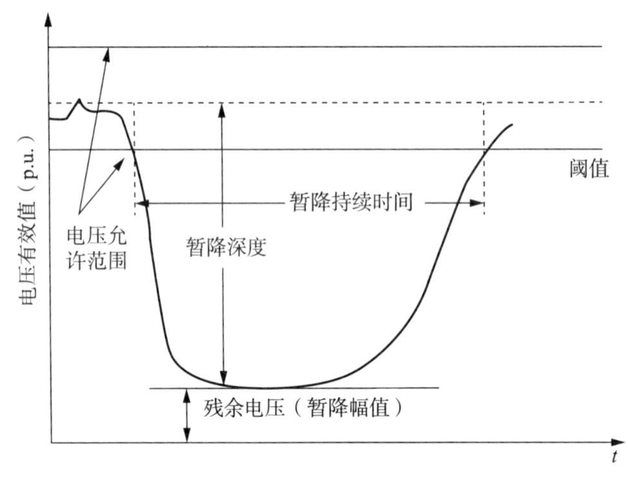

图9-8 电压暂降特征图

进一步的研究发现,除了幅值和持续时间,电压暂降起始时刻、相位跳变等特征的差异,同样会影响到敏感设备的性能。电力系统中电压是一个相量,包含幅值和相位。系统发生短路故障不仅会导致电压幅值的变化,同时也会改变电压相位角。从瞬时电压波形上看,相位跳变(phase-angle jumps,PAJ)是指瞬时电压过零点的变化;从电压相量图上看,相位跳变是电压相量在复平面上的角度突变。相位跳变被认为是时间的函数,描述暂降发生过程中瞬时电压和故障前电压的相角差,如图9-9所示,故障后电压为实线,故障前电压为虚线。

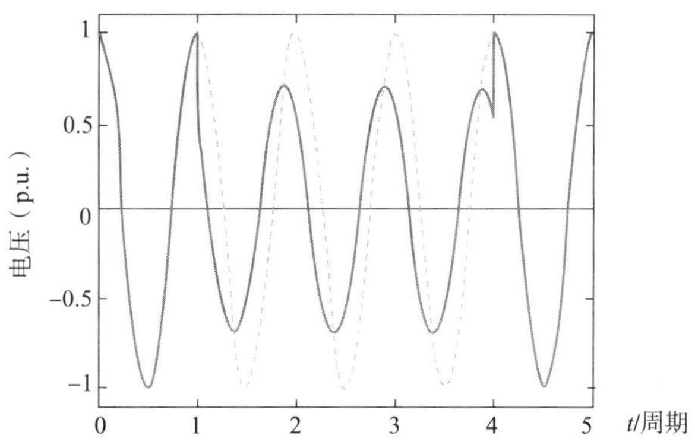

图9-9　相角跳变+45°的电压暂降瞬时波形

相位跳变的出现会影响供电电压过零点的变化，致使用于直流驱动的可控整流器的触发角序列发生偏差，而用以决定导通时刻的锁相环通常需要数个周期才能跟踪到相角的变化，可认为暂降过程中锁相环得到的相角信息和暂降发生前是不变的，故发生相位跳变即相当于将原电压波形进行了平移，导致晶闸管提前或滞后导通。目前，已知对相位跳变敏感的设备有交流接触器、低压脱扣器、可调速装置、双馈感应电机等。

有文献研究了直流、交流电机的转速和转矩在经历电压暂降时的变化，结果表明，交流电机受相位跳变影响较小，而直流电机在暂降起始相位角较大、暂降幅值较大的情况下，大的相位跳变角会对电机性能造成较大影响。对风力发电机组而言，风电机组接入点若发生电压暂降，可能造成机组脱网，对整个系统稳定和经济运行造成重大危害，故风电机组并网前必须进行低电压穿越能力测试；当电压幅值相同，若同时存在相位跳变，故障对风电机组造成的暂态冲击将更为严重，为此，丹麦的风电并网规程已明确要求在并网点电压发生20°相位跳变时，风电机组必须保证不脱网连续运行。

暂降幅值和持续时间因其对敏感设备的共同影响作用，因此常被放在一起讨论，并提出量化的指标。然而从特征量产生的原因来看，二者并没有非常直接的联系。相较之下，暂降幅值和相位跳变特征量有更密切的联系，原因在于电力系统中的电压是一个相量，幅值变化的同时也伴随着相位的变化。其次，从敏感设备的角度，单独考虑幅值或持续时间是没有意义的，脱离暂降幅值来说明相位跳变对敏感设备的影响，同样是不全面的。对相位跳变敏感的设备，并非相位跳变角越大，影响越严重。相位跳变是电压暂降的特征量之一，但目前PAJ的检测方法仍缺乏明确的国际标准。IEEE 1159给出电压暂降的基本定义，但未提及PAJ；IEC 61000-4-30提出PAJ的离散傅里叶分析法，但忽略了PAJ与暂降特征的联系，且未给出PAJ检测方法；Bollen M等结合PAJ特征，将暂降期间PAJ最大绝对值或平均值作为暂降PAJ特征，提出单相PAJ检测暂降分段法，但缺少理论依据和实验验证。因此本标准只是给出电压相位跳变的定义，并未提及检测方法。

9.5.2 电压暂降与短时中断限值问题

本标准是目前电能质量系列国家标准中唯一没给出限值的标准，这是由于电压暂降并不像谐波、闪变或三相不平衡等指标可以在较短的时间内(例如 1 周)进行测量评估，电网电压暂降的测量时间需要比较长的时期(至少 1 年)。有文献记载，利用统计学进行计算得出，对于非常敏感的负荷，如每天都会因为电压暂降跳闸 1 次的设备，要获得 50%的准确度需要观察 2 周；要获得 10%的准确度需要 1 年；而对于每年经历 1 次跳闸事故的设备，要获得 50%的准确度需观察 16 年；要获得 10%的准确度就需观察 400 年。虽然国内外在电压暂降问题的研究方面开展了很多工作，但电压暂降监测数据的缺乏是制约国内外电压暂降标准制定限值的一个主要原因；再者，不同的电网因为其不同的架设类型(例如架空敷设、电缆敷设)及电压水平，使得不同电网的电压暂降指标也会不同，造成国际上还没有公认的衡量指标及限值要求。虽然一些行业协会定义了一些敏感性负荷的容限标准，并以最小容限水平来引导一些设备接于低压网络的用户，但并不能直接认为这方面的指标能够直接适用于供电网之间进行指标比较。因此，由于国内还缺少大量的电压暂降监测数据及案例积累，使得电压暂降与短时中断的限值标准短期内无法给出，但本标准的颁布将促进此类事件的记录和研究，为后续版本中制定具体限值提供依据。

目前，国际上制定电压暂降限值标准的国家极少，比较有代表性的是南非标准 NRS 048－2：2003 Electricity supply—Quality of supply—Part 2：Voltage characteristics，compatibility levels，limits and assessment methods。这个标准首先给出电压暂降分类表(见表 9－7)，该表按照残余电压和持续时间这两个特性将暂降分成不同类型区域(Y、X、S、T、Z)，并对这些分类区域进行了定义和阐述(见表 9－8)。

表 9－8 暂降分类区域定义表(摘自 NRS 048－2:2003 Table 8)

1	2		3
分类区域	持续时间和深度		定义和描述
Y	持续时间	＞20ms～3s	暂降定义(20ms～3s)
	暂降深度	30%，20%，15%	以此作为最低的场站电压暂降兼容性要求(该区域覆盖了大多数的短时电压暂降事件)
X1	持续时间	＞20ms～150ms	典型的Ⅰ段保护切除时间(没有差动保护)
	暂降深度	30%～40%	以此作为场站要求达到的电压暂降免疫能力，因为该区域内的电压暂降事件多数是由远端故障引起的
X2	持续时间	＞20ms～150ms	典型的Ⅰ段保护切除时间(没有差动保护)
	暂降深度	40%～60%	该区域内的电压暂降事件可能会造成传动器跳闸，是由远端故障引起的

表 9-8(续)

1	2		3
S	持续时间	>150ms～600ms	典型的Ⅱ段和速断保护切除时间
	暂降深度	20%～60%	以此作为场站的电压暂降兼容性要求(传动器跳闸>20%),该区域的电压暂降事件是由远端故障引起的
T	持续时间	>20ms～600ms	Ⅰ段和Ⅱ段保护切除时间
	暂降深度	60%～100%	以此作为场站的电压暂降兼容性要求(接触器跳闸>60%),该区域的电压暂降事件是由近区故障引起的
Z1	持续时间	>600ms～3s	后备保护和过热保护切除时间或长的恢复时间(电压暂态稳定)或者以上皆有
	暂降深度	15%～30%	该区域的电压暂降事件是由远端故障引起的,只有部分电机能够躲过
Z2	持续时间	>600ms～3s	后备保护和过热保护切除时间
	暂降深度	30%～100%	该区域的电压暂降事件是由近区故障引起的,可能会造成电机停运

基于以上的分类表,南非标准在整理分析了长时间的电压暂降普测数据,充分考虑了电网企业和电力用户双方利益平衡后,给出了南非电网的各类电压暂降区域年发生次数值(见表 9-9 和表 9-10),并将之作为南非电网电压暂降限值的参考标准。这些值代表着南非电压暂降监测历史上分别有 95%和 50%的监测厂站没有超过这些值。由于这些数据都是基于长时间的普测得到,符合南非电网的实际情况,有很好的指导意义,对于其他国家却不适用。

表 9-9 电网各类电压暂降事件年发生次数表(95%场站值)
(摘自 NRS 048-2:2003 Table9)

1	2	3	4	5	6	7
电压范围	每年的电压暂降次数					
	电压暂降分类区域					
	X1	X2	T	S	Z1	Z2
6.6kV～44kV rural	85	210	115	400	450	450
6.6kV～44kV	20	30	110	30	20	45
>44kV～132kV	35	35	25	40	40	10
220kV～765kV	30	30	20	20	10	5

表 9-10 电网各类电压暂降事件年发生次数表(50%场站值)
(摘自 NRS 048-2:2003 Table9)

1	2	3	4	5	6	7
电压范围	每年的电压暂降次数					
	电压暂降分类区域					
	X1	X2	T	S	Z1	Z2
6.6kV~44kV rural	13	12	10	13	11	10
6.6kV~44kV	7	7	7	6	3	4
>44kV~132kV	13	10	5	7	4	2
220kV~765kV	8	9	3	2	1	1

在欧洲电压特性标准 EN 50160:1999 中,对低压和中压电网在电压暂降方面采用了相同的规定。其规定残余电压为标称电压的 1%~90%,且持续时间在 0.5 个周期到 1min 的事件为电压暂降事件。电压暂降控制目标也只是给出了一般性的条款,规定:"在正常操作的情况下,每年电压暂降的预计次数为几十到一千次;绝大部分的电压暂降持续时间应小于 1s,且其残余电压要高于 40%。其实,更严重的电压暂降(更低的残余电压,更长的持续时间)一般很少发生,而在一些区域由于用户安装设备而导致负荷转换,残余电压为标称电压的 85%~90%,电压暂降事件会发生得很频繁"。值得注意的是,该文件称为所谓的"电压特性"标准,意味着这些值是所有用户希望能够在绝大部分时间能够得以维持的值。但是严格来说,上述的值并不能看作电压暂降的目标值(或兼容水平),只能看作是限值的一个描述。在对于 EN 50160 中这些值的理解仍是一个争议点,所以很多欧洲电网调度者只是把这个文档作为其电网电能质量的一个参考。

9.6 标准实际应用案例及解决办法概述

9.6.1 电压暂降案例分析

(1) 事件概述

某高纤股份有限公司(以下简称高纤公司)是一家高新科技纺织企业,主要生产涤纶长丝、涤纶短纤等,使用的是国际最先进的技术和设备(主要生产设备均是由德国进口),拥有 45 万吨差别化涤纶短纤生产线 7 条,45 万吨差别化涤纶长丝生产线 26 条,年产值可达 120 亿元~150 亿元。高纤公司自建 110kV 变电站,由当地供电公司一个 220kV 变电站送出的两条专用 110kV 线路供电。由于化纤拉丝生产工艺的要求,使用了大量的拉丝机变频器(全厂共有 9382 多台容量不等的变频器)。2015 年 3 月 3 日 11:57:27,为其供电的供电公司 220kV 变电站相邻变电站的一条 220kV 线路由于避雷器发生故障造成线路开关跳闸,所引起的电压变动造成高纤公司发生大量变频器跳闸事件(约 75%变频器跳闸，多条生产线停运），带来较大的经济损失。据了解，由于高纤公司所在地区为多雷区，每年由于雷击引起的线路跳闸造成生产线突然停运事件时有发生，每次事件平均经济损失为80万元左右。

（2）事件分析

经过对上述用户现场用电情况及厂内设备的调查分析，发现跳闸变频器故障提示均为“主回路欠电压”，由此可判断这起事件主要是由于电网故障引起的电压暂降（在工业系统中常称为“电源晃电”）造成用户变频器的主回路欠电压，使得变频器跳闸。电压暂降一般是指电网由于短时故障（可由雷击、对地短路、发电厂故障及其他外部、内部原因造成）、大型设备启动等原因引起的电网电压短时大幅度波动、甚至短时断电的现象。在实际电网运行过程中，电压暂降事件是无法完全避免的。由于这种电压暂降事件是短时的，对传统的用电设备影响较小，但电压暂降会影响拉丝设备的工况波动，严重影响产品技术指标，甚至造成废品，电压变动过大直接造成变频器跳闸导致生产线电机停运，给企业造成很大的经济损失。变频器主回路欠电压跳闸主要是由于电压暂降引起了变频器中直流回路的低电压而造成跳闸。变频器是由整流器和逆变器两部分组成。通过对变频器的研究，变频器低电压主要指其中直流回路低电压（即逆变器输入电压过低）。一般的变频器都具有过压、低压和瞬间停电的保护功能。当变频器的逆变器开关器件为GTR（Giant Transistor，大功率晶体管，也称巨型晶体管）时，一旦低压或停电，控制电路将停止向驱动电路输出信号，使驱动电路和GTR全部停止工作，电动机将处于自由制动状态；当逆变器开关器件为IGBT（Insulated Gate Bipolar Transistor，绝缘栅双极型晶体管）时，在短时低压或停电后，将允许变频器继续工作一个短时间 t_d，若低压或停电时间 $t_o<t_d$，变频器将能平稳过渡继续运行；若低压或停电时间 $t_o>t_d$，变频器自我保护启动，停止运行。一般 t_d 都在15ms～25ms。在本次事件中，高纤公司使用的安川变频器的 t_d 为15ms，允许电网电压波动范围为－15%～＋10%，即当电网电压暂降深度超过15%，持续时间大于15ms时就会发生变频器跳闸事件。

（3）解决方案建议

由于变频器的低电压穿越允许时间很短，即使采用IGBT也只能达到15ms～25ms，这是一个很短的时间，一般的电压暂降持续时间都超过此数值，因此，解决变频器低电压跳闸问题必须从变频器能够承受的降压幅值着手。目前主要有三种解决方案：

①从变频器自身选型考虑。一是要选择具备IGBT逆变器件的变频器；二是要选择在大幅度暂降或完全失压条件下仍能维持短时工作的变频器，或选配变频器厂家配套的失电补偿单元。经过查阅资料，安川变频器厂家提供的失电补偿单元选件可保证在低压或失压情况下支撑2s，具备躲过80%以上的电压暂降事件。

②直流支撑方法。针对变频器低电压主要是直流回路的低电压而引起逆变器低压或停电从而导致跳闸的特点，可采取增加直流支撑的办法进行改造。常用的直流支撑系统主要由电池组、充电器、执行单元和监测单元组成，其结构如图9－10所示：

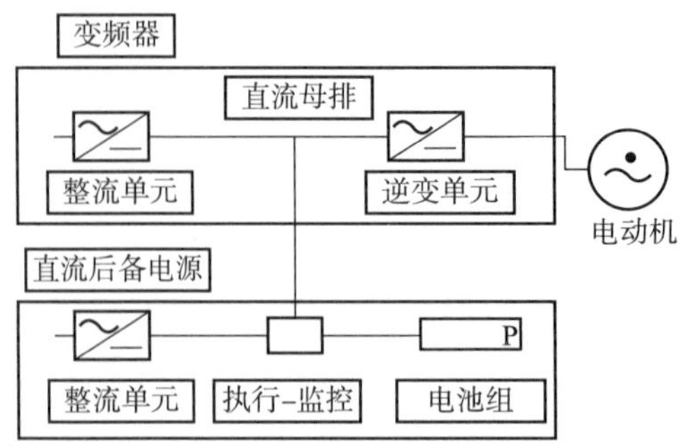

图 9-10　直流支撑系统示意图

直流支撑系统的工作原理即：利用蓄电池中贮存的直流电能，直接为变频器直流母排供电，从而保证变频器的正常运行。在电网正常时，直流后备电源在充电模式，整流充电单元对蓄电池组充电，蓄电池组处于浮充状态。当电网发生低压或失压时，直流后备电源自动切换至放电模式，经过直流压差控制电子开关，控制蓄电池组为变频器直流母排供电，为变频器提供无中断工作电源。这是一种较为经济有效的手段，可作为主要的推荐措施。

③交流稳压方法。在重要的380V母线上加装大型UPS或动态电压恢复器(DVR)，在发生电压暂降时为变频器提供即时的交流电压支撑。由于该措施费用更高，大容量支撑需要很大资金投入，运行费用也高，企业难以接受，仅适合在少量敏感设备上采用。

9.6.2　电压暂降和短时中断的解决办法

从造成电压暂降和短时中断的几方面原因和对设备造成的影响来分析，可以针对电压暂降和短时中断在输电系统、供电环节、补偿设备和用电设备等四个方面进行改进：

(1) 减少故障数目

减少故障数目可以减少电压暂降的发生，也可以减少供电中断事故，因此，减少故障数目、提高供电可靠性是提高供电质量最显而易见的方法。可以采用以下一些技术手段和措施减少故障出现的次数：

①架空线转电缆：大部分短路故障是由恶劣的天气或其他外部影响造成的；地下电缆可以有效减少线路受外部的影响，大大减少电压暂降和短时中断的概率，但是出现故障后维修的时间要更长。

②架空线绝缘化：在架空线的裸导线上外加一层绝缘层，也能减少电压暂降和短时中断发生的概率。

③加强剪树作业的管理：电线与树枝间的接触是导致短路的一个重要原因，特别是在重负荷情况下，导线过热会导致导线弧垂增大，因此，在高峰负荷情况下更容易发生短路故障。加强剪树工作的管理，确保线路与植物之间的距离，可以防止该类故障的发生。

④架设附加的屏蔽导线：屏蔽导线可以将雷电引入大地，因此可以保护线路免遭雷

击，减少因雷电造成的事故。

⑤增加绝缘水平：绝缘老化和过电压也会导致线路的短路故障，因此，提高线路的绝缘水平，可以有效减少短路故障发生的次数。

⑥增加维护和巡视频度：在无法寻找到故障发生的原因时，增加维护和巡视的频度，能够及时发现事故隐患，减少故障发生的次数。但当故障是由恶劣天气引起的，则效果就十分有限了。

(2) 缩短故障切除时间

缩短故障切除时间无法减少电压暂降发生的次数，但是可以明显减少电压暂降的幅值和持续时间。缩短故障切除时间的有效措施包括应用有限流作用的熔断器、反时限过流继电器、快速动作开关和固态开关。一般应尽量使电压暂降的持续时间控制在更短的范围以内，从而保证用电设备不受影响。

(3) 改变系统设计

通过改变供电方式可以有效降低电压暂降的严重程度，具体的措施有：

①在灵敏负荷附近装设一台电源，该电源可以在远距离故障引起电压暂降期间保持负荷的电压。

②提高供电的电压等级，能够有效防止其他用户故障对敏感负荷的影响。

③采用母线分段或多设配电站的方法限制同一回母线上的馈线数。放射式接线系统的暂降次数减少可以通过减少同一母线的出线个数来实现，通常采用的方法是通过专用线路给敏感负荷供电。

④在系统关键位置安装限流线圈，以增加故障点间的电气距离，但该方法可能导致其他用户的电压暂降更加严重。

⑤采用双电源或多电源供电方式。某个电源造成的电压暂降可以通过快速切换到其他独立电源得到缓解，但引入新的供电回路有可能会增加故障发生的概率，从而增加电压暂降发生的次数。当使用固态切换开关时，这种转换可以很快完成(在几个 ms 内)，电压暂降和短时中断的影响基本上可以完全消除。

⑥增加电压快速补偿装置，在故障发生后半个周波内能够响应，以提高母线电压，但该方法一般补偿的深度有限，当电压暂降程度较大时，需要很大的容量。

(4) 在供电网络与用户设备间加装补偿设备

该方法对于用户应用最为普遍，在用户无法更改配电网络的行为和结构时，只能在供电系统和用电设备接口处安装附加设备，以提高电能质量。通常所见的技术手段有：

①飞轮储能装置。飞轮储能装置在飞轮中贮存能量，它们由工厂电力系统供电的电动机构成，同步发电机给负荷和飞轮供电，所有这些都连接在同一个轴上。贮存在飞轮中的旋转能量可以用来进行稳态电压调整，并在扰动中支持电压。这个系统的效率很高，初始成本很低，而持续时间很长，由于它的尺寸、噪声和维护要求，只能用于工业环境。

②不间断电源(UPS)。UPS通过提供备用电源,以避免供电中断的发生,同时可以抑制电压暂降。如果采用在线式UPS,可以从本质上得到抑制;采用后备式UPS则需要快速切换开关进行切换。但UPS价格昂贵,维护量大,一般只在重要的用电设备中使用。

③应用动态电压调节器(DVR)。DVR是用来补偿电压暂降,提高下游敏感负荷供电质量的有效串联补偿装置。电力系统正常供电时,DVR处于低耗备用状态,当电源侧电压质量明显不符合要求时,DVR通过串接的注入变压器向馈线各相分别注入三个单相交流电压,以补偿故障后和故障前的电压差,而注入的每相电压可独立控制其幅值和相角,从而"恢复"负荷侧的电压质量。在系统电源电压下跌时,DVR向敏感负荷供应部分功率,在系统电源电压恢复正常时,储能装置则用DVR从配电系统再充电储能。即使在没有存储能源的情况下,DVR也能补偿由于负荷变动而引起的电压变动。DVR一般串联在供电线路和用户之间,它可以有效解决电压暂降问题,但是如果用户受到电压中断威胁时,DVR就不能给用户提供有效的保护。

(5)提高用电设备对电能质量问题的抵御能力

电压暂降和短时中断造成经济损失的原因往往是因为用电设备抵抗电压干扰的能力差,短时的电压暂降或中断导致设备跳机,造成生产中断。提高用电设备抗扰能力的方法如下:

①给消费类电子设备、计算机、控制设备等单相、低功率设备内部的直流母线安装更多的电容,将有效延长设备所能承受的最长电压暂降的时间。

②增大变频调速装置的直流侧母线电容容量,改进其控制方法。

③对所有接触器、继电器、传感器等器件的抵御能力进行检查分析,采取一定的措施,提高整个系统的抵御能力。

④改善直流电机驱动负载特性,在电压暂降时,能快速减小电机输出的电磁转矩。

⑤应从生产厂家处了解有关设备的抵御能力信息,以全面地设计配电系统。

9.7 关于暂降域的计算

系统中出现短路故障时,可通过计算公共连接点(PCC)电压暂降幅值,然后与某一敏感性用电负荷的电压暂降允许值进行比较,从而判断是否会对这类敏感负荷产生不良影响。反之,也可通过给定电压暂降允许值,来确定系统中何处发生故障时会引起PCC电压暂降超过允许电压值,进而确定使这类敏感负荷不能正常工作的故障点所在区域(暂降域)。目前,常用的暂降域确定方法有临界距离计算法和故障点法,各有优缺点。有关暂降域的分析仍在进一步的深入研究中,在不久的将来会和潮流或短路计算一样成为电力系统分析不可缺少的一部分。故在本标准中将临界距离与暂降域作为资料性附录供大家参考。

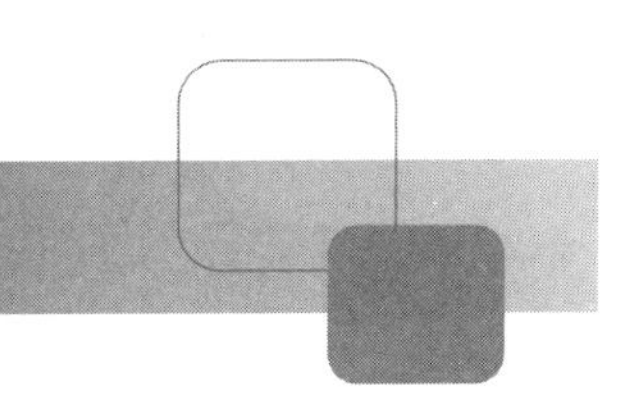

第10章 GB/Z 32880.1—2016《电能质量经济性评估 第1部分：电力用户的经济性评估方法》

10.1 概述

电能质量描述电力系统指定点处的电特性，关系到供用电设备正常工作（或运行）的电压、电流的各种指标偏离基准技术参数的程度。其基准技术参数一般是指理想供电状态下的指标值，这些参数可能涉及供电与负荷之间的兼容性。简言之，“电能质量”一词通常用于描述电力系统某连接点提供的电力与该节点所接负载设备需求之间的兼容程度。

当电力供给与负载设备缺乏兼容时，可视为存在电能质量扰动和问题。因电能质量扰动，终端用户的电气与电子设备可能会停止工作、误动作、效率降低而偏出正常运行范围或者寿命缩短。用户设备很少是孤立运行的，其中任意一台设备发生故障可能会造成整个过程中断，而该过程中断也可能影响到其他的过程，这些设备或过程问题都会产生经济损失。因电能质量扰动，电网内电气元件也可能出现误动作、传输容量降低，设备因额外功率损耗而烧毁或加速老化等。

由此可见，电能质量扰动对电能转化被利用的发生地点造成了不利影响，会带来非常严重的经济后果，增加电网和用户的经济活动成本，降低企业经济效益。换句话说，电能质量扰动的真正经济价值与电能质量扰动对系统中设备、负荷造成的影响有关，人们有必要增强对电能质量经济损失（成本）的认识与分析。面向电能质量扰动对设备或负荷影响引起的企业成本增加，开展电能质量经济损失的分析与评估属于经济学范畴。

另外，兼容是一个双边问题，需要同时考虑供电的特性和负载设备的敏感性。显而易见，保证电力供给和用户负载百分之百地兼容有两种方法：其一是设计和建设一个完美的供电网，其二是保证所有终端用户设备能够抵抗电能质量问题。但是由于种种原因，这两种方法都不具有经济性，主要体现在以下四个方面：(1)要实现每个电源与负载之间的完全兼容，其成本极高且没有必要。因为一些负载对许多电能质量问题都相对不敏感，而对某些电能质量问题却相当敏感。如白炽灯对谐波不敏感，但考虑到人对光亮度的反应，白炽灯对闪变非常敏感，而电子设备不易受引起闪变的电压波动的影响，但对电压暂降和较高水平的谐波电压畸变非常敏感。(2)尽管设计和制造单件“抗干扰”设备的成本不高，但当设备数量众多时，对用户也是一个不小的经济成本负担。(3)建立一个鲁棒性好和高质量的电力系统是非常困难的。即使建成类似系统，若要确保所有公共联接点的最低性能水平，难度也非常大，随着中、低压配网中分布式发电系统接入数量的增大，这一问题将更难实现。(4)即使在公共连接点提供完美的电力供应，也无法避免用户发生电能质量问题。因为许多电能质量问题与用户密切相关，受到用户已安装设备特性、设备与布线的安装方式以及接地系统电磁兼容特性等直接影响。

因此，在上述两种方法之间提出折中的电能质量治理和缓解措施，来促进电力供给和用户负载兼容是比较经济合理的做法。针对电能质量问题，可采取的治理和解决措施很多，它们的成本和效率不尽相同。基于电能质量监测和经济损失分析，开展电能质量改善方案的评估也属于经济学范畴。

电能质量问题会给社会带来严重的经济损失，尽管该问题已经备受关注，但是在其总的经济影响上还没有产生共识，实际上，甚至在如何评估其影响上都未达成一致。如果建立电能质量经济性评估标准，可促进公众在电能质量经济性影响及其评估方法上形成统一的认识，从而在生产和管理工作中指导电能质量经济性数据收集、经济损失评估及治理投资评价等工作，达到从经济角度促进电能质量技术监督和抑制管理工作、提升企业成本效益和节能降耗的目的。

目前，国际大电网会议(CIGRE)和国际供电会议(CIRED)组成了联合工作组对此问题进行了研究，给出了电能质量经济性评估框架报告，但并没有形成标准或指南。

在我国，为了规范电能质量经济性评估方法及其计算等问题，国家标准化管理委员会2013年下达了国家标准制定计划(国标委综合[2013]56号，项目编号分别为20130159-T-469、20130160-T-469、20130161-T-469)，拟形成《电能质量经济性评估》标准系列。该系列标准为国内首次制定，由全国电压电流等级和频率标准化技术委员会SAC/TC 1提出并归口，2016年12月13日发布，2017年7月1日开始实施。

《电能质量经济性评估》分为以下三个部分，将分别在第10章、第11章和第12章介绍。

——第1部分：电力用户的经济性评估方法(GB/Z 32880.1)；

——第2部分：公用配电网的经济性评估方法(GB/Z 32880.2)；

——第3部分：数据收集方法(GB/T 32880.3)。

本章主要讨论GB/Z 32880.1—2016《电能质量经济性评估　第1部分：电力用户的经济性评估方法》，它属于国家标准化指导性技术文件，用以规范电力用户的电能质量经济性评估方法。

文件包括正文和附录两部分，其中正文包含以下几方面内容：

(1) 范围。GB/Z 32880.1—2016适用于电力用户的电能质量经济性评估。本部分规范了电力用户的电能质量经济性评估原则、经济成本构成、经济损失评估方法、治理方案经济性评估方法、评估流程及评估指标。对经济损失的评估仅限电能质量问题造成的直接经济损失和电能质量问题造成产品数量减少或形成次品而产生的间接经济损失。

(2) 术语和定义。共给出了24个术语，其中有12个是关于电能质量及其现象，3个为电能质量经济性评估专用术语,9 个为经济类术语。

(3) 变量说明。共给出了 99 个变量的解释,其中首字母 A 的变量是以年值描述的成本,首字母 C 的变量为一般成本项描述。

(4) 电力用户的电能质量经济性评估原则。从系统性、客观性和实用性三个方面简要给出了电力用户的电能质量经济性评估原则。

(5) 电能质量经济成本。按电能质量成本的分类用框图表示了电能质量经济成本的构成,详细列出了经济损失、监测成本和治理成本细目。

(6) 经济损失评估方法。按电能质量问题是否引起电力用户经济活动中断,分别给出了经济活动中断的单一事件和年经济损失计算方法,以及经济活动未中断的年经济损失计算方法。

(7) 电能质量治理方案经济性评估方法。为了实现电能质量治理方案的经济性评估,文件在本节中提供了四种常用的资金投资评价分析方法,分别为治理设备全寿命周期成本分析法、净现值法、投资回收期法和内部收益率法。

(8) 评估流程。本节以流程图的形式,分别给出了经济损失评估流程和治理方案经济性评估流程。

(9) 评估指标。为了评价电力用户的电能质量经济损失及其治理方案的经济可行性,本节给出了八个评估指标及其计算公式。

为了增进该指导性文件的可理解性和执行性,给出了五个资料性附录,即:

(1) 附录 A 资金等值计算公式。该附录给出了在电能质量经济性评估计算中需要使用的年值、现值、终值等的计算公式。

(2) 附录 B 设备使用寿命模型。由于 GB/Z 32880 系列是规范电能质量经济性评估方法,应以相关技术性参数,例如设备使用寿命等的评估为基础。该附录介绍了设备使用的经济寿命模型以及两个在谐波作用下设备使用寿命典型模型,便于读者基于设备使用电磁环境下的谐波测量数据,利用模型计算设备在非正弦条件下设备加速老化的程度,从而可以采纳本技术指导性文件正文中的方法评估相关的设备成本。

(3) 附录 C 附加电能损耗与容量计算公式。介绍了谐波引起的不同电气设备功率损耗的典型计算公式,以及配电变压器因谐波需要增容和降容容量的计算公式。这些计算是评估谐波引起的额外电度电费成本和额外基本电费成本的前提。

(4) 附录 D 某汽车制造厂 0.4kV 点焊机系统谐波造成额外电能损耗的计算案例(仅限于配电变压器)。该附录提供了一个基于谐波电压和电流实测数据以及附录 C 提供的公式而计算该电力用户配变额外损耗的算例。

(5) 附录 E 某晶圆制造厂电能质量经济性评估案例。该附录以某晶圆制造厂提供的某年电压暂降监测结果及事件的影响后果为基础数据,提供了其经济损失评估和治理经济评估的分析算例。

10.2 制定本指导性技术文件的相关基础理论和基础知识

10.2.1 企业成本费用开支范围

广义的成本是指企业生产经营过程中所发生的全部耗费，包括产品生产成本和为生产经营而发生的经营管理费用。狭义的成本仅指产品的生产成本或制造成本，即生产产品过程中所发生的各种耗费。

在实际工作中，为了使各企业成本计算内容一致，防止乱计乱摊成本，国家财政部统一制定了成本费用开支范围，明确规定了哪些开支允许列入成本费用，哪些开支不应列入成本费用。综合企业成本管理条例及有关财务制度规定，企业的成本费用开支范围包括以下各项：

(1) 生产经营过程中实际消耗的各种原材料、辅助材料、备用品配件、外购半成品、燃料、动力、包装物、低值易耗品的价值和运输、装卸、整理等费用。

(2) 固定资产的折旧、租赁费和修理费用。

(3) 企业研究开发新产品、新技术、新工艺所发生的新产品设计费，工艺规程制定费，设备调试费，原材料和半成品的试验费、技术图书资料费，为纳入国家计划的中间试验费、研究人员的工资、设备折旧、与产品试制、技术研究有关的其他费用，以及委托其他单位进行的科研试制费用和试制失败损失等。

(4) 按国家规定列入成本费用的职工工资、福利费和奖金。

(5) 产品包修、包换、包退的费用，废品损失、削价损失以及季节性、修理期间的停工损失等损失性支出。

(6) 财产和运输保险，契约、合同的公证费和签证费，咨询费，专有技术使用费以及应列入的成本费用的排污费。

(7) 企业生产经营过程中发生的利息支出(减利息收入)等筹资所发生的其他财务费用。

(8) 销售商品发生的运输费、包装费、销售服务费等。

(9) 试验检验费、劳动保护费、劳动保险费、办公差旅费和存货的盘亏、损毁与报废等损失。

(10) 其他按规定列入成本的按比例提取的职工教育等费用。

分析电能质量问题对企业正常生产经营活动的后果及其货币价值体现，应根据企业成本会计原则，对应上述成本开支范围及其成本要素，进行相应的归集与分配。

电能质量经济性分析，包括电能质量经济性成本的核算和量化、成本预测、优化成本决策和电能质量治理决策以及执行后的成本考核。通过电能质量经济成本的管理工作，可提高全社会对电能质量管理的意识和认识，促进相关企业不断降低电能质量成本并提高其经济活动效益。

10.2.2 资金的时间价值

电能质量治理投资方案经济性评价中，当前拥有的一定数额货币的价值会超过未来可能收到的同样数额货币的价值，因为当前的可用货币可以通过投资获得收益，并产生比将来相同数额货币更高的价值。资金的时间价值就是描述在不同时间上等额资金在价值上的差异关系，也称为货币时间价值，在数学上是对一定数额的货币按时间的推移而进行的价值量化，其间取决于投资所能获得的收益率或利率。

资金的时间价值有两种概念，即终值和现值。另外，考虑现在投资在未来数年内等额回收成本的方式，还有等额年值的概念。

(1) 一次性支付现金流的终值

终值是指在一定利率条件下当前的投资在未来增长到何种程度。如果当前投资用于赚取特定利率，那么一次性支付现金流的终值可表示为在未来的某个时候该资本增长后的总量。

按照年复合利率的计算方法，若已知最初投资资金和预期年复合利率，则最初投资资金在未来的任意时间点的终值可由以下公式求得：

$$F_t = P_0 (1+r)^t \tag{10-1}$$

式中：

F_t——t 年末的终值；

P_0——最初的投资本金；

r——年复合利率；

t——年数。

(2) 一次性支付现金流的现值

现值是在一定利率条件下未来要收到某给定数额的货币相当于今天货币价值的多少。由此可见，未来现金流的现值所表示的是当前的资金量。求取现值的过程称为贴现，而用于计算现值的利率也称为贴现率。对比终值的定义，若未来要收到的货币就是终值，贴现率等于投资预期年复合利率，那么贴现就是终值计算的逆过程。当给定贴现率、未来年数及其未来获取现金流，则一次性支付未来现金流的现值(一般以大写字母 P)计算公式如(10-2)所示。

$$P = \frac{F_t}{(1+r)^t} \tag{10-2}$$

式中：

P——现值；

F_t——从现在算起 t 年后的未来现金流；

r——年复合利率或贴现率；

t——年数。

(3) 等额年值

投资支付方式上，除了一次性整额支付外，还有分期支付形式。等额支付是分期支付的一种方式，即各期支付的现金额相同，一般取支付周期为年，为支付等额年值。当投资的现值为 P_0，支付的等额年值(一般以大写字母 A 表示)的计算公式如(10－3)所示。

$$A=P_0\frac{r(1+r)^t}{(1+r)^t-1} \tag{10-3}$$

式中：

r——年复合利率或贴现率；

t——等额支付的年数。

初始投资以后，在回收本利的方式上，除了一次性回收外(即现金流终值)，还有分期的每年年末等额回收方式，为回收等额年值。其计算公式也如(10－3)所示，其中 P_0 为初始投资现值，r 是年基准收益率，t 是等额回收年数。

例如，在第二节中介绍的电能质量治理或监测的初始成本可表现为等额年值的资金回收形式。

例如，公司投资某治理工程 10000 元，在 10 年内按 6%年利率等额回收收益，问回收年值是多少？

解：$A=P\frac{r(1+r)^t}{(1+r)^t-1}$

$A=10000\frac{0.06(1+0.06)^{10}}{(1+0.06)^{10}-1}=1358.6$ 元

则该治理工程收益回收年值为 1358.6 元。

10.3 主要条款的解释

10.3.1 术语和定义

术语包括电能质量专业术语、电能质量经济性评估专用术语以及经济类术语。在术语的引用和参考方面，电能质量专业术语主要引用国家标准系列，经济类术语主要是参考专业书籍《财务成本管理》和 GB/T 13471—2008《节电技术经济效益计算与评价方法》来定义。

10.3.2 电能质量经济成本

10.3.2.1 电能质量成本构成

电能质量扰动引起敏感设备非正常运行甚至误动作，造成生产或连续过程中断，运行效率降低，额外功率损耗，设备损坏或老化加速等，这些影响和危害必然会给受影响的电力用户和电网带来经济损失性支出。电能质量经济损失是指电能质量问题对系统运行、社会经济活动造成的直接及间接的经济损失。电能质量经济损失增大了电力用户和电网在其自身经济活动中的成本。

因电能质量问题带来了经济损失,引起了人们的关注,有必要开展电能质量监测、分析与诊断,采取治理或缓解措施等,从而给电力用户和电网带来了因电能质量问题的监测和治理成本。

因此,电能质量经济成本是指因电能质量问题影响及其监测、治理所形成的成本,包括电能质量经济损失、监测成本和治理成本。电能质量经济成本框架如图10-1所示。

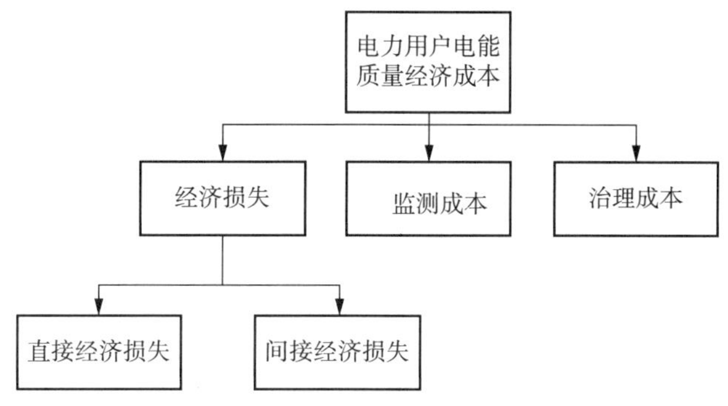

图10-1 电能质量经济成本框架

10.3.2.2 国际组织或部分国家的电能质量经济损失成本与分类

电能质量带来的经济影响通常可以分为三大类:

1)直接经济影响

——生产损失;

——不可恢复的停工期和资源(例如,原材料、劳动力、资金);

——工序重启动成本;

——生产的成品(或半成品)不合格;

——设备损坏;

——与人员健康、安全相关的直接成本;

——不履行合同要求导致的经济赔偿;

——环境污染罚款;

——和停运相关的公用设施费用。

2)间接经济影响

——机构总收益/收入延期的成本;

——市场份额损失的经济成本;

——恢复品牌权益的成本。

3)社会经济影响

——不舒适的室温导致工作效率的降低或健康安全指数的减少;

——个人的身体伤害或心理伤害导致生产效率的降低和健康安全指数的减少;

——发生生产安全事故时,甚至发展到需要疏散邻近住宅楼的居民,由此引发间接社会影响，以及雇佣一个执行安全救援、安全疏散的机构而带来的额外费用等。

由以上分类可以看出，电能质量带来的经济影响面很大，要在供、用电个体之间全面量化、鉴定并评估出能够接受的经济损失是一个难题，在电能质量经济损失评估中有必要界定经济损失成本构成要素。

各国家或地区性组织在分析电能质量经济损失的构成及其分类上各有所不同。

10.3.2.2.1 CIGRE/CIRED JWG C 4.107 给出的经济损失项分类

CIGRE/CIRED JWG C 4.107 工作组 2010 年报告，对电能质量问题引起的生产过程中断而造成的经济损失项分类，给出了两种分类，即 A 型分类和 B 型分类。

A 型分类的电能质量损失成本项包括 7 大类，如下：

(1) 在产品成本

过程中断造成的在产品上的工作损失或浪费，成本包括：

1) 不可修复的在产品成本；

2) 可修复的在产品返工到可使用标准时的成本。

(2) 人工成本

过程中断导致的人工损失或空闲成本。

(3) 过程延缓成本

若设备或过程受到电能质量扰动的影响，可能引起生产量减少、运行速率下降或部分产品不达标，成本包括：

1) 生产力下降而效率降低引起的损失；

2) 通过维修、返工、回收利用或报废等方式处理不达标产品所需的成本。

(4) 过程重启成本

1) 在重新启动主要过程前，需要重新设置和验证辅助过程而消耗的额外人工，通常包括：材料、耗材（直接以货币单位进行计算）和人工等成本；

2) 在电源恢复正常前，被中断过程需要另外的独立电源才能重新启动的，则发电设备的所有运行成本也是过程重启成本之一。

(5) 设备成本

设备成本是指，因生产过程以无序的方式突然中断而对设备造成的损失。此种损失可以是瞬间的（如瞬间机械应力），也可能是缓慢积累的（如因缺乏冷却剂导致过热），两者都会造成设备寿命下降和效率降低。

1) 设备损坏成本，包括：

a) 设备损坏后所需的维修、调整和校准费用；

b) 设备损坏后所换零部件的安装成本；

c) 设备损坏后租用替代设备成本；

d) 设备损坏的其他间接成本，例如备用设备的额外成本，因将来的大修次数增加（与正常情况相比）而产生的额外成本等。若完全损坏无法维修而报废的设备的成本需减去设备残值。

2）额外维护、维修和耗材成本。包括过程中断后所有额外成本。

（6）其他成本

因过程中断的其他相关成本，通常为间接成本，包括：

1）因未履行合同或超过合同期限而产生的罚款；

2）环境罚款或惩罚；

3）人员与设备的疏散成本；

4）人员受伤因此而无法工作的成本；

5）保险费的上升（设备、人员健康、债务）；

6）支付的补偿金；

7）损失的隐性成本：损失的竞争力、声誉、顾客满意度、员工的容忍度等；

8）其他未说明的直接或间接成本。

（7）节省成本

在由电能质量引起的中断期间，工厂处于空闲，可能产生一定的“节省费用”，可能包括：

1）未使用材料或库存的节省费用；

2）未付合同工或临时工的工资；

3）能源节省费用；

4）其他具体的节省费用。

B型分类的经济损失项包括三大类：

（1）直接成本

直接成本是在给定电能质量扰动下生产成本的累加，表现为时间和过程活动的函数。大多数制造业用户的直接成本要素包括：

1）原材料：制造过程的局部或全部中断都可能带来大量的原材料损失（通常也称为废品损失）、未使用部分原材料的节省成本，以及受影响产品的回收成本。此外，频繁电能质量扰动也增加了企业因储存额外原材料带来的负担，从而提高了仓库的使用、分隔、存储和维护成本等；

2）能源：电力一般是工厂过程驱动的主要能源形式。当过程中断造成废品时，其能源损耗包括工厂基础电能（如照明、电脑等）消耗和生产过程中断前在废品上累计所消耗的电能；

3）人工：过程中断前支付的人员工资；

4）一般费用：包括营销与销售成本、管理成本、工厂年维护成本（例如对设备磨损的维修、聘请的咨询师和电气承包商等）和现场服务成本；

5）机会损失：过程中断可能造成销售停滞，或严重影响资金流，从而导致不能按时完成生产计划形成的损失；

6）罚金：电能质量扰动影响用户的生产线，导致用户不能及时完成订单，从而必须缴纳罚金；

7）停电节省费用：电力用户因过程中断而节约的用电费用。

（2）重启成本

1）损失评估专家费：是指可能存在的需要聘请专家和承包商进行专业的内部（或外部）损失评估所支出的费用；

2）损失、损坏、维修和更换成本：包括生产设备、耗材或生产材料的损失、损坏、维修和更换成本；

3）重启动能源成本：自故障发生至系统恢复正常运行的工厂全部或部分消耗的能源费用；

4）空闲、重启动和事后加班的人工成本。

（3）隐性成本

隐性成本通常来源于无法立即察觉或不易发现的损坏或损失。可以通过调查访问工厂员工和客户，比较竞争者间的可用性评分，来完成此类成本的量化。包括：

1）竞争力、信誉及客户满意度降低。如果过程中断频繁发生，可引起产品质量降低，生产设备的可用性降低，有时还会导致不能按时完成生产计划，必然会降低用户的竞争力、信誉以及客户满意度，还可能引起客户忠诚度下降，但其代价难以量化；

2）生产中断引起员工不满。电能质量相关损坏有时会给员工带来一定烦恼，尤其是在生产中断需要开展清洁工作、安排弥补损失的加班等情况下，这种影响与员工切身利益相关。此因素引起的效率降低也难以进行量化。

10.3.2.2.2 LPQI 在电能质量经济调查中成本项分类

莱昂纳多电能质量工作倡议组（Leonardo Power Quality Initiative，LPQI）于2005—2006年对欧洲8个国家进行了电能质量调查。在该次调查中选择和采用的电能质量成本项分为7类，分别如下：

（1）原材料成本：过程中断而造成在产品的浪费。

1）生产或服务中断涉及的不可避免的材料损失；

2）生产或服务中断涉及的不可避免的能源损失。

（2）人力成本：因过程中断造成的人力浪费成本。

1）不可回收人力成本，是指由于过程中断造成在产品浪费时，生产这些产品时已消耗的人力成本；

2）可回收人力成本，是指由于过程中断造成在产品浪费时，若要补出数量相等的合格品，所需的额外的人力成本；

3）人力空闲成本，是指从过程中断时刻起至恢复正常作业为止，因中断而导致的人力空闲损失（即员工不能工作而仍需支付相应工资的成本）。

（3）设备成本：过程中断对设备造成的损失。

1）设备损坏成本：包括损害设备的成本和与之相关的操作或租用备用设备的花费；

2）设备额外维修费用；

3）设备提前老化成本：因电能质量造成的设备提前更换成本。

（4）过程延缓成本

1）生产力下降而效率偏低时造成的损失。通常引起生产力下降的原因有速度受限、暂时性丧失同步、额外重新启动、重新设定、校准和维修以及故障率增加等；

2）不合格产品的处理成本。例如维修、返工、循环再用或报废成本等。

（5）额外电费成本

1）因额外损耗造成能量损失的成本；

2）因造成计量不准确或公用电网罚金成本。

（6）其他损失

1）根据合同由于未交付或延迟交付而应支付的罚金；

2）环保罚款/罚金；

3）人员或设备疏散造成的损失；

4）人员伤害造成的损失（如出现额外的停工）；

5）增加的保险费率（设备、人员、责任）等。

（7）节省成本

1）未使用的材料或库存带来的节省；

2）未支付的工资带来的节省；

3）电费的节省等。

10.3.2.2.3　美国 EPRI/CEIDS 经济性调查中的成本分类

美国电科院（EPRI）和美国支持数字化社会电力基础设施协会（CEIDS）由市场调研部门（Primen）2001 年完成了电力扰动成本调查，其中考虑的成本项分类为：

（1）成本项

1）生产净损失：原生产损失减去已弥补的生产损失。

2）人工成本

a）闲置人工：没能工作的员工的工资与福利；

b）附加人工：用于弥补损失的生产、销售和服务的人工成本（例如加班）。

3）原材料成本：已造成的原材料、产品或存货的损失。

4）附加成本

a）额外重启动成本；

b）从事件发生到恢复正常运行，期间发生的日常管理费用；

c）设备损害成本；

d）额外的备用成本：运行或租赁备用设备的成本；

e）被鉴定为因电能质量事件引起的其他成本。

(2) 节约成本项

1) 未使用的材料或库存带来的节省;

2) 因停工不用支付的人工成本;

3) 被迫节省的电费;

4) 被鉴定为其他节省的成本。

10.3.2.2.4 IEEE Std 1346 推荐过程中断造成损失的分类

IEEE Std 1346—1998 为 IEEE 推荐的电力系统与电子过程设备兼容评价的标准,在其附录 A 中给出了因电压暂降和短时中断引起的过程中断经济影响的通用评估方法。成本项包括三个方面,如下:

(1) 生产中断相关的成本

1) 增加的缓冲库存成本

2) 工作损失

(a) 闲置人工

a) 被中断的过程人工,为人时数与停工人工单价的乘积;

b) 受影响的过程人工,为人时数与停工人工单价的乘积。

(b) 生产损失

a) 少生产产品引起的利润损失,为少生产产品数与利润单价的乘积;

b) 生产补救费用,包括加班人工工资+加班补贴,加班运行成本,加速运输补贴,推迟交货罚款等。

(c) 维修被损害设备的成本

a) 维修人工成本;

b) 维修材料成本;

c) 维修部件成本;

d) 更换部件时可能需要的部件加急运输成本。

(d) 重启动成本

a) 辅助设备故障(维修);

b) 重启动人力成本。

(2) 产品质量

1) 废品成本,包括原材料价值和人工成本

2) 次品的利润损失

3) 可修复废品返工成本

(a) 人工;

(b) 制造耗材;

(c) 替换部件。

(3) 杂项

1）用户的不满意度损失

（a）业务损失；

（b）用户数减少损失。

2）罚金或罚款

3）其他

综上所述,可以看出,以上几类电能质量经济成本项的分类角度和方法均不相同。LPQI是按照原材料、人力、设备和效率降低来分大类,例如其人工包括了各类型的人工成本;CIGRE/CIRED JWG C 4.107的A型成本项是从生产性损失的废品的表现形式给出了不可修复在产品的成本和可修复在产品的修复成本,其中包括在废品中已消耗的人工,而其人工成本只是过程中断中人工闲置成本;B型分类方法按照与中断过程的直接性来分类,但是其重启成本中又包含了设备损失、能源等直接成本;EPRI/CEIDS的分类比较粗略,同LPQI分类有些类似,主要考虑为原材料、人工、生产损失来分大类,其中生产损失与LPQI的效率降低类有重叠也有差异;IEEE Std 1346主要从生产中断相关成本和产品质量角度来分大类,但其间接的利润损失分别混合在生产损失和产品质量成本中。

另外,CIGRE/CIRED JWG C 4.107的A型成本项中生产力下降而效率降低引起的损失和LPQI成本项中的生产力下降而效率偏低时造成的损失均指销售成本的降低,即销售额减去利润,包括了未参与生产等的原材料成本等支出,而用户实际受到的损失应为少得利润损失。因而如此成本统计有些不妥。相比较而言,IEEE Std 1346推荐的成本项目中,将这部分损失统计为少生产产品引起的利润损失和生产补救费用更为合理。

对比我国企业成本会计成本核算、归集与分配的特点,上述成本项分类方式并不适合我国国情,因此,需要建立我国电能质量经济损失成本项的分类与构成。

10.3.2.3 国标推荐的经济损失及其分析

《中华人民共和国合同法》第一百一十三条规定:当事人一方不履行合同义务或者履行合同义务不符合约定,给对方造成损失的,损失赔偿额应当相当于因违约所造成的损失,包括合同履行后可以获得的利益,但不得超过违反合同一方订立合同时预见到或者应当预见到的因违反合同可能造成的损失。其注释中描述:赔偿损失范围包括直接损失和间接损失。直接损失指财产上的直接减少。间接损失又称所失利益,是指失去的可以预期取得的利益,简称可得利益。可得的利益指利润,而不是营业额。

按照我国企业会计成本核算,直接成本为生产和销售与主营业务有关的产品或服务所必须投入的成本,包括原材料、人工成本(工资)和固定资产折旧等,是用于核算企业因销售商品、提供劳务或让渡资产使用权①等日常活动而发生的实际成本。电能质量问题会引起配电网和工商业电力用户主营业务因经济活动中断或非中断而受到影响,造成直

① 是指企业出租相关资产,主要指现金资产和诸如商标权、专利权、专有技术使用权、版权、专营权等的无形资产。

接损失，而构成企业经济活动的直接成本。当从技术上鉴定出是由电能质量扰动造成了这些直接的料、工、费损失，在评估时需要纳入电能质量经济损失评估范围内。直接损失是电能质量经济损失评估的主要构成。

电力用户的生产过程一旦由于电压暂降和短时中断等电压暂态方均根值不能保证在正常范围而被迫停运，不但正在流水线上被加工的产品报废，而且生产线需要重启动至少造成1小时至数小时不等的生产停顿。这种停顿和非计划停电又恢复供电后的重新启动是没有区别的。美国对工业用户调查的用户最小重启动时间平均值为17.4h，中值为4h，而设备1～10个周波不能正常工作造成用户平均停产时间是1.39h。因而，在电能质量引起的经济损失中，有一项特殊的并且比重较大的成本，即因这种经济活动中断所造成的生产损失，包括停工期间的人工、设备折旧、停工少生产产品而减少了应得利润等。由此可见，在生产损失中，依据上一段直接成本的定义，其中停工期间的直接生产人工、设备折旧等费用均应是属于直接成本的，可以纳入经济损失的直接损失计算。但是其中减少的应得利润依据《中华人民共和国合同法》第一百一十三条规定是属于间接损失，且与其主营业务紧密相关、可以预期取得的利益。因此在GB/Z 32880.1—2016指导性技术文件中，电能质量经济损失包括因电能质量问题而造成的应得和未得利润的间接损失。

上述的电能质量间接经济影响和社会经济影响的损失往往只是存在发生的可能性，即使已发生的后果也是在直接影响上外延的。其延续的时间和空间相对较大，在此过程中容易受到不确定因素的影响，因此，这些经济损失是否由电能质量影响，往往难以提供令人信服的举证，以便进行核算。例如，对于市场份额的损失，当发生了电能质量扰动对用户造成了直接经济影响，可能会在后续一段时间内影响电力用户对其客户或市场的信誉，经过一定时间后，可能会降低该电力用户产品的市场份额；但反过来，市场份额的降低诱导因素很多，例如市场对产品要求提高，市场内高新产品的推出，电力用户自身其他方面的市场推广过失等。因此，为了保证本指导性技术文件在现有社会和企业管理条件下的可执行性，类似这些成本由于难以鉴定或举证核算的，没有包括在GB/Z 32880.1—2016内。若电力用户与电网公司在供用电合同中选择考虑这些难以鉴定或举证的成本项时，可由供用电双方自行协议并明确即可。

因此，在GB/Z 32880.1—2016中将经济损失分为电能质量问题造成的直接经济损失和电能质量问题造成产品数量减少或形成次品而产生的间接经济损失。其中直接经济损失包括11项，间接经济损失包括2项。

10.3.2.3.1 直接经济损失

电能质量扰动带来的直接经济损失包括以下项目，各类电能质量问题带来的直接经济损失一般均考虑在这些成本项范围内。

(1) 废品损失(C_1)

废品指由于电能质量问题造成的产品质量不符合技术标准，不能按原定用途使用或者需要额外加工修理后才能按原定用途使用的在产品、半成品和产成品。

废品损失(C_1)指电力用户由于产生废品而发生的损失,包括不可修复废品的成本($C_{1.1}$)及可修复废品的修复费用($C_{1.2}$)。

1) 不可修复废品的成本($C_{1.1}$)

不可修复废品指不可维修、也不能在后续过程中使用或作为质量较低的产品销售的废品。

例如,假设某工业企业某车间生产甲种产品 100 件,生产过程中发现其中 1 件因电能质量问题造成的不可修复废品。该产品成本明细账所记合格品和废品共同发生的生产费用为:原材料费用 25000 元,工资及福利费 2000 元,制造费用 5000 元,合计 32000 元。100 件产品的原材料是在生产开始时一次投入的,实际生产工时为 320 小时,该件废品累计消耗 20 小时,废品回收的残料计价 40 元。

根据上述资料,可编制不可修复废品损失计算表,如表 10-1 所示。由表可知,其原材料成本为 210 元,直接人工成本为 125 元,分摊的制造费用为 312.5 元。不可修复废品总损失为 647.5 元。

表 10-1　不可修复废品成本计算表

单位:元

项目	直接材料	生产工时	直接人工	制造费用	合计
实际生产费用	25000	320	2000	5000	32000
费用分配率	25000/100=250 每件材料	—	2000/320=6.25 每工时人工	5000/320=15.625 每工时费用	—
废品生产成本	250	20	6.25×20=125	15.625×20=312.5	687.5
废品残值	40	—	—	—	—
废品净损失	250−40=210	—	125	312.5	647.5

2) 可修复废品的修复费用($C_{1.2}$)

可修复废品指技术上可以修复且修复费用在经济上是合理的废品。可修复废品的修复费用可包括人工成本、直接材料费用和分摊的制造费用。

(2) 停工损失(C_2)

电能质量问题会造成电力用户经济活动中断,使被停经济活动的人力停工。停工持续时间指从电能质量问题发生开始,到全部经济活动恢复正常为止的持续时间。停工损失(C_2)指在停工期间发生的各项费用,可包括人工成本、因不能长期存放的原材料过期造成的损失和停工期间分摊的制造费用。

(3) 额外检验费用(C_3)

额外检验费用(C_3)指因受电能质量影响,电力用户为剔除废/次品,确保产品质量而增加产品检验次数和检验范围所产生的额外费用。

(4) 生产补救费用(C_4)

生产补救费用(C_4)指因电能质量问题导致用户经济活动效率降低，需通过加班等措施补救，从而产生的额外费用。

(5) 重启成本(C_5)

如电压暂降等电能质量问题造成电力用户基本生产过程突然中断后，往往需要对基本生产过程进行清理，才能达到可重启动的条件。如果某基本过程中断，其他诸如加热、冷却、供气和过滤等辅助过程也可能停止；这些辅助过程必须在基本生产过程重启动前重新进行设置、检查并确认恢复到重新运行状态，才能确保基本生产过程重启动成功。

重启成本(C_5)指电能质量问题导致用户经济活动中断后，为使经济活动重启，恢复正常，需要投入的额外人力、物力以及中断过程自备电源的发电费用。

(6) 设备成本(C_6)

电能质量问题会造成电力用户或电网内的设备损坏调换、修理、加速老化等，形成设备成本(C_6)，包括设备损坏调换成本、设备修理成本、加速老化成本等。

1) 设备损坏调换成本($C_{6.1}$)

设备损坏调换成本应包括原有设备报废成本和调换设备成本。其中，原有设备完全损坏无法维修而报废的设备成本为其固定资产所有余下的折旧费减去设备报废残值，而调换设备成本的计算式如下：

$$C_{6.1}=P_{\mathrm{ES}}\frac{i\,(1+i)^{n}}{(1+i)^{n}-1}L_{\mathrm{RES}} \tag{10-4}$$

式中，P_{ES}为调换设备初始成本现值，若调换设备为新设备，P_{ES}取新设备初始成本，包括购置费、运输安装费、调试与试验费，并减去预计残值；若非新设备，P_{ES}为调换设备的净值与调换安装运输调试费之和。L_{RES}是按正常折旧年限，原有损坏设备尚未提折旧的年数，i为设备折旧采用的折现率，n为调换设备经济寿命年限。

2) 设备修理成本($C_{6.2}$)

设备修理成本包括：

a) 故障现场检修成本；

b) 设备返厂修理引起的其他费用；

c) 因缩短大修和小修周期而引起的费用。

对于缩短的大修和小修周期而引起的修理费用，可以按实际发生的年平均维修费减去正常大小修的年平均维修费。

例如，某变压器，正常大修周期20年，每次大修费用50000元，平均每年大修费用2500元；现因谐波或不平衡引起绕组发热，大修提前10年，则年平均大修费为5000元。因电能质量引起的变压器大修费用增加了2500元/年(注：此处没有考虑时间的经济价值)。

3）设备加速老化年成本（$C_{6.3}$）

电能质量问题导致设备使用寿命缩短，增加了设备年成本，计算公式为：

$$C_{6.3}=A_{O}-A_{N} \tag{10-5}$$

式中：

$$A_{N}=\frac{\text{固定资产原值}-\text{固定资产净残值}}{\text{设备或装置正常折旧年限}};$$

$$A_{O}=\frac{\text{开始受影响时固定资产净值}-\text{固定资产净残值}}{\text{从受电能质量影响开始至设备提前报废的折旧年限}}。$$

例如，某一电机固定资产原值减净残值后价值为 150000 元，正常折旧周期是 15 年，每年的折旧计提 A_N是 10000 元。从投运伊始，电机就在非正弦工作条件下，因谐波影响使得电机加速老化，折旧周期变为 10 年，则每年的折旧 A_O提高到 15000 元。由此可知，因谐波造成的设备年折旧费增加了 5000 元/年，即为电机加速老化年成本。

4）与设备更换或修理相关的其他耗费（$C_{6.4}$），例如检修设备需要放弃的原已蓄置的为保持设备正常运行的水、油、气、热等。

在设备成本计算中，设备加速老化成本的计算需要依托于设备在电能质量扰动环境下的寿命估算。以谐波影响为例，在加速老化模型估算模型上，现有文献主要有阿伦尼乌斯（Arrhenius）加速老化模型和计及非正弦电热应力的设备加速老化模型两种方式，详见标准附录 B。

（7）额外电费成本（C_7）

对普通电力用户，我国一般采用电度电价计算形式，即根据电力用户实际耗电度数计算的电费。但对于大工业企业，为了刺激电力用户提高用电设备或最大负荷的利用率，一般采用两部制电价，即电度电价加基本电价；而且基本电价有两种计算形式，可由电力用户自行选择：一种是按变压器容量计算基本电价，另一种是按照最大需量计算基本电价。

谐波、三相不平衡等电能质量扰动会增加电网和电力用户各自运营范围的电力与电气设备运行的额外功率损耗，因而需要支付更多的电度电费成本；非正弦条件下，因增加了变压器的额外功率损耗，使变压器油或绕组温升升高，为保证变压器的安全运行，需要并入备用的变压器或对配电变压器进行增容改造或对运行中的变压器一般采用降容量运行，这样就增加了电力用户的基本电费。因此，额外电费成本可包括额外电度电费成本（$C_{7.1}$）和按变压器容量计算的额外基本电费成本（$C_{7.2}$）或按最大需量计算的额外基本电费成本（$C_{7.3}$）。

1）额外电度电费成本

对电力用户而言，额外电度电费成本指因电能质量问题造成用户线路、配电及用电设备的额外电能损耗，从而增加的额外电度电费，计算公式为：

$$C_{7.1}=P_{\mathrm{TOU}}\times\sum_{j=1}^{N_{\mathrm{TI}}}\sum_{k=1}^{N_{\mathrm{TC}}}(\Delta P_{\sum,k,j}\times T_{k,j}) \tag{10-6}$$

式中：

P_{Tou}——电度(分时)电价；

$\Delta P_{\sum,k,j}$——第 k 类电能质量第 j 超标时段内引起的各设备功率损耗之和；

N_{TI}——一年内电能质量超标的时段数；

N_{TC}——引起额外功率损耗的电能质量现象类型的数量；

$T_{k,j}$——第 k 类电能质量第 j 超标时段的持续时间。

额外电度电费成本的评估以各设备在电能质量扰动下的功率损耗计算为基础。现有研究中，谐波的损耗计算相对比较完善。标准附录C归纳了一些文献中的谐波损耗计算公式。

2）按最大需量计算的额外基本电费成本

当配电变压器因谐波需要降额运行时，可能使运行中变压器运行容量不够而需要并入备用的变压器；双电源双配电变压器的电力用户，当工作电源发生电压暂降或短时中断时，可能会导致电力用户被迫起运备用变压器，这些方式都会增大电力用户的最大需量。

当电力用户按最大需量计算基本电费时，因电能质量问题造成用户最大需量超过核准协议需量，而形成额外基本电费成本，计算公式为：

$$C_{7.3}=P_{UC}\times S_U \tag{10-7}$$

式中：

P_{UC}——超约容量电价；

S_U——用户超越容量，等于用户因电能质量问题造成最大需量超过核准协议需量部分减去用户协议容量。

需要注意的是，电力用户的额外电费成本均是以月为单位的，当计算到年值时，需要将对各月的对应成本求和。

（8）额外电能质量测量成本(C_8)

额外电能质量测量成本是指因受到电能质量影响引发的电网或电力用户的非定期电能质量检测或第三方检测，而支出的检测设备租赁费、运输费及检测人工成本等。当统计中以年为周期时，表现为年额外测量成本 A_8。

值得注意的是，如果该部分测量成本引出后续治理工程，则这部分成本宜归属到电能质量治理评估中。

（9）其他直接成本(C_9)

因电能质量问题引起的其他直接成本，可包括：

a）因未履行合同或超过合同期限而产生的罚款；

b）与用户电能质量问题相关的罚款或惩罚；

c）员工与设备的疏散成本；

d）因员工受伤而导致生产不能进行的成本。

(10) 被动节省费用(C_{10})

被动节省费用(C_{10})指因电能质量问题导致用户经济活动中断后，有可能被迫节省费用或延后费用支出，可包括：未付工资、节省的能源费用等。在电能质量经济损失计算中，被动节省费用应为减项。

(11) 责任补偿收益(C_{11})

扰动发生源主体(电力用户或电网)因对其他经济主体造成电能质量损失，根据相关条款需进行的赔偿，由造成电能质量问题责任方提供的补偿费(C_{11})。在电能质量经济损失计算中，责任补偿收益也应为减项。

10.3.2.3.2　间接经济损失

间接损失产生的机制，是电能质量问题破坏了生产者、经营者与作为生产、经营资料的财物构成的生产、经营关系中的物质条件，使生产、经营者不能正常地利用这一生产、经营资料进行生产、经营活动，造成了可得利益的减少和丧失。

对电力用户来说，间接经济损失主要体现在因电能质量问题造成的因得而未得的利润，包括减产的利润损失(C_{12})和次品的利润损失(C_{13})，计算如下式：

$$C_{12}=P_{SP}\times(N_{PI}-N_{PR}) \tag{10-8}$$

$$C_{13}=(P_{SP}-P_{SUG})\times N_{PUG} \tag{10-9}$$

式中：

N_{PI}——受电能质量影响减产的产品数量；

N_{PR}——补救生产的产品数量；

N_{PUG}——次品数量；

P_{SP}——电力用户单个正品产品的平均利润；

P_{SUG}——电力用户单个次品产品的平均利润。

例如，假设某工厂正常情况日均生产产品 100 件，每件利润 20 元。因当日电能质量问题，实际生产 80 件，则造成的减产的利润损失为 400 元，如表 10－2 所示。

表 10－2　利润损失计算简化表

项目	数量	单位利润/元	小计/元
计划应生产或正常可生产平均数	100	20	2000
实际生产产品数	80		
利润损失	20	20	400

对含有分布式电源的电力用户，电能质量问题影响分布式电源发电量减小而造成的利润损失也应计入其减产的利润损失。计算式可考虑为：

$$C_{12}=\Delta E\times P_{P} \tag{10-10}$$

式中：

ΔE——售电量减少量；

P_P——单位电度售电利润。

10.3.2.4 电能质量监测成本(C_{14})

随着电能质量干扰源和敏感负荷的比重增加，劣质电能的产生及其影响问题日益严重，电力扰动给电网和受影响的电力用户带来了巨大的经济损失。在分析电能质量问题过程中，在解决电力企业和电力用户的相关争议或执行特殊供电质量要求协议时，开展电能质量测量是基础。

电力用户的电能质量监测方式主要有连续监测、定时巡回监测、专项监测三种方式。

(1) 连续监测：当电网和电力用户均对供用电分界点的电能质量非常关注，需要执行供用电协议中相关的电能质量条款，有必要对分界点的电能质量实行连续监测。监测的主要技术指标包含：供电频率、电压偏差、三相电压不平衡度、负序电流、电网谐波/间谐波、电压暂降、短时中断、电压暂升、功率、功率因数等。连续监测任务主要由安装在分界点的电能质量在线分析仪来完成。

(2) 定时巡回监测：适用于需要掌握供电电能质量而不需要连续监测或不具备连续监测条件的监测方式。例如当电力用户有多路电源供电且只有一套电能质量监测分析仪时，一般各电源的供用电分界点采用定时巡回监测。

(3) 专项监测：主要适用于干扰源设备接入电网(或容量变化)前后的监测方式，用以确定电网电能质量指标的背景状况和干扰发生的实际量或验证技术措施效果。另外，当电网和电力用户间出现电能质量问题争执时，也需要采用专项监测。此类监测任务一般由便携式电能质量分析仪完成。

由此可见，开展电能质量监测必然带来对监测设备的购买、安装及后期的运行维护等工作，从而带来了电能质量的监测成本。

电能质量监测成本(C_{14})可包括监测设备及配套设施的初始成本、运维成本和退役处置成本。

(1) 初始成本($C_{14.1}$)，包括监测设备及配套设施购置成本、运输和安装改造及调试投运费用等。

(2) 运维成本($C_{14.2}$)，包括电力消耗费用、检查与测试费用和维护费用、装置维修或器件更换费用等。

(3) 退役处置成本($C_{14.3}$)，为监测设备退役处置费用减去残值。

10.3.2.5 电能质量治理成本(C_{15})

当电能质量问题给电力用户带来很大的经济损失时，或电力用户发射的电能质量扰动很大，不能满足接入电网的质量要求时，往往需要采取电能质量治理措施。目前，已有很多定制电力装置实现市场化，表 10-3 是典型定制电力设备的功能表。

表 10-3 典型定制电力设备的功能表

项目	设备						
	动态电压恢复器(DVR)	固态切换开关(SSTS)	配电静止同步补偿器(DSTATCOM)	静止无功补偿器(SVC)	统一电能质量调节器(UPQC)	有源电力滤波器(APF)	储能系统(ESS)
电压暂降/暂升	※	※	●	●	※		※
电压短时中断		※					※
过电压	●	●	●	●	●		●
欠电压	●	●	●	●	●		●
电压波动和闪变			※	※	●		●
电压不平衡	●		※	※	※		
谐波	●		※	※	※	※	
功率因数			※	※	※	※	
注:※表示该设备的典型应用;●表示该设备可实现的功能。							

为了实施电能质量治理,必然要对治理项目进行投资,从而形成了电能质量治理成本。

电能质量治理成本(C_{15})是指实施电能质量治理工程的成本,包括初始成本、运维成本和退役处置成本。

(1) 初始成本($C_{15.1}$),包括治理工程设计、设备及配套设施购买、运输、安装改造及调试投运费用等。

(2) 运维成本($C_{15.2}$),包括电力消耗费用、检查与测试费用和维护费用,设备维修和器件更换等。

(3) 退役处置成本($C_{15.3}$),为治理设备退役处置费用减去残值。

10.3.3 经济损失评估方法及流程

电能质量经济损失包括电能质量问题对系统运行、社会经济活动造成的经济损失性支出。经济损失评估的成本费用开支范围应符合企业成本管理条例及有关财务制度规定。电能质量扰动类型不同,造成的危害和后果不同,应评估的经济损失性支出项也不同;企业类型不同,电能质量经济损失支出项也不同。

10.3.3.1 引起经济活动中断的经济损失

当短时间中断和电压暂降事件引起敏感设备中断运行,谐波/三相电压不平衡严重超标、过电压等烧坏运行设备时,都会造成企业的经济活动全部或局部中断。这类电能质量现象及其后果往往是显性的,经济损失评估一般按每次事件为基础进行核算和统计。下面先以制造业为重点,介绍引起经济活动中断的损失评估,再讨论其他行业应注意的特点。

(1) 制造业

根据在生产中使用的物质形态，制造业可划分为流程制造业和离散制造业。流程制造业的被加工对象是不间断地通过生产设备的，按产品是否可分离分为重复型和连续型，典型的组织形式如图 10-2 所示。离散制造业往往以不同车间(或子工厂)为组织形式，其产品由多个零件经过一系列并不连续的工序的加工最终装配而成，各车间之间存在物流传输，而车间内部的制造环节的过程组织形式也往往可归纳单一产品且单一过程或如图 10-2 所示类似过程形式。

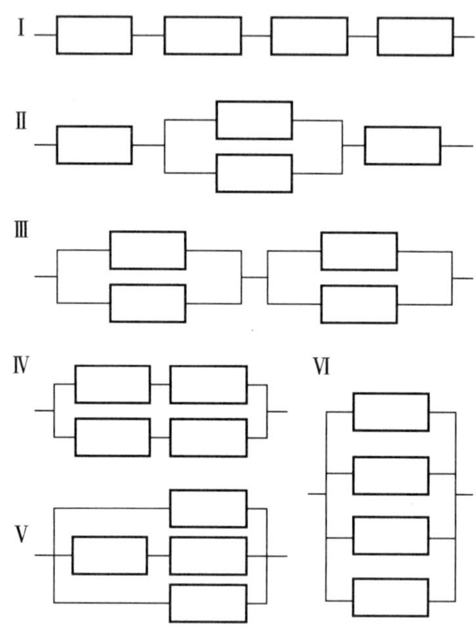

图 10-2　制造业过程的六种典型组织形式

对于单一产品/单一过程的行业，其过程相对简单，电能质量引起该过程中断，则全部经济活动中断。

对于单一产品/多个过程构成生产过程串联方式，例如图 10-2 中Ⅰ类型所示；对于“多种产品/多种过程”的工业，其流程图对应图 10-2 中Ⅱ～Ⅵ类型，一般为过程的串并联混合形式。

如果串联的过程形成流水线连续作业且无并联支路，即生产过程没有缓冲，各串联环节过程都相互依赖，任一个过程因电能质量问题出现故障，会导致整个生产线停产，因此须密切注意过程中断的电能质量经济损失性支出的计算。

如果串联的各过程是重复型或离散型生产，过程间存在在产品的缓存与物流，当一个过程因电能质量问题出现故障时，不一定马上影响下一过程的生产，此时为局部经济活动中断；若该过程中断后恢复时间较长，则会扩大局部中断范围，造成经济损失的增大。当生产有并联过程时，一个过程因电能质量问题出现中断时，不一定会使其他过程停止，此时也是形成局部中断。因此，对于这种类型的制造业应特别关注对电能质量敏感的关键过程，除了统计和核算该过程中断的电能质量成本外，还需要考虑其他过程因该过程中断造成的生产效率下降。

引起经济活动中断的电能质量经济损失评估按事件次数进行统计，主要评估的指标包括单次事件损失和事件年损失。

单次事件损失为该次电能质量问题引起的经济活动中断而支出的成本项之和，包括：

1）废品损失；

2）停工损失；

3）额外监测费用；

4）生产补救费用；

5）重启成本；

6）设备成本（设备损坏调换成本、修理成本和其他耗费等）；

7）变压器额外容量成本（主要指事件造成企业最大需量超过核准协议需量的额外基本电费成本）；

8）电能质量经济赔偿；

9）其他直接成本；

10）间接损失；

11）责任补偿收益，减项；

12）被动节省费用，减项；

当核算实际发生的经济活动中断的事件年损失时，即将全年所有单次事件损失进行累积统计。当预估经济活动中断的年经济损失时，可以历史单次事件损失的统计数据为基础，按不同电能质量现象类型进行估算，如式（10-11）所示：

$$A_{\mathrm{EE}} = \sum_{j=1}^{N_{\mathrm{T}}} S_{\mathrm{E},j} N_{\mathrm{AE},j} \tag{10-11}$$

式中：

A_{EE}——经济活动中断的经济损失估计年值；

N_{T}——引起经济活动中断的电能质量类型数；

$N_{\mathrm{AE},j}$——第 j 类电能质量类型现象造成的事件次数；

$S_{\mathrm{E},j}$——第 j 类电能质量现象单次事件平均经济损失。

（2）商品流通类企业

商品流通企业的基本经济活动与制造业不同，其没有产品的生产过程，主要是商品的采购、储存和销售。电能质量问题对经济活动造成的影响主要体现在：

1）因电能质量问题不能维持商品储存条件，造成商品在存储过程中作废、贬值等。核算损失时，在成本分项的废品损失、停工损失、额外检测费用和设备成本的基础上可进行适当合并，重点在于作废商品和削价处理商品的购买成本损失、设备成本、商品额外检测费用以及这些商品在储存过程中应分摊的折旧等费用；

2）重启成本的计算，主要包括清除变质作废商品和恢复商品储存条件的人工及分摊费用；

3）补救成本的计算，主要包括补救购买商品的人工及其相关费用；

4）其他成本，特别是因为延迟或不能销售、顾客满意度降低导致的收入损失以及罚款等；

5）因电能质量问题造成存储过程中作废、贬值商品导致的间接损失。

输配电公司也可以属于这类企业，只是其电能这种商品难以储存。

商品流通类企业经济活动中断的经济损失评估的指标和制造业类似，只是在计算中需要考虑上述特点。

（3）服务业

对于服务行业，没有制造业的生产过程，也没有商品流通企业的商品盘存过程。如果其经济活动受到电能质量问题的影响，则后果主要是：

1）例如信息化服务行业，当进行中的服务被中断时，需要恢复数据、重新处理和重复传输。核算损失时，可以在成本分项的废品损失、停工损失和设备成本的基础上进行适当合并，重点在于服务中断过程和恢复过程中应分摊的折旧等费用；

2）重启成本的计算，主要包括服务中断响应及重启动并恢复服务应包括的相应人工成本、检测费用和差旅费用等；

3）其他成本，特别是因为服务中断或顾客满意度降低导致的收入损失以及罚款等。

服务业经济活动中断的经济损失评估的指标也和制造业类似，只是在计算中需要考虑上述特点。

10.3.3.2 未引起经济活动中断的电能质量经济损失

对于诸如谐波、三相电压不平衡、电压暂降、过电压、长期电压偏低（低电压）等，可能并不会引起经济活动中断，其影响往往表现为隐性，例如设备提前老化更换、造成废品或次品，电压波动与闪变容易造成人的情绪不稳定，从而引起生产效率下降等。与这些电能质量问题相关的经济损失性支出表现得也比较隐性。因而，相比于造成经济活动中断的事件来说，这部分的经济损失评估分析比较困难，但也可以逐渐鉴别、理清，并以年为单位开展统计。

各电能质量类型可能引起的非中断经济损失各有其侧重点。

因企业经济活动组织形式的配置不同，事件型电能质量可能并不会导致全局或局部性的经济活动中断，而只是引起了敏感设备的非正常运行，导致废品、减产或设备维修等支出；瞬态和暂时过电压有时虽未导致经济活动中断，但可能引起设备的非正常运行和绝缘老化、造成次品等。因此，事件型电能质量可考虑的经济损失成本项如表 10-4 所示。在事件型电能质量非经济活动中断的经济损失核算和统计中，往往以年为单位，将各次事件扰动的损失求和。

连续型电能质量除非引起运行设备烧毁或击穿，否则一般不会引起经济活动的中断。

谐波/间谐波易加速设备的绝缘老化，增加电量损耗，减小设备有效利用容量，造成减产或产生次品等；三相不平衡易加速设备的绝缘老化，增加电量损耗，减小设备有效利用容量，引起电机振动，降低劳动效率或产生次品等，电压正偏差或负偏差易引起设备的绝缘老化或效率降低，甚至产生次品等；频率偏差更易引起设备非正常工作，产生次品等。上述连续型电能质量类型可考虑的经济损失成本项汇总如表 10-4 中所示，当然，根据实际具体情况，会有些增项或减项。电压波动与闪变引起的经济损失更加隐性，难以衡量。当电压波动与闪变造成照明闪烁，容易使人的心理和生理疲劳，降低劳动效率和质量，从而可考虑的主要是减产或次品造成的利润损失等间接损失。在连续型电能质量非经济活动中断的经济损失核算和统计中，一般以年为单位，将各超标时段内的损失成本项进行累计。

表 10-4 非经济活动中断的不同电能质量类型经济损失可参考项

类型		成本项
事件型电能质量	电压暂降与短时中断	(1) 废品损失； (2) 额外检验费用； (3) 生产补救费用； (4) 设备维修成本； (5) 其他直接成本； (6) 间接损失
	瞬态和暂时过电压	(1)额外检验费用； (2)设备成本； (3)次品造成的利润损失等间接损失
连续型电能质量	谐波/间谐波	(1) 设备加速老化成本； (2) 额外电能损耗成本； (3) 变压器额外容量成本； (4) 额外电能质量测量成本； (5) 电能质量经济赔偿(加项)或责任补充收益(减项)； (6) 减产或次品造成的利润损失等间接损失
	三相不平衡	(1)设备加入老化成本和提前检修成本； (2)变压器额外容量成本； (3)额外电能质量测量成本； (4)电能质量经济赔偿(加项)或责任补充收益(减项) (5)减产或次品造成的利润损失等间接损失
	电压偏差	(1)设备加速老化成本； (2)额外电能质量测量成本； (3)次品造成的利润损失等间接损失
	频率偏差	(1)设备修理成本； (2)次品造成的利润损失等间接损失

10.3.3.3 评估流程

当电力用户开展电能质量经济损失评估以年为单位时，流程如图 10－3 所示。首先，需要记录并收集基础数据，包括电力用户自身配用电基础信息及系统结构与参数，电能质量监测评估数据，设备抗扰度，以及原材料、人工、设备折旧等分摊费用的经济基础数据。

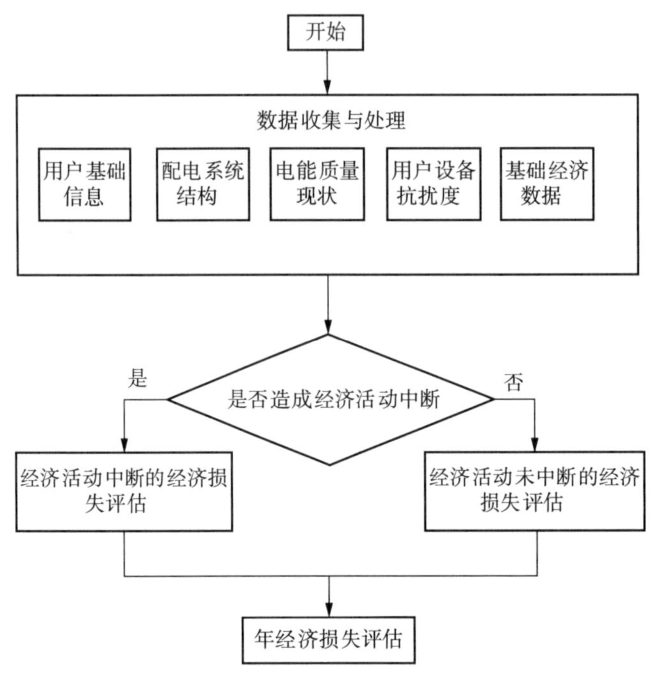

图 10－3　用户电能质量经济损失评估流程

其次，根据电能质量问题是否引起了经济活动中断，将电能质量经济损失分别统计。若引起了经济活动中断，则以事件为单位，分别分析和统计每项成本的损失数据。然后，将全年的所有事件引起的经济数据求和，统计为年经济活动中断经济损失。若电能质量扰动没有引起经济活动中断，则针对全年电能质量超标的时段，分别分析与统计相关的电能质量经济损失成本项，从而得到年经济活动未中断经济损失。最后，将用户年经济活动中断经济损失加上年经济活动未中断经济损失，得到用户的年经济损失总量。

10.3.4 电能质量治理方案经济性评估方法及流程

10.3.4.1 经济性评估方法

电能质量治理和缓解是为了改善生产经营条件，因此其投资属于生产性投资。按投资性质，可分为固定资产投资和流动资金投资。当资金用于加装电能质量治理装置时，例如设计和安装有源滤波器、抑制电压暂降的定制电力装置等，为固定资产投资，投资资金量与这些装置的容量和额定功率紧密相关；当利用现有人力和物力，将资金用于加强维护和管理，例如增加设备巡视等，或者资金用于电能质量治理装置的运行和维护等，均属于流动资金投资。

电能质量治理投资评价是站在投资主体的角度,在治理技术合理的前提下,分析投资效益,衡量项目在经济上的合理性。针对同一个电能质量问题,其治理方案往往不止一种,但在各互斥方案中,往往只是最好的投资方案才被采纳,因此,需要有比选的方法及其量化指标。在实际应用中,一般采用以现金流贴现思想为基础的传统的项目投资评价方法和指标,主要有全寿命周期成本法、净现值法、投资回收期法、内部收益率法。这些方法充分考虑资金的时间价值,将投资项目的不同时期的现金流入和流出按某一可比贴现率换算成现值,据此评价投资收益。

(1) 治理设备全寿命周期成本分析法(LCC法)

全寿命周期成本(LCC)指电能质量治理装置在有效使用期间所发生的与该装置有关的所有成本,包括初始成本、运维成本和退役处置成本。LCC分析和计算的目的是将初始成本和后期运维成本结合起来,开展治理装置在性能、可靠性、维修性和经济性等诸多因素的综合权衡。考虑资金的时间价值,全寿命周期成本取治理设备全寿命周期内各成本现值,计算式为:

$$\mathrm{LCC}=P_{15.1}+P_{15.2}+P_{15.3} \tag{10-12}$$

式中,$P_{15.1}$、$P_{15.2}$和$P_{15.3}$分别为治理装置初始成本、运维成本和退役处置成本的现值。其中在寿命周期内各年的运维成本和最终的退役处置成本需要由当年终值贴现为现值,计算如下:

$$P_{15.2}=\sum_{t=0}^{n}\frac{F_t}{(1+i_0)^t} \tag{10-13}$$

$$P_{15.3}=\frac{D_n}{(1+i_0)^n} \tag{10-14}$$

式中:

F_t——从现在算起t年后的运维成本;

D_n——n年后装置的退役处置成本;i_0为利率或贴现率;n为寿命年数。

LCC法以计算LCC值为基础,适用于不同方案治理效果基本一致时的方案比选,当寿命周期相等时,以LCC值最小的方案为最优治理方案;当寿命周期不相等时,宜采用LCC的年值ALCC,即将(10-12)中的各现值按照式(10-13)分别转换为年值$A_{15.1}$、$A_{15.2}$和$A_{15.3}$,然后求和。ALCC最小的方案为最优。

(2) 净现值法(NPV法)

净现值(NPV)指标考察方案寿命期内每年发生的现金流量,是按一定的贴现率将各年净现金流量折现到建设期初的现值之和。净现值的表达式为:

$$\mathrm{NPV}=\sum_{t=0}^{n}(CI_t-CO_t)(1+i_0)^{-t} \tag{10-15}$$

式中:

CI_t-CO_t——第t年的净现金流量;

CI_t——第 t 年的现金流入量，为该年治理前经济损失与治理后经济损失的差值；

CO_t——第 t 年的现金流出量，为电能质量治理成本的等额年值和，即包括治理装置初始成本、运维成本和退役处置成本的等额年值。若治理方案内包含电能质量监测投资，则 CO_t 还应加上电能质量监测的初始成本、运维成本和退役处置成本的等额年值，其计算过程类似于治理成本的年值计算；

i_0——基准贴现率。

NPV 法以计算不同电能质量治理方案的 NPV 值为基础，计及了项目周期的全部现金流量，其经济效益评价相对更为全面，且决策标准符合财务管理目标——企业价值最大化的要求。评价准则为：净现值不小于零的治理方案为可行方案。

由于 NPV 值不能体现初始投资的效率，不能从动态的角度直接反映投资项目的真实收益率及回收期。只有当无资金约束时，NPV 值才越大越好；而当资金紧缺时，更加需要注重初始投资的效益，因此不宜采用 NPV 法，而宜采用后续的内部收益率法（IRR 法）评价。

(3) 投资回收期法（PB 法）

投资回收期（T_P）是指治理方案投建后，在正常经营条件下用来收回项目总投资所需的时间，即从治理方案投建开始算起，治理方案的净现金流量现值累计等于零所需的时间。

当 T_P 的计算采用净现金流量现值累计至零时，已经考虑了资金的时间价值，属于动态投资分析，计算公式为：

$$\sum_{t=0}^{T_P} P_t = \sum_{t=0}^{T_P} (CI_t - CO_t)(1+i_0)^{-t} = 0 \tag{10-16}$$

式中，P_t 是第 t 年的净现金流量的现值。

当不考虑资金的时间价值时，T_P 的计算仅累计每年的净现金流量，为静态投资分析，计算公式为：

$$\sum_{t=0}^{T_P} (CI_t - CO_t) = 0 \tag{10-17}$$

投资回收期法（PB 法）以不同电能质量治理方案的投资回收期 T_P 计算为基础。其评价准则为：投资回收期小于基本投资回收期为可行方案，投资回收期最短为最优方案，抗风险能力强。

投资回收期仅关注回收投资的年限，未能直接表征治理方案的获利能力及整个寿命周期的盈利水平。因此，一般推荐在治理方案初选时使用投资回收期法，作为辅助决策手段。

(4) 内部收益率法（IRR 法）

内部收益率（IRR，%）是指在治理投资寿命年限内，与项目资本金相关的净现金流量

现值累计等于零时的贴现率,是项目投资的盈利率,反映了投资的使用效率。计算公式如下:

$$\sum_{t=0}^{n}(CI_t - CO_t)\times(1+\mathrm{IRR})^{-t}=0 \tag{10-18}$$

内部收益率法以不同电能质量治理方案的内部收益率计算为基础。其评价准则为:内部收益率大于基准贴现率,则认为符合投资利益要求,内部收益率最大为最优治理方案。

10.3.4.2 经济性评估流程

图 10-4 给出了电能质量治理方案评估流程。

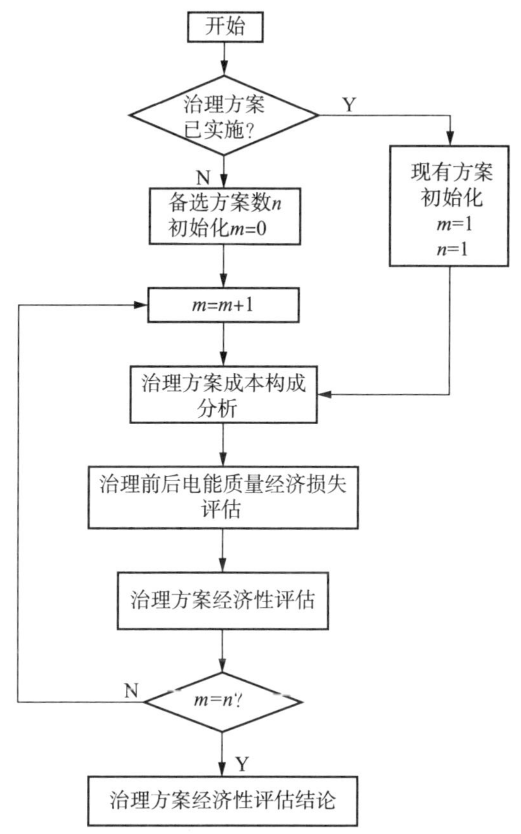

图 10-4 用户电能质量治理方案的经济评估流程

当针对现有已实施的方案进行评估时,以治理设备已使用年数内每年的电能质量治理前后经济损失的统计计算为基础,并估计设备剩余使用寿命范围内的电能质量治理前后经济损失,从而得到该实施方案在有效使用寿命周期内每年的净现金流量,再采用上述评价方法对现有设备做出投资评价结论。

若对拟投资的治理方案开展评估,设拟用方案有 n 个,则针对每个方案分别评估其治理前后的电能质量经济损失，然后开展投资评价，通过不同方案的比选，选择最优的治理方案。

由用户电能质量治理方案的经济评估流程可以看出，经济性评估首先是以治理前后的电能质量参数及其指标的技术性评估为基础的。

以电压暂降为例，在开展经济性评估前，技术性评估的基本步骤简要如下：

① 需要估计年电压暂降发生频次，以及每次电压暂降幅值和持续时间。相关的评估方法有实测法和随机预测法等，后者还包括故障点法、蒙特卡罗仿真法和临界距离法；

② 针对每次电压暂降，将其暂降幅值与持续时间和用电设备电压暂降耐受力曲线（以电压幅值与持续时间为坐标的二维图描述），判断电力设备是否受到影响；依据用电设备受电压暂降的影响程度和电力用户经济活动进程计划，分析用户经济活动受到该次电压暂降的影响程度。

在上述电能质量技术性评估后，再依据 GB/Z 32880.1—2016 的方法统计其各成本项，并将评估的每次暂降损失求和。

治理前后评估的差异在于第①步中的被测系统或随机预测分析系统是否考虑的治理方案的效果。上述方法是基于系统运行状态等现实已知或随机抽样已知的确定条件下开展的分析与评估计算，属于确定型分析方法。当评估过程考虑用电设备对电压暂降的敏感性的不确定性时，可采用概率型分析方法，具体见参考文献。

对于稳态型电能质量，例如谐波，其额外电费成本、提高老化的设备成本等都需要以谐波电流和谐波电压的分析与计算为基础。基本步骤简要如下：

① 将被分析年分为 n 个时间段，并确定每个时间间隔 ΔT 内的谐波源的发射值和系统运行状态。可依据运行计划和谐波源谐波发射的概率分布，采用蒙特卡罗仿真法做状态抽样。

② 利用成熟的商用软件或谐波潮流分析程序，针对每个 ΔT 时间内的系统状态，计算关注节点与支路的谐波电压、谐波电流和谐波损耗。

10.3.5 评估指标

对电力用户开展电能质量经济性评估，除了估计年经济损失和针对治理方案的经济评价外，还可以建立一些评估指标，用以不同电力用户间电能质量经济影响的横向比较和同一电力用户不同时期的电能质量管理水平的纵向对比。可考虑的指标如下：

（1）单次事件损失

因电能质量问题造成用户经济活动中断的单次事件的经济损失。以评价单次事件对电力用户的影响程度，表现形式可以是不同形式的统计值，例如用户单次事件成本的最大值、平均值、中分值或 95%概率大值等。

（2）单一用户年总成本

某用户电能质量年总成本（A_T）等于一年内电能质量问题造成的总成本，可通过统计调查或评估得到，以人民币形式反映电能质量对电力用户经济影响的总量。

$$A_T = A_S + (A_{14.1} + A_{14.2} + A_{14.3}) + (A_{15.1} + A_{15.2} + A_{15.3}) \quad (10-19)$$

式中，A_s为该用户电能质量年经济损失，含引起经济活动中断的年经济损失和未中断的年经济损失。

(3) 单位产值或单位用电量的电能质量成本

考虑到不同规模电力用户之间电能质量经济性影响程度的横向对比，可以建立单位产值或单位用电量下的电能质量成本。定义如下：

单位产值成本(UOC)是指电力用户单位产值每万元的平均电能质量成本：

$$\text{UOC} = A_T / G_{CP} \quad (10-20)$$

式中，G_{CP}为电力用户年总产值。

单位用电量成本(UEC)是指电力用户单位用电量每兆瓦时的平均电能质量成本，计算式如下：

$$\text{UEC} = A_T / G_{CE} \quad (10-21)$$

式中，G_{CE}为电力用户年总产值。

(4) 电能质量治理成本年值

为了量化每个电力用户对电能质量治理与维护方法投入的成本，可采用治理成本年值(A_{15})指标，即为用户治理方案寿命周期内电能质量治理初始成本、运维成本和退役处置成本的年值之和。

$$A_{15} = A_{15.1} + A_{15.2} + A_{15.3} \quad (10-22)$$

另外，在电能质量治理方案的评价上，还有治理工程净现值、投资回收期和内部收益率指标，详见标准原文中的定义。

10.4　制定标准期间相关条款的争议及处理

在公开征集工作组成员之后，全国电压电流等级和频率标准化技术委员会于 2013 年 12 月在华北电力大学召开了系列标准启动工作会议，形成了标准制定工作组成员(以下简称工作组)及分工。2014 年 4 月，在山西太原召开了工作组第一次全面讨论会，对标准第一版内容进行逐条讨论。2014 年 5 月，在江苏南京召开标准系列的第一、二部分工作组组内讨论会，协调了面向电力用户和公用配电网的经济性评估方法的编写内容。2014 年 7 月，在北京召开了工作组第二次全面讨论会，会议讨论并基本确定标准的内容；并于同年 9 月底形成了征求意见稿。2015 年 3 月，在上海召开了征求意见稿的评审会议，在会上引起激烈的讨论，于 2015 年 6 月在北京再次召开主要评审人员的评审会议，监督并审查上海评审会议上提出问题的修改情况。2015 年 11 月，工作组完成标准最后的修改工作并提交国家标准化管理委员会审批。最终 GB/Z 32880.1—2016 指导性技术文件于 2016 年 12 月 13 日发布，于 2017 年 7 月 1 日开始实施。

由以上制定过程可以看出，专家们首先对标准的内容是非常关注和重视的，同时也对相关条款存在不同的观点。在经过多次讨论与争议后，最后才达成一致的意见，以下是主要的争议及最后敲定。

10.4.1 是否作为经济性赔偿等法律责任认定依据

电网公司运营公用电网，各电力用户接入公用电网运行，大家共享一个电磁环境。电能质量问题给电力用户和公用配电网所带来的经济损失，应该由谁来负责，一直是电网公司和电力用户之间相互争执的经济问题。而该技术指导性文件是首次涉及电力用户的电能质量经济性影响这个敏感问题，因此，基于该文件评估出来的经济损失是否可以作为经济性赔偿等法律责任认定依据，也成为评审专家的争议要点。

根据国家标准制定计划(国标委综合[2013]56号)，工作组原拟制定GB/T标准。依据《中华人民共和国标准化法》，国家标准(GB)中的"T"是推荐的意思，即原拟制定国家推荐性标准。推荐性标准又称非强制性标准或自愿性标准，是指生产、交换、使用等方面，通过经济手段或市场调节而自愿采用的一类标准。GB/T类标准不具有强制性，任何单位均有权决定是否采用；违反这类标准，不构成经济或法律方面的责任。而且应当指出的是，推荐性标准一经接受并采用，或各方商定同意纳入经济合同中，就成为各方必须共同遵守的技术依据，具有法律上的约束性。

基于此，在山西太原召开的第一次全面讨论会的版本上，在第1章"范围"中有明确申明："考虑到相关评估方法的进一步完善，依据本标准评估方法计算的结果不作为经济性赔偿或索赔等法律直接依据或责任认定依据"。同时，在太原会议审议中，考虑到该标准在我国属首次制定，且无可参考的相应国际标准，其中牵涉内容在国内外均在研究和发展过程中，为了使标准的建立有个逐步完善过程，决定将标准由国家标准GB/T改为国家指导性技术文件GB/Z。

依据《国家标准化指导性技术文件管理规定》，指导性技术文件(GB/Z)是为仍处于技术发展过程中(如变化快的技术领域)的标准化工作提供指南或信息，供科研、设计、生产、使用和管理等有关人员参考使用而制定的标准文件。指导性技术文件不宜由标准引用使其具有强制性或行政约束力。它是由组织(企业)自愿采用的国家标准，不具有强制性，也不具有法律上的约束性，只是相关方约定参照的技术依据。

由此可见，本指导性技术文件已经不涉及法律职责与责任认定，因此删除了"范围"中相关法律直接依据或责任认定依据的说明，并在该技术指导性文件的编制说明的"编制原则"中作如下说明：

"电能质量问题会给社会带来严重的经济损失，但是对于电能质量问题的影响及其治理方案的经济性评估方法相关各方还没有产生共识。本指导性技术文件在我国属首次制定，希望通过本指导性技术文件引起相关各方对电能质量经济性及其管理的高度关注，并逐步推动实现标准化的评估与计算。

考虑到相关评估方法的进一步完善，依据本指导性技术文件评估方法计算的结果不作为经济性赔偿或索赔等法律直接依据或责任认定依据。”

10.4.2　成本项范围的争议

如 10.3.2 所述，电能质量的经济影响包括直接经济影响、间接经济影响和社会经济影响。对电能质量非常敏感的电力用户因受经济损失影响很大，希望在该标准中能够涵盖其所有的直接和间接经济损失，包括用户满意度下降、市场份额损失的经济成本和恢复品牌权益的成本等。

正如 10.3.2.3 所述，依据《中华人民共和国合同法》第一百一十三条关于损害赔偿的范围规定及其解释，赔偿损失范围包括直接损失和间接损失。直接损失指财产上的直接减少。间接损失又称所失利益，是指失去的可以预期取得的利益，简称可得利益。可得利益指利润，而不是营业额。

因此在本技术指导性文件中，首先在第一章“范围”中明确“经济损失的评估仅限电能质量问题造成的直接经济损失和电能质量问题造成产品数量减少或形成次品而产生的间接经济损失”。然后在 5.2.2“间接经济损失”仅包括了“减产的利润损失”和“次品的利润损失”。这样还避免了类似 3.2 节对比的其他项目中关于生产损失中直接经济损失不清晰的问题。

对于一些电能质量的间接经济影响和社会经济影响的损失，考虑只是存在发生的可能性，即是一些风险或机会损失；而且发生的后果往往也是在直接影响上外延的，可延续的时间和空间太大；在外延过程中，不确定因素会增加，因此，这部分损失是否由电能质量影响往往难以提供信服的举证来进行核算。因此，对于用户满意度下降、市场份额损失的经济成本和恢复品牌权益的成本等不包括在该技术指导性文件中。

因此，除了明确间接经济损失的成本项外，该技术指导性文件在 5.2.1“直接经济损失”中还明确了其他直接经济损失项，可包括：

(1) 因未履行合同或超过合同期限而产生的罚款；

(2) 与用户电能质量问题相关的罚款或惩罚；

(3) 员工与设备的疏散成本；

(4) 因员工受伤而导致生产不能进行的成本。

还需要注意的是，若电能质量经济损失评估应用于电能质量赔偿/惩罚机制的合约中，相关经济成本的构成要素的边界要在合同中清晰定义，并应符合相关法律法规的要求和相关成本鉴定与举证的要求。

10.4.3　其余争议及确定

(1) 是否考虑间谐波的经济性评估

在本技术指导性文件的编制过程中，工作组原考虑开展电能质量经济性评估的电能质量范围主要是：

1) 事件型电能质量包括电压暂降和短时间中断、暂时或瞬态过电压；

2）连续型电能质量包括谐波、电压波动与闪变、三相不平衡、电压偏差和频率偏差。

也就是说，在现有已颁布的电能质量系列国家标准中，仅有间谐波的经济性评估问题没有包含。主要是考虑到，虽然 GB/T 24337—2009《电能质量　公用电网间谐波》已经颁布，但是目前配电网和电力用户对间谐波的监测分析尚欠成熟；在该国标附录介绍了谐波、间谐波群和子群的分组计算，其中谐波群已包含了间谐波频谱；只有子群的计算完全分离谐波频谱与间谐波频谱；间谐波引起电压波动与闪变，间谐波限值也是基于闪变限值给出的，而电压波动与闪变已经在经济性评估的电能质量范围内。

多名专家在评议过程中提出，间谐波的电能质量国家标准已经颁布，该技术指导文件应该包括间谐波的经济性评估。

间谐波对电力用户的影响可表现为：①引起电压零点漂移，造成零点同步的设备（例如数字继电器）或自动控制系统非正常工作，甚至误动，或引起电机类设备强烈振动而保护跳闸，这些都会造成电力用户的经济活动中断，因此，可归属为经济活动中断的经济损失评估。②类似未引起经济活动中断的谐波影响，间谐波也会造成设备过流，加速绝缘老化，增加电量损耗，造成减产或产生次品等，因此，可同等采用经济活动未中断的谐波经济损失评估方法。

因此，GB/Z 32880.1—2016 中引入了间谐波的经济损失评估，对引起经济活动中断的间谐波经济性评估，自然归属在 6.2“经济活动中断的经济损失评估”；对于经济活动未中断的间谐波经济损失评估，见 6.3.3“谐波/间谐波”。

（2）关于分布式电源接入后的处理办法

随着越来越多的分布式电源通过低压配电网并网，出现了“产销者”的概念来描述一些电力用户角色的“双重性”，即既是电力的消费者，同时也可能是电能的生产者。在审议过程中，有专家提出，电能质量问题同样对这些用户造成经济损失，如少发电造成的损失，并网逆变器效率降低等；对于采用微电网形式供电的电力用户，其经济性评估的方式可能涉及发电侧停电损失、设备损耗等。

GB/Z 32880 国标系列目前分为面向电力用户和公用配电网两类主体。此处“电力用户”是相对于公用配电网而言的，也就是接入公用配电网运行的客户个体。如果该电力用户含有分布式电源，并向公用配电网送电而得到发电效益，则所发电力也是该用户的产品之一。当因电能质量问题造成少发电量（含电能质量问题引起并网逆变器效率降低而少发电量）时也是应该计入该用户的经济损失的，也即电力产品减产的利润损失。并网逆变器也属于用户的配用电设备，电能质量问题引起的损耗增加原本也应计入相应的额外电量电费成本。

因此，为了强调电能质量问题对含分布式电源的电力用户的影响，在 5.2.2.1 增加了说明，即“注：因电能质量问题影响分布式电源发电量减小而造成的利润损失也计入减产的利润损失。”

至于以独立运行为主的微电网，GB/Z 32880 国标系列没有具体论述。但是当微电网独立运行时，其经济性评估可以适当参照 GB/Z 32880.2；当其并入电网运行时，微电网作为独立个体，可以适当参照 GB/Z 32880.1 开展电能质量经济性评估。

10.5　局限性分析

电能质量问题会给社会带来严重的经济损失虽然已成共识，但如何评估其经济性影响，国内外并未达成一致。本文件是尝试性地首次制定为技术指导性文件，存在以下局限性。

10.5.1　可操作性受限于电能质量诊断技术与预评估技术

电能质量经济损失评估需要以电能质量事件的技术性诊断分析为基础，即首先需要诊断为电能质量问题。对于事件型的电能质量，结合电能质量监测数据，其显性影响相对容易诊断，而对于连续型电能质量，例如谐波、三相不平衡等，当未引起经济活动中断时，其危害往往是潜在性的，容易被电力用户忽略，从而较少积累相关运行与经济分析基础数据。而当用电设备因累积潜在效应出现故障时，难以提供成熟的诊断技术，给出令人信服的诊断结果。因此，为了提升标准的可执行性，需要增强电能质量测量与分析，而且迫切需要提高现场电气工程师的认知水平。

电能质量治理方案的经济性评估是以电能质量治理前后的经济损失评估为基础，而治理前后的经济损失评估首先需要以电能质量参数或指标的预估为基础。虽然电能质量预评估方法已经有较多研究成果，但多是针对特定一个或多个场景下开展评估。目前还没有公认的电能质量指标预评估的标准或技术指导性文件。

电能质量经济性评估必须以电能质量参数和指标的技术性评估或技术性诊断为基础，造成了 GB/Z 32880.1—2016 的可操作性受到影响。

10.5.2　内容需要完善和发展

GB/Z 32880.1—2016 的贡献在于结合电力用户经济活动的特点和企业成本会计分类方法，相对全面地建立了电能质量经济成本构成项，用以指导电力用户结合电能质量扰动，关注并收集相关的经济损失基础数据，开展电能质量经济性损失评估和电能质量治理方案投资评价。但是该技术指导性文件属于国内外首次制定相关标准，需要结合具体实施与应用，根据发现的问题不断修订并完善。另外，电能质量的经济性评估受到关注，相关的研究仍然在持续。随着研究不断深入，该技术指导性文件内容也需要不断修改、完善和提升。

目前，我国正在实施配售电市场改革，相对于公用配电网运营主体，接入公用配电网的“电力用户”的含义将会更加丰富。随着基于定制电力技术与电能调制技术的应用，配用电系统也会发生较大的变化。在条件成熟时，本技术指导性文件也需要补充和完善，以适应这些新变化。

10.6 实际应用案例

10.6.1 案例一：单次事件电能质量经济损失统计

(1) 半导体行业

某半导体制造企业2010年用电量为125980400kWh，单位耗电量产值为7.8元/kWh，由4条35kV进线供电。2010年共经受残余电压为40%～70%、持续时间为0.01s～0.2s的电压暂降2次，残余电压为70%～80%、持续时间为0.01s～0.2s的电压暂降6次。每次电压暂降均造成生产中断，其中6月9日发生的暂降残余电压为40%～70%，持续时间为0.01s～0.2s。该次电压暂降造成的经济损失如表10-5所示。该次电压暂降造成的经济损失为266.51万元。

表10-5　单次电能质量事件经济损失统计1　　单位：元

科目名称	金额		
废品损失(C_1)	169414		
不可修复废品的成本($C_{1.1}$)	169414		
明细名称	单价	数量	金额
报废LOT			169414
设备成本(C_6)	1974253		
明细名称	单价	数量	金额
设备损坏调换成本($C_{6.1}$)			1621119
设备修理成本($C_{6.2}$)			353134
减产的利润损失(C_{12})	521464		
明细名称	单价	数量	金额
利润损失			521464
合计	2665131		

某半导体封装测试企业2010年年用电量77744419kW·h，单位耗电量产值为18.66元，采用4条10kV进线，2010年共经受3次电压暂降/供电中断，其中该年6月份经受一次电压暂降，该次电压暂降导致生产中断，造成的经济损失如表10-6所示。该次电压暂降造成的经济损失为69.344万元。

表10-6　单次电能质量事件经济损失统计2　　单位：元

项目名称	金额
废品损失(C_1)	272640
不可修复废品的成本($C_{1.1}$)	272640

表 10-6(续)

项目名称	金额		
明细名称	单价	数量	金额
×××	124	1500	186000
×××	108	1300	140400
×××	2400	1000	2400000
停工损失(C_2)	70000		
明细名称	单价	数量	金额
×××	45	1000	45000
×××	50	500	25000
重启成本(C_5)	800		
明细名称	单价	数量	金额
×××	0.8	1000	800
设备成本(C_6)	350000		
明细名称	单价	数量	金额
×××	20000	10	200000
×××	30000	5	150000
合计	693440.00		
注:出于商业原因,隐去产品名称。			

某电子生产企业 2010 年用电量为 105713620kW·h,单位耗电量产值为 18.69 元,由 2 条 35kV 线路供电,2010 年经受 9 次电压暂降,引起生产中断 2 次,2011 年经受电压暂降 3 次,引起生产中断 2 次。其中 2011 年 9 月 20 日,发生电压暂降,持续时间为 0.6s,该次电压暂降引起生产中断 1h,造成的经济损失如表 10-7 所示,该次电压暂降造成的经济损失为 20.72 万元。

表 10-7　单次电能质量事件经济损失统计 3　　单位:元

科目名称	金额
废品损失(C_1)	178502.71
不可修复废品的成本($C_{1,1}$)	178502.71
明细名称	金额
人工费	3199.68
材料费	143324.12
水电费	11904.95

表 10－7(续)

科目名称	金额		
燃料费	10099.54		
折旧费	3575.06		
工具费	6399.36		
停工损失(C_2)	3199.68		
明细名称	单价	数量	金额
人工费			3199.68
重启成本(C_5)	3199.68		
明细名称	单价	数量	金额
人工费			3199.68
设备成本(C_6)	3199.68		
明细名称	单价	数量	金额
设备 1($C_{6.1}$)	6399.36	50%	3199.68
其他成本(C_9)	18835.2		
明细名称	单价	数量	金额
罚金	188352.00	10%	18835.2
合计	207187.20		

(2) 汽车行业

某汽车整车厂由 1 回 110kV 线路供电，变电容量为 40MVA，2014 年用电量约为 9000 万 kW·h，最大负荷为 22MW。2014 年发生短时中断 1 次，持续时间为 0.25s，造成经济损失如表 10－8 所示，该次电能质量事件造成的经济损失为 45.52 万元。

表 10－8　单次电能质量事件经济损失统计 4　　单位：元

科目名称	金额		
废品损失(C_1)	160583.1		
不可修复废品的成本($C_{1.1}$)	160583.1		
明细名称	单价	数量	金额
车身油漆修复	10705.54	15	160583.1
重启成本(C_5)	4389.6		
明细名称	单价	数量	金额
人工成本	60	11	660
重启动电能费用	36	103.6	3729.6

表 10-8(续)

科目名称	金额		
其他成本(C_9)	260256		
明细名称	单价	数量	金额
人工成本	60	2927	175620
能源成本	36	2351	84636
合计	425228.7		

(3) 化工行业

某化工企业 2010 年用电量为 540 万 kWh，单位耗电量产值为 114.8 元，由 2 回 10kV 线路供电。2011 年经受一次持续时间为 1h～3h 的停电。该次停电造成的经济损失如表 10-9 所示，单次时间经济损失为 16.90 万元。

表 10-9　单次电能质量事件经济损失统计 5　　单位：元

科目名称	金额		
停工损失(C_2)	177887.52		
明细名称	单价	数量	金额
直接人工	18.33	1300	23833.33
被动节省费用(C_{10})	8840		
明细名称	单价	数量	金额
节省电费	0.85	10400	8840
减产的利润损失(C_{12})	154054.19		
明细名称	单价	数量	金额
利润损失	14.81	10400	154054.19
合计	169047.53		

10.6.2　案例二：单位产值或单位用电量的电能质量成本

2010 年，由国家发改委经济运行局电力处发起，经国际铜业协会(中国)牵头，华北电力大学、华南理工大学、中国电力科学院电力电子研究所、上海电力公司技术和发展中心、中国电力企业联合会可靠性中心、新华信国际信息咨询有限公司、安徽大学教育部电能质量工程研究中心和全国电压电流等级和频率标准化委员会参加，以上海为试点，在我国正式开展了“电能质量经济性调查分析”课题的研究工作。此项目的研究目标是，全面了解各行业电力用户中电能质量现状，通过电能质量经济性损失的深度调查，为我国实施全社会经济有效、节能增效的需求侧管理与电能质量管理提供第一手的调查数据、分析结论和政策建议，为进一步开展我国全面的电能质量经济调查奠定基础。

根据本次调研，所有调查样本的电能质量经济成本总值如表10－10所示。

表10－10　调查样本的电能质量年经济成本总值

行业	总值		电压暂降	非计划停电	计划内停电	谐波	限电
	样本数	数值					
半导体行业	7	29156458	19803442	5916736	2688880	250000	497400
服务业	4	3037319	2257840	646479	N/A	133000	N/A
钢铁制造	6	64395263	3075143	27193030	24453601	9655940	1262288
化工行业	5	1800420	11866	226002	1177292	332000	53260
汽车制造业	3	5570069	1636516	252784	2282536	40000	850883
食品制造业	2	302420	302420	N/A	N/A	N/A	N/A
制药业	2	88322	88322	N/A	N/A	N/A	N/A
合计	29	104350271	27175548	34235031	30602309	10410940	2663830

已调查的29个样本，电能质量年直接经济损失达5606万元，电能质量年间接成本为4579万元，因而，因电能质量承受的经济成本损失总值约为1.04亿元。其中非计划停电的年经济成本损失总值最大，约为3424万元。

（1）单位产值电能质量成本

对全部样本的年电能质量经济成本与样本的年生产产值进行了相关性和线性回归分析，结果见表10－11。

表10－11　电能质量年经济成本与产值的相关分析

电能质量年经济成本与产值的相关分析							
模型	非标准化系数		标准系数	t	Sig.	B的95.0%置信区间	
	B	标准误差	试用版			下限	上限
常数	2109556.769	1161828.175	—	1.816	0.080	－270340.363	4489453.900
产值/万元	4.348	1.040	0.620	4.181	0.000	22.18	64.78

表10－11中样本电能质量成本与产值之间对应的散点图如图10－5所示。

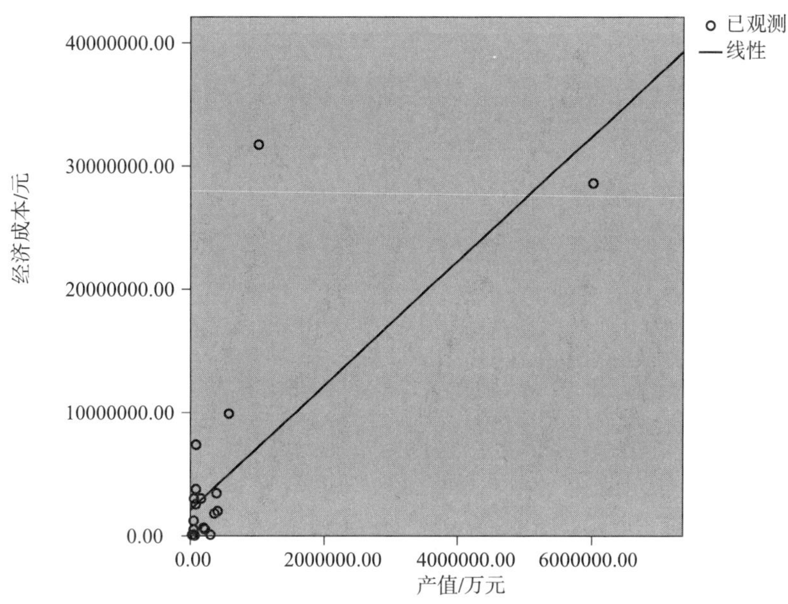

图 10-5 电能质量年经济成本与产值的相关性分析

电能质量经济成本与产值的线性相关分析结果表明，两者之间存在非常显著的统计学意义。在 95%的置信度水平下，置信区间为[22.18，64.78]。即有 95%的把握断定，每万元产值将产生/影响的电能质量事件的损失是在 22.18 元～64.78 元之间。

（2）单位用电量电能质量成本

对第二期调查的全部样本的电能质量年经济成本与用电量进行了相关性和线性回归进行了分析，结果见表 10-12 所示。

表 10-12 电能质量年经济成本与用电量相关性分析

电能质量年经济成本与用电量相关性分析							
模型	非标准化系数		标准系数	t	Sig.	B 的 95.0%置信区间	
	B	标准误差	试用版			下限	上限
（常量）	1692942.725	970876.749		1.744	0.093	−299131.816	3685017.266
用电量/万 kW·h	41.362	6.498	0.775	6.366	0.000	280.29	546.94
注：其中，Sig. 代表二者之间是否显著相关，B 线性回归所得系数。							

电能质量年经济成本与用电量相关性散点图见图 10-6 所示。

电能质量经济成本与用电量的线性相关分析结果表明，两者之间存在非常显著的统计学意义。在 95%的置信度水平下，置信区间为[280.29，546.94]。即有 95%的把握断定，每万度用电，将产生/影响的电能质量事件的损失是在 280.29 元～546.94 元之间。

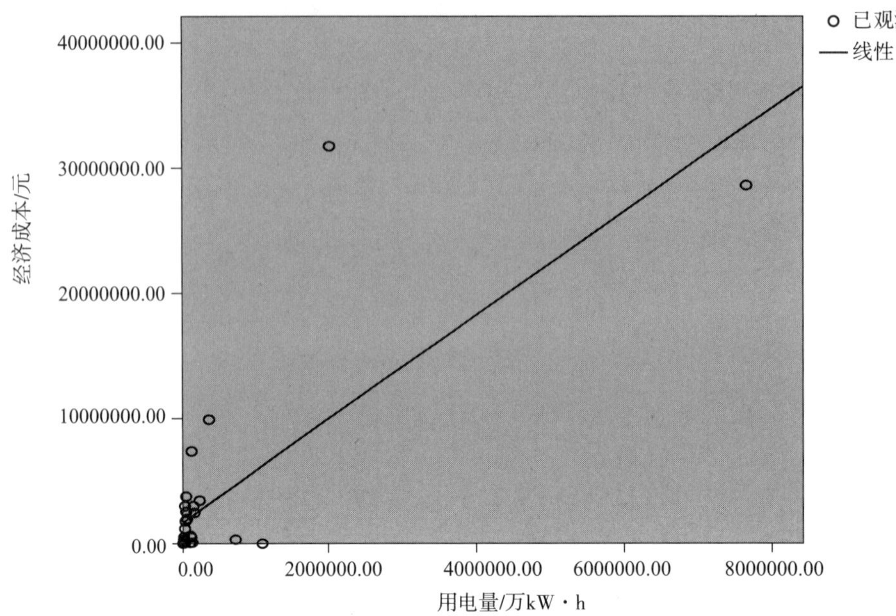

图 10-6　电能质量年经济成本与用电量的相关性分析

参考文献

[1] GB/T 32507—2016 电能质量　术语

[2] 肖湘宁,陶顺,汪建,徐永海.开放市场下的电能质量指标[M].北京:中国电力出版社,2011.

[3] CIGRE/CIRED JWG C4.107 Economic framework for power quality

[4] 于富生,黎来芳,张敏.成本会计学[M].北京:中国人民大学出版社,2015.

[5] 中国注册会计师协会.财务成本管理[M].北京:中国财政经济出版社,2015.

[6] 帕基尼.电能质量手册[M].肖湘宁,陶顺,徐永海,译.北京:中国电力出版社,2010.

[7] 法律出版社法规中心中华人民共和国合同法注释本[M].北京:法律出版社,2011.

[8] Power quality: Customer financial impact/risk assessment tool, BC Hydro, A04-587b, 2005.

[9] David Lineweber, Shawn McNulty. The cost of power disturbances to industrial & digital economy companies, 2001.

[10] IEEE Std 1346—1998 IEEE Recommended practice for evaluating electric power system compatibility with electronic process equipment

[11] DL/T 1412—2015 优质电力园区供电技术规范

[12] Martinez J. A, Martin-Arnedo J. Voltage sag analysis using an electromagnetic transients program, power eng. Soc. Winter meeting, 2002. IEEE, Volume: 2, 27-

31 Jan. 2002 Pages:1135 - 1140.

[13] Mohammed R. Qader,M. H. J. Bollen,Ron N. Allan stochastic prediction of voltage sags in a large transmission system,IEEE Transaction on industry application January/February 1999.

[14] M. H. J. Bollen,M. R. Qader,R. N. Allan stochastic and statistical assessment of voltage dips IEE 1998.

[15] 刘晓娟,肖湘宁,陶顺. 基于 EMTDC 电压暂降随机预估的仿真研究[J]. 现代电力,2005(05):18 - 22.

[16] Martinez J. A,Martin - Arnedo J. Voltage sag stochastic prediction using an electromagnetic transients program IEEE Transactions on power delivery: Accepted for future publication,Volume:PP,Issue:99,2004 Pages:1 - 8.

[17] Martinez J. A,Martin - Arnedo J. Voltage sag analysis using an electromagnetic transients program,Power eng. Soc. Winter meeting,2002. IEEE,Volume:2,27 - 31 Jan. 2002 Pages:1135 - 1140.

[18] 宋云亭,郭永基,张瑞华. 电压骤降和瞬时供电中断概率的蒙特卡罗仿真[J]. 电力系统自动化,2003(27):18.

[19] M. H. J. Bollen. Method of critical distances for stochastic assessment of voltage sags generation,transmission and distribution,IEE Proceedings,Volume:145,1,Jan1998 Page(s):70 - 76.

[20] M. H. J. Bollen. Additions to the method of critical distances for stochastic assessment of voltage sags,Power eng. Soc. 1999 Winter meeting,IEEE,Volume:2,31 Jan - 4 Feb 1999 Page(s):1075 - 1077.

[21] Pohjanheimo,P. and Lehtonen,M. (2004) Introducing Prob - A - Sag probabilistic method for voltage sag management,11th international conference on harmonics and quality of power,Lake placid(USA),October.

[22] Milanovic J,V. and Gupta C. P. (2006) 'Probabilistic assessment of financial losses due to interruptions and voltage sags—Part Ⅰ:The methodology',IEEE Transactions on power delivery,21(2),918 - 924.

[23] Milanovic J,V. and Gupta C. P. (2006) 'Probabilistic assessment of financial losses due to interruptions and voltage sags—Part Ⅱ:Practical Implementation',IEEE Transactions on power delivery,21(2),925 - 932.

[24] 林海雪. 电力系统的间谐波来源及其影响[J]. 电源技术应用,2010(05):1 - 6.

[25] IEEE Std 493—1997 IEEE Recommended practice for the design of reliable industrial and commercial power system

[26] 陶顺. 现代电力系统电能质量评估体系的研究[D]. 北京:华北电力大学,2008.

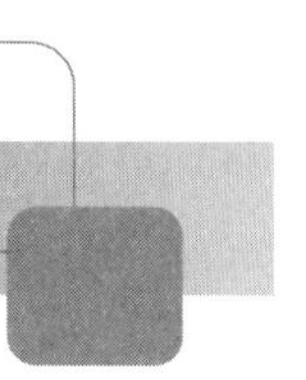

第11章　GB/Z 32880.2—2016《电能质量经济性评估　第2部分：公用配电网的经济性评估方法》

11.1　概述

随着特高压、智能电网的大规模建设和新能源的快速发展，我国电力系统电能质量问题的来源和形式都呈现出新的特征。电源方面，可再生新能源发电数量和容量急速增长，预计到2020年，全国新能源发电装机容量达4.1亿kW，其中风电2.4亿kW、太阳能发电1.5亿kW，电力电子变换器大规模接入，若控制不当，其产生的电压偏差、谐波、间谐波、电压波动和闪变等问题将使得电网的电能质量日趋恶化。负荷方面，电动汽车行业将迎来“爆炸式发展”，预计到2020年，全国电动汽车保有量为500万辆，电动汽车充放电设施大量接入，若不加以引导，大规模的无序充电将进一步加深对电能质量问题的影响。电网方面，特高压交流和直流输电线路特别是柔性直流输电线路快速增加，导致输电设备对电能质量问题的传输和影响特性发生变化。这些变化引起电能质量出现新的特点和问题，由此造成的影响也日益变得复杂和广泛。

同时，随着现代用电设备对电能质量要求的日益提高和电力市场改革的不断深入，电能质量问题所引发的矛盾日益突出。一方面，电力用户对电能质量重要性的认识和自我保护意识越来越强，对电力系统提出了更高的要求。另一方面，电能质量问题的治理往往代价高昂，供电部门作为电力市场环境下独立的经济核算单位，不得不考虑投资的经济性。同时，“污染源”比如钢厂等，作为造成电能质量恶化的罪魁祸首，必须承担相应的经济责任。

因此，为了量化电能质量问题的影响，为电能质量罚款、赔偿，电能质量治理投资和优质电力园区电力定价提供基础数据，充分发挥电能质量的经济杠杆作用，撬动电能质量治理、优质优价管理等相关市场，开展电能质量经济性损失评估显得尤为必要。

国内外尚无关于电能质量经济性评估的相关标准。目前国内已制定了包括供电电压偏差、电压波动和闪变、公用电网谐波、三相电压不平衡等在内的电能质量国家标准16项。这些标准形成了相对完整的电能质量标准体系，确定了我国电能质量指标的限值以及电能质量的监测标准。目前世界上许多国家和地区已经认识并展开了电能质量经济性调查，典型的调查结果有：美国2001年调查结果显示，美国每年因停电造成的损失不少于1190亿美元，电能质量问题造成的损失约为150亿～240亿美元；欧盟2007年的调查研究推算出欧盟25国电能质量年损失高达1517亿欧元，劣质电能质量的损失占工业营业额的 4%、服务业营业额的 1.5%。由国际大电网组织(CIGRE)组织的联合工作组 JWG C4.107 就劣质电能成本的评估建立了一套系统化的分析方法:将电能质量分为两大类,准稳态连续变化型和事件型,采用两种不同的方法评估劣质电能的经济影响。标准制定过程中参考了 CIGRE C4.107 电能质量经济性框架。

本章主要讨论 GB/Z 32880.2—2016《电能质量经济性评估 第 2 部分:公用配电网的经济性评估方法》,它属于指导性技术文件,用以规范公用配电网的电能质量经济性评估方法。由全国电压电流等级和频率标准化技术委员会(SAC/TC 1)提出并归口。GB/Z 32880.2 为国内首次制定,2016 年 12 月 13 日发布,2017 年 7 月 1 日开始实施。

GB/Z 32880.2—2016 规范了公用配电网的电能质量经济性评估原则、经济成本构成、经济损失评估方法、治理方案经济性评估方法、评估流程及评估指标。指导性技术文件包括正文和附录两部分,其中正文包含以下几方面内容:

(1) 指导性技术文件适用范围。GB/Z 32880.2—2016 适用于公用配电网的电能质量经济性评估。

(2) 术语与定义。共给出了 24 个术语,其中有 13 个是关于电能质量及其现象,3 个为电能质量经济性评估专用术语,8 个为经济类术语。(缺“电压不平衡”术语)

(3) 变量说明。共给出了 104 个变量的解释,其中首字母 A 的变量是以年值描述的成本,首字母 D 的变量为一般成本项描述。

(4) 公用配电网的电能质量经济性评估原则。从系统性、客观性和实用性三个方面简要给出了公用配电网的电能质量经济性评估原则。

(5) 电能质量经济成本。按电能质量成本的分类详细列出了电能质量的经济成本构成元素。

(6) 经济损失评估方法。按电能质量问题时间尺度分别给出了事件型年经济损失计算方法,以及连续型年经济损失计算方法。

(7) 电能质量治理方案经济性评估方法。为了实现电能质量治理方案的经济性评估,采用 4 种常见的资金投资评价分析方法,分别为全寿命周期成本分析法、净现值法、投资回收期法和内部收益率法。

(8) 评估流程。以流程图的形式,分别给出了经济损失评估流程和治理方案经济性评估流程。

(9) 评估指标。为了评价电力用户的电能质量经济损失及其治理方案的经济可行性,给出了 7 个评估指标及其计算公式。

为了增进该指导性技术文件的可理解性和可执行性,其后附有 3 个资料性附录,即:

(1) 附录 A“配电网谐波经济性评估”。配电网中谐波会引起线路、变压器和电容器的额外损耗,该附录中的案例针对某市配电网谐波年经济损失进行评估,给出了谐波损耗评估、谐波损耗成本评估的具体计算方法。考虑到数据的可得性和方法的可操作性,该案例通过现场典型线路谐波损耗测试加外推得到全网的谐波损耗。

(2) 附录B“设备使用寿命模型”。由于GB/Z 32880系列是规范电能质量经济性评估方法,应以相关技术性参数,例如设备使用寿命等的评估为基础的。该附录介绍了设备使用的经济寿命模型以及两个在谐波作用下设备使用寿命典型模型,便于读者基于设备使用电磁环境下的谐波测量数据,利用模型计算设备在非正弦条件下加速老化的程度,从而可以采纳本指导性技术文件正文中的方法评估相关的设备成本。

(3) 附录C“资金等值计算公式”。该附录给出了在电能质量经济性评估计算中需要使用的年值、现值、终值等的计算公式。

11.2 电网企业成本费用

分析电能质量问题对企业正常生产经营活动的后果及其货币价值体现,应根据企业成本会计原则,对应公用配电网企业成本开支范围及其成本要素,进行相应的归集与分配。

电网企业成本指电力企业中发电、输电、供电、变电等环节发生的全部劳动消耗,包括发电成本、供电成本、售电成本等。电力企业成本具有以下特点:一是成本计算对象单一,主要是电力产品和热力产品;二是成本计算分类简单,一般按生产经营的不同环节进行;三是电力成本高低受市场需求制约,还受用电条件制约,如配电线路。一般电力成本核算内容(成本项目)主要包括以下几个方面:燃料费、购入电力费、水费、材料费、工资及福利费、折旧费、修理费、其他费用。

(1) 燃料费

指火电厂为生产电、热产品而消耗的各种燃料。

燃料费=燃料消耗量×燃料单价

(2) 购入电力费

即向外单位购入电力支付的资金,按购入电力数量和单价计算。

(3) 水费

指发电供热生产用水的外购水费。不包括外购非生产用水水费。

(4) 材料费

指生产运行、维修和事故处理等耗用的材料、备品、低值易耗品及不应计入燃料费的各种生产用燃料的费用。

(5) 工资及福利费

指按规定列入电、热产品成本的职工工资、奖金、津贴等及按职工工资总额与规定比例提取的职工福利费。

(6) 折旧费

指电力企业固定资产按确定的折旧方法计提的折旧费。

(7) 修理费

综合列入本项目,区别材料、工资等分别列入。

(8) 其他费用

即不属于以上各项而应计入产品成本的费用。主要包括：办公费、差旅费、低值易耗品摊销、保险费、职工教育经费、研究开发费、停工损失、坏账损失等。

公用配电网并非负责发电的公司。本指导性技术文件在进行电能质量经济性评估时，按照电力生产环节划分，涉及配电网的供电成本计算和售电成本计算。

（1）供电成本

指电网将发电厂发出的电和购入的电，通过输、变、配电系统送到售电端所支付的全部供电费用。

供电单位成本＝供电总成本/售电量

售电量＝供电量－线损电量

（2）售电成本

指各厂的发电成本、各供电局的供电成本、全网的购电成本及为全网服务的各局、所等发生的管理费用。

售电总成本＝发电总成本＋购电总成本＋供电总成本＋汇集的管理费用

售电单位成本＝售电总成本/售电量

11.3　指导性技术文件主要条款的解释

11.3.1　电能质量经济成本

11.3.1.1　电能质量成本构成

电能质量扰动引起公用配电网非正常运行，造成供电中断，运行效率降低，额外功率损耗，设备损坏或老化加速等，这些影响和危害必然会给受影响的电网带来经济损失性支出。公用配电网电能质量经济损失是指电能质量问题对公用配电网运行造成的直接及间接的经济损失。因电能质量问题带来了经济损失，有必要开展电能质量监测、分析与诊断，采取治理或缓解措施等，从而给电网带来了电能质量问题监测和治理成本。

因此，电能质量经济成本是指因电能质量问题影响及其监测、治理所形成的成本，包括电能质量经济损失、监测成本和治理成本。

11.3.1.2　国际组织或部分国家的电能质量经济损失成本与分类

用户的电能质量成本已被广泛理解，并有大量文献足资证明。但公用配电网发布的与电能质量成本相关的资料却寥寥无几。以下针对国际组织或部分国家的相关情况进行简要综述。

11.3.1.2.1　CIGRE/CIRED JWG C4.107 给出的经济成本项分类

CIGRE/CIRED JWG C4.107 工作组 2010 年报告中，将电能质量问题引起的经济损失项分为两类，一类是由电能质量事件导致的经济损失，另一类是指与电能质量事件预防措施相关的经济损失。电能质量事件预防成本、可靠性改善成本和一般电网运维成本密不可分，在进行成本归类时应特别注意。

（1）电能质量事件导致的成本

1）谐波

中长期来看，电网谐波的存在会对资产造成不利影响，这些影响包括但不限于：

- 设备承受谐波电压和电流的影响，而设计时是没有考虑这些谐波的；
- 额外谐波负载导致的电缆和架空线等电网设备降容运行；
- 变压器降容和过热，尤其是由铁芯饱和效应导致的；
- 绝缘材料和电子元件等电网设备过早老化；
- 中性导线过载；
- 导线和变压器额外损耗。

2）电压波动和闪变

电力系统内的电压波动会引起技术性的有害影响和对人体特性的影响。两种类型的影响均可能牵涉到生产过程中的额外成本。报告简要说明了电压波动的几种有害作用。

- 电气设备：感应电机端子处的电压波动可导致转矩和转差变化，最坏的情况下，可导致过度振动，进而降低机械强度，缩短电机运行寿命。同步电机和发电机端子处的电压波动导致转子摆动幅度增加和过早磨损，还会产生额外转矩和功率变化，并增加损耗。
- 静态整流器：相控整流器供电电压变化（直流侧参数控制）通常会造成功率因数降低，产生非典型谐波和间谐波。逆变模式下进行驱动制动时，电压变化可导致换向故障，继而对系统部件造成损坏。

闪变导致的投诉通常只会发生在局部地区。因此，一般不经常进行常规测量活动。现有数据表明，长期和短期闪变水平通常不足以引起投诉。但是，标准值超过 EN 50160 限制的情况确实存在。

（2）电能质量事件预防成本

1）铺设电缆

地下电缆发生瞬时故障的几率小于架空线。地下电缆铺设于无法设置架空线的地区或尚未开发且地面已经敞开的地区（这样做经济性更高）。但在绝大多数情况下，若需要将整个电网埋入地下以减少瞬态故障，则成本将极其昂贵。部分报告显示，电缆全部铺设于地下时，电压暂降将减少 67%，但由于供电损耗较高，最终成本仅会降低 1%。

2）增加分段

增加分段可减少故障所能影响的用户数量，从而提高总体可靠性。同时还可以减小电压暂降影响，获得附加收益。电网平分为两部分可使电压暂降分别减少 50%。

3）架空线绝缘

架空线绝缘可防止树木/树枝碰触电线造成的瞬时接地故障。在中性点不接地的电路中，线路不会出现跳闸，且极少发生电压暂降，但在中性线直接接地的电路中，对连续性的影响将更为显著。使用绝缘导线可以有效改善该问题。

4）雷电保护

对于高压电网,防雷措施用于保护设备免受雷击损坏,同时降低电压暂降的影响,带来一定的附加收益。中压线路通常在每台变压器和自动开关以及单相支路和电缆线路互连位置安装避雷器。发生雷击时,避雷器将会导通,导致电压暂降。此种情况下,雷击造成的电压暂降不可避免,但避雷器可以保护设备免受损坏。

5）故障电流限制器

电抗器可限制故障电流,从而减少电压暂降。

（3）电能质量问题的响应成本

除了上述电能质量造成的技术性经济损失外,电能质量事件引起的后续成本,以及事件后所需设施的运行成本也是必须考虑的。

1）呼叫中心

电能质量查询涉及从暴雨引起的大面积停电到持续多个周期的破坏性电压暂降等各类电力扰动问题。呼叫中心的主要成本来自对大规模停电响应方案的需求,不太严重与不太频繁的投诉的响应成本是呼叫中心运行人员的时间与设备的边际成本。呼叫中心运行人员处理对电压的投诉所耗费的成本主要是时间成本。时间成本取决于通话时间,一般较短(典型的投诉成本估计为 10 欧元)。

2）响应人员

并非所有投诉都有效并需要到现场解决,某些投诉通过电话便可解决。但是,无法通过电话解决的投诉需要响应人员到现场进行调查。响应人员通常会在问题现场安装电压记录器,进行一段时间的电压记录。人员时间成本取决于到达现场、安装记录器以及返回办公室期间所耗时间。该成本还包括响应人员的车辆和燃油费等杂项开支。

3）咨询

电压记录器收回后需对其所收集的数据进行分析,分析成本取决于追查电能质量问题原因所需的时间。若电能质量问题为间断性问题,分析过程将耗时更久。

4）解决方案

查明电能质量问题原因后,需制订工作建议,以便解决问题。在很多情况下,由于供电器件、设备年久老化,必须进行更换,会给配电网运营商带来额外的工作量。

5）补偿

为劣质电能提供经济补偿的案例很少见,因此无法给出一个典型成本。但是,配电网运营商对其业务中的电能质量成本进行量化时,应考虑经济补偿所有情况的相关成本,包括法律费用等。

11.3.1.2.2　IEEE Std 1346 推荐的过程中断造成损失的分类

IEEE Std 1346—1998 为 IEEE 推荐的电力系统与电子过程设备兼容评价的标准,在其附录 A 中给出了因电压暂降和短时中断引起的过程中断经济影响的通用评估方法。

从生产中断相关成本、产品质量、杂项三个方面进行分类，其中大部分损失分类是站在电力用户过程中断的角度，其中维修被损害设备的成本等可以类比作为公用配电网的成本项。

综上所述可以看出，关于公用配电网与电能质量成本相关的资料较少，CIGRE/CIRED JWG C 4.107 给出了公用配电网成本计算的初步框架，从电能质量事件、规划、响应三个层面较为全面地体现了电能质量全过程的成本，但是考虑到本指导性技术文件主要针对电能质量事件发生后产生的经济损失，对于规划阶段因考虑电能质量优化而产生的成本不纳入本次考虑范围。结合电网企业成本会计成本核算特点，上述成本项分类方式并不适合我国国情，因此需要建立我国电能质量经济损失成本项的分类与构成。

11.3.1.3 GB 推荐的经济损失及其分析

按照第九章所述，赔偿损失范围包括直接损失和间接损失。直接损失指财产上的直接减少。间接损失又称所失利益，是指失去的可以预期取得利益，简称可得利益。可得利益指利润，而不是营业额。直接成本为生产和销售与主营业务有关的产品或服务所必须投入的成本，包括原材料、人工成本（工资）和固定资产折旧等，是用于核算企业因销售商品、提供劳务或让渡资产使用权等日常活动而发生的实际成本。电能质量问题会引起配电网主营业务因经济活动中断或非中断而受到影响，造成直接损失，当从技术上鉴定出是由电能质量扰动造成了这些直接的料、工、费损失，在评估时需要纳入电能质量经济损失评估范围内。直接损失是电能质量经济损失评估的主要构成。

电能质量问题对用户造成损失，配电网运营主体进行的赔偿，以及用户投诉或电能质量问题鉴定而产生的费用，例如额外检测、应急服务等费用均应是属于直接成本的，可以纳入经济损失的直接损失计算。但是因电能质量问题导致售电量减少造成的利润损失、资源损失价值及其他损失费用，依据《中华人民共和国合同法》第一百一十三条规定是属于间接损失，且为与其主营业务紧密相关、可以预期取得的利益。因此在 GB/Z 32880.2—2016 中，电能质量经济损失包括因电能质量问题而造成的应得和未得利润的间接损失。

上述电能质量间接经济影响和社会经济影响的损失往往只是存在发生的可能性，即使是已发生的后果，也是在直接影响上外延的。其延续的时间和空间相对较大，在此过程中容易受到不确定因素的影响，因此，这些经济损失是否由电能质量影响，往往难以提供令人信服的举证，以便进行核算。因此，为了保证本指导性技术文件在现有社会和企业管理条件下的可执行性，类似这些成本由于难以鉴定或举证核算，没有包括在 GB/Z 32880.2—2016 内。若电力用户与电网公司在供用电合同中选择考虑这些难以鉴定或举证的成本项时，可由供用电双方自行协议并明确即可。

因此，在 GB/Z 32880.2—2016 中将经济损失分为电能质量问题造成的直接经济损失和因售电量减少而产生的间接经济损失。其中直接经济损失包括 7 项，间接经济损失包括 1 项。

11.3.1.3.1 直接经济损失

(1) 设备额外损耗成本(D_1)

谐波、三相不平衡等电能质量问题会导致配电网设备产生附加的损耗，从而造成额外电能损耗成本。

(2) 设备检修成本(D_2)

因电能质量问题引起配电网设备故障，对设备进行非计划检修产生的成本即为设备故障检修成本。

(3) 设备加速老化年成本(D_3)

因受电能质量影响设备使用寿命缩短，从而增加的设备年成本。

(4) 设备损坏调换成本(D_4)

因电能质量问题引起设备损坏，设备更换成本。

(5) 经济赔偿(D_5)

因电能质量问题对用户造成损失，配电网运营主体进行的赔偿。在一些场合，如果是因为配电网运行导致的电能质量问题，并对用电用户的生产活动造成影响，需要进行一定的经济赔偿。

(6) 用户责任补偿收益(D_6)

因用户电能质量问题给公用配电网造成经济损失，配电网运营主体获得的补偿收益。在一些场合，如果是因为用户电能质量问题导致公用配电网正常运行受到影响，在经过双方协定后，用户将给公用配电网提供经济补偿。

(7) 其他直接成本(D_7)

针对用户投诉或电能质量问题鉴定而产生的费用，例如额外检测、应急服务等费用。公用配电网在收到用户投诉后，通常需要根据电能质量问题影响的程度进行额外的检测费用，在一些较为严重的情形下，可能还需要前往现场进行应急服务。这些成本都是由于电能质量问题外延产生的直接成本，需要一并纳入计算。

11.3.1.3.2 间接经济损失

间接损失产生的机制，是电能质量问题破坏了生产、经营关系中的物质条件，使生产、经营者不能正常地利用这一生产、经营资料进行生产、经营活动，造成了可得利益的减少和丧失。对公用配电网来说，间接经济损失主要体现为因电能质量问题导致售电量减少造成的利润损失、资源损失及其他损失费用。考虑到数据的可得性，本指导性技术文件只统计因电能质量问题导致售电量减少造成的利润损失(售电利润损失，D_8)。

11.3.1.4 电能质量监测成本

随着电能质量干扰源和敏感负荷的比重增加，劣质电能的产生及其影响问题日益严重，电力扰动给电网和受影响的电力用户带来了巨大的经济损失。在分析电能质量问题过程中，在解决电力企业和电力用户的相关争议或执行特殊供电质量要求协议时，开展电能质量测量是基础。公用配电网监测主要通过对公共连接点的电能质量实行连续监测。监测的主要技术指标包含了:供电频率、电压偏差、三相电压不平衡度、负序电流、电网谐波/间谐波、电压暂降、短时中断、电压暂升、功率、功率因数等。连续监测任务主要由安装在分界点的电能质量在线分析仪来完成。开展电能质量监测必然带来监测设备的购买、安装及后期的运行维护等工作,从而带来了电能质量的监测成本。

电能质量监测成本(D_9)可包括监测设备及配套设施的初始成本、运维成本和退役处置成本。

(1) 初始成本,包括监测设备及配套设施购置成本、运输和安装改造及调试投运费用等。

(2) 运维成本,包括电力消耗费用、检查与测试费用和维护费用、装置维修或器件更换费用等。

(3) 退役处置成本,为监测设备退役处置费用减去残值。

11.3.1.5 电能质量治理成本

当电能质量问题给公用配电网带来很大的经济损失,不能满足电能质量要求时,往往需要采取电能质量治理措施。为了实施电能质量治理,必然要对治理项目进行投资,从而形成了电能质量治理成本(D_{10})。

电能质量治理成本是指实施电能质量治理工程的成本,包括初始成本、运维成本和退役处置成本。

(1) 初始成本,包括治理工程设计、设备及配套设施购买、运输、安装改造及调试投运费用等。

(2) 运维成本,包括电力消耗费用、检查与测试费用和维护费用、设备维修和器件更换费用等。

(3) 退役处置成本,为治理设备退役处置费用减去残值。

11.3.2 经济损失评估方法

电能质量经济损失包括电能质量问题对系统运行、社会经济活动造成的经济损失性支出。经济损失评估的成本费用开支范围应符合企业成本管理条例及有关财务制度规定。电能质量扰动类型不同,造成的危害和后果不同,应评估的经济损失性支出项也不同。

根据经济性影响时间尺度的不同,在对公用配电网电能质量经济损失进行统计时通常按以下两种类型分别统计。

11.3.2.1 事件型电能质量经济损失评估

事件型电能质量问题主要包括电压暂降和短时中断、瞬态和暂时过电压,严重超标时不仅会影响公用配电网设备的正常运行,甚至还会造成供电中断从而影响用户的正常经济活动。这类电能质量现象及其后果往往是显性的,经济性损失评估一般以每次事件为基础进行核算和统计,主要评估的指标包括单次事件损失和事件年损失。单次事件损失为该次电能质量问题引起的经济活动中断而支出的成本项之和。当核算实际发生的经济活动中断的事件年损失时，则将全年所有单次事件损失进行累积统计。当预估经济活动中断的年经济损失时，可以历史单次事件损失的统计数据为基础，按不同电能质量现象类型进行估算。主要包括电压暂降和短时中断年经济损失（A_1）、瞬态和暂时过电压年经济损失（A_2）。

11.3.2.2 连续型电能质量经济损失评估

对于诸如谐波、电压波动和闪变、三相电压不平衡、电压/频率偏差等，可能并不会引起经济活动中断，其影响往往表现为隐性，例如设备额外损耗、加速老化、损坏调换等。与这些电能质量问题相关的经济损失性支出表现得也比较隐性，这部分的经济损失评估分析比较困难，但随着数据积累可以逐渐量化，在连续型电能质量非经济活动中断的经济损失核算和统计中，一般以年为单位，将各超标时段内的损失成本项进行累计。主要包括谐波/间谐波年经济损失（A_3）、电压波动和闪变年经济损失（A_4）、三相不平衡年经济损失（A_5）和其他年经济损失（A_6、A_7），其中未导致配电网经济活动中断的电压偏差年经济损失（A_6）和频率偏差年经济损失（A_7）问题，仍可能形成电能质量经济损失项（D_1～D_8），配电网运营主体宜根据具体情况进行分析统计。

11.3.2.3 年经济损失成本计算方法及评估流程

对于电能质量经济损失成本，取一年为统计周期计算经济损失，包括事件型电能质量经济损失和连续型电能质量经济损失，其计算方法为：

$$A_S = A_1 + A_2 + A_3 + A_4 + A_5 + A_6 + A_7 \tag{11-1}$$

公用配电网经营主体开展电能质量经济性评估首先必须注意以下问题：

(1) 建立电能质量现象与电能质量后果之间的关联关系，确定所承受的经济损失是由电能质量问题引发的，并能准确判断不同电能质量问题引发的不同后果；

(2) 有足够的监测手段评估和分析不同电能质量问题的严重程度和发生频次；

(3) 在数据无法满足本指导性技术文件要求时，可进行一定的简化，但必须保证经济损失及相关经济数据收集的完备性和准确性；

(4) 尽可能量化经济损失数据，尤其是部分难以量化的内容。

配电网经营主体开展的电能质量经济损失评估流程如图11-1所示。

由上述经济性损失评估流程可以看出，经济损失评估是以电能质量参数及其指标的技术性评估为基础的。

对于连续型电能质量，例如谐波，其额外电费成本、提高老化的设备成本等都需要以谐波电流和谐波电压的分析与计算为基础。基本步骤简要如下：

(1) 首先将被分析年分为 n 个时间段，并确定每个时间间隔 Δt 内的谐波源的发射值和系统运行状态。可依据运行计划和谐波源谐波发射的概率分布，采用蒙特卡罗仿真法做状态抽样。

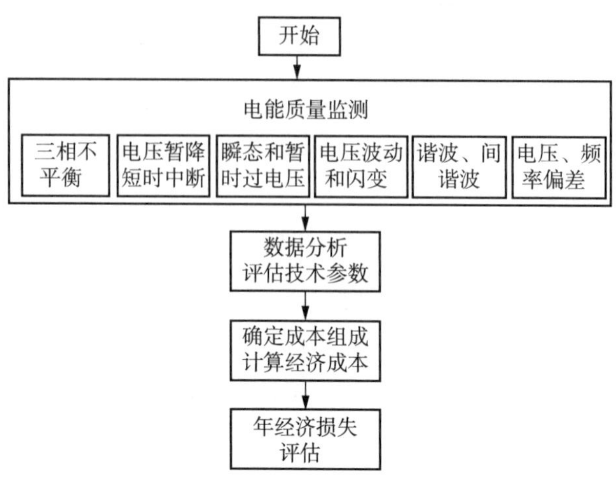

图 11-1　配电网电能质量经济损失评估流程

(2) 利用成熟的商用软件或谐波潮流分析程序,针对每个 Δt 时间内的系统状态,计算关注节点与支路的谐波电压、谐波电流和谐波损耗。

除了按照上述数值评估方法,还可以通过实测获得典型配电线路的谐波损耗。由于配电网中任一区域谐波损耗与其供电区域的供电量近似成线性关系,实际计算时可以采用试验测量配电网一条典型线路谐波损耗,通过外推得到整个配电网的谐波损耗和供电量之间的特征矩阵。通过全年供电量、电价和特征矩阵即可获得全网的谐波经济损失。

对于事件型电能质量,例如电压暂降,在开展经济性评估前,技术性评估的基本步骤简要如下:

(1) 首先需要估计年电压暂降发生频次,以及每次电压暂降幅值和持续时间。

(2) 针对每次电压暂降,将其暂降幅值与持续时间和电力设备电压暂降耐受力曲线(以电压幅值与持续时间为坐标的二维图描述),判断电力设备是否受到影响;依据电力设备受电压暂降的影响程度,分析电网经济活动受到该次电压暂降的影响程度。

将上述电能质量现象到电力用户经济活动后果分析后,再依据 GB/Z 32880.2—2016 的方法统计其各成本项,并将评估的每次暂降损失求和。

11.3.3　电能质量治理方案经济性评估方法

11.3.3.1　经济性评估方法

电能质量治理方案往往不止一种,在各互斥方案中,只有一个最好的投资方案被采纳。电能质量治理投资评价是站在公用配电网的角度,在治理技术合理的前提下,分析投资效益,衡量项目在经济上的合理性。在实际应用中,一般采用以现金流贴现思想为基础的传统的项目投资评价方法和指标,主要有全寿命周期成本法、净现值法、投资回收期法、内部收益率法。这些方法充分考虑资金的时间价值,将投资项目不同时期的现金流入和流出按某一可比贴现率换算成现值,据此评价投资收益。

(1) 治理设备全寿命周期成本分析法(LCC法)

全寿命周期成本(LCC)为电能质量治理设备全寿命周期成本现值。

全寿命周期成本分析法(LCC法)以计算LCC值为基础,适用于不同方案治理效果基本一致时的方案比选。当寿命周期相等时,以LCC值最小的方案为最优治理方案;当寿命周期不相等时,宜采用LCC的年值(A_{LCC}),A_{LCC}最小的方案为最优。

(2) 净现值法(NPV法)

净现值(NPV)指标考察方案寿命期内每年发生的现金流量,是按一定的折现率将各年净现金流量折现到建设期初的现值之和。

净现值法(NPV法)以计算不同电能质量治理方案的NPV值为基础,评价准则为:净现值不小于零的治理方案为可行方案。由于NPV值不能体现初始投资的效率,当无资金约束时,NPV值越大越好;当资金紧缺时,宜采用内部收益率法(IRR法)评价。

(3) 投资回收期法(PB法)

投资回收期(T_P)是从治理方案投建开始算起,治理方案的净现金流量回收全部投资所需的时间。

投资回收期法(PB法)以不同电能质量治理方案的投资回收期(T_P)计算为基础,其评价准则为:投资回收期小于基本投资回收期为可行方案,投资回收期最短为最优方案,抗风险能力强。一般PB法只作为辅助决策方法。

(4) 内部收益率法(IRR法)

内部收益率(IRR,%)是指治理方案计算期内,与项目资本金相关的净现金流量现值累计等于零时的折现率,是项目投资的盈利率,反映了投资的使用效率。

内部收益率法(IRR法)是以不同电能质量治理方案的内部收益率(IRR)计算为基础的方法,评价准则为:内部收益率大于基准折现率则认为符合投资利益要求;IRR最大为最优治理方案。

注:电能质量治理方案经济性评估方法推荐以上四种方法,实际使用时根据需要选择一种或多种方法进行评估,并不排除用其他方法进行评估。

11.3.3.2 经济性评估流程

当针对现有已实施的方案进行评估时,以治理设备已使用年数内每年的电能质量治理前后经济损失的统计计算为基础,并估计设备剩余使用寿命范围内的电能质量治理前后经济损失,从而得到该实施方案在有效使用寿命周期内每年的净现金流量,再采用上述评价方法对现有设备做出投资评价结论。

若对拟投资的治理方案开展评估,设拟用方案有n个,则针对每个方案分别评估其治理前后的电能质量经济损失,然后开展投资评价,通过不同方案的比选,选择最优的治理方案。评估流程见图11-2。

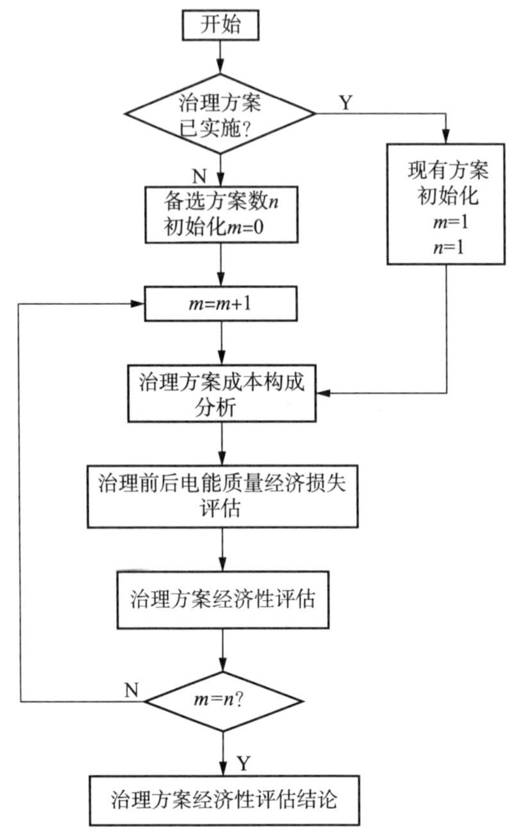

图 11-2 电能质量治理经济性评估流程

11.3.4 评估指标

为方便比较与评估，通常需要定义统一的评估指标以描述电能质量的经济影响。一般可将经济评估指标分为两类，基础经济指标和单位经济指标，其中，基础经济指标包括单次事件成本和年直接成本等，可以通过频数分析、均值、中值及标准差等计算。实际上，单次事件成本和年直接成本等可能受到配网规模、用户规模和用电情况的影响。因此，一般还需要定义单位经济指标，如单位供电容量成本和单位供电量成本等，见图 11-3。

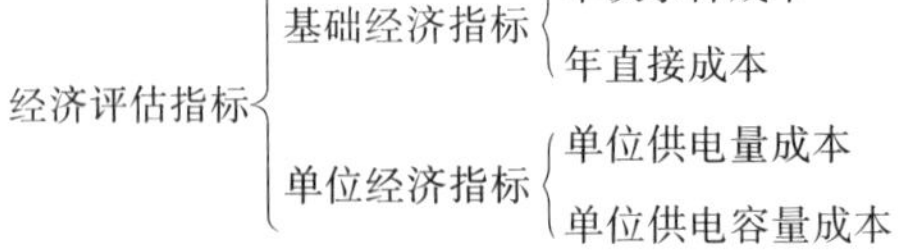

经济评估指标
- 基础经济指标
  - 单次事件成本
  - 年直接成本
- 单位经济指标
  - 单位供电量成本
  - 单位供电容量成本

图 11-3 经济性损失评估指标

(1) 治理成本年值

治理成本年值即公用配电网每年计入财务的电能质量治理成本现金流出。

(2) 电能质量年总成本

公用配电网年经济总成本为电能质量问题造成的总成本,计算如下:

年经济总成本=年经济损失成本+治理成本年值+监测成本年值

(3) 单位供电容量电能质量经济成本

公用配电网单位供电容量的平均电能质量经济成本,计算如下:

单位供电容量电能质量成本=电能质量年总成本/总供电容量

注:供电容量是指客户受电变压器总容量。

(4) 单位供电量电能质量经济成本

公用配电网单位供电量的平均电能质量经济成本,计算如下:

单位供电量电能质量成本=电能质量年总成本/年总供电量

注:供电量是指在一段时间内供应的电量总和。

11.4 制定指导性技术文件期间相关条款的争议及处理

自 2013 年 12 月形成标准工作组以来,经过多轮讨论和评审,GB/Z 32880.2—2106 历时两年于 2015 年 11 月提交中国标准技术监督局审批,于 2016 年 12 月 13 日发布,2017 年 7 月 1 日开始实施。以下是主要的争议及最后结论。

11.4.1 直接和间接损失界定的争议

如 3.2.3 节所述,电能质量经济损失包括直接经济损失和间接经济损失。工作组针对经济赔偿(D_5)、用户责任补偿收益(D_6)、其他直接成本(D_7)等三个成本项展开了多次讨论。由于这三项损失项并不是因电能质量问题直接影响电力设备形成的,部分专家认为应划入间接经济损失中,但依据《中华人民共和国合同法》第一百一十三条关于损害赔偿的范围规定及其解释,直接损失指财产上的直接减少。间接损失又称所失利益,是指失去的可以预期取得的利益,简称可得利益。可得的利益指利润,而不是营业额。公用配电网公司作为电网建设和运营的企业,当电能质量问题引起用户投诉,因赔偿、鉴定、检测、应急服务等形成的成本并不是所失利益,而是额外增加的成本,因此应作为企业的直接经济损失。而由于电能质量问题导致售电量减少造成的利润损失、资源损失价值及其他损失费用,按照定义属于所失利益,应纳入间接经济损失。其中利润损失相对来说便于核算,而资源损失价值或者其他损失费用是直接影响上的外延,目前还无清晰的界定和核算方法,因此在本指导性技术文件中仅列出了一项间接经济损失,即售电利润损失。随着电能质量经济性评估实践的深入,对于电能质量问题造成公用配电网间接经济损失的认识和评估手段必将越来越清晰。

还需要注意的是,若电能质量经济损失评估应用于电能质量赔偿/惩罚机制的合约中,相关经济成本构成要素的边界要在合同中清晰定义,并应符合相关法律法规的要求和相关成本鉴定与举证的要求。

11.4.2 关于微电网的电能质量经济性

近年来,微电网现身于中央及各级地方政府的能源相关政策文件中,关于微电网的多个"863"和"973"等国家重点研究发展规划也相继立项。随着各地微电网示范工程的展开,微电网的应用价值得到验证,针对微电网的电能质量经济性评估也亟待开展研究。以独立运行为主的微电网,GB/Z 32880 系列没有具体论述。但是当微电网独立运行时,其经济性评估可以适当参照 GB/Z 32880.2,当其并入电网运行时,微电网作为独立个体,可以适当参照 GB/Z 32880.1 开展电能质量经济性评估。

11.5 指导性技术文件的局限性分析

电能质量问题的解决已转化为技术和经济交融的问题。但时至今日,在电能质量总的经济影响上各国还没有形成共识,在如何评估其经济价值上还在不断探索,本指导性技术文件存在以下局限性。

11.5.1 指导性技术文件的可操作性受限于电能质量诊断分析技术

电能质量经济性评估必须以电能质量参数和指标的技术性评估诊断为基础,GB/Z 32880.2—2016 的可操作性受到电能质量测量分析和电气工程师认识水平的影响。对于事件型电能质量,结合电能质量监测数据,其影响相对容易诊断;而对于连续型电能质量,例如谐波、不平衡等,要求公用配电网积累大量的运行与经济分析基础数据,并能够建立监测数据和电能质量经济性影响的直接关系,其中很多因素具有模糊性和概率统计学的性质,在进行电能质量经济损失计算时往往难以准确评估,需要结合人工神经网络等数据分析方面的研究成果,完善现有的电能质量经济性评估手段。

11.5.2 指导性技术文件内容需要完善和发展

随着新能源、新材料、信息技术、电力电子技术的长足发展和广泛应用,用户对用电需求、电能质量及供电可靠性等要求不断提高,现有交流配电网将面临分布式新能源(电源)接入、负荷和用电需求多样化、潮流均衡协调控制复杂化,以及电能供应稳定性、高效性、经济性等方面的巨大挑战。直流配电网以其供电容量大、线路损耗小、电能质量好、无需无功补偿,以及适于各类电源和负载接入等优点,正受到越来越广泛的重视。同时我国正在实施配售电市场改革,未来配用电系统形态以及运营形式都会发生较大的变化。在条件成熟时,本指导性技术文件也需要补充和完善以适应这些新变化。

GB/Z 32880.2—2016 的贡献在于结合公用配电网运营特点和企业成本会计核算方法,相对全面地建立了电能质量经济成本构成项以及评估方法,但是随着指导性技术文件的具体实施和应用,相关内容也需要不断修改和完善;同时随着案例的增多,需要提炼典型的用例以提高指导性技术文件的可操作性。

11.6　指导性技术文件实际应用案例

11.6.1　案例背景及基础数据

配电网中谐波会引起线路、变压器和电容器的额外损耗,本案例针对某市配电网谐波年经济损失进行评估,给出了谐波损耗评估、谐波损耗成本评估的具体计算方法。

由于配网中任一区域谐波损耗与其供电区域的供电量近似成线性关系,实际计算时可以采用试验测量配电网一条典型线路谐波损耗,通过外推得到整个配电网的谐波损耗和供电量之间的特征矩阵。加拿大魁北克水电公司针对配电网中电压电流谐波的影响,开展了技术性和经济性的研究,给出了世界范围的谐波损耗特性矩阵。电压谐波的三个等级分别对应 IEC 61000-3-6 规定的规划水平的 50%、100%和 150%,见表 11-1。

表 11-1　额定负载条件下谐波造成的配电系统单位用电量的能量损耗 1(‰)

类型	谐波水平		
	IEC 谐波规划水平的 50%	IEC 谐波规划水平的 100%	IEC 谐波规划水平的 150%
低压线路	0.532	2.127	4.786
中压线路	0.403	1.610	3.623
变压器	0.156	0.626	1.408
电容器	0.008	0.033	0.074
合计	1.099	4.396	9.891

通过拉格朗日插值可以得到谐波水平为 IEC 规定标准的 25%、75%、125%时的谐波能量损耗的标幺值,见表 11-2。

表 11-2　额定负载条件下谐波造成的配电系统单位用电量的能量损耗 2(‰)

类型	谐波水平		
	IEC 谐波规划水平的 25%	IEC 谐波规划水平的 75%	IEC 谐波规划水平的 125%
低压线路	0.133	1.197	3.324
中压线路	0.101	0.906	2.516
变压器	0.039	0.352	0.978
电容器	0.002	0.019	0.052
合计	0.275	2.474	6.87

11.6.2 谐波损耗经济性评估

由于配电网中元件数量众多，需要按实际评估情况确定不同谐波水平下的变压器、线路和电容器占比，进行加权得到各元件的总损耗，最后通过对不同元件的总损耗求和获得配电网总损耗。

已知配电网总电量、谐波损耗特性矩阵、各元件在不同谐波水平下的占比、负载率，即可按照下式计算整个配电网的年谐波损耗。

$$[谐波损耗]=总电量\times diag([特性矩阵]\times[元件占比])\times[负载率] \quad (11-2)$$

已知该市计算的年总供电量为21.4TW·h，负载率如表11-3所示。

表11-3 配电网负载率

类型	低压线路	中压线路	变压器	电容器
负载率/%	4.5	17	25	96

下面分别计算线路、变压器和电容器的谐波损耗。

(1)低压线路(见表11-4)

表11-4 低压线路谐波损耗

谐波水平	占总低压线路比例/%	总损耗/(kW·h)
IEC规划水平的25%	37	47509
IEC规划水平的50%	24	122944
IEC规划水平的75%	20	230451
IEC规划水平的100%	12	245806
IEC规划水平的125%	5	160032
IEC规划水平的150%	2	92181
合计	100%	898923

(2)中压线路(见表11-5)

表11-5 中压线路谐波损耗

谐波水平	占总中压线路比例/%	总损耗/(kW·h)
IEC规划水平的25%	37	135489
IEC规划水平的50%	24	351514
IEC规划水平的75%	20	659072
IEC规划水平的100%	12	703003

表 11-5(续)

谐波水平	占总中压线路比例/%	总损耗/(kW·h)
IEC 规划水平的 125%	5	457681
IEC 规划水平的 150%	2	263623
合计	100%	2570382

(3)变压器(见表 11-6)

表 11-6　变压器谐波损耗

谐波水平	占总变压器比例/%	总损耗/(kW·h)
IEC 规划水平的 25%	37	77596
IEC 规划水平的 50%	24	200879
IEC 规划水平的 75%	20	376555
IEC 规划水平的 100%	12	401646
IEC 规划水平的 125%	5	261491
IEC 规划水平的 150%	2	150622
合计	100	1468789

(4)电容器(见表 11-7)

表 11-7　电容器谐波损耗

谐波水平	占总低压线路比例/%	总损耗/(kW·h)
IEC 规划水平的 25%	53	22096
IEC 规划水平的 50%	16	27066
IEC 规划水平的 75%	11	41933
IEC 规划水平的 100%	10	67785
IEC 规划水平的 125%	6	63544
IEC 规划水平的 150%	4	60994
合计	100	283418

该市配电网 2014 年全年的总供电量 21.4TW·h,共计谐波损耗 5.2GW·h,每售出 1kW·h 电能,将产生 0.53 元的成本。由此可得年损失成本 27.67 万元,如表 11-8 所示。

表 11-8　谐波造成的配电系统功率损耗年成本估算　　单位:元

谐波水平	低压线路	中压线路	变压器	电容器
IEC 规划水平的 25%	25180	71809	41126	11711
IEC 规划水平的 50%	65160	186303	106466	14345
IEC 规划水平的 75%	122139	349308	199574	22225
IEC 规划水平的 100%	130277	372592	212873	35926
IEC 规划水平的 125%	84817	242571	138590	33678
IEC 规划水平的 150%	48856	139720	79830	32327
合计	476429	1362303	778459	150212

参考文献

[1] 刘玉明. 工程经济学[M]. 北京:清华大学出版社,2006.

[2] 刘菁. 关于电网企业成本核算的分析和建议[J]. 华东电力,2007,35(1):92-93.

[3] 李艳. 会计与财务管理专业实务操作系列教材:生产企业成本核算(第二版)[M]. 北京:首都经济贸易大学出版社,2013.

[4] GB/T 32507—2016 电能质量　术语

[5] 宋学军. 财务成本管理[M]. 北京:中国财政经济出版社,2011.

[6] CIGRE/CIRED JWG C4. 107,Economic framework for power quality

[7] IEEE Std 1346—1998,IEEE Recommended practice for evaluating electric power system compatibility with electronic process equipment

[8] 法律出版社法规中心. 中华人民共和国合同法注释本[M]. 北京:法律出版社,2015.

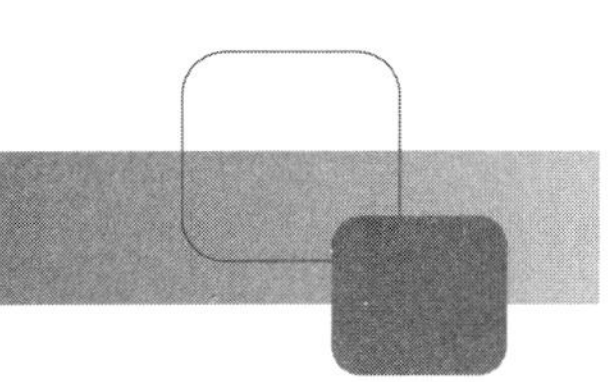

第12章　GB/T 32880.3—2016《电能质量经济性评估　第3部分：数据收集方法》

12.1　概述

GB/T 32880.3—2016《电能质量经济性评估　第3部分：数据收集方法》规范了用于电力用户和公用配电网电能质量经济性评估的数据收集的范围、内容和收集方法。标准包括正文和附录两部分，其中正文包含以下几方面内容：

(1) 文件适用范围。适用于电力用户和公用配电网电能质量经济性评估中的数据收集。

(2) 电能质量经济数据。电能质量经济数据包括：用于电力用户电能质量经济性评估的经济成本基础数据、用于公共配电网电能质量经济性评估的经济成本基础数据、电能质量相关监测数据、设备及系统参数。

(3) 电能质量经济数据收集方法。电能质量经济数据收集周期一般为一年，所收集的数据应真实、准确、全面，能够反映电力用户和公用配电网的运行工况和生产特点，数据收集过程中应特别关注对电能质量异常数据的分析和收集。对于部分无法直接收集的数据，可通过数据预估方式得到。数据预估适用于对尚未完成初步设备的系统开展电能质量经济性评估，或开展系统不同运行条件、不同治理方案下的电能质量经济性评估。

为了增进该标准的可理解性和可执行性，其后附有3个资料性附录，即：

(1) 附录A"电能质量经济性数据收集统计表"。该附录根据各项电能质量经济数据的收集渠道和性质，给出电能质量经济数据收集统计的表格模板，并对部分非常见数据的来源进行了标注。

(2) 附录B"仿真预估法"。该方法适用于事件型电能质量评估，对于电压暂降而言，利用短路故障发生的概率来评估某系统受电压暂降事件影响次数的期望值。

(3) 附录C"谐波的概率分析法"。该方法考虑谐波的不确定性，引入随机变量及其概率密度函数，利用概率分析的方法评估谐波水平及其造成的经济损失。

本标准作为系列标准的第3部分，用以规范电能质量经济性评估数据收集的范围、内容和收集方法。其中，电能质量经济性数据收集的范围和内容，根据GB/Z 32880.1—2016《电能质量经济性评估　第1部分：电力用户的经济性评估方法》和GB/Z 3280.2—2016《电能质量经济性评估　第2部分：公用配电网的经济性评估方法》两项国家标准化指导性技术文件中所涉及的电能质量经济性评估数据进行汇总和整理。

电能质量经济性数据收集方法，根据上述电能质量经济性数据，结合电能质量监测、评估、治理等实际工作经验，制定数据收集的周期、原则以及步骤，针对无法直接收集的数据，给出推荐的预评估方法，最后根据各项数据的收集渠道和性质，设计用于电能质量经济性评估的数据收集统计表。

12.2 标准主要条款的解释

12.2.1 电能质量经济数据

根据《电能质量经济性评估　第1部分：电力用户的经济性评估方法》和《电能质量经济性评估　第2部分：公用配电网的经济性评估方法》，整理电能质量经济性评估中需收集的电能质量经济数据。

12.2.1.1 电力用户经济成本基础数据

电力用户经济成本基础数据的选取，根据GB/Z 32880.1—2016《电能质量经济性评估　第1部分：电力用户的经济性评估方法》中"5.2　电能质量经济损失"制定，具体对应关系见表12-1。

表12-1　电力用户经济成本基础数据与电能质量经济损失项对应关系

电力用户经济成本基础数据项	对应章节号	对应电能质量经济损失项
不可修复废品数量 a)	5.2.1.2	不可修复废品的成本($C_{1.1}$)
不可修复废品消耗的原材料成本、人工成本、能源动力费用 b)		
不可修复废品生产过程分摊的制造费用 d)		
可修复废品数量 a)	5.2.1.2	可修复废品的修复费用($C_{1.2}$)
可修复废品修复消耗的原材料成本、人工成本、能源动力费用 c)		
废品修复过程分摊的制造费用 d)		
停工时间 e)	5.2.1.3	停工损失(C_2)
停工期间人工成本、原材料过期损失、分摊的制造费用 f)		
产品的额外检验费用 g)	5.2.1.4	额外检验费用(C_3)
生产补救产生的额外人工成本、加班补贴、运行成本等 h)	5.2.1.5	生产补救费用(C_4)
重启动过程中生产线清理费、重启动辅助过程费用、自备发电机费用 i)	5.2.1.6	重启成本(C_5)

表 12-1(续)

电力用户经济成本基础数据项	对应章节号	对应电能质量经济损失项
电能质量问题引起的重购设备购置费、运输费、安装费、调试费等 j)	5.2.1.7	设备损坏调换成本($C_{6.1}$)
电能质量问题造成的损坏设备的剩余使用年限 k)		
电能质量问题引起的设备现场检修消耗检修材料、人工成本、设备费用 l)		设备修理成本($C_{6.2}$)
电能质量问题引起的设备返厂修理的运输费用、修理费用、土建环境修复费用 m)		
受电能质量影响设备的固定资产原值、报废时固定资产净残值、设备年劣化值、受电能质量影响时设备固定资产剩余使用年限 n)		设备加速老化年成本($C_{6.3}$)
额外累计电能损耗、电度电价 p)	5.2.1.8	额外电度电费成本($C_{7.1}$)
降额或增容容量、容量电价 q)		额外基本电费成本($C_{7.2}$)
协议需量、超约容量电价 r)		
第三方电能质量监测成本 o)	5.2.1.9	额外电能质量测量成本(C_8)
合同违约赔偿、电能质量相关赔偿/补偿、人员与设备疏散成本、人员受伤误工成本等直接损失 s)	5.2.1.10	其他直接成本(C_9)
生产中断造成的被动节省费用,如未付工资、节省能源费用等 t)	5.2.1.11	被动节省费用(C_{10})
因受影响减少的产品数量、补救生产的产品数量 u)	5.2.2.1	减产的利润损失(C_{12})
次品数量 u)	5.2.2.2	次品的利润损失(C_{13})
次品单位利润 v)		
正品单位利润 v)	5.2.2.1、5.2.2.2	减产的利润损失(C_{12})、次品的利润损失(C_{13})
电能质量监测设备及其配套设施的初始成本、运维成本、退役处置费用 x)	5.3	电能质量监测成本(C_{14})
电能质量治理工程的初始成本、运维成本、退役处置费用 y)	5.4	电能质量治理成本(C_{15})
用于资金等值计算的折现率、时间周期 w)	5.3、5.4	电能质量监测成本(C_{14})、电能质量治理成本(C_{15})

12.2.1.2 公用配电网经济成本基础数据

公用配电网经济成本基础数据的选取,根据 GB/Z 32880.2—2016《电能质量经济性

评估　第2部分:公用配电网的经济性评估方法》中"5.2　电能质量经济损失"制定,具体对应关系见表12-2。

表12-2　公用配电网经济成本基础数据与电能质量经济损失项对应关系

公用配电网经济成本基础数据项	对应章节号	对应电能质量经济损失项
电能质量问题导致的设备现场检修消耗检修材料、人工成本、设备费用 a)	5.2.1.2	设备检修成本(D_2)
电能质量问题导致的设备返厂修理运输费用、修理费用、土建环境修复费用 b)		
设备固定资产原值、报废时固定资产净残值、设备年劣化值 c)	5.2.1.3	设备加速老化年成本(D_3)
开始受电能质量问题影响时设备的固定资产净残值 d)		
正常情况下设备折旧年限、受电能质量问题影响情况下设备折旧年限 e)	5.2.1.4	设备损坏调换成本(D_4)
电能质量问题引起的重购设备的购置费、运输安装费、调试与试验费用 f)		
额外检测、应急服务所消耗的设备费用、人工成本 g)	5.2.1.7	其他直接成本(D_7)
经济赔偿 h)	5.2.1.5	经济赔偿(D_5)
用户责任补偿收益 h)	5.2.1.6	用户责任补偿收益(D_6)
售电利润、售电量、电能质量问题造成的少售电量 i)	5.2.2	售电利润损失(D_8)
电能质量监测设备及配套设施的初始成本、运维成本、退役处置费用 j)	5.3	电能质量监测成本(D_9)
电能质量治理工程的初始成本、运维成本、退役处置费用 k)	5.4	电能质量治理成本(D_{10})

12.2.1.3　电能质量相关监测数据

电能质量相关监测数据,是判断电能质量问题造成经济性影响范围的主要依据,辅助支撑电能质量经济损失评估计算。

12.2.1.4　设备及系统参数选取依据

设备及系统参数,主要用于支撑设备使用寿命评估、附加电能损耗与容量计算等,辅助支撑电能质量问题造成经济性影响范围判断。

12.2.2　电能质量经济数据收集方法

电能质量经济数据主要通过监测、计算和统计等方法进行收集,对部分无法直接收集的数据,可通过数据预估方式进行收集。

12.2.2.1　数据收集周期

考虑 GB/Z 32880.1—2016《电能质量经济性评估　第 1 部分:电力用户的经济性评估方法》和 GB/Z 32880.2—2016《电能质量经济性评估　第 2 部分:公用配电网的经济性评估方法》所给出的电能质量经济成本评估统计算法,均为年统计值,故本标准规定电能质量数据收集周期一般为一年。

考虑到电能质量扰动的突发性和短时性,为提高电能质量扰动所造成的经济损失评估结果的可靠性,本标准规定电能质量扰动所造成的各类经济损失的基础数据,在发生电能质量扰动后立即收集并计算。

考虑我国电力用户电费结账及缴纳方式,本标准规定电力用户的额外电费成本的统计周期一般为一个月。

12.2.2.2　数据收集原则

电能质量经济数据收集,应做到真实、准确、全面,能够反映电力用户和公用配电网的运行工况和生产特点。

数据收集过程中,应特别关注对电能质量异常数据的分析和收集。电能质量异常数据主要为电能质量相关监测数据,数据异常产生的原因一般为发生电能质量扰动,也可能受电气设备老化、故障等影响,或者是电能质量监测设备故障造成的,要全面分析电能质量异常数据,准确找到数据异常的真实原因,从而判断电能质量问题造成经济性影响范围的主要依据,支撑电能质量经济损失评估计算。

12.2.2.3　收据收集步骤

电能质量数据收集工作在电能质量经济性评估的全过程均有体现,一般可分为“设备及系统参数收集”“电能质量监测数据收集”“电能质量经济损失基础数据收集”“电能质量经济损失汇总”和“电能质量经济损失年度统计”五个步骤,如图 12－1 所示。

图 12－1　电能质量经济数据收集步骤

(1) 设备及系统参数收集

本标准原文规定,“在电气设备投产运行前,收集设备及系统参数并填写统计表。设备及系统参数统计表格式可参照附录 A 中的表 A.1～表 A.8 执行。”

设备及系统参数收集工作,应在电能质量经济性评估的初期开展。“在电气设备投产运行前,收集设备及系统参数”,是较为理想化的描述,考虑电能质量经济性评估涵盖电气设备从设计至报废的全部生命周期,在电气设备投产运行前即全部生命周期的初期,开展设备及系统参数收集工作。同时,“电气设备投产运行前”是电气设备供应商最为负责的阶段,在此期间开展设备及系统参数收集工作可获得电气设备供应商最大程度的支持,特别有利于设备及系统参数的全面、准确收集。综上所述,“在电气设备投产运行前,收集设备及系统参数”的描述是针对电能质量经济性评估工作整体而言,也在一定程度上表达了编写组对电能质量经济性评估未来发展趋势的憧憬。

在实际评估过程中,标准使用者所重点关注的电气设备往往已老化严重,甚至即将报废,无法做到在电气设备投产运行前开展设备及系统参数收集。标准使用者不能因为电气设备已经投运,而舍弃设备及系统参数收集工作。设备及系统参数收集工作始终为电能质量经济性评估的基础,是设备使用寿命评估、附加电能损耗与容量计算的主要依据,是判断电能质量问题造成经济性影响范围的辅助支撑,应优先开展。

附录A中的表A.1～表A.8,分别为变压器、感应电机、电容器/电容器组、电抗器、电缆/架空线路、断路器、其他设备、供电系统等8类参数的统计样表,标准使用者在收集设备及系统参数时可参照使用。标准使用者需收集的数据范围,应取决于电能质量经济性评估实际需求和自身数据收集能力,不应局限于统计样表。表A.1～表A.8中包含3类非常见参数,已在样表中给出了标注和说明,这些参数的获取方式一般有参考工程经验、查阅设计文件、开展特殊试验、公式简化计算4种,需根据实际情况进一步确定。

(2)电能质量监测数据收集

标准原文规定,“开展电能质量监测,收集电能质量监测数据。应通过PQDIF文件格式收集电能质量监测原始数据,并利用统计表格的形式,对电能质量监测数据进行收集和统计。电能质量监测数据统计表格式可参照表A.9～表A.13执行。”

电能质量监测工作,可由电力用户或公用配电网管理方自行开展,也可由标准使用者或第三方开展。按照电能质量经济性评估实际需求,电能质量监测工作应全年、不间断开展。所用电能质量监测设备的各项性能参数,均应满足GB/T 19862—2016《电能质量监测设备通用要求》等标准中关于A级电能质量监测设备的具体要求。电能质量监测数据,是判断电能质量问题造成经济性影响范围的主要依据,开展电能质量监测工作时,应特别注意对事件型电能质量扰动的监测和记录,重点分析电能质量指标超标的原因,并判断其影响范围。

标准原文规定的“应通过PQDIF文件格式收集电能质量监测原始数据,并利用统计表格的形式,对电能质量监测数据进行收集和统计”,是根据本标准起草时期的电能质量监测工作实际情况提出的。虽然当前主流电能质量监测系统是利用数据库进行数据存储,并基于IEC 61850进行通信。但电能质量数据交换格式PQDIF文件以其易存储、易交换的特点,仍作为现阶段电能质量监测原始数据收集的主要对象。标准编写组不排斥技术发展过程中,标准使用者提出更适合的电能质量监测原始数据的收集方式。同样,电能质量监测数据统计表是现阶段相对成熟且通用的电能质量监测数据收集、统计的技术手段,标准编写组不排斥且鼓励标准使用者提出更适合的电能质量监测数据收集和统计方式。

标准原文中表 A.10 的表头“电能质量监测数据统计简表(放在连续型后面)”存在笔误,“(放在连续型后面)”为标准编写组在编辑部清稿环节所做的标注,应该删去。因此给标准使用者造成的误解与困扰,标准编写组表示诚挚歉意。

(3) 电能质量经济损失基础数据收集

标准原文规定,“在发生电能质量扰动后,结合电能质量扰动现象、后果及特征,收集并计算本次电能质量扰动所造成的各类经济损失的基础数据。其中,电力用户的额外电费成本的统计周期一般为一个月。电能质量扰动所造成的各类经济损失统计表格式可参照表 A.14～表 A.20 执行。”

对于电力用户而言,若电能质量扰动造成经济活动中断,其可能造成的经济损失包括:废品损失、停工损失、额外检验费用、生产补救费用、重启成本、设备成本、额外电费成本、额外电能质量监测成本、其他直接成本、被动节省费用、责任补偿收益、减产的利润损失、次品的利润损失;若电能质量扰动而未造成经济活动中断,其可能造成的经济损失构成较为多样,不同电能质量扰动可能造成的经济损失如表 12-3 所示。

表 12-3　经济活动未中断时电能质量扰动可能造成的电力用户经济损失统计表

电能质量扰动	可能造成的经济损失
电压暂降与短时中断	废品损失、额外检验费用、生产补救费用、设备成本、其他直接成本、减产的利润损失、次品造成的利润损失
瞬态和暂时过电压	额外检验费用、设备成本、次品造成的利润损失
谐波/间谐波	设备成本、额外电费成本、减产的利润损失、次品造成的利润损失
电压波动和闪变	减产的利润损失、次品造成的利润损失
三相不平衡	设备成本、额外电费成本、减产的利润损失、次品造成的利润损失
电压偏差	设备成本、减产的利润损失、次品造成的利润损失
频率偏差	设备成本、次品造成的利润损失

对于公用配电网而言,不同电能质量扰动可能造成的经济损失如表 12-4 所示。

表 12-4　不同电能质量扰动对公用配电网可能造成的经济损失统计表

电能质量扰动	可能造成的经济损失
电压暂降与短时中断	设备故障检修成本、设备加速老化成本、设备损坏调换成本、经济赔偿、用户责任补偿收益、其他直接费用、售电利润损失
瞬态和暂时过电压	设备故障检修成本、设备加速老化成本、设备损坏调换成本、经济赔偿、用户责任补偿收益、其他直接费用、售电利润损失

表 12－4(续)

电能质量扰动	可能造成的经济损失
谐波/间谐波	设备额外损耗成本、设备故障检修成本、设备加速老化成本、设备损坏调换成本、经济赔偿、用户责任补偿收益、其他直接费用、售电利润损失
电压波动和闪变	经济赔偿、其他直接费用
三相不平衡	设备额外损耗成本、设备故障检修成本、设备加速老化成本、设备损坏调换成本、其他直接费用、售电利润损失
电压偏差	设备额外损耗成本、设备故障检修成本、设备加速老化成本、设备损坏调换成本、经济赔偿、用户责任补偿收益、其他直接费用、售电利润损失
频率偏差	设备额外损耗成本、设备故障检修成本、设备加速老化成本、设备损坏调换成本、经济赔偿、用户责任补偿收益、其他直接费用、售电利润损失

标准原文规定的“在发生电能质量扰动后，结合电能质量扰动现象、后果及特征，收集并计算本次电能质量扰动所造成的各类经济损失的基础数据”，是根据电能质量经济性评估具体需求而提出的。在发生电能质量扰动后，立即开展电能质量经济损失基础数据收集工作，有利于判断电能质量扰动所造成的影响范围。在此时间段可收集到电能质量经济损失的第一手数据，能够有效提升电能质量经济损失基础数据的真实性和准确度。此外，在每次发生电能质量扰动后，全面开展当次电能质量扰动所造成经济损失的基础数据收集工作，是顺利开展电能质量经济损失汇总及年度统计工作的基础保障。

标准原文规定的“电力用户的额外电费成本的统计周期一般为一个月”，是根据我国普通电力用户电费结账及缴纳方式，综合考虑数据收集工作的可操作性和时效性后所提出的。针对不以单月为电费结账周期的特殊电力用户，应按照其实际结账周期开展额外电费成本的统计工作。

(4) 电能质量经济损失汇总

标准原文规定，“在完成单次电能质量扰动所造成的各类经济损失的收集和统计后，应对各类经济损失进行汇总，得到本次电能质量扰动的经济损失。连续型电能质量扰动的经济性损失统计表格式可参照表 A.21 执行，事件型电能质量扰动的经济性损失统计表格式可参照表 A.22 执行。”

电能质量经济损失汇总工作，应在完成电能质量经济损失基础数据收集工作，并根据 GB/Z 32880.1—2016《电能质量经济性评估　第 1 部分：电力用户的经济性评估方法》和 GB/Z 32880.2—2016《电能质量经济性评估　第 2 部分：公用配电网的经济性评估方法》完成电能质量经济损失计算后，方可开展。

与“设备及系统参数收集”“电能质量监测数据收集”和“电能质量经济损失基础数据

收集”三步数据收集工作相比较,“电能质量经济损失汇总”工作相对简单。因为“电能质量经济损失汇总”工作是建立在前三步数据收集工作顺利完成的基础之上的,顺利完成前三步数据收集工作后,“电能质量经济损失汇总”工作即可水到渠成。

在开展电能质量经济损失汇总工作时,应注重记录电能质量扰动对生产工作影响的描述,将“电能质量扰动对生产工作的影响”与“电能质量扰动造成的经济损失构成”相统一,尽可能清楚、准确地表达二者之间的对应关系,这有利于提高电能质量经济性评估结果的可靠性和公信度。

(5) 电能质量经济损失年度统计

标准原文规定,“完成上述电能质量经济数据收集和经济损失计算后,应以年为周期开展电能质量经济损失统计工作,连续型电能质量经济损失年统计表可参照表 A.23 执行,事件型电能质量经济损失年统计表可参照表 A.23 执行。同时,应以年为周期开展电能质量监测和治理成本的统计和计算,电能质量监测和治理成本年统计表可参照表 A.25 执行。”

电能质量经济损失年度统计工作,是根据 GB/Z 32880.1—2016《电能质量经济性评估 第 1 部分:电力用户的经济性评估方法》和 GB/Z 32880.2—2016《电能质量经济性评估 第 2 部分:公用配电网的经济性评估方法》关于电能质量经济成本评估统计算法中所要求的“年统计值”而提出的要求。该步工作是电能质量经济数据收集的最后一步,也是电能质量经济性评估工作的最后一步,电能质量经济损失年度统计结果即为电能质量经济性评估工作的最终出口。

标准原文规定的“连续型电能质量经济损失年统计表可参照表 A.23 执行,事件型电能质量经济损失年统计表可参照表 A.24 执行”存在笔误,连续型电能质量经济损失年统计表所对应的样表为表 A.24,事件型电能质量经济损失年统计表所对应的样表为表 A.23。因此给标准使用者造成的误解与困扰,标准编写组表示诚挚歉意。

12.2.2.4 数据预估

本标准规定的数据预估,主要针对电能质量监测数据。当所要开展电能质量经济性评估的对象为尚未投运、甚至未完成初步设计的系统时,或要对已投运系统开展不同运行工况下的电能质量经济性评估时,电能质量经济数据收集方式将大量依靠数据预估。具体来说,数据预估方式是在《电力用户接入电力系统方案》和《公用配电网新/扩/改建方案》的设计、评估及审查阶段,开展电能质量经济数据收集的主要手段。标准给出的仿真预估法和概率分析预估法,分别对应事件型电能质量评估和连续型电能质量评估,通过评估得到各类电能质量扰动的期望水平,进一步根据 GB/Z 32880.1—2016《电能质量经济性评估 第 1 部分:电力用户的经济性评估方法》和 GB/Z 32880.2—2016《电能质量经济性评估 第 2 部分:公用配电网的经济性评估方法》给出的评估统计算法,计算电能质量经济成本。

12.3 制定标准期间相关条款的主要争议及处理

(1) 针对电力系统中产生的大量经济损失，如何能够确定哪些经济损失是由电能质量问题造成的？

经标准编写组专家反复讨论，最终形成一致意见。本标准并不涉及如何判断经济损失是否由电能质量问题所造成，本标准所规定的内容是电能质量问题所造成的经济损失该如何评估。目前，国内外尚无较好的通用方法去判断电力系统经济损失是否由电能质量问题所造成。但这不应该成为限制我们开展电能质量经济性评估技术发展及推广的理由，反而应是我们下一步开展该项技术研究及完善的动力。

(2) 本标准附录 A.1 中“电气设备及系统参数统计表”中的部分参数不常见，该如何获取？

这是本标准公开征求意见过程中收到的最集中的问题，标准编写组针对公开征求意见稿对应的表格中的不常见参数，根据其在评估计算环节中的必要性和可替代性，进行了筛选，保留了评估过程中必要的、不可替代的参数。再根据所保留参数的性质，将其分为：“经验值/设计值”“试验值”“计算值”三大类，并在表格后以备注的方式进行区分。

(3) 关于本标准附录 B、附录 C 中给出的预评估方法的可行性。

标准编写组认真复核了本标准附录 B、附录 C 中的内容以及参考文献的准确性，并与 GB/Z 32880.1—2016《电能质量经济性评估　第 1 部分：电力用户的经济性评估方法》和 GB/Z 32880.2—2016《电能质量经济性评估　第 2 部分：公用配电网的经济性评估方法》两项国家标准化指导性技术文件编写组合作，结合实际案例，对预评估算法的可行性和可靠性进行了验证。

(4) 本标准所收集的数据范围如何确定？

电能质量经济性评估为系列标准，经与前两部分编写组讨论，确定本标准中所收集的数据为最基础数据。数据收集完成后，利用前两部分中给出的评估计算方法，得到各项成本项，进而开展电能质量经济性评估工作。

12.4 标准的局限性分析

本标准中未提及关于开展“间谐波”和“瞬态过电压”两类电能质量扰动所对应的数据收集的相关内容，但在 GB/Z 32880.1—2016《电能质量经济性评估　第 1 部分：电力用户的经济性评估方法》和 GB/Z 32880.2—2016《电能质量经济性评估　第 2 部分：公用配电网的经济性评估方法》中涵盖了关于“间谐波”和“瞬态过电压”所对应的经济损失的评估方法，出现该问题是标准编写组的疏忽，因此给标准使用者造成的误解与困扰，标准编写组表示诚挚歉意。标准编写组建议标准使用者在开展电能质量经济性评估数据收集的过程中，参照“谐波”相关数据收集方法进行“间谐波”数据的收集，参照“暂时过电压”相关数据收集方法进行“瞬态过电压”数据的收集。

在 GB/T 32880.3—2016《电能质量经济性评估　第 3 部分：数据收集方法》推广及实施过程中，遇到以下两项难题：

一是电能质量技术人才缺乏，标准使用单位的工作人员中，能够了解或者配合电能质量监测、评估、治理工作的技术人员相对稀缺，能够独立开展相关工作的技术人员几乎没有。

二是数据收集难度大，大量数据因工作人员不重视而导致长期缺失。管理部门与技术部门之间的数据不共享甚至不一致。所收集的数据的真实性、准确性、全面性均难以保障。

除此之外，电能质量经济性评估工作发展、推广的最大瓶颈，是电能质量经济性评估的可应用范围有限，其评估结果尚不能得到广泛认可，无论从技术层面还是管理层面，均无法达到处理经济纠纷、支撑司法鉴定的水平。在电能质量经济性评估方面，已取得的成果很有限，待突破的瓶颈非常多，未来的道路还很长，需要技术工作者和管理者的共同努力。

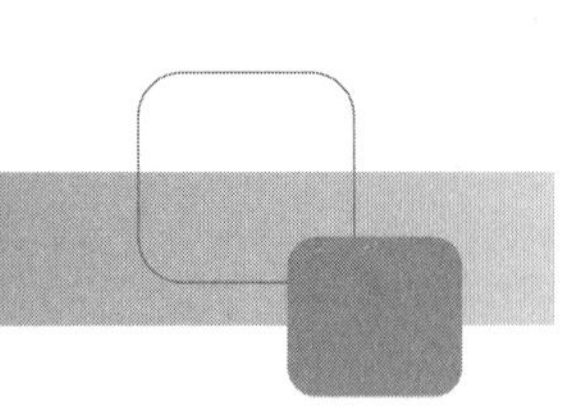

第13章　GB/T 19862—2016《电能质量监测设备通用要求》

GB/T 19862—2016《电能质量监测设备通用要求》是在 GB/T 19862—2005 10 多年实践经验的基础上进一步修订完善的。本章就 GB/T 19862—2016 修订工作的背景、修订后增加的主要内容进行解释，以期读者把握标准的要领，更好地指导实际工作。

13.1　标准修订的背景

13.1.1　GB/T 19862—2005 概述

工业和社会的发展推动了“电能质量”概念的产生，而“电能”这一特殊商品是否满足其质量要求，必须由电能质量监测设备按标准规定程序和要求进行监测，并提供必要的数据加以评定。20 世纪 90 年代，电能质量产业开始出现。2003 年前后，我国已形成电能质量监测设备较为成熟的产业化，但生产厂家(包括国外公司)研发、生产和销售电能质量监测设备均依据各自的企业标准，不同厂家生产的电能质量监测设备在功能、实现的技术路线及技术方法、数据的存储格式、监测数据的评估周期等方面各有差异，缺少一个统一的、权威的电能质量监测设备的产品标准。这一问题严重阻碍了电能质量监测设备的产业化发展，也使广大用户无所适从。因此，迫切需要制定一个统一的电能质量监测设备的产品标准来规范国内相应的电能质量监测设备的研发、生产和销售；由于国际上也没有电能质量监测设备的产品标准，该标准的制定和发布对我国相应设备的进口商检也将具有重要意义。鉴于此，全国电压电流等级和频率标准化技术委员会(以下简称 SAC/TC 1)于 2002 年年底提出了制定电能质量监测设备通用要求的立项计划申请，得到了国家标准化管理委员会的批准，并于 2003 年下达了国家标准制定任务(计划编号为 20030634 - T - 469)。

GB/T 19862—2005 是我国也是国际上电能质量监测领域第一个产品国家标准，标志着我国电能质量产业化开始走向规范化发展的道路。该标准主要规定了电能质量监测设备的通用要求，适用于户内使用的、对交流电力系统及其设备进行电能质量测量的设备，包括固定式监测设备和便携式监测设备。

13.1.2　GB/T 19862—2005 实施应用情况

GB/T 19862—2005 于 2006 年正式实施，是国内指导电能质量监测装置研制、生产、检测的唯一国家级产品标准。该标准的用户主要包括国家级检测检验机构、国家级/省/

市级计量院、各级电网公司的检测机构、设备生产商等。该标准自正式实施以来，在电能质量监测设备研制、生产、型式试验、入网检测、到货抽检、招标采购、现场校验中均有广泛的应用。

SAC/TC 1标委会对国网中国电力科学研究院、国网山西电力科学研究院、国网江苏电力科学研究院、国网河南电力科学研究院、南方电网广州供电局有限公司、南方电网云南电力科学研究院以及一些设备生产厂商进行了调研，结果表明，该标准为各级电力科学研究院开展电能质量分析仪以及电能质量监测终端进行性能测试提供了详细的技术依据，也是设备制造商的重要技术指导文件。自标准发布实施以来，SAC/TC 1标委会所调查的各电科院检测中心①检测的电能质量监测设备在200～500台不等(我们了解到的情况是国网山西电科院和国网江苏电科院各检测设备数不到300台，国网河南电科院检测设备共有约500台，云南电科院检测设备大约有400多台)。有些检测单位在申请中国合格评定国家认可委员会(CNAS)实验室认证时，将该标准纳入标准方法，申请电能质量分析仪精度检测项目，且已获得授权。不同检测机构应用该标准的方式也有差异。山西电科院主要用该标准开展两类检测：第一类是型式试验，内容包括在线式电能质量监测设备的外观、基本功能、测试准确度和绝缘电阻等，主要应用该标准的5.1基本功能要求、5.2准确度要求、5.5.1外观、6试验方法等章节；第二类是准确度检测，内容包括便携式和在线式电能质量监测设备的电压偏差、频率偏差、三相电压不平衡度、三相电流不平衡度、闪变、谐波和电压波动等测试指标，主要应用该标准的5.2准确度要求和6.3准确度测试方法等章节。云南电科院参照此标准制定了云南电网的电能质量监测设备入网检测标准，主要是针对电能质量监测设备的精度检测，对应标准中的5.1、5.2、5.6、6.3章节。精度检测内容包括电压、电流、有功功率、无功功率、功率因数、电压偏差、频率偏差、三相电压不平衡度、三相电流不平衡度、电压短时闪变、电压长时闪变、2～50次谐波电压、2～50次谐波电流、谐波功率等，比标准中表1所列的基本功能略多一些。

13.1.3 GB/T 19862—2005局限性分析

GB/T 19862—2005颁布实施10多年来，对电能质量监测设备产业化发展起到了极大的规范和推动作用。目前，我国的电能质量监测设备的技术水平、使用规模等都达到了国际领先水平。同时，随着对电能质量的认识越来越深入，以及计算机技术、网络技术的快速发展，国内开始建设大规模、广域分布式的电能质量监测系统。人们认识到，电能质量监测设备不再是孤立的硬件装置，而是电能质量监测系统的组成部分之一；而对于某一电能质量现象，要从其监测数据获取其实际物理现象的正确评价结论，不仅决定于单纯意义上的监测设备，也应该关心与规范其所采用的传感器的性能、

① 有些电力科学研究院没有检测中心，但单位经过了CNAS认证，具有检测资格。

所应用的评估方法等，如图 13－1 所示。目前，GB/T 19862—2005 标准的内容仅涉及图 13－1 的中间环节。

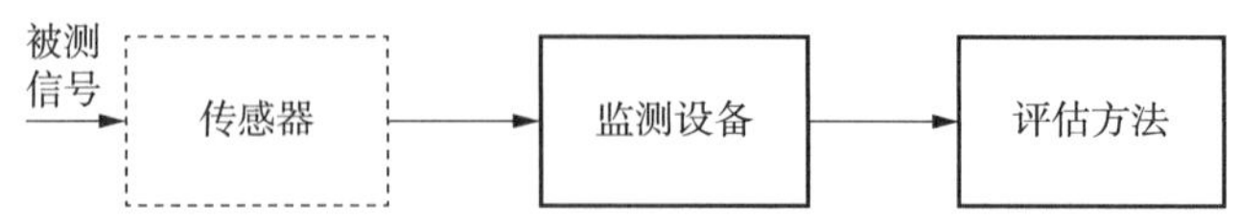

图 13－1　电能质量监测设备的构成示意图

此外，近年来，国内、国际电能质量领域出现了新的变化和发展，特别是随着智能电网建设、新能源发电运行、大规模电力电子装置的应用，电能质量现象的特点、用户对电能质量监测的要求等出现了新的形式。GB/T 19862—2005 的相关内容已经难以适应当前电能质量监测产业的需求，标准在实际应用方面也发现了一些需要改进提升的空间，综合起来，主要有以下几点：

(1) 该标准不适用于数字式电能质量监测设备

近年来，出现的数字化变电站的电能质量监测设备通常采用数字式的电能质量监测设备，目前，GB/T 19862—2005 中对数字式电能质量监测设备无相关规定。

(2) 该标准关于电能质量监测设备的分类与现行其他标准不符

随着技术的发展，电能质量监测设备的测试准确度等性能指标不断提高。根据标准 GB/T 17626.30—2012《电磁兼容　试验和测量技术　电能质量测量方法》，电能质量监测设备可分为三类(A 类、S 类和 B 类)，每一类都包括测量方法和相应的性能要求，以对应不同的应用场景需要。GB/T 19862—2005 中关于电能质量监测设备的分类以及性能要求与现行的 GB/T 17626.30—2012 相关要求不符。

(3) 该标准缺少关于通信协议的要求

由于 GB/T 19862—2005 中缺乏通信协议的要求，不同厂家生产的电能质量在线监测装置在 2011 年之前一直采用私有通信协议。在各省开始建设电能质量在线监测系统之后，没有统一的通信协议，导致不同厂家的监测装置在接入同一个系统时出现了很大的困难，是很多省级电能质量监测系统实施过程中的主要问题。2011 年之后，国内研制出基于 IEC 61850 的电能质量监测装置，多个省级电网公司如浙江、辽宁等都制定并颁布实施了基于 IEC 61850 的电能质量监测装置通信协议的企业标准，国家电网公司也在 2011 年颁布实施的 Q/GDW 650(在 2014 年修订为 Q/GDW 1650 系列)中规定电能质量监测装置需要采用 IEC 61850 通信协议。实际上，在通信协议的规定上，企业标准走在国家标准的前面。

对设备制造厂家来讲，如果电能质量监测装置不能接入主站系统，将不利于监测装置的销售；如果要将私有通信协议的监测装置接入主站系统，又将增加主站系统的建设和维护成本。由于国家标准中没有对电能质量监测装置的通信协议作出权威性的规定，设备制造厂家对于如何去选择通信协议缺少主见。

（4）监测设备的电能质量指标不全面

随着国家标准 GB/T 24337—2009《电能质量　公用电网间谐波》和 GB/T 30137—2013《电能质量　电压暂降与短时中断》的实施，这两个标准结合电能质量管理需要分别提出了间谐波、电压暂降、电压中断等电能质量指标要求，电网公司在实际工作中有对这些指标进行监测和管理的需要，但由于 GB/T 19862—2005 中不包含对这些指标的要求，导致电能质量监测装置在做型式试验时无据可依、无法检测，因此这些指标一直只能作为电能质量监测装置的可选功能。

此外，标准中没有对电能质量监测装置电压暂降和电压暂升的记录精度和记录长度进行要求，而实际应用中，电压暂降和暂升事件的记录很重要，有必要增加对特征幅值和持续时间的精度要求，以及对记录波形长度、记录格式的要求。

（5）对电能质量监测设备的试验方法的要求不够全面、细致

随着国内对电能质量监测技术研究水平的提升，以 GB/T 17626.30—2012 规定的方法作为电能质量监测装置的测量方法逐步成为共识。从设备制造厂家来看，电能质量监测装置采用 GB/T 17626.30—2012 规定的测量方法是存在技术难度的。如何对电能质量监测装置进行测量方法的检测是一个非常重要的课题，但是 GB/T 19862—2005 中没有进行规定。

此外，GB/T 17626.30—2012 要求在准确度测试过程中进行影响量测试，影响量测试也对电能质量监测装置提出很高的技术要求，但是 GB/T 19862—2005 中没有进行规定。

（6）正常使用条件并未对固定式监测设备和便携式监测设备分别制定运行条件，不符合实际情况

目前，监测设备通常有固定式和便携式两种，两种设备运行环境差异较大，标准中未对两种装置分别进行规定，存在不合理性。

13.2　主要修订内容

13.2.1　概述

GB/T 19862—2016《电能质量监测设备通用要求》国家标准已经于 2016 年正式出版发行，该标准是在 GB/T 19862—2005 的基础上修订的，修订计划由国家标准化管理委员会 2013 年下达（国标委综合[2013]56 号），项目编号为 20130161 - T - 469。该项目由全国电压电流等级和频率标准化技术委员会归口负责。

本标准修订工作主要结合 IEC 61000 - 4 - 30 相关内容进行修订，主要内容包括：

1）增加按电能质量测量方法对电能质量监测设备进行分类；

2）增加连续变化的电能质量扰动测量范围（保证准确度）、影响量及其范围、准确度测量方法等；

3）增加非连续变化的电能质量扰动准确度及其测量方法；

4）结合电能质量监测系统的发展，本标准修订过程中还增加了监测设备“通讯协议”的要求，引入 DL/T 860 协议及 PQDIF 数据格式，原则要求以附录 A、附录 B 给出；

5）增加了“与电子式互感器接口”要求，以适应数字式电能质量监测设备的应用需求。

本标准发布后，收到许多咨询反馈问题，主要集中在稳态电能质量扰动最大允许误差试验方法方面。

本节仅对上述主要修改内容及其反馈问题进行讨论交流，其他内容请参考相关文献。

13.2.2 关于监测设备分类

国家标准 GB/T 19862—2005 指出，电能质量监测设备按信号的接入方式分为两类：直接接入式和间接接入式；按使用方式可分为固定式和便携式。

GB/T 19862—2016 在保留上述分类的同时，考虑到 GB/T 17626.30—2012 规定了电能质量监测设备按电能质量测量方法分类（Classes of measurement methods），因此，标准据此也增加了对应的分类，包括：

1）A 级：符合 GB/T 17626.30 A 级准确度测量方法，适用于要求精确测量电能质量指标参数的场合（例如供电合同约定的解决电能质量纠纷或验证是否满足相关电能质量标准等）。

2）S 级：符合 GB/T 17626.30 S 级准确度测量方法，适用于对电能质量常规测试及调查统计、排除故障等场合。

3）B 级：不符合 A 级和 S 级要求的电能质量监测设备。

13.2.3 关于电子式互感器规定

结合目前数字化变电站的发展，GB/T 19862—2016 增加了电子式互感器的基本要求：通过电子式互感器进行电能质量监测的监测设备，其信号输入接口应与 GB/T 20840.7—2007、GB/T 20840.8—2007 规定的电子式互感器输出接口的要求相适应。

电子式互感器是基于光电技术和电子技术的新型互感器的总称。与传统互感器相比，电子式互感器具有绝缘结构简单、带宽高、动态范围大、尺寸小、重量轻、安全性好等诸多优点，是未来互感器发展和变电站系统数字化发展的必然趋势。

电子式互感器的输出分为数字和模拟两种。模拟接口是为了利用变电站已有模拟接口二次设备的一种过渡措施，数字接口是变电站通讯对电子式互感器的最终要求。国际电工委员会制定了电子式互感器标准（IEC 60044-7：电子式电压互感器，IEC 60044-8：电子式电流互感器），我国也制定了相应国家标准（GB/T 20840.7—2007《互感器　第 7 部分：电子式电压互感器》，GB/T 20840.8—2007《互感器　第 8 部分：电子式电流互感器》）。

电子式互感器的数字输出通过合并单元实现。合并单元接收二次端信号，即 7 个电流互感器和5个电压互感器的信号，经过综合和同期化处理，按照标准中的测量帧和保护帧的格式把数据分别发送给各个测量仪器、仪表和保护或控制装置(如图13-2，图中ECT为7个电流互感器，EVT为5个电压互感器)。

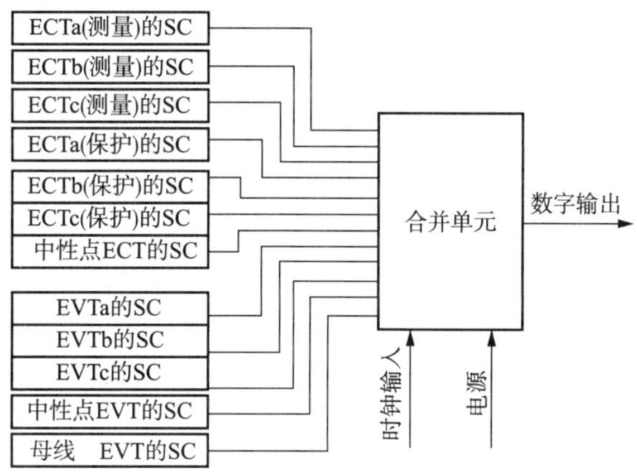

图13-2　电子式互感器数字接口框图

电子式互感器输出为数字信号，采取固定时间间隔的采样方式(没有同步)，其采样率一般为每周波20、48、80、200点，目前普遍为80、200点。因此，采用电子式互感器进行电能质量监测分析时，需要考虑同步问题及采样速率问题，一般采取软件锁相及插值的方法。

13.2.4　关于稳态电能质量指标准确度测试方法

在准确度要求方面，GB/T 19862—2016与GB/T 19862—2005的最大区别在于：其一引入了影响量的概念；其二规定了考虑影响量的稳态电能质量指标准确度测试方法。但是在实践中如何操作和实施新的准确度测试方法还有待进一步明确。

13.2.4.1　影响量及影响量范围

电能质量扰动既独立又互相影响。例如在测量电压有效值时，在信号回路叠加一定量的谐波就会影响电压有效值的测量结果；而在测量三相电压不平衡度指标时叠加谐波，检测设备的不平衡度读数就不应该受到影响，等等。因此，施加单一扰动信号难以判断电能质量检测设备的测量性能，只有在考虑众多影响量的背景下，才能有效判断一款电能质量检测设备是否具有良好的监测性能。

GB/T 19862—2016指出，在信号测量范围内任意选择某参数，除该参数之外的其他参数在规定的影响量范围变化的条件下，监测设备测量到的该选定参数的最大允许误差应满足对应要求。信号测量范围及影响量范围见表13-1、表13-2。

这一范围的规定非常重要，稳态电能质量指标最大允许误差试验方法均是基于该范围给出的。

表 13-1 信号测量范围

参数	A 级范围	S 级范围
频率/Hz	42.5～57.5	42.5～57.5
稳态电压	(10%～150%)U_N	(20%～120%)U_N
闪变/(P_{st})	0.2～10	0.4～4
电压负序不平衡度	0.5%～5%	1%～5%
谐波电压总畸变率	10%～200% GB/T 18039.4—2003 中第 3 类规定值	10%～100% GB/T 18039.4—2003 中第 3 类规定值
间谐波	10%～200% GB/T 18039.4—2003 中第 3 类规定值	—

表 13-2 信号影响量范围

参数	A 级范围	S 级范围
频率/Hz	42.5～57.5	42.5～57.5
稳态电压	(10%～200%)U_N	(10%～150%)U_N
短时闪变/(P_{st})	0～20	0～10
不平衡度	0%～5%	0%～5%
谐波电压总畸变率	200% GB/T 18039.4—2003 中第 3 类规定值	200% GB/T 18039.4—2003 中第 3 类规定值
间谐波	200% GB/T 18039.4—2003 中第 3 类规定值	200% GB/T 18039.4—2003 中第 3 类规定值

13.2.4.2 稳态电能质量指标最大允许误差试验方法

对 A 级或 S 级监测设备，GB/T 19862—2016 规定了如下最大允许误差试验步骤：

——第一步：选择一种待试验参数，例如电压偏差。

——第二步：对于所选定的待试验参数，在规定的信号测量范围内均匀选取 5 个测试点(含上下限值)，明确每个测试点对应的具体信号给定值，并逐一设定(除该参数之外的其他参数为状态 1 所规定的对应数值)，其测量结果应满足 A 级或 S 级误差范围。例如：对于电压偏差，A 级设备的有效值变化范围为 10%U_N～150%U_N，则五个等分点设定值为：10%U_N、45%U_N、80%U_N、115%U_N、150%U_N。

——第三步：针对状态 2 所规定的对应数值，重复上述试验；

——第四步：针对状态 3 所规定的对应数值，重复上述试验。

注 1：按照该试验方法，频率、电压、三相不平衡度、闪变等电能质量参数需要 15 个测试数值进行误差判断；

注 2：对于谐波、间谐波包含多个电能质量指标的电能质量参数，在其频谱范围内任意选定一个进行试验。

准确度测试参数设置见表 13－3。

表 13－3　准确度测试参数设置一览表

影响量	状态 1	状态 2	状态 3
频率	f_N±0.5Hz	f_N－1Hz±0.5Hz	f_N＋1Hz±0.5Hz
电压幅值（偏差）	U_{in}±1%	由该状态的其他参数设定值综合确定。（闪变、不平衡度、谐波、间谐波）	由该状态的其他参数设定值综合确定。（闪变、不平衡度、谐波、间谐波）
闪变	P_{st}<0.1	P_{st}＝1±0.1，矩形波调制，频度为 39(min^{-1})	P_{st}＝4±0.1，矩形波调制频度为 110(min^{-1})
不平衡度	各相电压幅值(100%±0.5%)U_{in}，相角 120 度。（负序、零序为零）	A 相：(73%±0.5%)U_{in} B 相：(80%±0.5%)U_{in} C 相：(87%±0.5%)U_{in} 120°相角差 （负序、零序均为 5.05%）	A 相：(152%±0.5%)U_{in} B 相：(140%±0.5%)U_{in} C 相：(128%±0.5%)U_{in} 120°相角差 （负序、零序均为 4.95%）
谐波电压	0U_{in}～3%U_{in}	3 次谐波：(10%±3%)U_{in}，0° 5 次谐波：(5%±3%)U_{in}，0° 29 次谐波：(5%±3%)U_{in}，0°	7 次谐波：(10%±3%)U_{in}，180° 13 次谐波：(5%±3%)U_{in}，0° 25 次谐波：(5%±3%)U_{in}，0°
间谐波电压	0U_{in}～0.5%U_{in}	7.5f_N，(1%±0.5%)U_{in}	3.5f_N，(1%±0.5%)U_{in}
注 1：电流不平衡度最大允许误差测试可参考电压不平衡度的方法进行。 **注 2**：表中 U_{in} 设定的电压，可等于额定电压；f_N 为额定频率。			

分析表 13－3 状态 1、状态 2、状态 3 可见，状态 1 实际上属于不考虑影响量的工况；状态 2、3 则是施加不同的影响量工况。

目前存在的问题是，尽管该标准已经发布，但目前国内很少有依据该方法进行测试的案例，主要原因有：

1）该方法对扰动信号源提出了较高的要求；

2）按该方法，一个扰动指标的测试最少需要 15 个组合工况的测试，耗费大量时间；

3）试验中如何操作可能还不是很清楚（当然一般标准都有个应用指南，这样便于进一步理解或解释标准）。

13.2.4.3　以电压偏差为例分析试验步骤

分析中设电压互感器二次侧额定电压为：U_N＝57.7V；f_N＝50Hz。

满足 A 级设备准确度的测量范围为 10%U_N～150%U_N，则 5 个等分点设定值为：10%U_N、45%U_N、80%U_N、115%U_N、150%U_N。

注：该节举例仅为了说明可能的实验步骤，所有结果均为仿真计算结果。

13.2.4.3.1　施加信号

标准并没有明确调制波是仅对基波进行调制，还是对基波叠加谐波的合成波进行调制,因此,分析如下两种信号施加方式。

1) 施加信号1:对“基波+谐波+间谐波的组合”进行调制

$$U_{a,x}=\sqrt{2}U_{\text{in},x}[1+\Omega_x \text{squre}(2\pi f_x)][k_{a,x}\cos 2\pi f_{\text{in},x}t+\sum Hr_{x,i}\cos(h_{x,i}\times 2\pi f_{\text{in},x}t+\varphi_h)+IHr_x\cos(Ih_x\times 2\pi f_N t)]$$

$$U_{b,x}=\sqrt{2}U_{\text{in},x}[1+\Omega_x \text{squre}(2\pi f_x)]\{k_{b,x}\cos(2\pi f_{\text{in},x}t-\frac{2\pi}{3})+\sum Hr_{x,i}\cos[h_{x,i}\times(2\pi f_{\text{in},x}t-\frac{2\pi}{3})+\varphi_h)]+IHr_x\cos[Ih_x\times(2\pi f_N t-\frac{2\pi}{3})]\}$$

$$U_{c,x}=\sqrt{2}U_{\text{in},x}[1+\Omega_x \text{squre}(2\pi f_x)]\{k_{c,x}\cos(2\pi f_{\text{in},x}t+\frac{2\pi}{3})+\sum Hr_{x,i}\cos[h_{x,i}\times(2\pi f_{\text{in},x}t+\frac{2\pi}{3})+\varphi_h]+IHr_x\cos[Ih_x\times(2\pi f_N t+\frac{2\pi}{3})]\}$$

2) 施加信号2:仅对基波进行调制

$$U_{a,x}=\sqrt{2}U_{\text{in},x}\{[1+\Omega_x \text{squre}(2\pi f_x)](k_{a,x}\cos 2\pi f_{\text{in},x}t)+\sum[Hr_{x,i}\cos(h_{x,i}\times 2\pi f_{\text{in},x}t+\varphi_h]+IHr_x\cos(Ih_x\times 2\pi f_N t)\}$$

$$U_{b,x}=\sqrt{2}U_{\text{in},x}\{[1+\Omega_x \text{squre}(2\pi f_x)][k_{b,x}\cos(2\pi f_{\text{in},x}t-\frac{2\pi}{3})]+\sum[Hr_{x,i}\cos(h_{x,i}\times(2\pi f_{\text{in},x}t-\frac{2\pi}{3})+\varphi_h]+IHr_x\cos[Ih_x\times(2\pi f_N t-\frac{2\pi}{3})]\}$$

$$U_{c,x}=\sqrt{2}U_{\text{in},x}\{[1+\Omega_x \text{squre}(2\pi f_x)][k_{c,x}\cos(2\pi f_{\text{in},x}t+\frac{2\pi}{3})]+\sum[Hr_{x,i}\cos(h_{x,i}\times(2\pi f_{\text{in},x}t+\frac{2\pi}{3})+\varphi_h]+IHr_x\cos[Ih_x\times(2\pi f_N t+\frac{2\pi}{3})]\}$$

式中:

x——对应的5个选定点;

$U_{a,x}$、$U_{b,x}$、$U_{c,x}$——最终 a、b、c 各相所施加的信号;

$U_{\text{in},x}$——对应点 x 所选定的电压值;

Ω_x——对应点 x 的波动量;

f_x——对应点 x 的波动频率;

$k_{a,x}$、$k_{b,x}$、$k_{c,x}$——不平衡度设置对应的各相电压幅值设定比例系数;

$f_{\text{in},x}$——对应点 x 的频率设置值;

$Hr_{x,i}$——对应点 x 的第 i 种谐波含有率叠加量;

$h_{x,i}$——对应点 x 的第 i 种谐波次数;

φ_h——叠加谐波初相角;

IHr_x——叠加的间谐波含有率;

Ih_x——叠加的间谐波次数。

13.2.4.3.2 状态1设置步骤及其举例分析

1）设置方法

针对上述5个选定的点，状态1对应的实施步骤如下表13-4所示。

表13-4 状态1的实施步骤

影响量	点1	点2	点3	点4	点5
第一步：根据满足准确度的测量范围，将待测量平分为5个点（包括上下范围对应的点）					
U_{in}	$10\%U_N\pm1\%$	$45\%U_N\pm1\%$	$80\%U_N\pm1\%$	$115\%U_N\pm1\%$	$150\%U_N\pm1\%$
第二步：针对每一所选点，设置对应电压频率					
f_{in}	$f_N\pm0.5$Hz	$f_N\pm0.5$Hz	$f_N\pm0.5$Hz	$f_N\pm0.5$Hz	$f_N\pm0.5$Hz
第三步：针对每一所选点，将A、B、C三相基波电压设置为如下对应值					
不平衡度	各相电压幅值（100%±0.5%）U_{in}，相角120°。（负序、零序为零）	各相电压幅值（100%±0.5%）U_{in}，相角120°。（负序、零序为零）	各相电压幅值（100%±0.5%）U_{in}，相角120°。（负序、零序为零）	各相电压幅值（100%±0.5%）U_{in}，相角120°。（负序、零序为零）	各相电压幅值（100%±0.5%）U_{in}，相角120°。（负序、零序为零）
第四步：针对每一所选点，在A、B、C各相叠加如下量值的谐波					
谐波	$0\sim3\%U_{in}$	$0\sim3\%U_{in}$	$0\sim3\%U_{in}$	$0\sim3\%U_{in}$	$0\sim3\%U_{in}$
第五步：针对每一所选点，在A、B、C各相叠加如下间谐波					
间谐波	$0\sim0.5\%U_{in}$	$0\sim0.5\%U_{in}$	$0\sim0.5\%U_{in}$	$0\sim0.5\%U_{in}$	$0\sim0.5\%U_{in}$
第六步：针对每一所选点，设置所要求的调制波					
闪变	$P_{st}<0.1$	$P_{st}<0.1$	$P_{st}<0.1$	$P_{st}<0.1$	$P_{st}<0.1$
第七步：输出所设置信号，待信号稳定后读取待测参数					
电压幅值					

2）举例

根据表13-4思路，可设定的一组数据如表13-5所示，即除待测量之外的其他影响量为0，因此，两种施加信号结果相同。图13-3为点1和点5对应的施加波形。表13-6为对应结果实例。

表13-5 根据表13-4所设定的状态1的一组设定数据

影响量	点1	点2	点3	点4	点5
U_{in}	$U_{in,1}=10\%U_N$	$U_{in,2}=45\%U_N$	$U_{in,3}=80\%U_N$	$U_{in,4}=115\%U_N$	$U_{in,5}=150\%U_N$
影响量	$\Omega=0,k_a=k_b=k_c=1,h=3,Hr=0,Ih=1.5,IHr=0,f_{in,1}=f_N$				

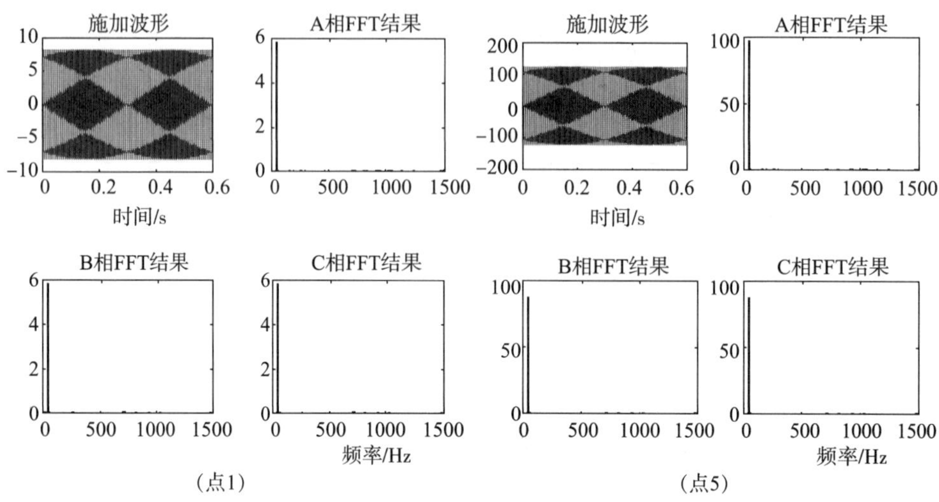

图 13-3 状态 1 所施加波形示意

表 13-6 对应表 13-5 设定量的一组结果

影响量		点 1			点 5		
		A 相	B 相	C 相	A 相	B 相	C 相
总有效值/V	波形 1	5.7700	5.7700	5.7700	86.5500	86.5500	86.5500
	波形 2	5.7700	5.7700	5.7700	86.5500	86.5500	86.5500
总谐波/V	波形 1	0.0000	0.0000	0.0000	0.0000	0.0000	0.0000
	波形 2	0.0000	0.0000	0.0000	0.0000	0.0000	0.0000
间谐波/V	波形 1	0.6865×10^{-15}	0.6865×10^{-15}	0.6865×10^{-15}	0.1022×10^{-13}	0.1022×10^{-13}	0.1022×10^{-13}
	波形 2	0.6865×10^{-15}	0.6865×10^{-15}	0.6865×10^{-15}	0.1022×10^{-13}	0.1022×10^{-13}	0.1022×10^{-13}
负序电压不平衡度/%	波形 1	5.5724×10^{-16}			4.3627×10^{-16}		
	波形 2	5.5724×10^{-16}			4.3627×10^{-16}		
短时闪变	波形 1	0.0088	0.0088	0.0088	0.0088	0.0088	0.0088
	波形 2	0.0088	0.0088	0.0088	0.0088	0.0088	0.0088

13.2.4.3.3 状态 2 设置步骤及其举例分析

1）设置方法

针对上述 5 个选定的点，状态 2 对应的实施步骤如表 13-7 所示。

表 13-7 状态 2 的实施步骤

影响量	点 1	点 2	点 3	点 4	点 5
第一步：根据满足准确度的测量范围，将待测量平分为 5 个点（包括上下范围对应的点）					
U_{in}	$10\%U_N \pm 1\%$	$45\%U_N \pm 1\%$	$80\%U_N \pm 1\%$	$115\%U_N \pm 1\%$	$150\%U_N \pm 1\%$
第二步：针对每一所选点，设置对应电压输入的频率					
f_{in}	$f_N - 1Hz \pm 0.5Hz$	$f_N - 1Hz \pm 0.5Hz$	$f_N - 1Hz \pm 0.5Hz$	$f_N - 1Hz \pm 0.5Hz$	$f_N - 1Hz \pm 0.5Hz$
第三步：针对每一所选点，将 A、B、C 三相基波电压设置为如下对应值					
不平衡度	A 相：$(73\% \pm 0.5\%)U_{in}$ B 相：$(80\% \pm 0.5\%)U_{in}$ C 相：$(87\% \pm 0.5\%)U_{in}$ 120°相角差（负序、零序均为 5.05%）	A 相：$(73\% \pm 0.5\%)U_{in}$ B 相：$(80\% \pm 0.5\%)U_{in}$ C 相：$(87\% \pm 0.5\%)U_{in}$ 120°相角差（负序、零序均为 5.05%）	A 相：$(73\% \pm 0.5\%)U_{in}$ B 相：$(80\% \pm 0.5\%)U_{in}$ C 相：$(87\% \pm 0.5\%)U_{in}$ 120°相角差（负序、零序均为 5.05%）	A 相：$(73\% \pm 0.5\%)U_{in}$ B 相：$(80\% \pm 0.5\%)U_{in}$ C 相：$(87\% \pm 0.5\%)U_{in}$ 120°相角差（负序、零序均为 5.05%）	A 相：$(73\% \pm 0.5\%)U_{in}$ B 相：$(80\% \pm 0.5\%)U_{in}$ C 相：$(87\% \pm 0.5\%)U_{in}$ 120°相角差（负序、零序均为 5.05%）
第四步：针对每一所选点，在 A、B、C 各相叠加如下量值的谐波					
谐波	3 次谐波：$(10\% \pm 3\%)U_{in}$，0° 5 次谐波：$(5\% \pm 3\%)U_{in}$，0° 29 次谐波：$(5\% \pm 3\%)U_{in}$，0°	3 次谐波：$(10\% \pm 3\%)U_{in}$，0° 5 次谐波：$(5\% \pm 3\%)U_{in}$，0° 29 次谐波：$(5\% \pm 3\%)U_{in}$，0°	3 次谐波：$(10\% \pm 3\%)U_{in}$，0° 5 次谐波：$(5\% \pm 3\%)U_{in}$，0° 29 次谐波：$(5\% \pm 3\%)U_{in}$，0°	3 次谐波：$(10\% \pm 3\%)U_{in}$，0° 5 次谐波：$(5\% \pm 3\%)U_{in}$，0° 29 次谐波：$(5\% \pm 3\%)U_{in}$，0°	3 次谐波：$(10\% \pm 3\%)U_{in}$，0 5 次谐波：$(5\% \pm 3\%)U_{in}$，0° 29 次谐波：$(5\% \pm 3\%)U_{in}$，0°
第五步：针对每一所选点，在 A、B、C 各相叠加如下间谐波					
间谐波	$7.5f_N$，$1\% \pm 0.5\%U_{in}$	$7.5f_N$，$1\% \pm 0.5\%U_{in}$	$7.5f_N$，$1\% \pm 0.5\%U_{in}$	$7.5f_N$，$1\% \pm 0.5\%U_{in}$	$7.5f_N$，$1\% \pm 0.5\%U_{in}$
第六步：针对每一所选点，设置调制波					
闪变	$P_{st} = 1 \pm 0.1$ 矩形波调制，频度为 39(min^{-1})	$P_{st} = 1 \pm 0.1$ 矩形波调制，频度为 39(min^{-1})	$P_{st} = 1 \pm 0.1$ 矩形波调制，频度为 39(min^{-1})	$P_{st} = 1 \pm 0.1$ 矩形波调制，频度为 39(min^{-1})	$P_{st} = 1 \pm 0.1$ 矩形波调制，频度为 39(min^{-1})
第七步：输出所设置信号，待信号稳定后读取待测参数					
电压					

2）举例

根据表 13-7 思路，可设定的一组数据如表 13-8 所示。图 13-4、图 13-5 为点 1 及点 5 对应的施加波形。表 13-9 为对应表 13-8 设定的一组结果。

表 13－8　根据表 13－7 状态 2 所设定的一组数据

影响量	点 1	点 2	点 3	点 4	点 5
U_{in}	$U_{in,1}=10\%U_N$	$U_{in,2}=45\%U_N$	$U_{in,3}=80\%U_N$	$U_{in,4}=115\%U_N$	$U_{in,5}=150\%U_N$
影响量	$\Omega=0.45/100, f_s=0.325HZ$ $k_{a,1}=0.73, k_{b,1}=0.80, k_{c,1}=0.87$ $h_{1,1}=3, Hr_{1,1}=10\%, h_{1,2}=5, Hr_{1,2}=5\%$ $h_{1,3}=29, Hr_{1,3}=5\%, Ih=7.5f_N, IHr=1\%$ $f_{in,1}=f_N-1$				

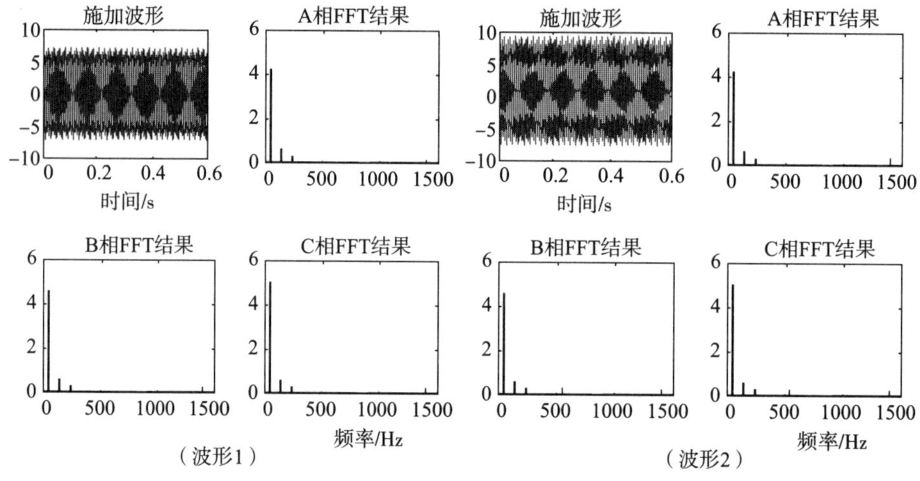

图 13－4　状态 2 点 1 所施加波形示意

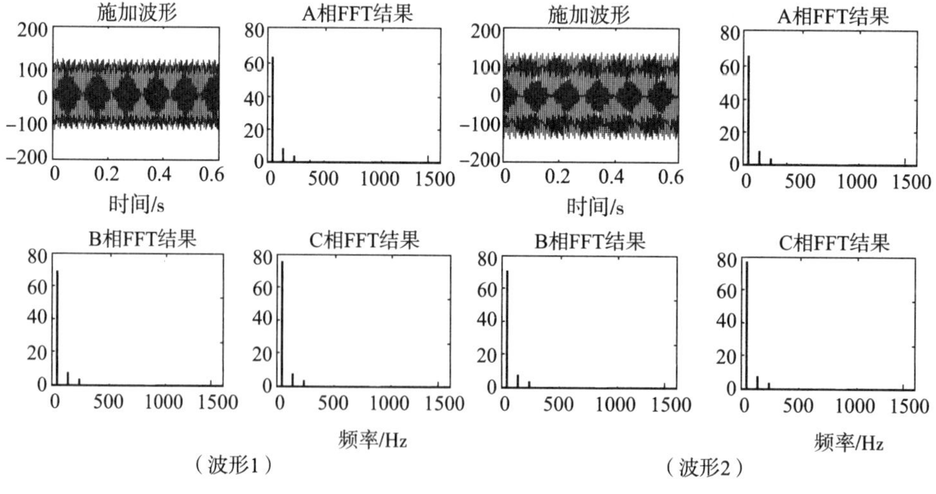

图 13－5　状态 2 点 5 所施加波形示意

表 13-9　对应表 13-8 设定量的一组结果

影响量			点 1			点 5		
			A 相	B 相	C 相	A 相	B 相	C 相
总有效值/V	波形 1		4.2906	4.6915	5.0922	64.3585	70.3729	76.3824
	波形 2		4.2905	4.6909	5.0924	64.3579	70.3631	76.3856
谐波/V	波形 1	基波	4.2310	4.6372	5.0421	63.4657	69.5579	75.6309
		3 次	0.5796	0.5796	0.5796	8.6936	8.6943	8.6943
		5 次	0.2897	0.2890	0.2905	4.3462	4.3357	4.3574
		29 次	0.2898	0.2898	0.2898	4.3471	4.3475	4.3466
	波形 2	基波	4.2315	4.6370	5.0427	63.4731	69.5553	75.6409
		3 次	0.5770	0.5770	0.5770	8.6547	8.6553	8.6553
		5 次	0.2884	0.2878	0.2892	4.3267	4.3163	4.3379
		29 次	0.2885	0.2885	0.2885	4.3277	4.3280	4.3272
间谐波/V	波形 1		0.0550	0.0550	0.0550	0.8253	0.8253	0.8253
	波形 2		0.0548	0.0548	0.0548	0.8216	0.8216	0.8216
负序不平衡度/%	波形 1		5.05			5.05		
	波形 2		5.05			5.05		
短时闪变	波形 1		1.0533	1.0901	1.0470	1.0533	1.0901	1.0470
	波形 2		1.0306	1.0700	1.0296	1.0306	1.0700	1.0296

13.2.4.3.4　状态 3 设置步骤及其举例分析

1)设置方法

针对上述 5 个选定的点，状态 3 对应的实施步骤如表 13-10 所示。

表 13-10　状态 3 的实施步骤

影响量	点 1	点 2	点 3	点 4	点 5
第一步:根据满足准确度的测量范围，将待测量平分为 5 个点(包括上下范围对应的点)					
U_{in}	$10\%U_N\pm1\%$	$45\%U_N\pm1\%$	$80\%U_N\pm1\%$	$115\%U_N\pm1\%$	$150\%U_N\pm1\%$
第二步:针对每一所选点，设置对应输入电压的频率					
f_{in}	$f_n+1Hz\pm0.5Hz$	$f_n+1Hz\pm0.5Hz$	$f_n+1Hz\pm0.5Hz$	$f_n+1Hz\pm0.5Hz$	$f_n+1Hz\pm0.5Hz$
第三步:针对每一所选点，将 A、B、C 三相基波电压设置为如下对应值					
不平衡度	A 相: $(152\%\pm0.5\%)U_{in}$ B 相: $(140\%\pm0.5\%)U_{in}$ C 相: $(128\%\pm0.5\%)U_{in}$ 120°相角差 (负序、零序均为 4.95%)	A 相: $(152\%\pm0.5\%)U_{in}$ B 相: $(140\%\pm0.5\%)U_{in}$ C 相: $(128\%\pm0.5\%)U_{in}$ 120°相角差 (负序、零序均为 4.95%)	A 相: $(152\%\pm0.5\%)U_{in}$ B 相: $(140\%\pm0.5\%)U_{in}$ C 相: $(128\%\pm0.5\%)U_{in}$ 120°相角差 (负序、零序均为 4.95%)	A 相: $(152\%\pm0.5\%)U_{in}$ B 相: $(140\%\pm0.5\%)U_{in}$ C 相: $(128\%\pm0.5\%)U_{in}$ 120°相角差 (负序、零序均为 4.95%)	A 相: $(152\%\pm0.5\%)U_{in}$ B 相: $(140\%\pm0.5\%)U_{in}$ C 相: $(128\%\pm0.5\%)U_{in}$ 120°相角差 (负序、零序均为 4.95%)

表 13－10(续)

影响量	点 1	点 2	点 3	点 4	点 5
第四步:针对每一所选点,在 A、B、C 各相叠加如下量值的谐波					
谐波电压	7 次谐波: $(10\%\pm3\%)U_{in}$, 180° 13 次谐波: $(5\%\pm3\%)U_{in}$,0° 25 次谐波: $(5\%\pm3\%)U_{in}$,0°	7 次谐波: $(10\%\pm3\%)U_{in}$, 180° 13 次谐波: $(5\%\pm3\%)U_{in}$,0° 25 次谐波: $(5\%\pm3\%)U_{in}$,0°	7 次谐波: $(10\%\pm3\%)U_{in}$, 180° 13 次谐波: $(5\%\pm3\%)U_{in}$,0° 25 次谐波: $(5\%\pm3\%)U_{in}$,0°	7 次谐波: $(10\%\pm3\%)U_{in}$, 180° 13 次谐波: $(5\%\pm3\%)U_{in}$,0° 25 次谐波: $(5\%\pm3\%)U_{in}$,0°	7 次谐波: $(10\%\pm3\%)U_{in}$, 180° 13 次谐波: $(5\%\pm3\%)U_{in}$,0° 25 次谐波: $(5\%\pm3\%)U_{in}$,0°
第五步:针对每一所选点,在 A、B、C 各相叠加如下间谐波					
间谐波电压	$3.5f_N$ $1\%\pm0.5\%U_{in}$	$3.5f_N$ $1\%\pm0.5\%U_{in}$	$3.5f_N$ $1\%\pm0.5\%U_{in}$	$3.5f_N$ $1\%\pm0.5\%U_{in}$	$3.5f_N$ $1\%\pm0.5\%U_{in}$
第六步:针对每一所选点,设置调制波					
闪变	$P_{st}=4\pm0.1$ 矩形波调制 频度为 110(min^{-1})	$P_{st}=4\pm0.1$ 矩形波调制 频度为 110(min^{-1})	$P_{st}=4\pm0.1$ 矩形波调制 频度为 110(min^{-1})	$P_{st}=4\pm0.1$ 矩形波调制 频度为 110(min^{-1})	$P_{st}=4\pm0.1$ 矩形波调制 频度为 110(min^{-1})
第七步:输出所设置信号,待信号稳定后读取待测参数					
电压					

2)举例

根据表 13－10 思路,可设定的一组数据如表 13－11 所示。图 13－6、图 13－7 为表 13－11 中点 1 及点 5 对应的施加波形。表 13－12 为对应表 13－11 设定的一组结果。

表 13－11　根据表 13－10 状态 3 所设定的一组数据

影响量	点 1	点 2	点 3	点 4	点 5
U_{in}	$U_{in,1}=10\%U_N$	$U_{in,2}=45\%U_N$	$U_{in,3}=80\%U_N$	$U_{in,4}=115\%U_N$	$U_{in,5}=150\%U_N$
影响量	$\Omega=1.4/100, f_s=0.9167Hz$ $k_{a,}=1.52, k_b=1.40, k_c=1.28$ $h_{1,1}=7, Hr_{1,1}=10\%, \varphi_{1,1}=\pi$ $h_{1,2}=13, Hr_{1,2}=5\%, \varphi_{1,2}=0$, $h_{1,3}=25, Hr_{1,3}=5\%, \varphi_{1,3}=0$, $I_h=3.5f_N, IHr=1\%$ $f_{in,1}=f_N+1$				

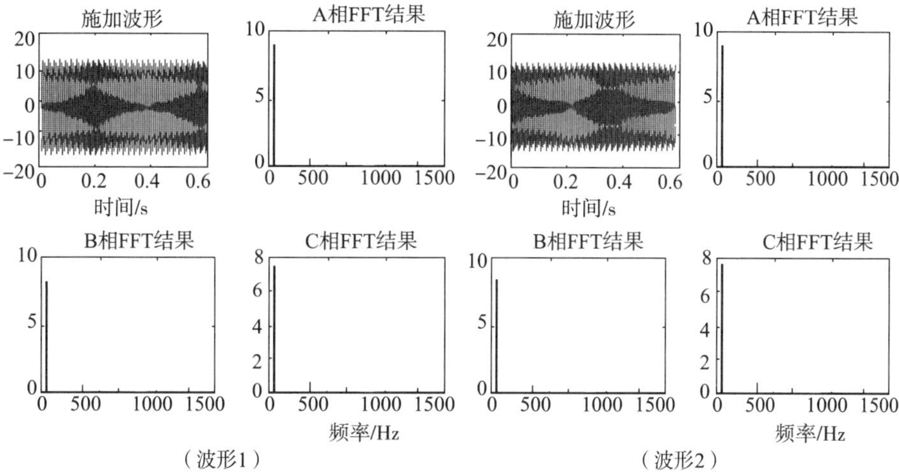

图 13－6　状态 3 点 1 所施加波形示意

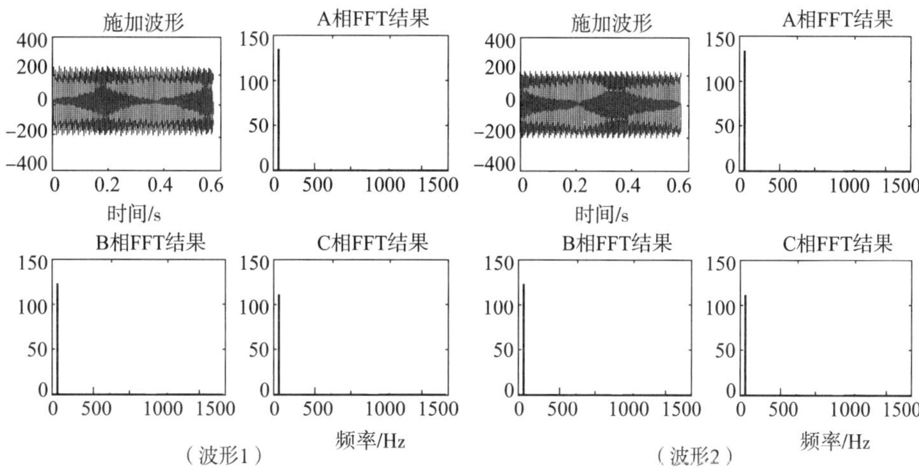

图 13－7　状态 3 点 5 所施加波形示意

表 13－12　对应表 13－11 设定量的一组结果

影响量			点 1			点 5		
			A 相	B 相	C 相	A 相	B 相	C 相
总有效值/V	波形 1		8.9224	8.2225	7.5243	133.8356	123.3382	112.8646
	波形 2		8.9222	8.2220	7.5222	133.8328	123.3303	112.8325
谐波/V	波形 1	基波	8.8933	8.1911	7.4899	133.4002	122.8660	112.3479
		7 次	0.5854	0.5847	0.5854	8.7810	8.7711	8.7810
		13 次	0.2924	0.2927	0.2925	4.3860	4.3909	4.3869
		25 次	0.2925	0.2927	0.2925	4.3872	4.3899	4.3879

表 13－12(续)

影响量			点 1			点 5		
			A 相	B 相	C 相	A 相	B 相	C 相
谐波/V	波形 2	基波	8.8940	8.1914	7.4887	133.4093	122.8711	112.3298
		7 次	0.5773	0.5767	0.5773	8.6597	8.6500	8.6598
		13 次	0.2884	0.2887	0.2884	4.3255	4.3303	4.3263
		25 次	0.2884	0.2886	0.2885	4.3266	4.3293	4.3273
间谐波/V	波形 1		0.0254	0.0254	0.0254	0.3805	0.3805	0.3805
	波形 2		0.0250	0.0250	0.0250		0.3753	0.3753
负序不平衡度/%	波形 1		4.95			4.95		
	波形 2		4.95			4.95		
短时闪变	波形 1		3.9601	3.9615	3.9636	3.9601	3.9615	3.9636
	波形 2		3.9344	3.9313	3.9276	3.9344	13.9313	3.9276

13.2.4.4 以不平衡度为例说明针对其他指标的施加步骤

A 级设备不平衡度的测量范围为 0.5%～5%，则五个等分点可设定为：0.5%、1.5%、2.5%、3.5%、5%。

仍设电压互感器二次侧额定电压为：U_N=57.7V；f_N=50Hz。

1）状态 1

针对上述 5 个选定的点，状态 1 对应的实施步骤如下表 13－13 所示。

表 13－13 不平衡度测试(状态 1)

影响量	点 1	点 2	点 3	点 4	点 5
设定：$U_{in}=U_N\pm1\%=57.7V\pm1\%$					
第一步：根据满足准确度的测量范围，将待测量平分为 5 个点(包括上下范围对应的点)					
	0.5%	1.5%	2.5%	3.5%	5%
第二步：针对每一所选点，设置对应输入电压的频率					
f_{in}	$f_N\pm0.5Hz$	$f_N\pm0.5Hz$	$f_N\pm0.5Hz$	$f_N\pm0.5Hz$	$f_N\pm0.5Hz$
第三步：针对每一所选点，设置调制波					
闪变	$P_{st}<0.1$	$P_{st}<0.1$	$P_{st}<0.1$	$P_{st}<0.1$	$P_{st}<0.1$
第四步：针对每一所选点，将 A、B、C 三相基波电压设置负序不平衡度为如下对应值					
不平衡度	0.5%	1.5%	2.5%	3.5%	5%
第五步：针对每一所选点，在 A、B、C 各相叠加如下量值的谐波					
谐波	$0\sim3\%U_{in}$	$0\sim3\%U_{in}$	$0\sim3\%U_{in}$	$0\sim3\%U_{in}$	$0\sim3\%U_{in}$

表 13-13(续)

影响量	点 1	点 2	点 3	点 4	点 5
第六步：针对每一所选点，在 A、B、C 各相叠加如下间谐波					
间谐波	0～0.5%U_{in}	0～0.5%U_{in}	0～0.5%U_{in}	0～0.5%U_{in}	0～0.5%U_{in}
第七步：输出所设置信号，待信号稳定后读取待测参数					
不平衡度					

2）状态 2

针对上述 5 个选定的点，状态 1 对应的实验实施步骤如表 13-14 所示。

表 13-14 不平衡度测试(状态 2)

影响量	点 1	点 2	点 3	点 4	点 5
$U_{in}=U_N\pm1\%=57.7V\pm1\%$					
第一步：根据满足准确度的测量范围，将待测量平分为 5 个点(包括上下范围对应的点)					
	0.5%	1.5%	2.5%	3.5%	5%
第二步：针对每一所选点，设置对应电压输入的频率					
f_{in}	f_N－1Hz±0.5Hz	f_N－1Hz±0.5Hz	f_N－1Hz±0.5Hz	f_N－1Hz±0.5Hz	f_N－1Hz±0.5Hz
第三步：针对每一所选点，设置调制波					
闪变	P_{st}＝1±0.1 矩形波调制， 频度为 39(min^{-1})	P_{st}＝1±0.1 矩形波调制， 频度为 39(min^{-1})	P_{st}＝1±0.1 矩形波调制， 频度为 39(min^{-1})	P_{st}＝1±0.1 矩形波调制， 频度为 39(min^{-1})	P_{st}＝1±0.1 矩形波调制， 频度为 39(min^{-1})
第四步：针对每一所选点，将 A、B、C 三相基波电压设置负序不平衡度为如下对应值					
不平衡度	0.5%	1.5%	2.5%	3.5%	5%
第五步：针对每一所选点，在 A、B、C 各相叠加如下量值的谐波					
谐波	3 次谐波： (10%±3%)U_{in}，0° 5 次谐波： (5%±3%)U_{in}，0° 29 次谐波： (5%±3%)U_{in}，0°	3 次谐波： (10%±3%)U_{in}，0° 5 次谐波： (5%±3%)U_{in}，0° 29 次谐波： (5%±3%)U_{in}，0°	3 次谐波： (10%±3%)U_{in}，0° 5 次谐波： (5%±3%)U_{in}，0° 29 次谐波： (5%±3%)U_{in}，0°	3 次谐波： (10%±3%)U_{in}，0° 5 次谐波： (5%±3%)U_{in}，0° 29 次谐波： (5%±3%)U_{in}，0°	3 次谐波： (10%±3%)U_{in}，0° 5 次谐波： (5%±3%)U_{in}，0° 29 次谐波： (5%±3%)U_{in}，0°
第六步：针对每一所选点，在 A、B、C 各相叠加如下间谐波					
间谐波	7.5f_N 1%±0.5%U_{in}	7.5f_N 1%±0.5%U_{in}	7.5f_N 1%±0.5%U_{in}	7.5f_N 1%±0.5%U_{in}	7.5f_N 1%±0.5%U_{in}
第七步：输出所设置信号，待信号稳定后读取待测参数					
不平衡度					

3）状态 3

针对上述 5 个选定的点，状态 3 对应的实验实施步骤如表 13－15 所示。

表 13－15　不平衡度测试(状态 3)

影响量	点 1	点 2	点 3	点 4	点 5
$U_{in}=U_N\pm1\%=57.7V\pm1\%$					
第一步：根据满足准确度的测量范围，将待测量平分为 5 个点(包括上下范围对应的点)					
	0.5%	1.5%	2.5%	3.5%	5%
第二步：针对每一所选点，设置对应输入电压的频率					
f_{in}	$f_N+1Hz\pm0.5Hz$	$f_N+1Hz\pm0.5Hz$	$f_N+1Hz\pm0.5Hz$	$f_N+1Hz\pm0.5Hz$	$f_N+1Hz\pm0.5Hz$
第三步：针对每一所选点，设置调制波					
闪变	$P_{st}=4\pm0.1$ 矩形波调制 频度为 110(min^{-1})	$P_{st}=4\pm0.1$ 矩形波调制 频度为 110(min^{-1})	$P_{st}=4\pm0.1$ 矩形波调制 频度为 110(min^{-1})	$P_{st}=4\pm0.1$ 矩形波调制 频度为 110(min^{-1})	$P_{st}=4\pm0.1$ 矩形波调制 频度为 110(min^{-1})
第四步：针对每一所选点，将 A、B、C 三相基波电压设置负序不平衡度为如下对应值					
不平衡度	0.5%	1.5%	2.5%	3.5%	5%
第五步：针对每一所选点，在 A、B、C 各相叠加如下量值的谐波					
谐波电压	7 次谐波： $(10\%\pm3\%)U_{in}$，180° 13 次谐波： $(5\%\pm3\%)U_{in}$，0° 25 次谐波： $(5\%\pm3\%)U_{in}$，0°	7 次谐波： $(10\%\pm3\%)U_{in}$，180° 13 次谐波： $(5\%\pm3\%)U_{in}$，0° 25 次谐波： $(5\%\pm3\%)U_{in}$，0°	7 次谐波： $(10\%\pm3\%)U_{in}$，180° 13 次谐波： $(5\%\pm3\%)U_{in}$，0° 25 次谐波： $(5\%\pm3\%)U_{in}$，0°	7 次谐波： $(10\%\pm3\%)U_{in}$，180° 13 次谐波： $(5\%\pm3\%)U_{in}$，0° 25 次谐波： $(5\%\pm3\%)U_{in}$，0°	7 次谐波： $(10\%\pm3\%)U_{in}$，180° 13 次谐波： $(5\%\pm3\%)U_{in}$，0° 25 次谐波： $(5\%\pm3\%)U_{in}$，0°
第六步：针对每一所选点，在 A、B、C 各相叠加如下间谐波					
间谐波	$3.5f_N$ $1\%\pm0.5\%U_{in}$	$3.5f_N$ $1\%\pm0.5\%U_{in}$	$3.5f_N$ $1\%\pm0.5\%U_{in}$	$3.5f_N$ $1\%\pm0.5\%U_{in}$	$3.5f_N$ $1\%\pm0.5\%U_{in}$
第七步：输出所设置信号，待信号稳定后读取待测参数					
不平衡度					

13.2.5　关于暂态电能质量指标及其准确度测试方法

相对于 GB/T 19862—2005，GB/T 19862—2016 增加了电能质量监测设备的电压暂降、电压暂升、短时中断的监测功能要求，以及准确度要求及其测试方法。GB/T 19862—2016 将常见的电压暂降、暂升、短时中断分为三个等分进行精度测量，按矩形事件特征依据表 13－16 分别设定，其事件持续时间及维持电压应满足误差要求。

表 13-16　暂态电能质量设定值

暂降	电压降低到额定电压的/%	80	60	40	20	—
短时中断	电压降低到额定电压的/%	0	3	6	9	—
暂升	电压升高到额定电压的/%	115	120	125	130	180
持续时间/周波		2.5	6	7.5	10	12.5

实际上，这样的设置在每次测试时不仅施加的信号缺乏变化，而且三相之间也缺少变化，因此，无法真正判断设备监测暂降、暂升、短时中断的能力（特别是维持时间的判断）。

实际上，GB/T 19862—2016 初稿设置的暂态电能质量测量精度的方法不同于发布稿，其对装置性能的评估更全面，可惜由于普遍的意见反对（认为太复杂）而放弃。本节对放弃的内容做一介绍，便于读者进一步理解暂态电能质量准确度的测量方法。

13.2.5.1　电压暂降/短时中断

按下列步骤设置信号：

——输入电压信号频率维持在 50Hz，电压幅值维持在额定电压；

——电压暂降阈值设定在 90%U_N（若考虑磁滞现象，则磁滞电压为 2%）；

——电压短时中断阈值设定在 10%U_N（若考虑磁滞现象，则磁滞电压为 2%）；

——依据图 13-8 所包含的事件，按下述要求进行对应电压调整（图 13-9 为对应示意图）：

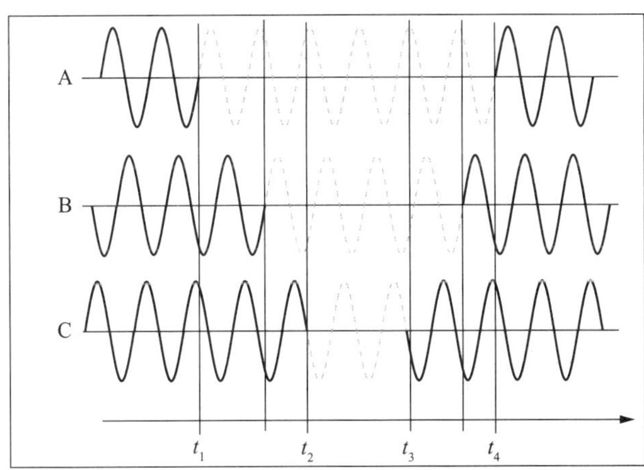

图 13-8　电压暂降/短时中断施加波形

a) 维持输入电压信号频率在 50Hz，电压幅值在额定电压；

b) 在 t_1 时刻（A 相过零时刻），施加 A 相电压为 0；

c) 在“t_1+1 周期”后 B 相过零时刻，施加 B 相电压为 0；

d) 在 t_2 时刻（C 相过零时刻），施加 C 相电压为 0；

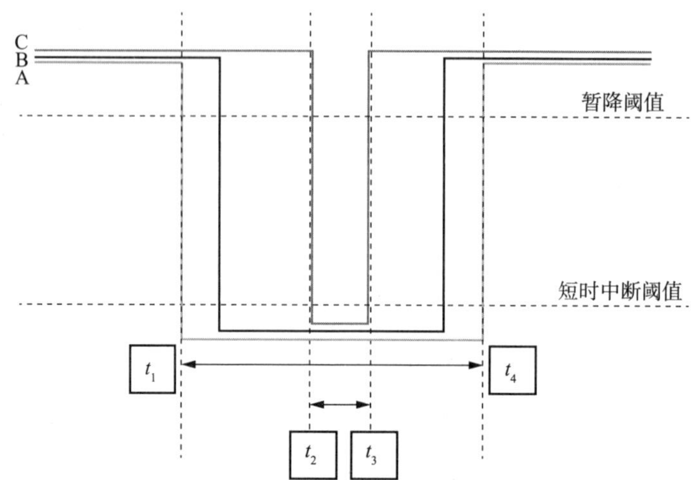

图 13-9　对应图 13-8 电压变化调整时刻示意

e) 在 t_3 时刻(C 相过零时刻),C 相施加 100%额定电压;

f) 在"t_3+1 周期"后 B 相过零时刻,B 相施加 100%额定电压;

g) 在 t_4 时刻(A 相过零时刻),A 相施加 100%额定电压。

试验后,在电压精度及时钟精度范围内:

a) $U_{rms(1/2)}$数值序列应与表 13-17 一致;

b) 电压暂降持续时间为 6.5 周波;维持电压 0%;

c) 电压短时中断持续时间为 1.5 周波。

表 13-17　对应图 13-6 波形的 $U_{rms(1/2)}$ 数值

相	$U_{rms(1/2)}$ N 暂降开始前	$U_{rms(1/2)}$ $N+1$ 暂降开始	$U_{rms(1/2)}$ $N+2$	$U_{rms(1/2)}$ $N+3$	$U_{rms(1/2)}$ $N+4$	$U_{rms(1/2)}$ $N+5$	$U_{rms(1/2)}$ $N+6$ 中断开始	$U_{rms(1/2)}$ $N+7$
A	100	70	0	0	0	0	0	0
B	100	100	100	70	0	0	0	0
C	100	100	100	100	100	70	0	0
相	$U_{rms(1/2)}$ $N+8$	$U_{rms(1/2)}$ $N+9$ 中断结束	$U_{rms(1/2)}$ $N+10$	$U_{rms(1/2)}$ $N+11$	$U_{rms(1/2)}$ $N+12$	$U_{rms(1/2)}$ $N+13$	$U_{rms(1/2)}$ $N+14$ 暂降结束	$U_{rms(1/2)}$ $N+15$
A	0	0	0	0	0	70	100	100
B	0	0	0	70	100	100	100	100
C	0	70	100	100	100	100	100	100

13.2.5.2　电压暂升

按下列步骤设置信号：

——输入电压信号频率维持在 50Hz，电压幅值维持在额定电压；

——电压暂升阈值设定在 110%U_N（若考虑磁滞现象，则磁滞电压为 2%）；

——按图 13－10 要求进行对应电压调整（图 13－11 为对应触发示意图）：

a）维持输入电压信号频率在 50Hz，电压幅值在额定电压；

b）在 t_1 时刻（A 相过零时刻），A 相电压调整为 130%；

c）在“t_1＋1 周期”后 B 相过零时刻，B 相电压调整为 130%；

d）在“t_1＋2 周期”后 C 相过零时刻，C 相电压调整为 130%；

e）在“t_1＋4 周期”后 A、C 相各自过零时刻，A、C 相电压调整为 100%；

f）在 t_3 时刻（B 相过零时刻），B 相电压调整为 100%。

试验后，在电压精度及时钟精度范围内：

a）$U_{rms(1/2)}$ 数值序列应与表 13－18 一致；

b）电压暂升持续时间为 6.5 周波；维持电压 130%。

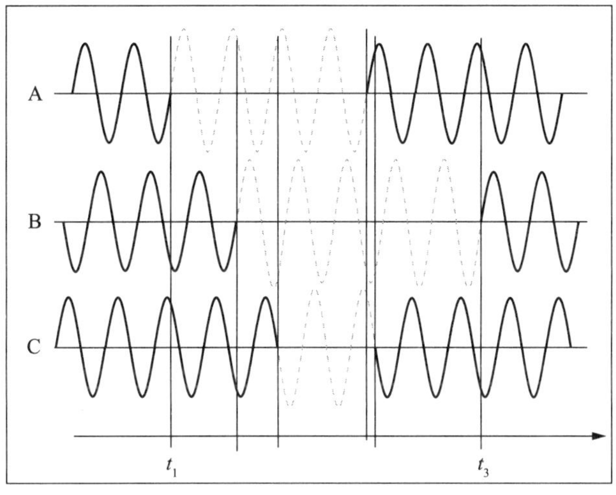

图 13－10　电压暂升施加波形

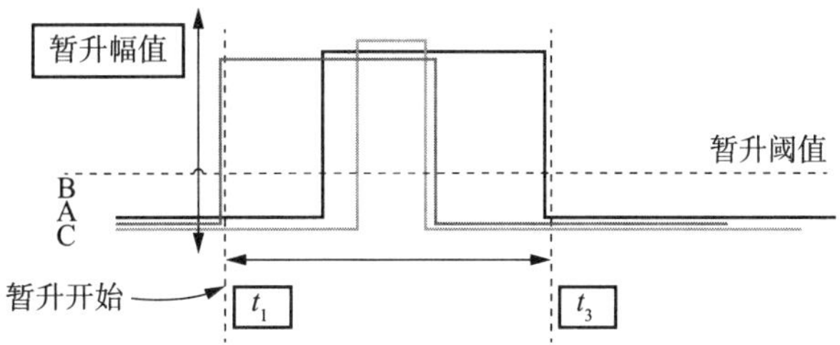

图 13－11　对应图 13－10 电压变化调整时刻示意

表 13-18 对应图 13-8 波形的 $U_{rms(1/2)}$ 数值

相	$U_{rms(1/2)}$ N	$U_{rms(1/2)}$ N+1 暂升开始	$U_{rms(1/2)}$ N+2	$U_{rms(1/2)}$ N+3	$U_{rms(1/2)}$ N+4	$U_{rms(1/2)}$ N+5	$U_{rms(1/2)}$ N+6	$U_{rms(1/2)}$ N+7
A	100	116	130	130	130	130	130	130
B	100	100	100	116	130	130	130	130
C	100	100	100	100	100	127	130	130
相	$U_{rms(1/2)}$ N+8	$U_{rms(1/2)}$ N+9	$U_{rms(1/2)}$ N+10	$U_{rms(1/2)}$ N+11	$U_{rms(1/2)}$ N+12	$U_{rms(1/2)}$ N+13	$U_{rms(1/2)}$ N+14 暂升结束	$U_{rms(1/2)}$ N+15
A	130	116	100	100	100	100	100	100
B	130	130	130	130	130	116	100	100
C	130	127	100	100	100	100	100	100

13.3 结束语

标准来源于实践，服务于实践。我们相信，与 GB/T 19862—2005 一样，GB/T 19862—2016 必将为我国电能质量监测产业的健康发展发挥应有的作用；同样，基于技术及认识的原因，GB/T 19862—2016 在使用过程中仍将会有各种各样的反馈意见，欢迎各界用户广泛交流，推动 GB/T 19862 的进一步完善。

参考文献

[1] Electromagneticcompatibility (EMC)—Part 4 - 30: Testingandmeasurementtechniques—Powerqualitymeasurementmethods

[2] 全国电压电流等级和频率标准化技术委员会. 电能质量国家标准应用指南[M]. 中国标准出版社，2009.

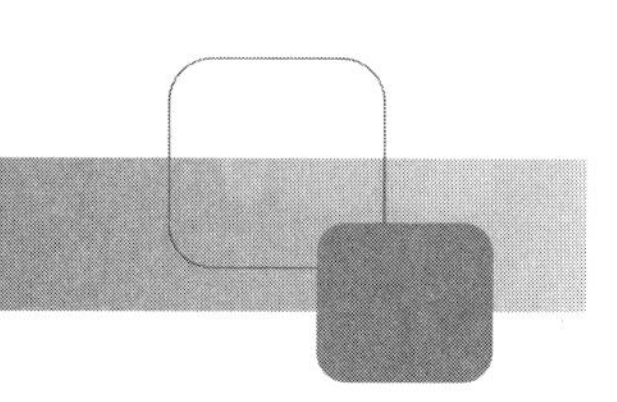

第14章　NB/T 41005—2014《电能质量控制设备通用技术要求》

14.1　概述

电能作为现代社会的主要能源，是经济和社会活动不可缺少的要素，其质量优劣不仅影响人们的生活质量，同时，劣质电能还会造成巨大的经济损失。美国电科院(EPRI)2000 年进行的电能质量调研表明，美国因电能质量问题而造成的年度经济总损失在 1190 亿～1880 亿美元之间；根据莱昂纳多电能质量组织(LPQI)2005 年～2006 年针对欧洲电能质量的调研，欧盟各国因为电能质量问题而造成的年度经济总损失超过了 1500 亿欧元。国内在电能质量干扰引起的经济损失统计方面，缺乏全面详细且权威的数据，但电能质量问题带来的故障、事件、投诉屡见不鲜。电能质量的相关问题已经引起广泛的重视，国内电能质量治理产品的市场规模日益增大。

国内电能质量控制设备种类繁多、生产厂商众多、质量参差不齐，标准化程度有待提高，制定一项在当前工艺技术条件下涵盖不同类型的电能质量控制设备应遵循的标准具有重要意义。标准的制定、实施，可以规范和指导电能质量控制(治理)设备制造和运行，提高设备制造行业整体水平；便于用户充分了解设备性能指标，在选型、订货时在不同类型的设备、不同厂商间进行选择，促进制造商之间的良性竞争；可有效降低设备的生产成本和安装调试费用，便于设备的运行维护。

2010 年，全国电压电流等级和频率标准化技术委员会提出了《电能质量控制设备通用技术要求》能源行业标准编制计划，并于当年 9 月获批，项目计划编号为能源 20100426(国家能源局国能科技[2010]320 号文件)。

14.2　标准主要内容及说明

本标准中的电能质量控制设备(以下简称设备)是指主要功能为控制和改善电能质量的设备。主要包含电压偏差控制设备，有(无)源谐波、间谐波控制设备，电压波动和闪变控制设备，三相电压不平衡度控制设备，电压暂降、暂升控制设备，短时中断控制设备等。

发电、供电系统中的一些设备(如发电机、汽轮机、变压器、线路等)，虽然都能控制和改善电能质量，但是这些设备的主要功能不是用于控制和改善电能质量的，同时，这些设备多年来已成熟应用，本身都有行业标准、国家标准。本标准不适用于这类设备。

标准没有对频率控制设备作出规定，因为频率控制主要体现在负荷预测、电力系统运行方式、电网调峰能力安排等方面，具体设备关系到系统的一次调频、二次调频特性，安全自动装置应用等。

标准没有对瞬态电能质量控制设备作出规定：一是因为电能质量瞬态现象主要是由雷电和操作冲击引起的，对其控制在电气设备的绝缘配合中已经形成了完整的产品和标准体系；二是因为瞬态指标的测量必须用专用的传感器，通常用的 PT/CT 不满足测量要求，如电磁式电压传感器绕组匝数较多，铁芯磁通密度较高，频率高时，各种附加电容不能忽略，电容对于频率特性有明显的影响。根据测试和研究，110kV 电磁式电压互感器(inductive voltage transformers)，一般在 500Hz 以内能满足幅值允许误差为 5%的要求。电磁式电压互感器在 220kV 及以上电压等级时，其频响特性如图 14－1。电容式电压互感器，由于其可靠性、准确性以及合理的造价，在高压输送系统的测量中越来越占优势，对系统频率有很好的频响特性，但不具备高频测量能力。

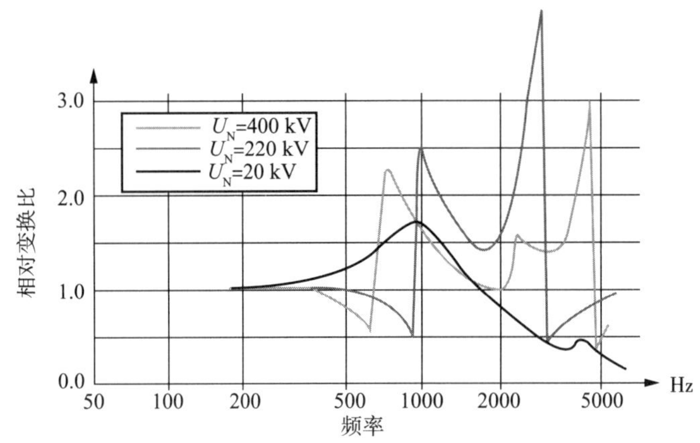

图 14－1　电磁式电压互感器的频率-相对变换比

标准正文包含 10 章内容，分别为范围、规范性引用文件、术语和定义、环境要求、功能要求、性能要求、结构与布置、试验与分类，以及标志、包装、运输和储存。

14.2.1　设备运行环境

标准对设备运行的气象环境和电气环境进行了规定，气象环境包括：环境温度、相对湿度、海拔高度、污秽等级、震动等(从严格意义上讲，环境温度、相对湿度、海拔高度、污秽等级、震动为自然环境，气象环境仅包含环境温度、相对湿度、气压、风、云、能见度、日照及天气现象等)。如果设备的使用环境超出标准规定的气象环境范围，属于特殊使用条件，用户应向设备供应商提出，按照双方之间的协议进行设计和使用。

电气环境包括：主电路单元接入点的系统电气参数，包括最高持续运行电压、最低持续运行电压、系统短时最高运行电压及其最大持续时间、系统短时最低运行电压及其最大持续时间、三相不平衡度、最大短路电流、背景谐波水平等参数；辅助单元的工作电源要求，包括交流电源要求与直流电源要求。

14.2.2 设备功能

由于设备的种类繁多、用途各异，其功能除了电能质量控制外，可能还需要满足用户的其他需求，故标准对设备必须具备的功能提出了要求，包括：基本功能、保护、报警、操作、通信。

（1）基本功能：设备应能改善一项或多项电能质量参数值，且不导致其他电能质量参数值超过设计值。

（2）保护、报警功能：设备故障时，继电保护装置应可靠动作，设备退出运行；二次系统故障不会引起设备误动。设备应具有监测和显示运行状态及控制效果的能力，设备异常时，应能报警，以便运行人员及时处理，防止事故发生。

（3）操作功能：投退方面，标准规定，设备应能远程或就地操作，且远程与就地操作互为闭锁。

（4）通信功能：标准没有强行规定，只是提出“宜具有与外部系统通信功能”。

14.2.3 设备性能

标准对设备共有7项性能要求，分别为性能指标、绝缘性能、电磁兼容、抗震性能、防护性能、温升、噪声。其中，绝缘性能、电磁兼容、抗震性能、防护性能、温升、噪声都有相应的标准规定可依，基本上引用了相应标准。

（1）性能指标方面：标准分两部分给出了规定：通用性能指标，适用于所有设备；特征性能指标，是针对不同类型设备规定的性能指标，供制定相关产品标准时参考。

（2）功能特性试验：试验分为型式试验、出厂试验和现场试验。试验项目见表14-1。本标准尽可能引用现有国家标准或行业标准，如果引用标准中试验方法或要求是唯一的，则本标准直接引用；如果引用标准中试验方法或要求有多种选择，本标准给出具体规定。

表14-1 试验项目一览表

序号	试验项目	出厂试验	型式试验	现场试验
1	外观与结构检查	√	√	√
2	性能试验	√	√	√
3	工频耐受电压试验	√	√	√
4	冲击电压试验		√	
5	电气间隙和爬电距离试验		√	
6	电磁兼容试验		√	
7	震动试验		√	
8	安全防护等级试验		√	

表 14-1(续)

序号	试验项目	出厂试验	型式试验	现场试验
9	温升试验		√	
10	噪声试验		√	
11	监测与操作功能试验	√	√	√
12	保护与报警功能试验	√	√	√
注:"√"表示需要试验的项目。				

14.3 相关理论知识概述

电能质量影响发电、供电、用电各方利益。随着社会的进步,电源、电网和用电负荷都在不断发生着变化,各个阶段对电能质量有不同的要求,以满足当时社会的需求。评价电能质量的参数由原来的电压偏差、频率偏差、谐波、闪变、三相不平衡度等逐渐增加了电压暂降、电压暂升、短时中断、长时间中断等。电能质量问题贯穿于整个电力系统各个环节,影响电能质量的因素非常多、非常复杂,有自然因素、人为因素等。有一些看起来与电能质量关系不大的环节,实际上对电能质量存在巨大和深远的影响,如:电网规划不合理,可能造成电网结构不合理、运行方式不够灵活,出现电网建设与负荷增长不吻合等现象,造成停电或限电次数增多。虽然一个完善合理的公用电网是电能质量的基本保障,但是,用户自己的配电系统、用电设备性能同样直接影响用户的电能质量,若由用户自己的配电系统故障引起的停电次数占总停电次数比例相当高,应引起足够重视。

电能质量不仅与电源建设、电网建设、电网运行方式有关,而且与用电负荷特性、接入电网方式、接入电压等级有关。同时,电能质量问题涉及测量、评估、治理等多个环节。电力系统电能质量的控制目标,是在现有的技术水平和资源水平下,以社会投资较少为前提,实现发电、供电、用电企业都能安全、经济运行。通过加强电源、电网建设,增强电网供电能力及抗干扰能力,减少电力设备故障,控制各个用户对电网的干扰等措施,以保障公用电网的电能质量。

在进行电能质量控制时,首先应了解引起电能质量干扰的原因,例如干扰是公用电网引起的还是由用户配电系统引起的等;同时还应了解所涉及的用电设备对电能质量的要求、电能质量干扰可能造成的经济损失等。对不同的行业、企业,同样的电能质量干扰造成的损失会不同,因此,控制的策略也不尽相同。

在确定控制方案时,应该制定合理的电能质量检测方案,经过长时间的检测与分析,对不同的控制方案进行经济、技术比较。在进行控制成本核算时,不仅要考虑控制设备的购置费用,还应计及运行、维护费用以及损耗等。

电能质量控制主要有四个途径,坚强电网结构、改善用电设备特性、优化电能质量干扰源运行方式和附加电能质量控制设备。

14.3.1　电网结构

14.3.1.1　供电能力的提高

(1) 增加电网的电源点，提高供电可靠性，减少因为上级变电站(电源点)故障或设备检修引起的电力用户停电事件。

(2) 根据现有负荷，结合市政规划等对未来负荷增长进行科学判断，配备合适容量的变压器，保障用户用电需求。

(3) 根据配电线路潮流及压降情况，加大导线线径，缩短供电半径，确保供电电压合格。

(4) 在低压配电系统中，将不对称的负荷适当地分配到每个相，使其接近平衡，从而降低三相负荷电流的不平衡度，避免共模干扰电压损坏用电设备和事故的出现；提高供电设备的利用率和可靠性。一般情况下，供电系统的电流不平衡度应该控制在20%以内。

(5) 加强电力设施巡视工作，清除供电安全隐患，如对配电线路进行巡视时，对可能影响线路安全稳定运行的树木进行清除，防止恶劣天气时树木倒伏，造成供电中断等。

14.3.1.2　改变供电接线方式

通过供电方式的改变，如架设专用线路等可以有效降低电能质量干扰的影响程度。这种方法通常造价比较高，需经过全面衡量投资与效益的关系来决定是否采用。下面列出几种通过改变供电接线方式缓解电能质量干扰的措施：

(1) 大容量干扰性负荷架设专用线路，可通过由两个独立电源分别向干扰性负荷和普通负荷供电，以降低干扰性负荷对普通用户的影响。一般将大容量干扰性负荷接到较高电压等级的供电系统。

(2) 采用母线分段的方法将干扰性负荷与一般负荷适度隔离，限制同一供电回路的馈线数，一次接线如图14-2所示。

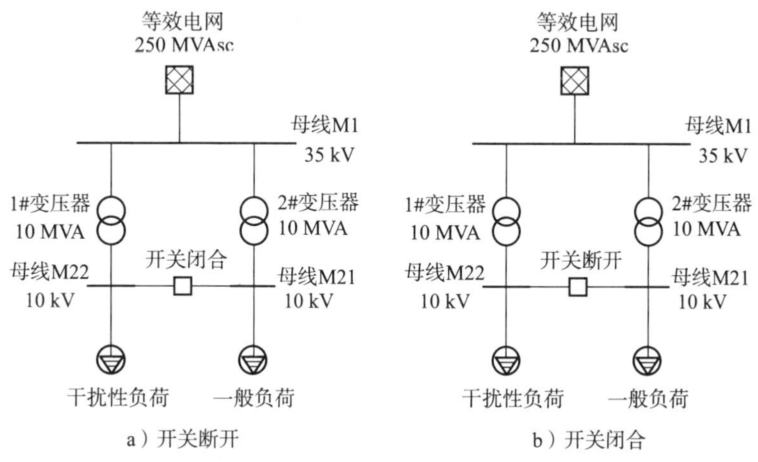

图14-2　母线分段一次接线示意图

(3) 牵引变电所的换相连接。电气化铁路作为单相负荷,对于单个牵引站接入是一个不平衡负荷。为了减少其负序电流对电网的影响,在不同的牵引站进行换相接入,使多个牵引站负荷相对于电网在整体上呈现平衡。

14.3.2 改善用电设备特性

14.3.2.1 改善电弧炉性能

(1) 采用高灵敏度、高速度的电极自动调节器。用户可选用性能优越的快速自动调节电极升降装置,以减小短路运行几率和持续时间,从而减少冲击负荷,避免出现不平衡运行工况。

(2) 合理投切电抗器。电抗器可限制短路电流,增加电弧燃烧稳定性,但是电抗器接入后,主回路感抗的加大会造成功率因数降低,耗电量加大,因此电抗器投入时间要适当,如在炉料熔化期,开始熔化冷料时接通电抗器,随后适时切除。

(3) 多座电弧炉各段运行周期应合理错开,以减少冲击无功负荷重叠现象的出现概率。

(4) 应提高冶炼过程中炉料的处理技术。在装料初期,功率调节不要太大;在送电过程中要随时观察炉况;装料结束后,再缓慢提升功率;一旦发生搭桥或架料情况,要及时进行处理,以防料块突然落入炉内,导致功率、电流突升,造成冲击;各种炼钢原料体积和重量不同,装料时可通过合理搭配来减少搭桥或架料现象。

14.3.2.2 改善整流变频设备性能

1. 增加整流装置的脉动数

整流装置的特征谐波次数为 $h=kP\pm1$,式中 k 为正整数,P 为整流装置的脉动数。理论上最大的谐波发生量为 $I_h=I_1\times\frac{1}{h}$,因此增加整流脉动数将使特征谐波次数提高,相应的减小谐波电流。

2. 改善整流变频技术

以三相全波整流和电容滤波电路为例,工作原理如图 14-3 所示。整流器工作时,进线电流是非正弦的,呈不连续的冲击波状态,具有很大的高次谐波成分,功率因数较低。有关资料表明,功率因数甚至可低至 0.7 以下。

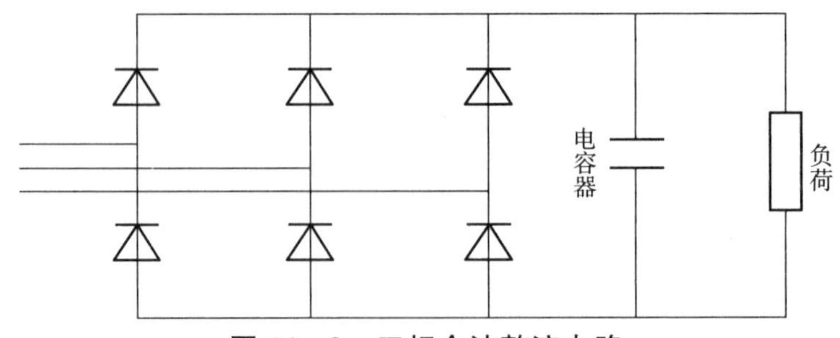

图 14-3 三相全波整流电路

在整流桥和滤波电容器之间增加合适的直流电抗器，工作原理如图 14-4 所示，可降低电源侧谐波影响、提高功率因数，同时削弱在电源刚接通瞬间的冲击电流。直流电抗器的加装，在改善电网侧电能质量影响的同时，将使得整流器的最高输出电压有所降低，会导致电动机运行电流的增加和启动转矩的减小。

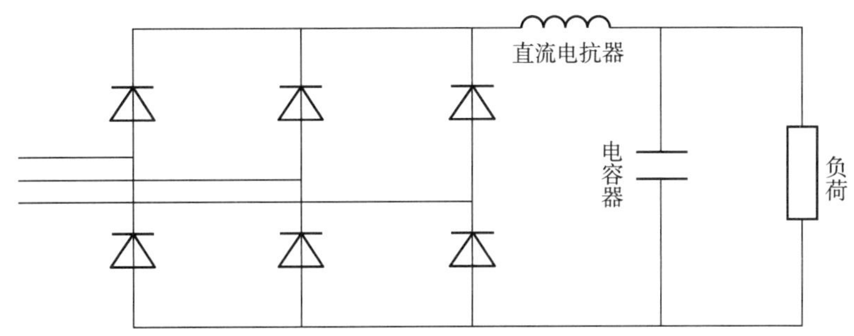

图 14-4　改进后的三相全波整流电路

14.3.2.3　改善异步电动机启动方式

工业企业中大量使用的机械负荷驱动电机为异步电动机，其等效电路如图 14-5 所示，其中 r_m 为励磁等效电阻，x_m 为励磁等效电抗。忽略励磁电流，电动机的输入电流（I_1）的计算如式（14-1）所示。

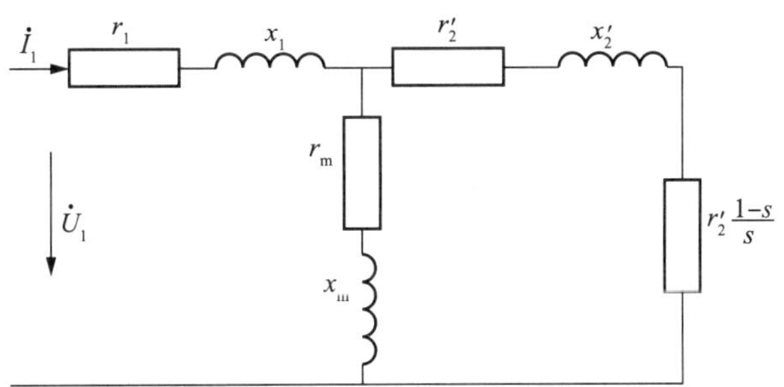

图 14-5　异步电动机的等效电路

$$I_1 \approx \frac{U_1}{\sqrt{\left(r_1+\frac{r'_2}{s}\right)^2+(x_1+x'_2)^2}} \tag{14-1}$$

式中：

U_1——电动机端电压；

r_1——电动机定子电阻；

x_1——电动机定子漏抗；

r'_2——电动机转子电阻的归算值；

x'_2——电动机转子漏抗的归算值；

s——电动机的滑差。

电动机在启动瞬间，由于转速 $n=0$ 且滑差 $s=1$，转子电流比正常运行时要大许多倍，反映到定子侧，I_1 一般为额定电流的 4 倍～10 倍。因而，功率较大且频繁启动的电动机必然给系统造成很大冲击，从而引起电压波动与闪变。从式(14－1)可以看出，启动电流与电动机端电压 U_1 成正比，降低电动机端电压可有效降低启动电流；增加启动回路阻抗也能降低启动电流；改变启动频率同样能有效降低启动电流。通常改善电动机启动特性的方法包括：降压启动、串接变阻器启动、变频调试启动。

14.3.2.4 改善牵引变压器接入电网方式

我国交流电气化铁路主要是由电力系统 110kV(或 220kV)经牵引变压器降压为 27.5kV(或 55kV)后向牵引网及电力机车单相供电，由于电气化铁路用电结构上的不对称，将返回电网系统大量负序电流。电气化铁路对电网不仅存在负序影响，而且谐波干扰也不容忽视。

铁路部门通过采取合理的牵引变接线方式和牵引变电所的换相连接来改善其不平衡状况。

电气化铁路的牵引变压器有单相变压器、Y_n，d_{11} 三相变压器、三相 V/V、scott 平衡变压器、阻抗匹配平衡变压器等类型，各种类型的接线示意图如图 14－6～图 14－10 所示。

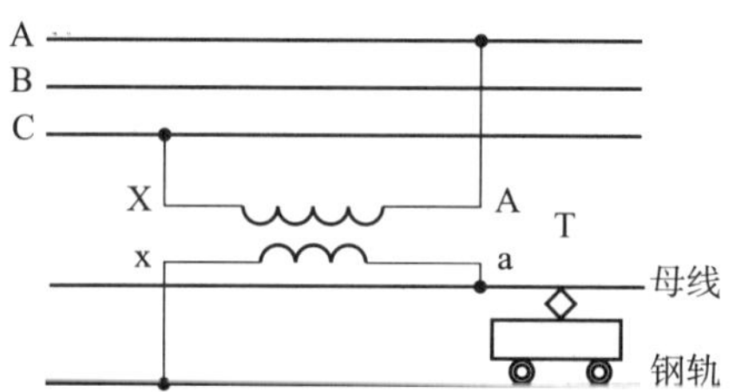

图 14－6 单相变压器接线示意图

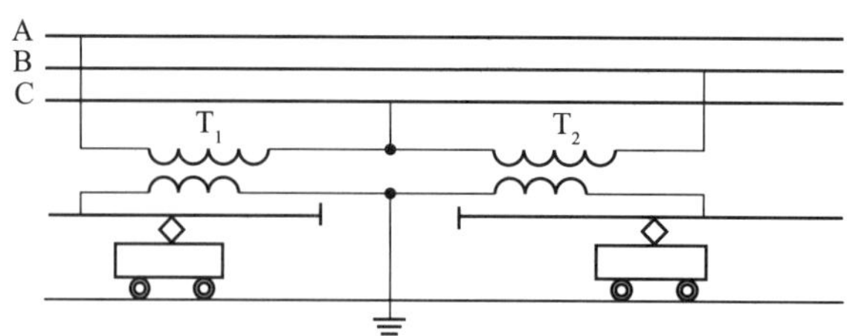

图 14－7 三相 V/V 接线示意图

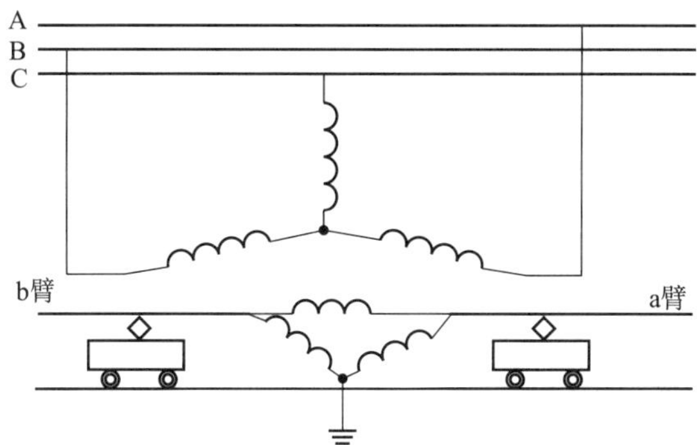

图 14－8　*Yn*，d_{11}三相变压器接线示意图

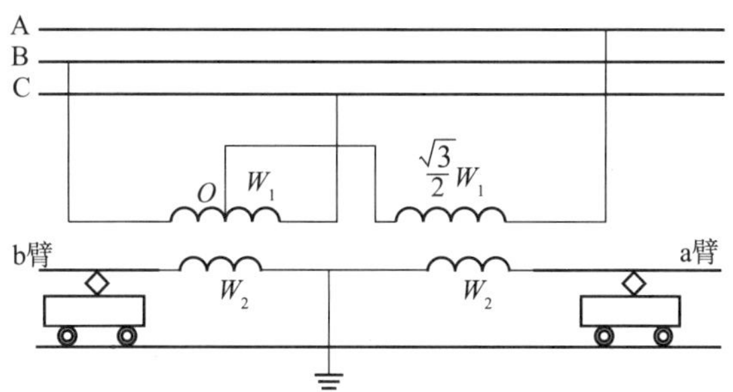

图 14－9　scott 平衡变压器接线示意图

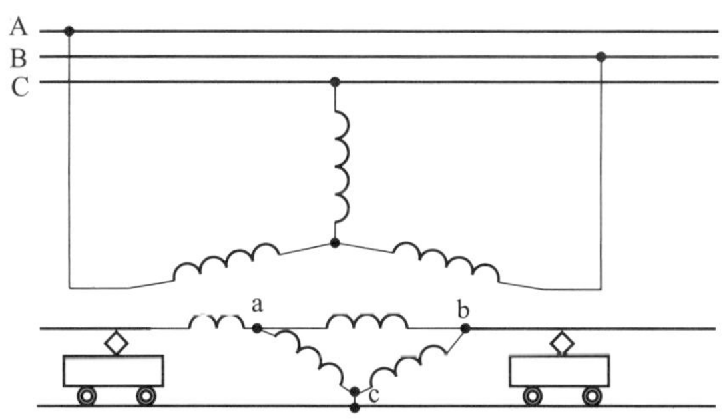

图 14－10　阻抗匹配平衡变压器接线示意图

虽然无论采用上述哪种类型的变压器，在两个牵引供电臂上的负荷不相等时，均会对系统产生不平衡干扰，但不同接线类型的变压器在抑制负序上的效果区别较大，图 14－11 给出 $Y,d(V/V)$接线牵引变压器和 T 型 scott 牵引变压器的 I_2/I_1（负序电流与正序电流比值），以 α 表示，两供电臂电流分别以 I_a 和 I_b 表示，设 $I_a=I_{max}$ 为最大值，I_b 在 0～I_{max}间变化，I_b/I_{max}在图 14－11 中以坐标横轴 x 表示。从图 14－11 中可以看出，T 型 scott 牵引变压器在两供电臂负荷相等（$x=I_b/I_a=1$）时，对系统不存在不平衡干扰，即使

在两供电臂负荷不完全相等的情况下，T 型 scott 牵引变压器相对于$Y,d(V/V)$接线牵引变压器，明显减轻了对系统的不平衡干扰。

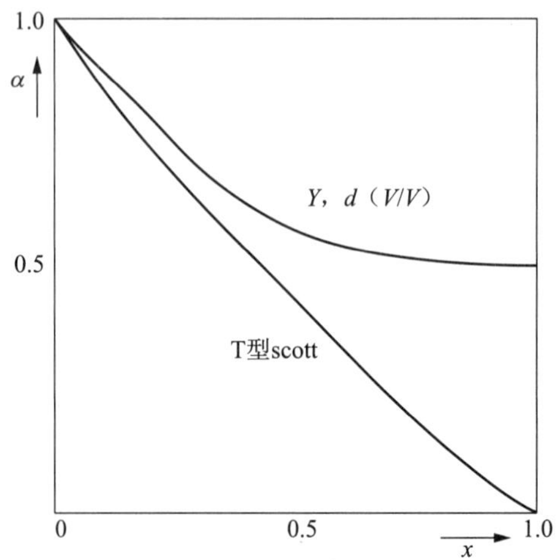

图 14-11　$Y,d(V/V)$接线牵引变压器和 T 型 scott 牵引变压器电流不对称度对比

14.3.3　电能质量控制设备

14.3.3.1　控制设备选型一般原则

电能质量控制是综合性的技术工程，受制于诸多因素，如干扰源的特性、干扰源的重要程度、场地、费用、电力客户总体无功补偿情况、接入点的电能质量背景情况等。全面评估和分析电力客户所面临的电能质量问题，根据资金情况，通过经济技术比较制定电能质量整改方案。方案应重点考虑以下因素：

(1) 控制设备的投运不能给主设备和公用电网正常运行带来不利影响，尤其在主设备非常重要，停运后可能带来重大损失时更应安全可靠；

(2) 控制设备的投运在电网无功充裕时不能引起电力用户向电网倒送无功现象；

(3) 在改善计划中的电能质量干扰时，对其余电能质量指标的影响应在国家标准允许范围内；

(4) 确保控制设备能适应安装点的电气环境和自然环境。

14.3.3.2　常用控制设备

1. 并联电容器组

并联电容器组是电网中使用最多的一种无功功率补偿设备。主要用作控制负荷功率因数，也可作为无功功率补偿调节的手段。它的特点是技术成熟、价格便宜、易于安装维护。

并联电容器组输出无功功率与安装处电压平方成正比，当电压降低时，特别是由于故障引起电压下降时，系统需要无功功率维持电压，但并联电容器的输出无功功率却急剧下降。

并联电容器组安装容量相对固定，且不能随负荷波动频繁投切，因此，一般不用于补偿无功快速变化的负荷。

并联电容器组在应用中应选择合适的串联电抗器，限制合闸涌流，防止出现谐波严重放大或谐振现象。

传统的并联电容器组一般采用真空断路器或 SF_6 断路器进行投切，容易产生操作过电压及冲击电流，影响电容器及断路器的使用寿命。为了解决传统断路器投切并联电容器组的弊端，可以采用晶闸管投切电容器（TSC，如图 14 - 12 所示）。与机械投切电容器相比，晶闸管的开、关无触点，通过精确控制晶闸管的触发时刻，即电压过零点触发投入电容器组，电压最大（电流过零）时触发切除电容器组，可以实现无过渡过程投入和切除电容器组，大大减少电容器组投切时的冲击电流。

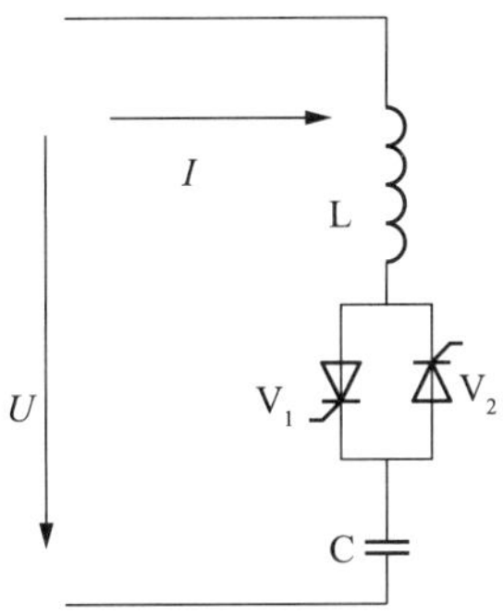

图 14 - 12　TSC 的单相原理图

为了解决电容器组分组容量大、无功补偿容量不能随负荷变化而调节的弊端，可以利用变压器升压接入电容器组，又名变压器升压型 SVC，工作原理如图 14 - 13 所示。

变压器升压型 SVC 是用低压小容量的电容器代替高压大容量的电容器，通过合理地投切小容量电容器（或电容器组），实现更准确的无功补偿。

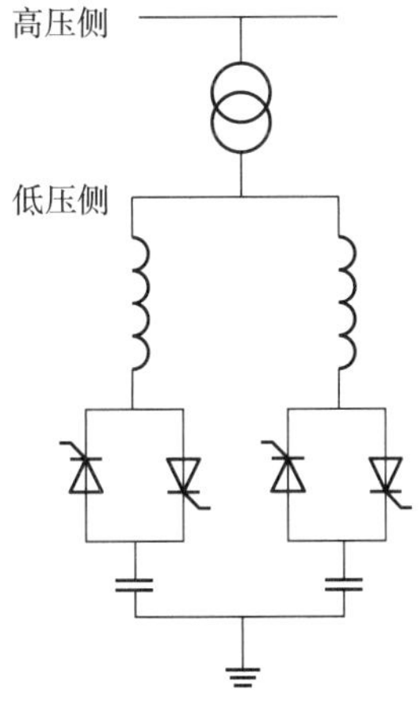

图 14 - 13　变压器升压型 SVC 组原理图

2. 并联电抗器

在电力系统中,并联电抗器的主要作用是发出感性无功,用以补偿或吸收输电线路或电缆等元件产生的容性无功,调整和改善运行电压及满足电网运行的其他需求。

在 10kV～220kV 电网中,并联电抗器主要用来吸收电缆线路的充电容性无功,限制工频稳态电压水平。

在 330kV、500kV 超高压电网中,装设于 330kV、500kV 高压侧的并联电抗器,通常叫高抗;装设于变电站主变低压侧(35kV 母线)的并联电抗器,通常叫低抗。高抗和低抗的作用都是补偿架空输电线路的充电容性无功。在 330kV、500kV 超高压电网中,并联电抗器的主要用途为:

(1) 抑制空载或轻载时长线路的电容效应所引起的工频电压升高

工频电压升高是由于空载或轻载时,线路的电容(对地电容和相间电容)电流流过线路电感时产生的。通常线路越长,则电容效应越大,工频电压升高也越大。装设并联电抗器可以补偿这部分充电功率,抑制空载或轻载时长线路的电容效应所引起的工频电压升高。

(2) 改善输电线路电压分布

在超、特高压长距离输电中,线路采用分布参数模型,电压和电流沿线路的流动,实际上就是电磁波沿线路的传播过程,由于电压波的反射和叠加,沿线各点电压将偏离额定值,有时甚至偏离较大。当线路电压值超过国家标准允许值时,可以通过加装并联电抗器,补偿抑制线路电压的升高,降低线路过电压水平。

(3) 调节工频稳态电压满足系统运行操作条件

系统运行操作(如同期并列)时,正常情况下,一般采用准同期法。准同期并列操作必须满足一定条件,如 500kV 系统允许电压差不大于 10%。当必须进行同期并列,电压差又不满足条件时,可以用并联电抗器对电压进行调整。

(4) 提高线路自动重合闸的成功率

当输电线路发生单相瞬时接地短路故障,且故障点的潜供电流过大,使得故障点的电弧不能很快熄灭,影响到单相自动重合闸的成功率时,可采用并联电抗器中性点经小电抗接地的方法来减小潜供电流,从而加快电弧的熄灭。

(5) 防止发电机带长线路可能出现的自励磁现象

同步发电机带容性负载(远距离输电线路空载或轻载运行)时,发电机的端电压可能会不受发电机励磁系统的控制而升高,即发电机自励磁现象,此时系统电压将会升高。通过在长距离高压线路上接入并联电抗器,可以改变发电机负载阻抗,有效防止发电机自励磁。

3. 同步调相机

同步调相机实质上是一种不带机械负载的同步电动机,调节其励磁,既可发出无功功率,又可吸收无功功率。它是最早采用的一种无功补偿设备,在并联电容器和静止无功补偿器得到大量应用后，它退居到次要地位。其主要缺点是投资大，运行维护复杂。同步调相机的优点是，在系统发生故障引起电压降低时，同步调相机可以提供电压支撑，还可以短时间内进行强行励磁，对提高电力系统的稳定性有很大好处。

4．静止无功补偿装置（SVC）

SVC是目前世界电力系统应用最多、最为成熟的并联补偿设备之一，它也是一类较早得到应用的柔性交流输电系统FACTS装置，其输出可以调节，以交换容性或者感性电流，从而维持或者控制电力系统中的某些特定参数（一般为母线电压）。SVC有多种型式，包括TCR（晶闸管控制电抗）型SVC、MCR（磁阀控制电抗）型SVC，以下对其中的几种装置分别进行介绍。

（1）TCR（晶闸管控制电抗）型SVC

TCR型SVC具有反应时间快、运行可靠、能连续调节和分相调节、适用范围广、价格较便宜等优点，是现有动态无功补偿装置中实际应用最广的一种，目前国内应用最为广泛的SVC装置就是TCR+FC型。TCR性能特点：

1）TCR装置通过控制晶闸管的导通时刻，达到控制通过电抗器电流的目的，所以TCR装置自身为谐波源。其产生的特定次数的谐波电流在不同触发角度下，所占比例不同。TCR装置在实时调节SVC装置输出无功功率时，自身产生的谐波电流会加重滤波器的负担。

2）负荷轻载或退出运行时，SVC能耗最大。因固定电容器组一般采用机械开关（断路器或接触器投切），动作速度慢。在负荷轻载或暂时退出运行时，切除电容器的策略一般不被采用，而是由TCR装置完全吸收FC部分的容性无功功率。此时，通过TCR的电流最大，故电抗器、晶闸管阀组耗能最大。当负荷瞬间无功冲击非常大而持续时间非常短暂时，SVC装置自身消耗了相当的有功功率。据有关资料统计，TCR型SVC的最大能耗功率大约在其补偿容量的3%。以一套补偿容量100MVA的TCR型SVC为例，其最大能耗功率约为3MW，如果负荷有50%的时间处于轻负荷状态，则SVC装置的平均能耗达到1.5MW，年最大损耗为1.3×10^{7}kW·h，电价按0.5元/（kW·h）计算，一年为SVC装置消耗的电费达到650万元人民币，这是一个非常可观的数字。

3）占地面积大，电磁辐射影响较大。由于TCR装置本身产生了相当量的谐波电流，在很多情况下，即使用电负荷自身不产生或产生非常少的谐波电流时，其合成谐波电流也应得到足够的重视。特别是用于相控的电抗器为了满足其线性输出感性无功功率的目的，通常采用干式空心电抗器结构，这些电抗器体积较大，需要较大的面积去摆放。同时，电抗器附近的区域存在很强的电磁场，可能干扰周围的各种用电设备。

4）响应速度快。在保证控制器计算调节处理速度的前提下，控制器的响应时间不超过10ms是完全可能的，TCR的整机响应时间也完全可以控制在15ms以内，系统稳定时间一般不会超过3个工频电压周期，即60ms。

5）可分相、连续调节输出的无功功率。TCR型SVC装置的TCR部分通常设计成

Δ接线。需要时,可单独对每相TCR支路的触发延时角进行控制,从而达到分相调节无功的目的。由于TCR的触发延时角是连续可调的,故理论上TCR型SVC输出的无功功率也是连续无级可调的。

6) TCR型SVC不宜直接用于35kV以上电压等级。因晶闸管阀关断后,TCR装置直接承受系统电压,晶闸管阀的电压耐受水平需与系统电压等级匹配。如此众多的晶闸管串联在一起,不仅增加了晶闸管阀的生产成本,而且增大了TCR的故障几率。因此,TCR型SVC一般直挂于35kV及以下电压等级;当系统电压更高时,装置一般安装于系统变压器的低压侧(35kV及以下电压等级),当安装点不存在变压器或不便于安装在变压器低压侧时,需在装置与系统之间增添降压变压器,使SVC的工作电压降至35kV及以下。

(2) MCR(磁阀控制电抗)型SVC

磁控电抗器是以控制激磁回路电流的方式,控制电抗器铁芯的饱和程度,进而改变电抗器的电抗值,达到平滑调节无功输出的目的。MCR的性能特点为:

1) MCR装置自身为谐波源。电抗器线圈中流过的电流为直流与工频交流的叠加,故铁芯的饱和度在一个工频周期的不同时刻实际是不同的,铁芯饱和度的变化导致电抗器对外表现的感抗也是一个变化的值,因而通过电抗器的电流不是标准的正弦波。通过对多套MCR的测试结果表明,同等容量下的MCR的谐波发生量约为TCR的1/3~1/2。

2) MCR使用的晶闸管数目少。晶闸管阀的工作电压为励磁控制电压,其幅值约为额定电压的1%~3%,因此晶闸管阀一般不需要串联或只需要很少的串联数,同时,晶闸管阀只通过励磁电流,不通过主电流,故晶闸管阀的功耗非常小。MCR型SVC可直挂于110kV及以上电压等级使用而无需降压变压器。

3) 负荷轻载或退出运行时,SVC能耗最大。因MCR型SVC的补偿原理也是由电容器提供最大无功补偿功率,通过电抗器感抗的变化吸收电容器提供的多余的无功功率。在用电负荷轻载或退出运行时,电抗器工作在最大电流状态。据有关资料显示,MCR装置的功耗要比同等容量和电压等级的TCR装置小很多。

4) 结构紧凑、占地面积小,电磁辐射小。与空心电抗器不同,MCR装置的电抗器的铁芯由高导磁率的硅钢片组成,电抗器的磁通绝大多数通过硅钢构成磁通回路,仅有极少数的漏感磁通通过空气构成磁通回路。由于磁路导磁效率高,故电抗器可设计得较为紧凑,占地面积少,且通过电抗器周围空气的漏磁通比例甚小,故MCR电抗器在运行中对周围环境的电磁影响较小,可参照同等容量和同等电压等级的电力变压器的电磁影响去评估。

5) 响应速度慢。磁控电抗器是控制通过线圈的直流电流达到改变电抗器等效电感值的目的。尽管线圈的电感不影响稳定的直流电流,但在电流值改变调整时,电感值却对其稳定时间有很大影响。理论分析和试验研究结果表明,自MCR接收到无功调节变化信号

(对应特定的整流电路输出电压)至 MCR 输出容量调节到计算值的 90%的稳定时间为 200ms～300ms,比 TCR 装置的稳定时间慢许多。对电压闪变和波动的治理效果较 TCR 型 SVC 差。随着对 MCR 励磁电流控制新技术的采用,其响应速度可得到大幅提高。

6) 可分相、连续无级调节输出无功功率。其工作情况与 TCR 型 SVC 相似。

5. 静止无功发生器(SVG)

详见第 3 章。

6. 电力无源滤波器(PF)

详见第 3 章。

7. 电力有源滤波器(APF)

详见第 3 章。

8. 不间断电源(UPS)

详见第 3 章。

9. 动态电压恢复器(DVR)

详见第 3 章。

10. 高压避雷器

高压避雷器是电力系统各类电气设备(变压器、电容器、发电机、电动机、PT、CT、断路器、接触器等)绝缘配合的基础设备。避雷器的保护性能可确定电力系统所有电气设备的内外绝缘指标(短时工频耐压、雷电冲击耐压和操作冲击耐压等),其作用是用来保护电力系统中各种电器设备免受雷电过电压、操作过电压冲击而损坏。

避雷器的类型主要有保护间隙、阀型和氧化锌避雷器。避雷器按其标称放电电流的分类见表 14-2。

表 14-2 避雷器分类

项目	标准标称放电电流/A				
	20000	10000	5000	2500	1500
额定电压 U_r/kV(rms)	$360<U_r\leqslant756$	$3\leqslant U_r\leqslant468$	$U_r\leqslant132$	$U_r\leqslant36$	$U_r\leqslant207$
备注	电站用避雷器;线路避雷器	电站用避雷器;线路避雷器;电气化铁道用避雷器	电站用避雷器;线路避雷器;发电机用避雷器;配电用避雷器;并联补偿电容器;电气化铁道用避雷器	电动机用避雷器	电机中性点用避雷器;变压器中性点用避雷器;低压避雷器
注:我国通常按用途分类,备注中给出了我国通常的避雷器分类,供避雷器设计者和用户选型参考。					

11. 低压电涌保护器(SPD)

GB/T 18802.12—2014《低压电涌保护器(SPD) 第12部分:低压配电系统的电涌保护器 选择和使用导则》中指出,电涌保护器(SPD)是用于限制瞬态过电压和泄放电涌电流的电器,至少包含一个非线性的元件,也称浪涌保护器。其功能如下:

1)电力系统无电涌时,SPD不应对其所应用的系统工作特性有明显影响;

2)电力系统出现电涌时,SPD呈现低阻抗,电涌电流主要通过SPD泄放,把电压限制到其保护水平,电涌可能引起工频续流通过SPD;

3)当电涌及可能出现的工频续流消失后,SPD能恢复高阻抗状态。

SPD可以连接在相对相、相对地、相对中线、中线对地及其组合。SPD安装在被保护设备的外部,通常情况下,SPD额定参数的选择基于雷电冲击的强度。当SPD故障失去保护作用时,SPD能给出信号,并脱离其应用系统。

电涌保护器SPD分为电压开关型、电压限制型和复合型三类。

1)电压开关型SPD

没有电涌时呈现高阻抗特性,有电涌电压时立即转为低阻抗的SPD,也称"短路型SPD"。电压开关型SPD常用的元件有放电间隙、气体放电管、晶闸管(可控硅整流器)和双向三极晶闸管。

2)电压限制型SPD

没有电涌时具有高阻抗,但随着电流和电压的上升,其阻抗将持续减小的SPD,也称作"嵌位型SPD"。电压限制型SPD常用的元件是压敏电阻和抑制二极管。

3)复合型SPD

由电压开关型元件和电压限制型元件组成的SPD,其特性随所加电压的特性可以表现为电压开关型、电压限制型或两者皆有的复合特性。

14.4 标准主要条款的解释

14.4.1 电能质量参数

表征电能质量状态的参数,如电压偏差、谐波、间谐波、三相电压不平衡度、电压波动和闪变以及电能质量暂态和瞬态参数等,在本标准中被定义为电能质量参数。描述电能质量参数的大小在本标准中被定义为电能质量参数量。电能质量指标是国家标准中给出的电能质量参数量的限值,为一组固定数值。为了区别电能质量参数、电能质量参数量、电能质量指标,特定义电能质量参数。

14.4.2 电能质量控制设备

电能质量控制设备种类繁多,可以是单项电能质量控制设备,也可以是综合电能质量控制设备,其首要任务是达到控制和改善电能质量指标的目的,运行效果应满足国家标准要求或用电设备运行需求,提高供电可靠性和用户终端设备容许干扰能力。标准中从电能质量控制设备的功能入手，将电能质量控制设备定义为改善电能质量单一参数或多个参数状态值的设备，主要包含电压偏差控制设备，有源和无源谐波、间谐波控制设备，电压波动和闪变控制设备，三相电压不平衡度控制设备，电压暂降、暂升控制设备，短时中断控制设备。

14.4.3　主电路单元和辅助单元

标准中电能质量控制设备由主电路单元和辅助单元构成，这主要由于主电路和辅助单元在外观结构、布置、电气条件、性能试验方面均有不同。主电路单元根据电压等级的不同，有屏柜内布置和分散布置，而辅助单元大都屏柜内布置，故标准第 7 章对主电路单元和辅助单元结构与布置分开阐述；主电路单元和辅助单元电气运行环境不同，见标准 4.2；试验方面雷电冲击试验只针对高压主电路单元进行。

14.4.4　响应时间

响应时间是设备的关键指标之一，在对变化速度快的电能质量干扰进行控制时，尤其重要。标准主要强调设备的响应时间，应包含电能质量检测、计算、控制指令发出等时间在内，即为电能质量控制设备的整体响应时间。

标准中将响应时间定义为设备在正常运行过程中，从被控量发生突变开始，到达到 90%控制目标(设备的输出量从零到额定输出)所需要的时间，见图 14-14。响应时间包括检测控制指令、运算、控制输出达到控制目标的时间。被控量指一个或多个电能质量参数；控制目标指被控量要达到的目标值；镇定时间指从被控量阶跃开始到达到控制目标允许范围内所需要的时间。

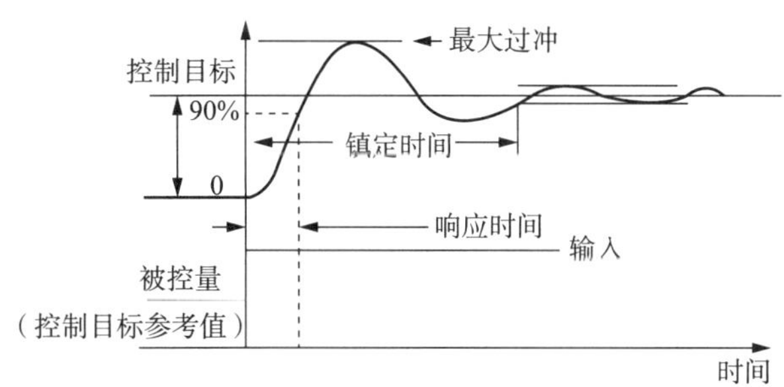

图 14-14　响应时间示意图

14.4.5　环境温度

关于标准中 4.1.1 环境温度的说明：

由于我国地域广泛，各地的气候环境差别较大，如果设备必须适应的温度范围要求过大，可能影响设备制造成本；温度范围要求过小，又可能导致设备在有些地区不能使用，所以本标准给出设备运行环境温度的多个上限值及下限值，供设备制造厂家根据设备具体应用地点灵活选取温度范围。同时环境温度对户内与户外设备的影响不同，所以本条款按照户内和户外设备分别对环境温度进行了规定。

14.4.6 电气环境

关于标准中 4.2.2.1 和 4.2.2.2 电气环境的说明：

辅助单元正常运行与否直接关系着电能质量控制设备的运行可靠性，所以辅助单元的交流工作电源电压允许偏差取±20%，电压谐波总畸变率取 8%。辅助单元的工作电源电压谐波总畸变率为≤8%，主要考虑以下两点：①IEC 61000-2-2《电磁兼容(EMC) 第2-2部分：环境 公用低压供电系统低频传导骚扰及信号传输的兼容水平》中规定谐波电压总畸变率兼容值为 8%；②GB/T 14549—1993《电能质量 公用电网谐波》中规定谐波电压总畸变率允许值为 5%是 95%概率值，允许有 5%的总畸变率数值超过 5%。

辅助单元直流电压允许偏差按照继电保护装置的电压允许偏差，取－20%～＋15%。

14.4.7 海拔高度

关于标准中 4.1.3 海拔高度的说明：

海拔高度对设备的影响主要体现在绝缘、温升等方面。高海拔地区大气参数对电气设备外绝缘强度的影响是一个极其复杂的问题，GB/T 16927.1—2011《高电压试验技术 第 1 部分：一般定义及试验要求》中给出了空气密度和绝对湿度对不同类型作用电压影响的详细论述。设备外绝缘破坏性放电电压与试验时的大气条件有关，通常，给定空气放电路径的破坏性放电电压随着空气密度或绝对湿度的降低而降低。海拔高度增加，大气压力下降，空气密度和湿度相应地减小，对于设备外绝缘而言，其放电电压降低。

海拔高，空气密度减低，对于空气冷却的设备，散热条件变差，会使得设备在运行中温升增加，但空气温度随海拔高度的增加而逐渐降低，基本可以补偿海拔升高对设备温升的影响。

目前国内低压设备在设计中已经考虑到提高设备绝缘等级，例如 GB/T 15576—2008《低压成套无功功率补偿装置》中 5.1.4 要求安装场地的海拔应不超过 2000m；GB/T 22582—2008《电力电容器 低压功率因数补偿装置》中 5.2.1.1.5 要求安装场地的海拔不超过 2000m；GB/T 12747.1—2017《标称电压 1000V 及以下交流电力系统用自愈式并联电容器 第 1 部分：总则 性能、试验和定额 安全要求 安装和运行导则》中 4.1 规定海拔不超过 2000m；行业标准 DL/T 379—2010《低压晶闸管投切滤波装置技术规范》中 5.1.4 规定，若无特别指明，安装场地的海拔不应超过 2000m。对于高压设备，GB/T 11024.1—2010《标称电压 1000V 以上交流电力系统用并联电容器 第 1 部分：总则》中 4.1 规定海拔不超过 1000m。根据上述标准内容，对低压设备海拔高度的规定为 2000m，对高压设备海拔高度的规定为 1000m。

14.4.8 污秽等级

关于标准中 4.1.4 污秽等级的说明：

本条款中低压设备引用 GB/T 7251.1—2013《低压成套开关设备和控制设备　第 1 部分：总则》(IEC 61439－1：2011，IDT)的规定。

污染等级 1：无污染或仅有干燥的、非导电性污染。此污染无影响。

污染等级 2：一般情况下只有非导电性污染，但要考虑到偶然由于凝露造成的暂时导电性。

污染等级 3：存在导电性污染，或者由于凝露使干燥的非导电性污染变成导电性的污染。

污染等级 4：持久的导电性污染，例如由于导电尘埃、雨雪或其他潮湿条件造成的污染。

除非有关产品标准另有规定，工业用电器一般选取用于污染等级为 3 级的环境。

高压设备引用 GB/T 26218.1—2010《污秽条件下使用的高压绝缘子的选择和尺寸确定　第 1 部分：定义、信息和一般原则》(IEC/TS 60815－1：2008，MOD)的规定，标准中定性地定义了 5 个污秽等级，表征污秽度从很轻到很重：a 很轻；b 轻；c 中等；d 重；e 很重，一般不超过 c 级。

14.4.9　地震烈度

地震对电气设备的影响因素有地震时地面运行最大加速度、地震波频率、波形及持续时间，其中地面运行最大加速度为主要因素。鉴于我国地震灾害发生会对电力设备造成巨大破坏，有必要对设备耐受地震能力提出要求，以便有针对性地进行设备选型及抗震设计，有效减小地震对设备的破坏。通常以发生地震时设备承受的地面最大加速度为基准，将耐受地震烈度Ⅶ级及以下的电气设备称为普通型设备，而耐受地震烈度Ⅷ级及以上的电气设备称为抗震型设备。标准要求电能质量控制设备安装地点地震烈度不超过Ⅷ级，即水平加速度不超过 $3m/s^2$，垂直加速度不超过 $1.5m/s^2$。

14.4.10　防护性能

关于标准中 6.5 防护性能的说明：

电能质量控制设备可以分为两种类型，一种为封闭式设备(除安装面外所有表面都封闭的设备)，另一种为开启式设备(一种由支撑电气设备的支撑结构所组成的设备，此电气设备的带电部件易被触及)。封闭式设备防护性能应满足 GB/T 4208—2017《外壳防护等级(IP 代码)》对防护性能的规定，设备采用通风孔散热时，通风孔的设置不应降低其防护等级。开启式设备应设置安全围栏，设置围栏时，围栏门应具有安全闭锁措施和防止小动物侵袭的措施，且应考虑围栏对带电体的安全距离。电能质量控制设备采用何种外壳，宜在相关产品标准中叙述。

14.4.11　温升

电能质量控制设备既有直接承担功率交换的主电路，又有测量、控制、保护和数据处理等辅助电路，故标准中表 2 的测试点和温升限值参照了 GB/T 11022—2011《高压开关设备和控制设备标准的共用技术要求》、GB/T 7251.1—2013《低压成套开关设备和控制设备

第1部分:总则》和DL/T 843—2010《大型汽轮发电机励磁系统技术条件》的相关规定。

操作部件、可接近的外壳、分散排列的插头与插座温升参照GB 7251.1—2005《低压成套开关设备和控制设备 第1部分:型式试验和部分型式试验 成套设备》(已废止,现行标准为GB/T 7251.1—2013《低压成套开关设备和控制设备 第1部分:总则》)。

用螺栓或与其等效的连接、用螺栓或螺钉与外部导体连接的端子温升参照GB/T 11022—1999《高压开关设备和控制设备标准的共用技术要求》(已废止,现行标准为GB/T 11022—2011《高压开关设备和控制设备标准的共用技术要求》)。

铜母线、铜母线连接处、铝母线、铝母线连接处、电阻元件、塑料、橡皮、漆膜绝缘导线温升参照DL/T 843—2010《大型汽轮发电机励磁系统技术条件》。

14.4.12 噪声

同一设备的实际噪声与设备运行状态、安装环境等因素有关,设备在安装使用后,对周围环境的噪声影响应满足GB 3096—2008《声环境质量标准》的规定。同时,结合GBJ 87—1985《工业企业噪声控制设计规范》中规定,生产车间及作业场所(每天连续接触噪声8h)噪声限制值为90dB的要求,考虑到设备安装场所的反射叠加和背景噪声等不定因素,所以本标准规定设备噪声限值为70dB。

GB 3096—2008《声环境质量标准》中,按区域的使用功能特点和环境质量要求,声环境功能区分为以下五种类型:

(1) 0类声环境功能区,指康复疗养区等特别需要安静的区域。

(2) 1类声环境功能区,指以居民住宅、医疗卫生、文化教育、科研设计、行政办公为主要功能,需要保持安静的区域。

(3) 2类声环境功能区,指以商业金融、集市贸易为主要功能,或者居住、商业、工业混杂,需要维护住宅安静的区域。

(4) 3类声环境功能区,指以工业生产、仓储物流为主要功能,需要防止工业噪声对周围环境产生严重影响的区域。

(5) 4类声环境功能区,指交通干线两侧一定距离之内,需要防止交通噪声对周围环境产生严重影响的区域,包括4a类和4b类两种类型。4a类为高速公路、一级公路、二级公路、城市快速路、城市主干路、城市次干路、城市轨道交通(地面段)、内河航道两侧区域;4b类为铁路干线两侧区域。

各类声环境功能区适用表14-3规定的环境噪声等效声级限值。

表14-3 环境噪声限值

单位:dB

声环境功能区类别	昼间	夜间
0类	50	40
1类	55	45

表 14-3(续)

单位:dB

<table>
<tr><td colspan="2">声环境功能区类别</td><td>昼间</td><td>夜间</td></tr>
<tr><td colspan="2">2 类</td><td>60</td><td>50</td></tr>
<tr><td colspan="2">3 类</td><td>65</td><td>55</td></tr>
<tr><td rowspan="2">4 类</td><td>4a 类</td><td>70</td><td>55</td></tr>
<tr><td>4b 类</td><td>70</td><td>60</td></tr>
</table>

14.4.13 工频耐受电压试验

GB 50150—2006《电气装置安装工程 电气设备交接试验标准》中 19.0.5 中规定了并联电容器电极对外壳交流耐压试验电压值,如表 14-4 所示,表中交接试验电压为出厂试验电压的 0.75 倍。本标准中 8.3.2.2 规定现场工频耐压试验电压为额定短时工频耐受电压的 0.75 倍。

表 14-4 并联电容器交流耐压试验电压标准

额定电压/kV	<1	1	3	6	10	15	20	35
额定试验电压/kV	3	6	18/25	23/30	30/42	40/55	50/65	80/95
交接试验电压/kV	2.25	4.5	18.76	22.5	31.5	41.25	48.75	71.25
注:斜线下的数据为外绝缘的干耐受试验电压。								

14.5 相关条款争议及解决

14.5.1 控制效果能否作为衡量设备主要性能指标

影响设备运行效果的因素较多,设备选型、设备性能、安装调试和运行维护哪个环节做得不好,运行效果都不会理想。设备性能只是影响运行效果的重要因素之一,所以根据专家意见,控制效果不作为设备主要性能指标。

14.5.2 电气环境

对主电路电气环境分两种情况描述:公共连接点与非公共连接点。公共连接点的电气环境要求:“除其功能规定需改善的参数值外,其余均应符合相应国家标准要求”;非公共连接点的电气环境要求:“应明确其接入点的电气环境,包括最高持续运行电压、最低持续运行电压、系统短时最高运行电压及其最大持续时间、系统短时最低运行电压及其最大持续时间、三相不平衡度、最大短路电流、背景谐波水平等参数”。

根据专家意见,电气环境不分公共连接点与非公共连接点描述,主电路电气环境统一为“应明确其接入点的电气环境,包括最高持续运行电压、最低持续运行电压、系统短时最高运行电压及其最大持续时间、系统短时最低运行电压及其最大持续时间、三相不平衡度、最大短路电流、背景谐波水平等参数”。

14.6 标准的局限性分析

制定本标准是为了提高电能质量控制设备行业的标准化程度，本标准作为国内第一项电能质量控制设备通用标准，对我国电能质量控制设备制造行业规范化有着重要意义，但设备生产标准化仍然任重道远。标准在某些方面操作性和应用性不强，需要改进的问题主要体现在以下方面。

(1) 电气环境：本标准中定义了主电路电气环境，“用于改善电力用户内部配电系统电能质量的设备，应明确其接入点的电气环境，包括最高持续运行电压、最低持续运行电压、系统短时最高运行电压及其最大持续时间、系统短时最低运行电压及其最大持续时间、三相不平衡度、最大短路电流、背景谐波水平等参数。”仅定性地描述了需要哪些参数，但没有量化，没形成具体指标，不利于产品标准化。

(2) 标准中通用指标部分指出“设备应明确给出额定电压、额定频率、额定容量、设备能耗、过负载能力及相应的允许误差等性能指标。根据设备的控制特性还应该给出相应的特征性能指标”，由于电能质量控制设备涵盖范围广，标准仅定性提出要求，没有量化各通用指标，不利于产品标准化，形成标准系列产品。可在设备标准中，给出详细量化描述。

(3) 标准没有对设备统一命名，每个生产商对同一种设备命名不统一，不利于用户选型。

(4) 标准虽然提出了相关试验要求，但在实施过程中，因国内试验机构较少，对相关设备检测试验能力不足，不满足国内检测市场需求；由于产品电气环境以及通用指标未具体定量，产品指标仍根据用户需求而变化，导致产品无法标准化，试验方法虽然固定，不利于产品的批量生产定型鉴定。

(5) 标准中提出的设备特征性能指标不全面，建议逐渐完善。

(6) 电能质量控制设备终极目标是达到电能质量治理效果，本标准只在基本功能中定性提出要求“主要功能是改善电能质量单一参数或多个参数状态值”，没有对控制效果提出具体指标，也是本标准局限性之一，建议在相关设备标准中详述。

14.7 电能质量控制案例分析

以某塑料挤压加工工厂为例，介绍电能质量控制流程。

1. 生产过程及敏感设备分析

纺织业中塑料挤压加工工序是一种很典型的对电压暂降敏感的工业加工过程。塑料片首先被熔解，然后加工成细丝，最后缠绕在滚筒上制成纤维。

塑料挤压加工生产线主要由 3 个环节组成，其中任意一个环节由于电压暂降而导致停滞，整个加工生产线都会受到影响。这意味着加工线中最弱的环节决定了加工过程对电压暂降的反应，所以所有环节必须单独进行分析。

(1) 采用一台直流电机驱动挤丝机将切片制成均匀的物料，这台电机配备了变频控制装置。为了保护驱动中的电子设备，低电压保护的设置相当灵敏。每当在单相或者多相中监测到压降超过 20%时，保护装置会切断整个工序。

(2) 采用一台变频驱动器驱动计量泵，将均匀的物料制成纤维。当直流母线的电压降低 15%时，低电压保护会动作。这套变频装置对三相电压暂降较为敏感。

(3) 采用直流母线供电的变频驱动器组，驱动电动机实现拉伸、卷曲并打包卷装，这套设备配备了动能缓冲装置。电动机在电压暂降情况下，可以作为发电机向直流母线供电。

通过对各环节相关的产品生产规范进行分析，可以得出变频驱动装置是生产过程中的薄弱环节。

2. 电能质量测量与分析

通过三年半对该工厂所处的供电网电能质量的监测，发现 15kV 配电网的故障导致了大多数的生产停滞。通过安装在该工厂供电入口处的电压暂降测量仪显示，大多数的故障为三相故障。

3. 治理方案比较分析

(1) 敏感设备改造

1) 对于塑料挤压加工生产线来说，对电压暂降敏感的设备主要为变频驱动器。而在现有设备的基础上，改善变频驱动器自身对电压暂降的抗性，需要增加或更换硬件设备。

2) 更换一台不同型号对电压暂降抗性更强的变频驱动器，由于软件冲突和不兼容等原因，会导致整条加工生产线无法运行。

由上述分析可知，通过设备改造来减缓电压暂降问题，对于挤压加工行业来说经济成本过高，该方案不可取。

(2) 加装电压暂降控制设备

1) 不间断电源(UPS)：给所有的电动机都安装单独的 UPS，成本非常高，对电压暂降和短时电压中断作用均有效。

2) 动态电压恢复器(DVR)：主要是补偿电网中损失的电压，仅对电压暂降有效，而对短时电压中断作用不大。

3) 动态电压暂降补偿器(DySC)：由串联的补偿器和并联的转换器构成，主要保护设备免于最小残压 50%的电压暂降的影响，其保护时间为 2s。根据美国电科院的研究，这样的保护足以覆盖 92%的电压暂降事故。仅对电压暂降有效，而对短时电压中断作用不大。

4) 飞轮(Flywheel)：没有柴油机供电的飞轮可以保护设备免受所有的电压暂降影响，前提是飞轮的惯性可以带动负荷。大多数的飞轮可以给额定负荷供 3s～15s 的电，这足以保护设备免受几乎所有的电压暂降的影响，但仍不足以保护设备免受短时电压中断的影响。

考虑到所有记录的电压暂降的残压都大于50%，动态电压恢复器(DVR)、动态电压暂降补偿器(DySC)以及飞轮(Flywheel)均能保护生产工序免受电压暂降的影响，但方案比较时不仅要计算购置成本，还需计及每年的维护费用以及闲置的损耗，因此动态电压暂降补偿器(DySC)的购置成本最低。

注：在加装电压暂降控制设备之前，重要的一点是将生产过程中容易受到电压暂降影响的设备列一个清单。事实上，给最敏感的设备加装电压暂降控制设备将其保护起来，其他的一些次敏感设备也很有可能会跳闸。仅对这些敏感设备提供保护，并不能保证由电压暂降导致的生产中断的次数能显著下降，这是由于其他的装置可能会变成生产中最薄弱的环节。

(3) 优化供电方案

优化供电方案，在很大程度上取决于电力用户所处的地理位置。本案例中，将该工厂由15kV母线供电改接至由70kV的母线供电，如图14-15b)所示。

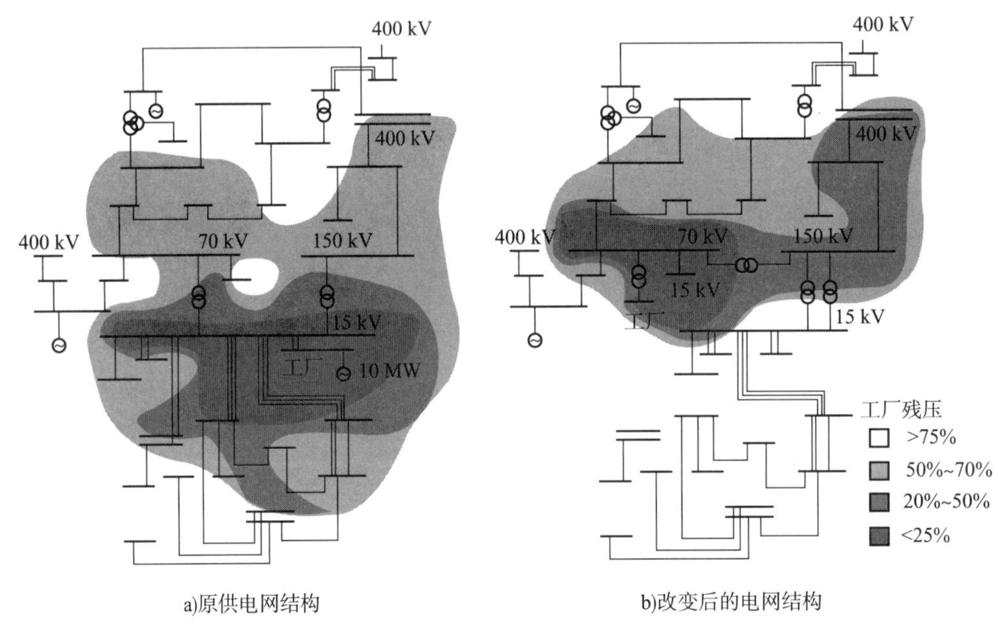

图14-15 优化供电方案示意图

图14-15中灰色部分为发生短路故障时导致工厂出现电压暂降且生产停滞的区域，区域颜色越深表示工厂母线上残压越小，电压暂降程度越严重。通过对比图14-15a)与图14-15b)中的灰色区域，可以看出，改接后灰色区域大幅减少，15kV母线配电系统的短路故障对该工厂影响基本消失，即供电网中导致该工厂电压暂降且生产停滞的短路故障发生范围大幅减少，显著降低了配电网电压暂降造成损失的风险。

(4) 控制方案经济比较

经济性是电能质量控制需要考虑的主要因素之一，以该案例为例，对各控制方案的经济成本进行比较，如表 14－5 所示，其中使用减缓措施前的经济损失被归整为 100。对不同的方案进行经济技术比较，要考虑两个经济成本：1)由于电压暂降导致的经济损失，需要注意的是即使采取了电压暂降控制措施，仍有一些潜在的风险存在；2)电压暂降控制措施的成本。由于每个案例的具体情况不同，其经济成本可能会有很大的出入，这里的经济成本分析仅供参考。

表 14－5 不同减缓方案的对比(采取减缓方案前的成本为 100%)

方案编号	解决方案	中断损耗/%	减缓所需成本/%	总成本/%
	当前的状态	100	0	100
A	优化供电方案	26	62	88
B	UPS 供电(覆盖所有关键环节 1625kV·A)	60	303	363
C	UPS 供电(覆盖部分关键环节 670kV·A)	60	152	212
D	动态电压暂降补偿器(覆盖所有关键环节 1625kV·A)	60	109	169
E	动态电压暂降补偿器(覆盖部分关键环节 670kV·A)	60	87	147
注：这里主要使用的是净现值的方法，同时考虑 15%的回报率以及 10 年的设备寿命。				

A 方案中的电能质量损失是由输电网络中的三相故障造成的；而方案 B～方案 E 的电能质量损失是由于加工生产线上的某些其他环节没有得到相应的保护。综合来看，本案例中的优化供电方案为最经济有效的方案。

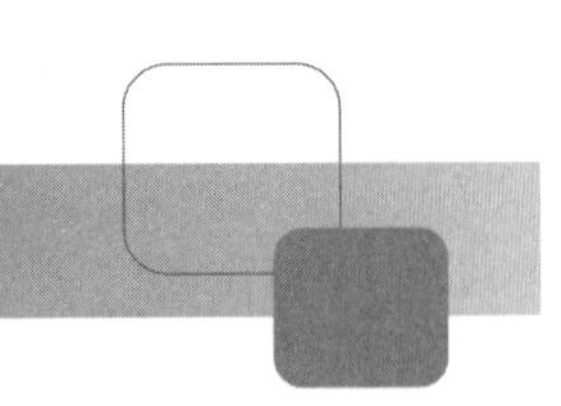

第15章 NB/T 41006—2014《低压有源无功综合补偿装置》

15.1 概述

15.1.1 概述

非线性负载装置的大量使用，给配电网造成电压波形畸变、功率因数降低、电压波动和闪变及三相不平衡等电能质量问题；同时高精密控制设备、计算机系统等敏感负荷设备对配电网供电质量的要求也越来越高。面对复杂负载特性的配电网络，常规的电能质量控制设备难以综合地解决配电网的多电能质量问题。低压有源无功综合补偿装置作为国家发展和改革委员会颁布的《国家重点节能技术推广目录》（第二批）中推荐的技术和产品，具有综合补偿无功功率、谐波、电压波动与闪变、三相不平衡等功能，为解决多电能质量问题的综合治理提供了有效的、经济的工具。

15.1.2 低压配电网存在的电能质量问题

15.1.2.1 电压偏差

GB/T 12325—2008《电能质量　供电电压偏差》中规定了不同电压等级所允许的电压偏差限值，详见表 15-1。

表 15-1　电压偏差限值一览表

电压等级	35kV 及以上	20kV 及以下	220V 单相供电电压
允许偏差范围	正负偏差绝对值之和不大于标称电压的 10%	不超过标称电压±7%	标称电压+7%，−10%

随着国家大力发展主电网的建设，高电压等级电网电压合格率指标高达 99%以上，但是在低压电网以及在农村供电半径较长的中压配电网，仍然存在较为严重的电压偏差问题（主要是低电压问题）。

当功率在导线中传输时，传输导线的阻抗两端就会产生电压差。图 15-1 为输电线路的等值电路（不考虑线路分布电容）。

线路两端的电压有效值之差为：

$$\Delta U=U_1-U_2\approx\frac{P_2R}{U_2}+\frac{Q_2X}{U_2} \tag{15-1}$$

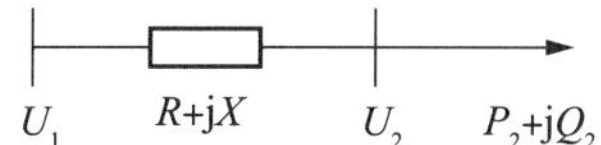

图 15-1　线路等值电路图

由式(15-1)可知,输电线路传输距离(R、X)、线路无功功率(Q)是形成输电线路末端电压偏差值大小的重要因素。在合理布局供电半径、适度增加变压器容量之外,配置适量的无功补偿装置,可以有效地减少线路末端低电压的产生。

无功功率分为感性无功功率和容性无功功率,变压器、电动机、电抗等励磁设备所需的容性无功功率可通过电容器进行补偿得到;而电网长距离输配电的长线及电缆所形成的容性无功功率,则需通过感性无功补偿设备进行补偿。由于城镇建设的需要,城区内配电线路基本上采用电缆供电,高低压电力电缆存在着充电无功的问题。当供电末端轻载时,容易造成系统容性无功过剩,配网末端电压升高,电网损耗加大,影响电网的安全运行。

无功补偿需要遵循"分级补偿、就地平衡"的总体原则,特殊场合需要兼顾容性及感性无功补偿的问题,通过合理布局无功补偿设备、科学配置无功补偿容量,才能科学经济地解决各电压等级无功补偿的问题,有效地降低无功问题所造成的低/过电压困扰。

15.1.2.2　谐波

在电力的生产、传输、转换和使用的各个环节中都会产生谐波。

在发电环节,常规同步电机通过优化设计、优化接线方式,可以提供接近理想基波频率的正弦波形电压,但是随着大量大型电力电子变流器在新能源发电领域的应用,发电环节产生的谐波已不容忽视,例如,太阳能光伏发电、风力发电、大型的储能电站等。

在传输环节,具有铁磁饱和特性的铁芯设备,如变压器、电抗器等,如果在超过其额定工作状态下工作,会产生大量的谐波。

在转换环节,直流输电系统中大型换流站所使用的电力电子换流器,造成输电环节产生大量的谐波。

在用电环节,大量非线性负荷接入电网,给电网注入了大量的谐波电流,是电网谐波污染的主要部分。例如:

(1) 具有强烈非线性特性的电弧为工作介质的设备,如交直流电弧炉、电焊机、气体放电灯等;

(2) 基于电力电子变流技术的各类电气设备,如各种电力变流设备(整流器、逆变器、变频器等)、相控调速和调压装置、电力电子开关设备等。这些电气设备大量地应用于冶金、化工、矿山、轨道交通、数据中心等领域,也广泛应用于日常的家用电器中。

谐波对电网的主要危害表现在:

(1) 容易造成电网谐振,引起过电压、过电流,威胁电网的安全运行;

(2) 容易引起电气设备工作不正常,增加电气设备的发热,从而导致设备的绝缘老

化,缩短电气设备的使用寿命;

(3) 增加电网附加损耗,降低发电、输电和用电设备的使用效率;

(4) 容易造成继电保护装置误动;

(5) 使测量、计量装置误差增大;

(6) 干扰通信系统的正常工作,降低信号传输质量,甚至损坏通信设备。

在低压配电网中,谐波的污染主要来自于负载端大量的非线性负荷,采取低压母线集中补偿和就地补偿相结合的方式,可以有效地、经济地解决低压配电网谐波污染问题。

15.1.2.3 三相不平衡

在电力系统中三相电压不平衡主要是由负荷不平衡、系统三相阻抗不对称以及消弧线圈的不正确调谐所引起的。由于系统阻抗不对称而引起的背景电压不平衡度,很少超过0.5%,因此,电网正常运行时三相电压不平衡是由三相负荷不对称引起的,这些造成不平衡的负载主要有电气化铁路、交流电弧炉、电焊机和单相负荷等。GB/T 15543—2008《电能质量　三相电压不平衡》中明确了三相电压不平衡的允许值,这为三相不平衡的治理提供了依据。

在低压电网中造成三相不平衡的主要原因有:在城市民用电网及农用电网中存在大量单相负荷,这些在三相中负荷分配极端不均衡,造成配电变压器三相电流不平衡。

低压配电网三相不平衡的危害:

(1) 理论研究证明:在输出同样功率的情况下,三相电流平衡时变压器及线路的铜损最小。也就是说三相不平衡现象增加了变压器及线路的铜损,降低变压器的出力甚至会影响变压器的安全运行。

(2) 三相不平衡造成中性电流过大,此时零序电流所产生的零序磁通会流经变压器的钢结构件,引起较大铁磁损耗。铁磁损耗使得配电变压器运行温度升高,变压器的绝缘油和绝缘材料在高温影响下,会加速变质或老化,造成变压器寿命缩短,严重时会造成变压器烧毁。

(3) 三相电压不平衡会影响电动机的输出功率,并使绕组温度升高。三相电压不平衡会在异步电动机定子中产生逆序旋转磁场,逆序磁场会在电机中产生较大的电机旋转反方向的制动力矩,该制动力矩造成电动机的输出功率减小。另外,负序电压在电机中会产生较大的负序电流,从而导致电机绕组温度升高,缩短了电动机的使用寿命。

(4) 中性线电流过大,容易造成中性线烧断。如果控制中性线电流不超过20%,则中性点位移不会造成三相电压的严重不对称。

(5) 当三相负荷不平衡(一相或两相负荷偏重)将增大较大负荷线路上的电压降,使得三相电压不平衡,会对照明造成不良影响,另外低压配电网电压的高低不均,容易造成低压家用电器工作异常甚至损坏。

低压三相不平衡的解决办法包含:

(1) 尽可能平衡配电变压器的三相负荷。通过监测配电变压器三相负荷的情况及时调整，力求使三相负荷达到平衡。

(2) 根据负载特性，尽可能根据单相负荷数量、负荷类别等情况将单相负荷均衡地分配到 A、B、C 三相上。

(3) 选择合理的无功补偿方式。尽量选择可以进行三相分补、共补以及中性线电流补偿的无功补偿装置，从而降低三相电流的不平衡度，减小低压配网中的电能损耗。

15.1.2.4 电压闪变

1. 电压波动与闪变形成的原因

配电网产生电压波动和闪变的主要原因是用电设备具有冲击或波动特性，如电弧炉、炼钢炉、轧钢机、电焊机、轨道交通、电气化铁路，以及短路试验负荷等。

2. 电压波动与闪变存在的影响

电压波动与闪变一般是由于配电网中较大的负荷变动或开关投切引起负荷变化巨大所引起的。虽然有时配电网电压的波动在正常的电压变化限值内，但是由于是周期性地造成电压波动，这些电压的波动可能产生 8.8Hz 左右照明闪烁、干扰计算机等电压敏感型电子设备和仪器的正常运行。

电压波动和闪变大多产生于配电系统，可以通过配电变压器传递到低压侧的用户电源端。产生电压波动和闪变的主要原因是工业用电负荷，如电弧炉、电焊机的运行和电容器投切等，可能产生快速的电压变化。针对配电网电压波动与闪变补偿，采取基于电力电子技术的快速无功补偿器可有效地消除电压的闪变，降低闪变对用电负荷的影响。

通过以上分析，低压配电网中，往往存在无功、谐波、三相电流不平衡、闪变等综合的电能质量问题，急需有一种全面、经济的技术或产品解决低压电能质量综合治理的问题，低压有源无功综合补偿装置就是在这样的需求下推向市场的。

15.1.3 任务来源

行业标准 NB/T 41006—2014《低压有源无功综合补偿装置》是国家能源局下达的 2010 年第一批能源领域行业标准，行业标准编制遵循原则为贯彻国家和地方有关的方针、政策、法律、法规，参考强制性国家标准、行业标准和地方标准；保证安全，充分考虑使用要求，保护消费者利益，保护环境；有利于企业技术进步，保证和提高产品质量，改善经营管理和增加社会经济效益；积极采用国际标准和国外先进标准，与相关行业标准之间协调一致；有利于合理利用国家资源、能源，推广科学技术成果、产品的产业化，技术先进，经济合理。

15.1.4 标准的意义

在市场需求的驱动力下，许多国内高校、科研院所以及相关企业开展了动态无功补偿、三相不平衡补偿和有源滤波技术的研究和相关产品的开发，并进行市场推广和工程应用。由于缺少针对低压有源无功综合补偿装置的产品标准，无法对装置的功能与性能、试验方法、检测规则、运行可靠性、经济性等综合指标进行规范，市场上迫切需要制定该产品的产品标准，以确保产品在设计、生产、检验等过程中有准则可遵循。

15.1.5 跟国内外相关标准的关系

NB/T 41006—2014 为设备级能源行业标准，在产品的适用环境、技术要求、试验方法、检验规则、标志、包装、运输和储存等方面进行了规范化。目前相关的行业标准逐步形成与完善，如动态无功补偿及有源滤波产品，国内存在多个行业的标准。有源电力滤波器设备行业标准有通信领域行业标准 YD/T 2323—2016《通信配电系统电能质量补偿设备》、建筑领域行业标准 JG/T 417—2013《建筑电气用并联有源电力滤波装置》和机械领域行业标准 JB/T 11067—2011《低压有源电力滤波装置》，这些标准从不同的行业角度对有源电力滤波器的适用条件、技术要求、试验方法和检验规则进行标准化规范要求，为 NB/T 41006—2014 中谐波补偿部分内容提供了有效的基础数据和对比分析；另外，无功补偿装置也形成了多个标准，如 GB/T 15576—2008《低压成套无功功率补偿装置》、GB/T 20298—2006《静止无功补偿装置(SVC)功能特性》、DL/T 1216—2013《配电网静止同步补偿装置技术规范》等为 NB/T 41006—2014 中无功功率、闪变和三相不平衡补偿部分内容提供了参考。

电能质量相关国家标准有：GB/T 12325—2008《电能质量 供电电压偏差》、GB/T 14549—1993《电能质量 公用电网谐波》、GB/T 12326—2008《电能质量 电压波动和闪变》、GB/T 15945—2008《电能质量 电力系统频率偏差》等，这些标准的相关定义、限值要求为 NB/T 41006—2014 在电网系统中的应用提供了电能质量综合治理效果好坏判别依据。

低压有源无功综合补偿装置属于低压电气设备，GB/T 15576—2008《低压成套无功功率补偿装置》、GB/T 3768—1996《声学 声压法测定噪声源声功率级 反射面上方采用包络测量表面的简易法》(已废止)、GB/T 4208—2008《外壳防护等级(IP 代码)》(已废止)、GB/T 16927.1—2011《高电压试验技术 第 1 部分：一般定义及试验要求》等标准为 NB/T 41006—2014 的外观要求、外壳防护等级、电气间隙与爬电距离、绝缘强度等技术指标的制定提供了参考依据。

以上国家标准和行业标准的相关条款，为 NB/T 41006—2014 的编制提供了有效的参考和依据。

15.2 制定标准的相关基础理论和知识

15.2.1 概述

低压有源无功综合补偿装置是基于自动控制、数字信号处理、电力电子应用等多种技术于一体的综合自动化装置。装置包括由高性能数字信号处理器组成的主控制元件、由大功率电力电子开关器件 IGBT 组成的电压源逆变器，以及连接电抗器、直流储能单元等部分构成。采用基于瞬时无功功率理论或 FBD(Fryze - Buchholz - Dpenbrock)法等快速电流检测算法及控制策略，可用于低压电网并联于负载侧，实现高速、连续地补偿负载所需的无功、谐波、三相不平衡电流和抑制电压闪变，保证工矿企业配电网的经济、安全运行，优化电网电能的质量。图 15－2 是装置应用系统示意图。

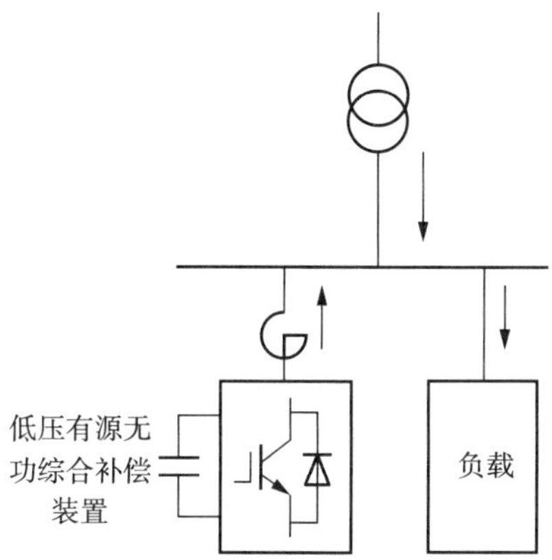

图 15－2　低压有源无功综合补偿装置应用示意图

如图 15－2 所示，低压有源无功综合补偿装置相当于一个受控电流源，与负载并联接入电网，可以实时检测电网电流中无功、谐波、负序电流值等参数，通过电力电子逆变器注入电网对应的反向无功、谐波、负序电流，以实现低压配电网无功功率、三相不平衡、谐波的补偿，抑制低压电网电压闪变，改善电能质量。

15.2.2　低压有源无功综合补偿装置的基本工作原理

低压有源无功综合补偿装置补偿等效电路图如图 15－3 所示，补偿装置通过设置不同的补偿模式，在装置容量的范围内可灵活实现快速无功功率、谐波以及三相不平衡电流的补偿。

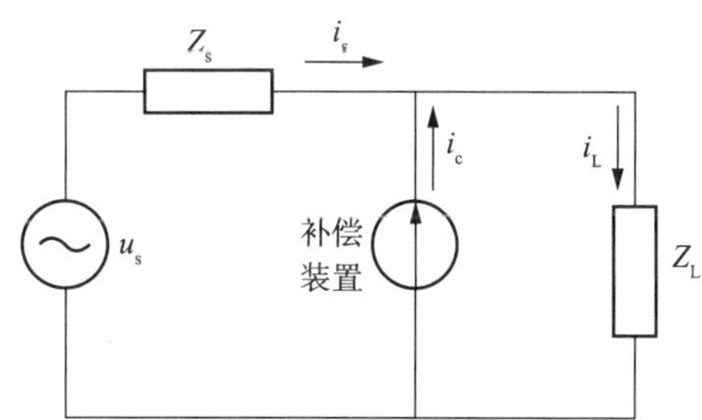

图 15－3　低压有源无功综合补偿装置补偿等效电路图

由图 15－3 可知，非线性负载电流 i_L 可以分解为基波正序有功电流 i_{1fp}、基波正序无功电流 i_{1fq}、基波负序电流 i_{2f}、基波零序电流 i_{0f} 和谐波电流 i_h，即：

$$i_L = i_{1fp} + i_{1fq} + i_{2f} + i_h + i_{0f} \tag{15-2}$$

式中，下标 1 表示正序分量，下标 2 表示负序分量，下标 f 表示基波。

从图 15－3 中可知，电网电流 i_s、负载电流 i_L 和补偿装置输出电流 i_c 的关系为：

$$i_L = i_s + i_c \tag{15-3}$$

补偿装置的补偿功能与 i_c 的关系如下：

补偿无功功率时，$i_c = -i_{1fq}$ (15－4)

补偿基波负序电流，$i_c = -i_{2f}$ (15－5)

补偿基波零序电流，$i_c = -i_{0f}$ (15－6)

滤除滤波时，$i_c = -i_h$ (15－7)

无功、谐波和基波负序、基波零序全补偿时，$i_c = -(i_{1fq} + i_{2f} + i_{0f} + i_h)$ (15－8)

15.2.3 无功电流检测方法

15.2.3.1 基于瞬时无功功率检测方法

1984 年，日本学者赤木泰文(H. Akagi)首先提出了三相瞬时无功功率理论，该理论是以瞬时实功率 p 和瞬时虚功率 q 的定义为基础，所以亦称 pq 理论，基于该理论的无功和谐波电流的实时检测方法称为 $p-q$ 法。通过对 pq 理论的进一步完善，相关学者提出了以瞬时有功电流 i_p 和瞬时无功电流 i_q 为基础的理论体系，基于该理论体系的无功和谐波电流的实时检测方法称为 i_p-i_q 法。其中最早使用的 $p-q$ 法只适用于电网电压是三相对称且没有产生畸变的情况；i_p-i_q 法则既可适用于电网电压畸变，也适用于三相不对称电网的检测。

瞬时无功功率理论的基本原理是：假设三相电路的电压和电流瞬时值分别为 e_a、e_b、e_c 和 i_a、i_b、i_c，为便于分析，把它们用下面的坐标变换变换到 $\alpha-\beta$ 两相正交坐标上，由此可得到：

$$\begin{bmatrix} e_\alpha \\ e_\beta \end{bmatrix} = C_{32} \begin{bmatrix} e_a \\ e_b \\ e_c \end{bmatrix} \tag{15-9}$$

$$\begin{bmatrix} i_\alpha \\ i_\beta \end{bmatrix} = C_{32} \begin{bmatrix} i_a \\ i_b \\ i_c \end{bmatrix} \tag{15-10}$$

式中，$C_{32} = \sqrt{\frac{2}{3}} \begin{bmatrix} 1 & -\frac{1}{2} & -\frac{1}{2} \\ 0 & \frac{\sqrt{3}}{2} & -\frac{\sqrt{3}}{2} \end{bmatrix}$

如图 15－4 所示的 $\alpha-\beta$ 平面上，向量 $\vec{e_\alpha}$、$\vec{e_\beta}$ 和 $\vec{i_\alpha}$、$\vec{i_\beta}$ 分别可以合成为电压向量 $\vec{e}$ 和电流向量 $\vec{i}$。

$$\vec{e} = \vec{e_\alpha} + \vec{e_\beta} = |e| \angle \varphi_e \tag{15-11}$$

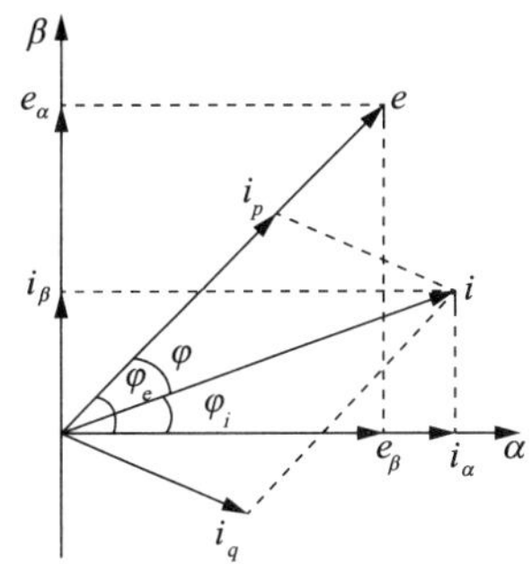

图 15-4　α-β 坐标系中电压、电流矢量

$$\vec{i}=\vec{i_\alpha}+\vec{i_\beta}=|i|\angle\varphi_i \qquad (15-12)$$

式中，$|e|$、$|i|$为相量 $\vec{e}$、$\vec{i}$ 的模，φ_e、φ_i 为相量 $\vec{e}$、$\vec{i}$ 的幅角。

三相电路瞬时有功电流 i_p 和瞬时无功电流 i_q 被定义为相量 $\vec{i}$ 在相量 $\vec{e}$ 及其法线上的投影，即：

$$i_p=i\cos\varphi \qquad (15-13)$$

$$i_q=i\sin\varphi \qquad (15-14)$$

式中，$\varphi=\varphi_e-\varphi_i$。

三相电路瞬时有功功率 p 和瞬时无功功率 q 为电压相量 e 的模和三相电路瞬时有功电流 i_p 及三相电路瞬时无功电流 i_q 的乘积。即：

$$p=|e|i_p \qquad (15-15)$$

$$q=|e|i_q \qquad (15-16)$$

将式(15-13)、式(15-14)及 $\varphi=\varphi_e-\varphi_i$ 代入式(15-15)、式(15-16)中，得出：

$$p=ei_p=ei\cos\varphi=ei\cos(\varphi_e-\varphi_i)-ei\cos\varphi_e\cos\varphi_i+ei\sin\varphi_e\sin\varphi_i=e_\alpha i_\alpha+e_\beta i_\beta$$

$$q=ei_q=ei\sin\varphi=ei\sin(\varphi_e-\varphi_i)=ei\sin\varphi_e\cos\varphi_i-ei\cos\varphi_e\sin\varphi_i=e_\beta i_\alpha-e_\alpha i_\beta$$

写成矩阵形式为：

$$\begin{bmatrix}p\\q\end{bmatrix}=\begin{bmatrix}e_\alpha & e_\beta\\e_\beta & -e_\alpha\end{bmatrix}\begin{bmatrix}i_\alpha\\i_\beta\end{bmatrix}=C\begin{bmatrix}i_\alpha\\i_\beta\end{bmatrix} \qquad (15-17)$$

式中，$C=\begin{bmatrix}e_\alpha & e_\beta\\e_\beta & -e_\alpha\end{bmatrix}$。

三相瞬时电压可以表示为：

$$e_a=E_m\sin\omega t \qquad (15-18)$$

$$e_b=E_m\sin(\omega t-2\pi/3) \qquad (15-19)$$

$$e_c=E_m\sin(\omega t+2\pi/3) \qquad (15-20)$$

将式(15-18)、式(15-19)、式(15-20)代入式(15-9)得：

$$\begin{bmatrix} e_\alpha \\ e_\beta \end{bmatrix} = \sqrt{\frac{3}{2}} E_m \begin{bmatrix} \sin\omega t \\ -\cos\omega t \end{bmatrix} \tag{15-21}$$

将式(15-21)代入(15-17)得：

$$\begin{bmatrix} p \\ q \end{bmatrix} = \sqrt{\frac{3}{2}} E_m \begin{bmatrix} \sin\omega t & -\cos\omega t \\ -\cos\omega t & -\sin\omega t \end{bmatrix} \begin{bmatrix} i_\alpha \\ i_\beta \end{bmatrix} = \begin{bmatrix} ei_p \\ ei_q \end{bmatrix} \tag{15-22}$$

因为 $e=\sqrt{\frac{3}{2}}E_m$，所以：

$$\begin{bmatrix} i_p \\ i_q \end{bmatrix} = \begin{bmatrix} \sin\omega t & -\cos\omega t \\ -\cos\omega t & -\sin\omega t \end{bmatrix} \begin{bmatrix} i_\alpha \\ i_\beta \end{bmatrix} = C_{pq} \begin{bmatrix} i_\alpha \\ i_\beta \end{bmatrix} \tag{15-23}$$

其中：$C_{pq} = \begin{bmatrix} \sin\omega t & -\cos\omega t \\ -\cos\omega t & -\sin\omega t \end{bmatrix}$

在传统理论中，对有功功率和无功功率的定义是基于平均值或者向量的，这样的定义只有在电压和电流是正弦波的时候才有意义；而瞬时无功功率理论是基于瞬时值的，即便波形不是正弦波，也是适用的。虽然瞬时无功功率理论和传统的无功功率理论近似，但是瞬时无功功率理论有更广的适用范围，适应更多的情况。

15.2.3.2 基于瞬时无功功率理论的 $p-q$ 谐波检测法

基于瞬时无功率理论的 $p-q$ 谐波检测法原理如图 15-5 所示。

$p-q$ 电流检测是基于瞬时无功功率理论的一种检测方法，在电网的三相电压和电流对称并且无畸变的情况下，具有良好的检测效果。用这种方法计算出的瞬时有功功率 p 和瞬时无功功率 q 与通常的三相有功功率和无功功率的计算结果一致。

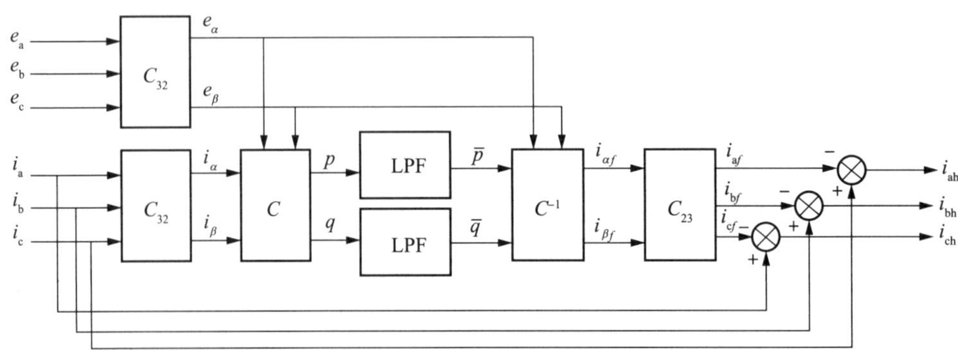

图 15-5　$p-q$ 法框架图

这种方法的基本原理是：首先根据定义算出瞬时有功功率 p 和瞬时无功功率 q，将计算结果经过低通滤波器(LPF)滤波，得到瞬时有功功率 p 和瞬时无功功率 q 的直流分量 $\bar{p}$、$\bar{q}$。需要检测无功电流和谐波电流之和时，则只需对 $\bar{p}$ 进行逆变换即可；当需检测谐波电流时，需对 $\bar{p}$ 和 $\bar{q}$ 都进行转换；当只需检测无功电流时，则不需要低通滤波器，而只需对 $\bar{q}$ 进行逆变换即可达到目的，这样需补偿的无功电流指令信号为：

$$\begin{bmatrix} i_{af} \\ i_{bf} \\ i_{cf} \end{bmatrix} = \frac{1}{e^2} C_{32} \begin{bmatrix} 0 \\ q \end{bmatrix} \tag{15-24}$$

15.2.3.3 基于瞬时无功功率理论的 $i_p - i_q$ 电流检测法

基于瞬时无功功率理论的 $i_p - i_q$ 电流检测法原理如图 15-6 所示：

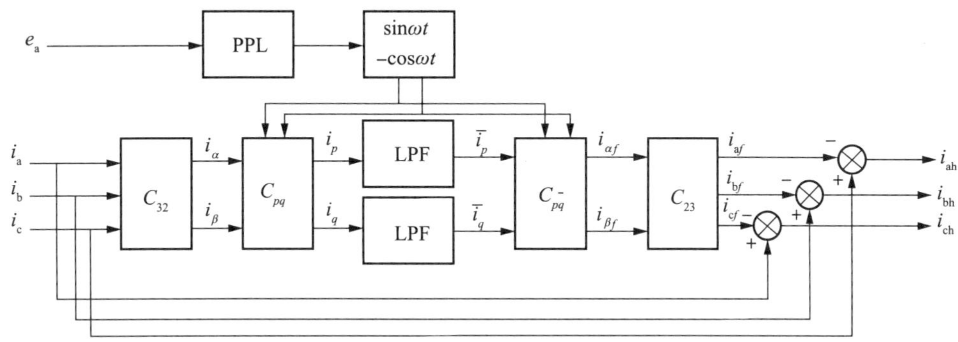

图 15-6 $i_p - i_q$ 法框架图

图 15-6 中：

$$C_{pq} = \begin{bmatrix} \sin\omega t & -\cos\omega t \\ -\cos\omega t & -\sin\omega t \end{bmatrix} \tag{15-25}$$

将三相电流 i_a, i_b, i_c 经过 3/2 变换，变换为静止 α, β 两项坐标系的电流 i_α, i_β。

$$\begin{bmatrix} i_\alpha \\ i_\beta \end{bmatrix} = C_{32} \begin{bmatrix} i_a \\ i_b \\ i_c \end{bmatrix} \tag{15-26}$$

在这个方法中，需要用到与 a 相电压 e_a 同相位的正弦信号 $\sin\omega t$ 和对应的余弦信号 $-\cos\omega t$。将 e_a 通过锁相环和正、余弦信号发生电路得到与 e_a 同相位的正弦信号 $\sin\omega t$ 和对应的余弦信号 $\cos\omega t$，从而得到变换阵 C_{pq}：

$$C_{pq} = \begin{bmatrix} \sin\omega t & -\cos\omega t \\ -\cos\omega t & -\sin\omega t \end{bmatrix} \tag{15-27}$$

将两项电流 i_α, i_β 经过坐标变换矩阵 C_{pq} 得出该坐标系下的有功和无功电流分量 i_p, i_q：

$$\begin{bmatrix} i_p \\ i_q \end{bmatrix} = C_{pq} \begin{bmatrix} i_\alpha \\ i_\beta \end{bmatrix} \tag{15-28}$$

有功和无功电流分量 i_p, i_q 经过低通滤波器滤除交流分量，得到对应的直流分量 $\bar{i}_p, \bar{i}_q$，直流分量分别对应于基波分量产生的有功和无功电流，被滤除的交流分量对应其高次谐波产生的有功和无功电流。

通过低通滤波器得到的直流分量 i_p, i_q 经过坐标反变换 C_{pq}^{-1} 求出两相坐标系的电流

$i_{\alpha f}$，$i_{\beta f}$：

$$C_{pq}^{-1}=\begin{bmatrix}\sin\omega t & -\cos\omega t\\ -\cos\omega t & -\sin\omega t\end{bmatrix} \tag{15-29}$$

$$\begin{bmatrix}i_{\alpha f}\\ i_{\beta f}\end{bmatrix}=C_{pq}^{-1}\begin{bmatrix}\bar{i}_p\\ \bar{i}_q\end{bmatrix} \tag{15-30}$$

$i_{\alpha f}$，$i_{\beta f}$在经过 2/3 变换得到三相的基波电流 i_{af}，i_{bf}，i_{cf}：

$$\begin{bmatrix}i_{\mathrm{a}f}\\ i_{\mathrm{b}f}\\ i_{\mathrm{c}f}\end{bmatrix}=C_{23}\begin{bmatrix}i_{\alpha f}\\ i_{\beta f}\end{bmatrix} \tag{15-31}$$

15.2.4 低压有源无功综合补偿装置组成及相关工作原理

低压有源无功综合补偿装置组成详见图 15－7，该装置主要用于低压配电网动态无功补偿，兼具低次谐波、三相电流不平衡补偿等功能。图中 u_{S} 为电网侧交流电源，用电负荷为引起配电网无功谐波等问题的非线性负载，进线电抗器代表三相的电网侧等效阻抗。

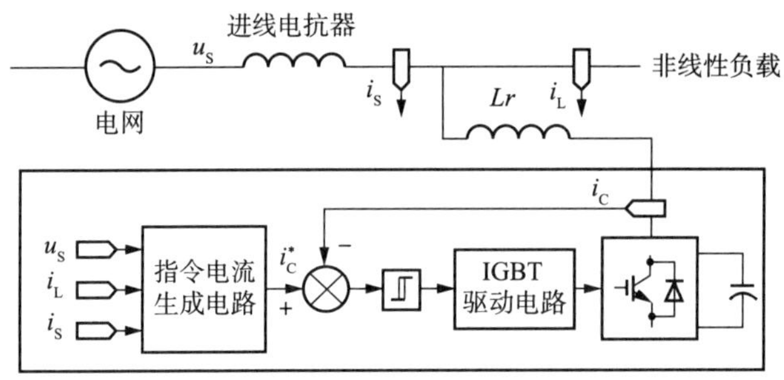

图 15－7 低压有源无功综合补偿装置原理示意图

低压有源无功综合补偿装置主要由以下几部分组成：指令电流生成电路、电流跟踪控制电路、驱动电路以及主电路等。其中指令电流生成电路主要是按照要求检测出负载电流中的无功、谐波以及负序分量并计算出需要补偿用的指令电流；电流跟踪控制电路、IGBT 驱动电路可称作补偿电流发生电路，它的主要作用是根据指令电流产生实际的补偿电流，该补偿电流注入连接点，跟负载电流中要补偿的无功、谐波及负序等电流抵消，从而得到预期的网侧电流，达到无功、谐波和三相不平衡补偿的目的；主电路主要由 IGBT 构成的电压型 PWM 变流器，以及与其相连的电感和直流侧电容组成。

图 15－8 是一种低压有源无功综合补偿装置的控制原理图，装置对负载电流的检测法采用同步旋转变换理论，采用比高通滤波器延时少的二阶低通滤波器得到负载电流的直流分量，根据补偿情况，即可计算出负载中的基波正序有功电流 i_{1fp}、基波正序无功电流 i_{1fq}、基波负序电流 i_{2f}和各次谐波电流 i_{kh}，当需要对负载中的无功、不平衡和某些次谐

在电能质量扰动源给出稳定的波动负载时，考虑到测试效率问题，因此用短时闪变值替代长时闪变值。

15.3.2.6　**响应时间** response time

在装置正常补偿运行过程中，使装置的待补偿电流量发生突变(装置的补偿电流从0～100%)，从突变发生开始时刻到装置达到控制目标90%，且期间没有产生超调的时间间隔，即为装置的响应时间，见图15-9。

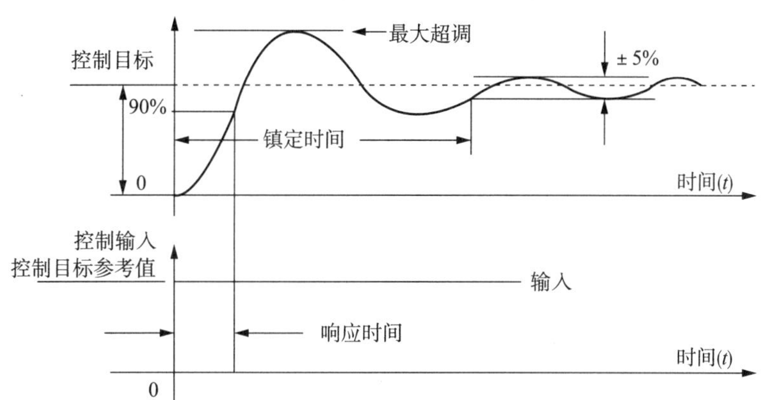

图15-9　响应时间示意图

15.3.3　相关适用环境的说明

15.3.3.1　适用电压范围

由于本装置本身就是对低压配电网电压质量进行补偿的设备，因此，装置本身的电压适用范围比普通的终端用电设备更宽。因此，在本标准中，装置的使用电压范围确定为(1±15%)Un(Un表示装置接入点的系统额定电压)。

15.3.3.2　适用电压不平衡度

在GB/T 15543—2008《电能质量　三相电压不平衡》中规定，电网正常运行时，负序电压不平衡度不超过2%，短时间不得超过4%。在低压配电网中，由于各种不平衡负载的存在，导致配电网三相不平衡度比较严重。装置的制造厂商需要使控制装置适用的电压不平衡度范围上限不低于5%，以便确保装置能够应用于此类电网的不平衡控制。

15.3.4　相关技术要求的说明

15.3.4.1　对"谐波电流补偿次数"的要求

对于低压配电网而言，绝大部分的谐波次数在13次及以下。由于低压有源无功综合补偿装置主要是针对无功补偿，兼具谐波、三相不平衡的补偿，因此，过分提高补偿谐波的能力，会提高补偿装置的成本，影响其经济性。如果单纯需要更好地补偿较高次的谐波,可以采取无源滤波或者有源电力滤波器更为合适。就低压有源无功综合补偿装置而言,补偿 3 次、5 次、7 次、11 次、13 次谐波且具有一定的补偿率,就能很好地体现补偿装置的综合特性。

15.3.4.2 对“额定补偿容量”的要求

为了便于装置标准化的设计、生产,也为了方便用户的维护和不同厂家设备的兼容性,结合低压配电网无功补偿的容量范围,特将补偿装置的额定补偿容量优选为 50kvar、100kvar、150kvar、200kvar、300kvar、400kvar、500kvar。用户如有特殊需求,装置其他的额定补偿容量可以跟用户与设备制造商商定。

15.3.4.3 外壳防护等级

IP 防护等级系统是将电器依其防尘防湿气之特性加以分级,IP 防护等级由两个数字组成,第 1 个数字表示电器防尘、防止外物侵入的等级;第 2 个数字表示电器防湿气、防水侵入的密闭程度。强制性国家标准 GB/T 4208—2017《外壳防护等级(IP 代码)》对不同的应用场合确定了对应防护等级要求,其相关的规定见表 15-2 和表 15-3。

表 15-2 第一位特征数字所代表的防护等级

第一位特征数字	防护等级	
	简短说明	含义
0	无防护	没有专门防护
1	防大于 50mm 的固体异物	能防止直径大于 50mm 的固体异物进入壳内,能防止人体的某一面积部分(如手)偶然或意外地触及壳内带电部分或运动部件,不能防止有意识的接近
2	防大于 12.5mm 的固体异物	a. 能防止直径大于 12mm、长度不大于 80mm 的固体异物进入壳内; b. 能防止手指触及壳内带电部分或运动部分
3	防大于 2.5mm 的固体异物	a. 能防止直径大于 2.5mm 的固体异物进入壳内; b. 能防止厚度(或直径)大于 2.5mm 的工具、金属线等触及壳内带电部分或运动部件
4	防大于 1mm 的固体异物	a. 能防止直径大于 1mm 的固体异物进入壳内; b. 能防止厚度(或直径)大于 1mm 的工具、金属线等触及壳内带电部分或运动部件
5	防尘	不能完全防止尘埃进入,进入量不能达到妨碍设备正常运转的程度
6	尘密	无尘埃进入

表 15-3 第二位特征数字所代表的防护等级

第二位特征数字	防护等级	
	简短说明	含义
0	无防护	没有专门防护
1	防滴	垂直方向滴水无有害影响
2	15°防滴	当外壳从正常位置倾斜在 15°以内时,垂直滴水无有害影响
3	防淋水	与垂直成 60°范围以内的淋水无有害影响
4	防溅水	任何方向溅水无有害影响
5	防喷水	任何方向喷水无有害影响
6	防猛烈喷水	任何方向强烈喷水无有害影响
7	防短时间浸水影响	浸入规定压力的水中经规定时间后进入外壳水量不致达到有害程度
8	防持续潜水影响	能按制造厂和用户双方同意的条件(应比特征数字为 7 时更严酷)持续潜水后外壳进水量不致达有害程度

当低压有源无功综合补偿装置应用于户内时,主要是考虑设备及人员防护问题。将控制装置防护等级的第一位特征数字确定为 3,可以保证运行人员人体及使用的工具在控制装置外部不会接触到装置内部的危险部位,从而起到必要的防护作用;装置防护等级的第二位特征数字可根据户内控制室实际的防潮防水要求进行选择,在本标准中不做具体规定。

当低压有源无功综合补偿装置应用于户外时,由于户外使用环境恶劣,需要考虑有效防止尘埃对设备正常工作影响的问题。同时由于装置内部有发热器件/部件,需要考虑散热问题,整机不可能设计成全密封的方式。因此,户外使用的低压有源无功综合补偿装置防护等级的第一位特征数字确定为 5,可以使装置能够有较好的防尘作用,避免空气中的灰尘对设备正常工作造成影响。由于户外运行的装置需要考虑防雨的问题,即必须考虑装置受任意方向的水飞溅时不能对装置正常运行产生危害,因此,装置的防护等级的第二位特征数字确定为 4。在使用过程中对装置防护等级如有更高的要求,厂商和用户之间可以协商解决。

15.3.4.4 电气间隙、爬电距离与介电性能等要求

低压有源无功综合补偿装置与低压成套无功功率补偿装置的工作特点、工作环境相接近,因此,NB/T 41006—2014 中电气间隙与爬电距离、绝缘电阻、工频耐压等相关条款参照 GB/T 15576—2008《低压成套无功功率补偿装置》相关条款执行。

(1) 低压有源无功综合补偿装置的电气间隙与爬电距离参照 GB/T 15576—2008 的 6.6 执行,该条款要求装置的不同极性的裸露带电体之间,以及它们与地之间的电气间隙

和爬电距离根据绝缘电压的不同遵循表 15-4 中的相应的规定。

表 15-4 电气间隙和爬电距离

额定绝缘电压(U_i)/V	电气间隙/mm	爬电距离/mm
$U_i \leqslant 60$	5	5
$60 < U_i \leqslant 300$	6	10
$300 < U_i \leqslant 690$	10	14
$690 < U_i \leqslant 800$	16	20
$800 < U_i \leqslant 1000$(或 1140)	18	24

(2)绝缘电阻要求

绝缘电阻是电气设备和电气线路最基本的绝缘指标,是将直流电压施加于电介质,经过一定时间极化过程,流过电介质的泄漏电流对应的电阻。

根据被测装置额定电压的电压等级来选择绝缘电阻测量仪表所施加的直流电压的等级。若用额定电压过高的摇表去测量低压绝缘,可能会造成被测装置绝缘的损坏。绝缘电阻测试直流电压的选择规范详见表 15-5。

表 15-5 兆欧表规格选择一览表

额定电压/V	≤36	>36~500	>500~3300	>3300
选用兆欧表的规格/V	250	500	1000	2500

根据表 15-5 所知,装置应选用电压为 500V 或 1000V 的绝缘测量仪器进行绝缘测量。测试主回路时,需将电力电子部件、二次仪表部分跟被测主回路断开。此时测得的带电体之间、带电体与裸露导电部件之间,带电体对地的绝缘电阻不小于 1000Ω/V(标称电压),亦即控制装置额定电压在 500V 以下的,用 500V 摇表测量,绝缘值应不小于 500MΩ;控制装置额定电压 500V 以上、1000V 以下时,采用 1000V 摇表进行绝缘电阻测量,测试绝缘电阻应不小于 1000MΩ。

(3)工频耐压

工频耐压是指长期交变电压作用下电气设备的绝缘强度,工频耐压试验是考验被试品绝缘承受各种过电压的有效方法,对保证设备安全运行具有重要意义。工频耐受电压性能是由工频交流耐压试验确定,工频交流耐压试验由于采用与被测装置实际运行情况相符的电压、波形、频率,且与被试品绝缘内部电压的分布情况一致,因此,工频耐压试验能够较为真实有效地发现被试设备的绝缘缺陷。由于交流耐压试验属于破坏性试验,它会使原来被试装置存在的绝缘弱点进一步发展(但又未在耐压试验时击穿),使绝缘强度进一步降低,从而形成绝缘内部恶化和积累效应,因此工频耐压试验必须正确地选择试验电压的标准和耐压时间。

本标准规定的工频耐压试验要求参照了 GB/T 15576—2008《低压成套无功功率补偿装置》中"6.7.2　工频耐压试验电压"的相关规定，主电路和与主电路直接连接的辅助电路应能耐受如表 15－6 所规定的工频耐压试验电压。

表 15－6　试验电压值　　单位：V

额定电压(U_i)	试验电压(方均根值)
$U_i \leqslant 60$	1000
$60 < U_i \leqslant 300$	2000
$300 < U_i \leqslant 690$	2500
$690 < U_i \leqslant 800$	3000
$800 < U_i \leqslant 1000$(或 1140)	3500

不与主电路直接连接的辅助电路应能耐受表 15－7 所规定的工频耐压试验电压。

表 15－7　不与主电路直接连接的辅助电路的试验电压值　　单位：V

额定电压(U_i)	试验电压(方均根值)
$U_i \leqslant 12$	250
$12 < U_i \leqslant 60$	500
$U_i > 60$	$2U_i + 1000$，但不小于 1500

(4) 冲击耐压要求

冲击耐压试验的意义：冲击电压发生器是产生脉冲波的高电压发生装置。冲击电压试验是电力设备高压试验的基本项目之一。冲击电压试验既可用于研究电力设备遭受大气过电压(雷击)时的绝缘性能，又可用于研究电力设备遭受操作过电压时的绝缘性能。同时，在进行电磁兼容研究及放电机理研究等时也都需要进行冲击电压试验。

本标准规定的冲击耐压试验参照了 GB/T 16927.1—2011《高电压试验技术　第 1 部分：一般定义及试验要求》(IEC 60060－1：2006，MOD)、GB/T17627.1—1998《低压电气设备的高电压试验技术　第一部分：定义和试验要求》、GB/T 16935.1—2008《低压系统内设备的绝缘配合　第 1 部分：原理、要求和试验》等相关要求。

本标准的冲击耐压试验规定：装置的每个带电部件(包括连接在主电路上的控制电路和辅助电路)和内连的裸露导电部件之间、主电路的每个相和其他相之间、主电路和外壳之间应能承受表 15－8 中所规定的电压值(试验电压是波前时间 T_1 为 1.2 μs、半波峰值时间 T_2 为 50 μs 的标准雷电冲击全波)，在不同的海拔高度下，对应的额定冲击耐压由表15－9 选定。

表 15－8　冲击试验的耐压　　单位：V

<table>
<tr><td rowspan="2">从交流或直流标称电压导出线对中性点电压（小于或等于）</td><td colspan="2">三相</td><td colspan="2">单相</td><td rowspan="2">额定冲击电压</td></tr>
<tr><td>三相四线系统中性点接地（相电压/线电压）</td><td>三相三线系统接地或不接地</td><td>单相二线系统交流或直流</td><td>单相三线系统交流或直流</td></tr>
<tr><td>50</td><td></td><td></td><td>12.6，24，25，30，42，48</td><td>30～60</td><td>1500</td></tr>
<tr><td>100</td><td>66/110</td><td>66</td><td>60</td><td></td><td>2500</td></tr>
<tr><td>150</td><td>127/220</td><td>115，120，127</td><td>110，120</td><td>110～220，120～240</td><td>4000</td></tr>
<tr><td>300</td><td>220/380，230/400，240/415，417/720，480/830</td><td>220，230，240，260，277</td><td>220</td><td>220～440</td><td>6000</td></tr>
<tr><td>600</td><td>347/415，380/660，400/690，417/720，480/830</td><td>347，380，400，415，440，480，500，577，600</td><td>480</td><td>480～960</td><td>8000</td></tr>
<tr><td>1000</td><td></td><td>660，690，720，830，1000</td><td>1000</td><td></td><td>12000</td></tr>
</table>

表 15－9　不同海拔高度下的冲击试验的耐压

<table>
<tr><td rowspan="3">额定冲击耐受电压（U_{imp}）/kV</td><td colspan="10">试验电压和相应的海拔</td></tr>
<tr><td colspan="5">$U_{1.2/50}$、交流峰值/kV</td><td colspan="5">交流方均根值/kV</td></tr>
<tr><td>海平面</td><td>200m</td><td>500m</td><td>1000m</td><td>2000m</td><td>海平面</td><td>200m</td><td>500m</td><td>1000m</td><td>2000m</td></tr>
<tr><td>0.33</td><td>0.36</td><td>0.36</td><td>0.35</td><td>0.34</td><td>0.33</td><td>0.25</td><td>0.25</td><td>0.25</td><td>0.25</td><td>0.23</td></tr>
<tr><td>0.5</td><td>0.54</td><td>0.54</td><td>0.53</td><td>0.52</td><td>0.5</td><td>0.38</td><td>0.38</td><td>0.38</td><td>0.37</td><td>0.36</td></tr>
<tr><td>0.8</td><td>0.95</td><td>0.9</td><td>0.9</td><td>0.85</td><td>0.8</td><td>0.67</td><td>0.64</td><td>0.64</td><td>0.6</td><td>0.57</td></tr>
<tr><td>1.5</td><td>1.8</td><td>1.7</td><td>1.7</td><td>1.6</td><td>1.5</td><td>1.3</td><td>1.2</td><td>1.2</td><td>1.1</td><td>1.06</td></tr>
<tr><td>2.5</td><td>2.9</td><td>2.8</td><td>2.8</td><td>2.7</td><td>2.5</td><td>2.1</td><td>2.0</td><td>2.0</td><td>1.9</td><td>1.77</td></tr>
<tr><td>4</td><td>4.9</td><td>4.8</td><td>4.7</td><td>4.4</td><td>4</td><td>3.5</td><td>3.4</td><td>3.3</td><td>3.1</td><td>2.83</td></tr>
<tr><td>6</td><td>7.4</td><td>7.2</td><td>7</td><td>6.7</td><td>6</td><td>5.3</td><td>5.1</td><td>5.0</td><td>4.75</td><td>4.84</td></tr>
<tr><td>8</td><td>9.8</td><td>9.6</td><td>9.3</td><td>9</td><td>8</td><td>7</td><td>6.8</td><td>6.6</td><td>6.4</td><td>5.66</td></tr>
<tr><td>12</td><td>14.8</td><td>14.5</td><td>14</td><td>13.3</td><td>12</td><td>10.5</td><td>10.3</td><td>10.0</td><td>9.5</td><td>8.48</td></tr>
</table>

注 1：试验地点在表内的海拔高度时，应根据表 15－9 选择对应的试验电压值。

注 2：不同额定电压等级的装置应先根据表 15－8 确定冲击耐压试验值，再根据表 15－9 找到对应的额定冲击耐受电压。

15.3.4.5　噪声要求

GB/T 15576—2008《低压成套无功功率补偿装置》中“6.4　噪声(适用于有抑制谐波和滤波功能的装置)”中规定,“有抑制谐波和滤波功能的装置在正常工作时产生的噪声,应不大于声压级 70dB(A 声级)”。低压有源无功综合补偿装置是基于电力电子应用技术的有源补偿设备,采用了自然通风的强制风冷技术,整个装置主要的噪声来自于散热的大功率风扇和电抗器。因此,本标准采用了 GB/T 15576—2008 中相关的噪声要求,规定“装置正常运行时产生的噪声应不大于声压级 70dB(A 声级)”,当装置容量较大,采用了大容量风冷设备,噪声有可能高于 70dB(A)时,需要制造商与用户协商确定装置的噪声指标。

15.3.5　装置的保护功能

在工作中,为了确保控制装置的安全稳定运行,装置需要根据装置的特点设置相应的保护功能,例如:过电流保护、过欠压保护、直流母线过压保护、过热保护、内部短路保护等。这些保护依照保护的性质而不同,当装置检测到实际值超过保护设定值的时候,装置会根据实际保护配置要求执行报警、跳闸和停机等相关保护动作,确保装置和系统的安全性和稳定性。

15.3.6　装置的性能指标

15.3.6.1　谐波电流补偿率

当单独验证装置的谐波电流补偿能力,且装置的输出电流不大于制造厂商给定次数的谐波补偿电流时,装置总谐波电流补偿率 $K_T \geqslant 70\%$,单次谐波补偿率 $K_H \geqslant 80\%$。

设定待补偿的谐波次数和电流大小,必须在装置本身容量以及装置本身所能补偿谐波次数范围之内。如超出此范围,装置的谐波电流补偿率将达不到标准的最低要求。另外,装置补偿单次谐波能力比补偿多次谐波组合的能力稍强,在此标准中做了总谐波电流补偿率 $K_T \geqslant 70\%$以及单次谐波补偿率 $K_H \geqslant 80\%$的要求。

15.3.6.2　基波负序电流、基波零序电流补偿率

当单独验证装置的基波负序电流补偿能力,装置的输出电流不大于额定补偿电流 I_n 时,装置基波负序电流补偿率 K_{f2} 的要求参照表 15－10 的规定。

表 15－10　基波负序电流补偿率

基波负序电流补偿量(I_{f2})	基波负序电流补偿率(K_{f2})
$0.15I_n < I_{f2} \leqslant 0.4I_n$	$K_{f2} \geqslant 60\%$
$0.4I_n < I_{f2} \leqslant I_n$	$K_{f2} \geqslant 70\%$

当单独验证装置的基波零序电流补偿能力,装置的输出电流不大于额定补偿电流 I_n

时，装置基波零序电流补偿率 K_{fz} 的要求参照表 15－11 的规定。

表 15－11　基波零序电流补偿率

基波零序电流补偿量(I_{fz})	基波零序电流补偿率(K_{fz})
$0.15I_n < I_{fz} \leqslant 0.4I_n$	$K_{fz} \geqslant 60\%$
$0.4I_n < I_{fz} \leqslant I_n$	$K_{fz} \geqslant 70\%$
注：基波零序电流补偿适用于三相四线制补偿装置。	

分段考核装置基波负序电流、基波零序电流的补偿能力，主要因为受装置目前硬件(传感器、信号调理、AD 采样)及软件(检测算法及控制策略等)局限所致，使得控制装置在小信号检测、处理及控制方面跟实际的被控量存在一定的偏差，这些偏差的存在导致控制装置在小信号补偿时补偿能力不高。在本标准中，此条款中的“基波负序电流补偿率”的参数均根据行业内同类型产品相关性能测试数据进行统计后得出的。

15.3.6.3　闪变补偿率

在装置额定补偿容量和负载波动无功功率的最大值(模值)之比不小于 1 时，闪变补偿率 K_{fi} 不低于 50%。

本标准提出的闪变补偿率的定义及闪变补偿率的试验方法，和国内现有相关产品的技术标准相比较，提高了该类型产品的动态无功补偿性能要求。

15.3.6.4　响应时间

装置的响应时间应不大于 20ms。

此条款中的“装置的响应时间应不大于 20ms”是基于控制装置的扰动信号检测时间(包含硬件信号调理时间、检测算法的延时时间)以及控制达到设定输出的延时时间。基于这几个通用部分所造成延时时间的累计计算，整个装置正常的延时时间不会超过 20ms，只要装置测试时间不大于 20ms，测试即为合格。本标准所确定的 20ms 响应时间要求是参考了行业专家的意见及行业内同类型产品性能的相关统计数据所得。

15.3.6.5　功率损耗

控制装置主要的损耗体现在电力电子器件、电抗器、散热风扇、电子线路等的损耗，其中以电力电子器件的损耗为主。在通常情况下，基于电力电子器件的控制装置的主要损耗分为电力电子回路的通态损耗和开关损耗，其中通态损耗大小跟电力电子器件的导通电阻和控制装置输出电流的大小有关，输出的电流越大，通态损耗越大。装置的开关损耗仅与电力电子开关器件的开关频率有关，当开关频率一定时，控制装置的开关损耗一定。另外，输出回路的滤波电路同样跟开关频率和通过的电流有关系。开关频率越高、电抗器流过的电流越大，电抗器的发热就越严重。因此，整个控制装置的功率损耗占比随着装置的容量不同而不同，装置容量越小，功率损耗的占比偏大。所以本标准规定：额定补偿容量在150kvar以内的装置在额定运行时的功率损耗应小于装置额定容量的3%；额定补偿容量大于150kvar的装置在额定运行时的功率损耗不大于装置额定容量的2.5%。

15.3.6.6　工作模式选择

装置是一种集无功补偿、谐波补偿、三相不平衡补偿于一体的综合补偿装置，可以工作在单一补偿模式或者几类模式的组合。考虑到用户使用本装置的侧重点以及装置容量的限制不一样，装置可以根据实际使用的需要来设定装置的工作模式。具体的工作模式选择详见表15-12。装置按照相应模式选择后，即根据模式设置要求实现相应的补偿功能。

表15-12　工作模式对照表

补偿模式	说明
补偿无功电流	只对无功电流进行补偿
兼补偿谐波电流	补偿无功电流及对设定次谐波电流进行抑制
兼补偿三相不平衡	补偿无功电流及对影响负载三相不平衡度的基波负序电流进行补偿
全补偿	对无功电流、谐波电流、负序电流、中性线电流等按设定比例要求进行补偿

15.4　相关条款的争议及确定

在标准编写、讨论、修改过程中，主要针对范围、规范性引用文件、术语和定义、适用环境、技术要求、试验等几个方面进行了多次探讨和修订。最后，参与标准起草、评审的专家成员依照GB/T 1.1—2009《标准化工作导则　第1部分：标准的结构和编写》和GB/T 1.2—2002《标准化工作导则　第2部分：标准中规范性技术要素内容的确定方法》(已废止，正在修订中)对标准的编写进行了规范并形成最终的送审稿。标准起草过程中具体的条款的争议部分及最后的结论主要集中在下列几个方面。

15.4.1　标准名称

标准名称最初定为《低压动态无功谐波综合补偿装置》，是针对应用于低压配电网，以无功补偿为主，兼具低次谐波、三相不平衡补偿功能的综合补偿装置的产品标准，用以规范该补偿装置的研发、生产、运输、验收等环节。由于补偿装置是基于电力电子应用技术的控制装置，以补偿无功功率为主，不同于以往的无功谐波补偿装置。在原标准名称确定时，没有体现这一特点，容易造成标准使用者的混淆，另外名称中“动态无功”的表述不够严谨，容易产生歧义。综合以上两方面的因素，经专家组成员协商最后达成一致意见，将标准名称由《低压动态无功谐波综合补偿装置》改为《低压有源无功综合补偿装置》。

15.4.2 综合补偿装置的功能

原标准仅规定了装置所具有的无功、谐波、三相不平衡补偿能力，而基于电力电子技术的综合补偿装置同样具有较好的闪变补偿功能，但是在本标准起草时，国内尚未颁布关于针对低压配电网进行闪变补偿装置的标准，因此在该标准中加入了闪变改善率的定义、闪变补偿率性能指标要求以及闪变改善率的试验方法，这些相关内容的加入，提高了该类型产品的动态无功补偿性能要求。

15.4.3 标准范围

在定义标准范围时，原来仅考虑装置补偿无功、谐波和三相不平衡，但是考虑到装置是基于电力电子应用的有源补偿技术，具有快速的无功补偿性能，能够较好地补偿配电网中存在的闪变问题，因此，专家组成员协商后，将闪变补偿作为装置的功能之一，同时在标准的范围中也做了相应的描述。

15.4.4 标准的术语和定义

(1) 装置名称和功能定义

由于产品的名字由“低压动态无功谐波综合补偿装置”改为“低压有源无功综合补偿装置”，并且功能增加了闪变补偿功能，因此，在术语和定义里，将“低压有源无功综合补偿装置”定义改为“在低压配电系统中，一种基于变流器技术，主要用于动态无功补偿，兼顾谐波、闪变和三相不平衡综合补偿的装置”。

(2) 响应时间

响应时间是一个比较容易混淆的概念。目前国内很多厂家标注产品的响应时间为几个 ms，甚至为μs，这些标注均不严谨。这些所谓的响应时间仅仅包含了控制装置相应激励信号的部分处理时间而不是全部。整个装置从采集到扰动信号，到完成输出控制信号直至被控参数达到预先设定值 90%的时间才是真正的响应时间，并且被控目标值应该稳定没有过冲。控制装置实际的响应时间包含了扰动信号检测时间(包含硬件信号调理时间、检测算法的延时时间)以及控制信号输出时间(包含指令电流的生成时间、控制输出延时)等时间的累计。

在考虑了这些因素后，参照控制领域响应时间的定义，将标准中“响应时间”的定义调整为“在装置正常补偿运行过程中，使装置的待补偿电流量发生突变(装置的补偿电流量从 0 到 100%)，从突变发生时刻到装置达到控制目标 90%时的时间间隔且期间没有产生过冲，此间隔即为装置的响应时间”，并增加了示意图对响应时间进行了描述。

15.4.5 技术要求

(1) 额定电压

低压补偿装置是指装置额定电压在 1000V 及以下的电压范围，对于 1000V 以内的装置额定电压等级分类，则参照 GB/T 156《标准电压》中关于标称电压 220V～1000V 之间交流系统及相关设备的标准电压的分类方法，增加了 660V 电压等级。

另外，690V 电压系统在国外，尤其是在欧洲得到了广泛的应用，该电压等级已经列入 IEC 标准。目前德国、芬兰、波兰、法国、挪威、罗马尼亚、保加利亚等国家已经采用了 690V 电压系统，已较为广泛地应用于冶金、化工、采矿等行业，取得了明显的经济效益。目前，我国低压配电广泛采用的是 380V/220V 电压等级。由于目前电压单套装置的用电量迅速增加，供电半径大，低电压供电会存在电压降过大的问题。为了使供电设备端的电压降满足规范要求，在国外得到普遍应用的 690V 电压系统越来越受到大家的关注，并且 660V 电压等级最终将过渡到 690V 电压等级。因此，在标准中通过与众多专家沟通确定，在额定电压中增加了 690V 的电压等级。

（2）额定补偿容量

标准 5.1.4"额定补偿容量"原按照变流器输出电流来标识，主要是结合电力电子器件的输出电流能力来标注装置的输出能力，这种标注方法比较好地结合了装置的器件特性，但是不太符合无功补偿装置容量的标注习惯。因此，通过多方协商，标准最终按照无功补偿装置常规的标注方法来标定装置的额定容量。因此，标准的 5.1.4 描述为"装置的额定补偿容量优选为 50kvar、100kvar、150kvar、200kvar、300kvar、400kvar、500kvar。其他的额定补偿容量由用户与供货商商定。"

（3）噪声

GB/T 15576—2008《低压成套无功功率补偿装置》中"6.4　噪声（适用于有抑制谐波和滤波功能的装置）"中规定："有抑制谐波和滤波功能的装置在正常工作时产生的噪声，应不大于声压级 70dB(A 声级)。"

低压有源无功综合补偿装置是基于电力电子应用技术的有源补偿设备，因此，本标准采用了 GB/T 15576—2008 中相关的噪声要求，"装置正常运行时产生的噪声应不大于声压级 70dB(A 声级)[大容量风冷设备需要高于 70dB(A)时，制造商应与用户协商]"。

15.5　标准的局限性分析

低压有源无功综合补偿装置主要应用于工矿企业低压配电系统的无功、谐波及三相电流不平衡补偿的自动化装置，是国家发展和改革委员会颁布的《国家重点节能技术推广目录》(第二批)中推荐的技术和产品。起草标准前，由于低压有源无功综合补偿装置采用的技术新、功能全面，装置所要求功能、性能指标多，测试要求及测试方法不够完善，导致国内外没有相对应的产品标准可供借鉴。在本标准的起草中，编制起草成员开展了大量的摸索和实践验证工作，在前面已有成绩的基础上，起草了本标准，随着技术的发展和生产制造工艺的成熟，原来标准就可能体现出一定的局限性，另外，本标准指导测试时，也存在一定的操作性问题。

15.5.1 性能指标确定的局限性

在本标准制定时，装置的谐波电流补偿率、基波负序电流补偿率、基波零序电流补偿率、闪变补偿率等性能指标是经过部分装置测试数据的统计分析后得到的，但是尚未经过更多不同厂家、不同品牌装置的测试验证，适用性存在一定的局限性。采用不同的硬件、不同的检测与控制算法对装置性能是有较大影响的，因此这一部分数据可以依据后续更多测试数据的统计分析后作出进一步完善。

15.5.2 测试方法的局限性

标准中测试的思路是需要通过一个电能质量扰动功率源，产生做测试时所需要的模拟现场定性、定量的电能质量环境，以验证低压有源无功综合补偿装置工作的有效性。

在装置补偿性能试验中，测试系统的组成及接线方式如图 15－10 所示。

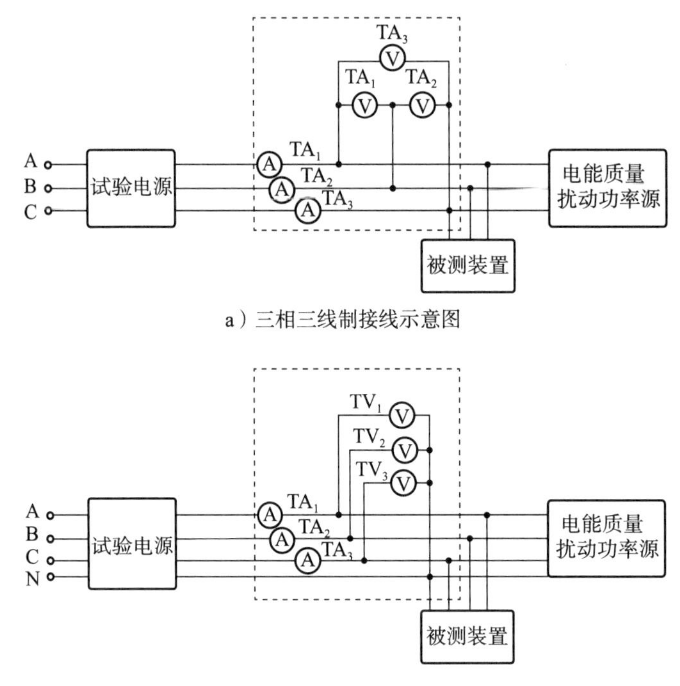

a）三相三线制接线示意图

b）三相四线接线示意图

注：虚线框内表示电能质量分析仪。

图 15－10　补偿性能试验电气接线示意图

由图 15－10 可知，整个测试系统由试验电源、电能质量扰动功率源、电能质量分析仪以及被测装置组成。其中高准确度电能质量分析仪作为分析被测装置补偿前后数据检测的仪器，电能质量扰动功率源可根据所做的试验模拟扰动负载在测试系统产生所需的扰动信号。试验电源最好考虑采用接入背景干净的 10kV 电网的独立配电变压器供电，该配电变压器容量需要跟被测装置容量以及电能质量扰动功率源容量相匹配。

目前该测试方法的局限性在于，目前尚未有技术成熟、功能完善、性能优良的综合型电能质量扰动功率源的产品适合于进行本标准所规定的所有测试。因此，要完成本标准所要求的所有测试，需要针对不同电能质量测试搭建不同的扰动源，这种测试方式操作繁琐、测试时间长，更难以较好地对装置的补偿效果进行定性定量的评判。

以上所述标准的局限性，可以通过标准后续的广泛推广应用，经过不断完善而改变的。

15.6 标准应用问答

1. 低压有源无功综合补偿装置跟有源电力滤波器、低压 SVG 装置有何异同？应用场合怎样？

答：在本标准的术语和定义中精准地给出了装置的定义描述："在低压配电系统中，一种基于变流器技术，主要用于动态无功补偿，兼顾谐波、闪变和三相不平衡一种或多种补偿的装置"。在该定义中可以看出该装置是应用于工频 1kV 及以下电压等级的配电系统中，基于电力电子应用技术，以补偿基波无功功率为主，兼具一定的补偿谐波、三相不平衡和闪变的综合型补偿装置。

由于该装置是基于电力电子控制技术实现的，其主要的检测原理、控制原理以及电子线路、电气主回路跟低压有源电力滤波器、低压 SVG 基本一致，但是由于该装置主要功能侧重在补偿基波无功为主，因此装置在硬件设计上可以不用考虑有源电力滤波器的更高的开关频率，这样可以大大降低装置内部关键器件的性能要求，降低装置整机造价，使装置具有更高的性能价格比。另外，本装置属于综合性补偿装置，兼具低次谐波的补偿功能（这些可补偿的低次谐波，也是大部分低压配电网所具备的主要谐波），因此在装置的整体设计上，需要考虑谐波检测、控制算法的设计以及对应主电路的设计，这些跟纯无功补偿的低压 SVG 不太一样。当然近年来，随着电力电子器件成本大幅下降，用户的需求更趋向于电能质量补偿装置具备综合补偿的能力，因此，低压有源电力滤波器、低压 SVG 在后续几年的发展中，装置所实现的功能逐渐交叉重叠，性能指标逐步接近，从而导致低压有源无功综合补偿装置和这些低压控制装置的差别逐渐减小，存在着逐步融合的趋势。

低压有源无功综合补偿装置特别适合于终端客户（例如钢铁、化工、港口、数据中心、材料加工等行业）的低压三相配电系统的电能质量综合性治理，可以为终端用户配电系统的安全高效运行提供保障。本标准作为电能质量综合性补偿装置——低压有源无功综合补偿装置的产品标准，通过后续不停地完善，会在今后的实际应用中发挥出更为重要的作用。

2. NB/T 41006—2014 跟国内目前已有的关于有源电力滤波器、低压 SVG、低压 SVC 的相关标准有何不同？特点在哪？有哪些指导意义？

答：能源行业标准 NB/T 41006—2014 主要是针对低压配电网进行无功、谐波、三相不平衡、闪变电能质量综合补偿装置所制定的产品标准。该综合补偿装置在功能实现、性能要求上不同于仅仅针对谐波补偿或者低压无功补偿、三相不平衡补偿的有源电力滤波器或低压 SVG，因此，在该综合补偿装置的标准中更为全面地针对这些功能、性能指标做了更为全面而详细的规定。由于低压配电网电能质量的问题往往反映出是无功、谐波、不平衡等综合性的，因此，综合型的补偿设备更能较为全面地、经济地解决低压配电网复杂的电能质量问题。

由于低压有源无功综合补偿装置也是低压电气成套设备，需要严格遵循相关低压成套设备的标准规范，在本标准起草之前，国内已有的有源电力滤波器相关标准，对产品电气性能规范的内容并不全面，难以对装置的设计、生产、检验提供具有指导的依据。这一部分内容在本标准的起草中可以得到强化。

另外，本标准考虑到装置的补偿能力不是在装置实际工作的所有工况中都能保证有一致的补偿性能，装置补偿能力的评判必须根据补偿电流的大小有相应不同的考核指标，因此在谐波电流补偿率、基波负序电流补偿率、基波零序电流补偿率等几个性能指标考核中，依据不同大小的补偿量的补偿率进行了分段处理，更为接近实际实用场合的情况，更科学也更具有可操作性。

参考文献

[1] 马维新. 电力系统电压[M]. 北京：中国电力出版社，1999.

[2] 黄留欣，黄磊，赵颖煜，刘亚辉，郭僖斌. 电力系统容性无功及补偿[J]. 电力电容器与无功补偿，2013，34(3)：1－5.

[3] 林海雪，孙树勤. 电力网中的谐波[M]. 北京：中国电力出版社，1998.

[4] 王兆安，杨君，刘进军. 谐波抑制和无功功率补偿[M]. 北京：机械工业出版社，2002.

[5] 韩晓路. 大型石化装置采用 690V 电压系统应用研究[J]. 科技与企业，2013，5：209－210.